矿业废弃地复垦与生态修复理论及实践

Theory and Practice of Reclamation and Ecological Restoration of Mining Wasteland

张世文 等 著

科 学 出 版 社
北 京

内 容 简 介

矿业废弃地是矿产资源开发的伴生产物，是特殊的国土空间，它的大量存在引起了一系列的生态、环境和社会经济问题，开展矿业废弃地复垦与生态修复研究符合我国的生态文明建设理念。全书共六章，围绕矿业废弃地复垦与生态修复全周期，首先对矿业废弃地复垦与生态修复研究概况进行了介绍，提出了矿业废弃地复垦与生态修复的理论框架和实施技术路线，划分了矿业废弃地复垦与生态修复工程类型区划，并提出了不同复垦与修复方向的质量控制标准。然后，以污染为核心，针对矿业废弃地复垦与生态修复前、中和后各环节，结合科学研究和工程实践，阐述并明确了复垦修复前的调查评价、规划设计，复垦修复过程中工程体系和实施要点，以及复垦修复后监测手段、效果评价等。最后是矿业废弃地复垦与生态修复工程和研究实践。

本书可为政府主管部门、企业及科研院所等从事矿业废弃地复垦与生态修复工作的人员提供技术支撑，也可作为土地整治工程、土地管理、生态学等专业的本科生和研究生的辅助教材。

图书在版编目(CIP)数据

矿业废弃地复垦与生态修复理论及实践 = Theory and Practice of Reclamation and Ecological Restoration of Mining Wasteland / 张世文等著. —北京：科学出版社，2020.6

ISBN 978-7-03-065044-3

Ⅰ. ①矿…　Ⅱ. ①张…　Ⅲ. ①矿山环境–生态恢复–研究–中国　Ⅳ. ①X322

中国版本图书馆 CIP 数据核字(2020)第 078058 号

责任编辑：刘翠娜　程雷星 / 责任校对：王萌萌
责任印制：吴兆东 / 封面设计：无极书装

科学出版社 出版
北京东黄城根北街 16 号
邮政编码：100717
http://www.sciencep.com
北京中石油彩色印刷有限责任公司 印刷
科学出版社发行　各地新华书店经销
*
2020 年 6 月第　一　版　开本：787×1092 1/16
2021 年 3 月第三次印刷　印张：17 3/4
字数：403 000

定价：138.00 元

(如有印装质量问题，我社负责调换)

编　委　会

主　编　张世文

副主编　罗　明　周　妍　黄元仿

编　者（以姓氏笔画为序）

尹　炳　安徽理工大学

庄红娟　安徽理工大学

李　贞　中国农业大学

沈　强　安徽理工大学

张世文　安徽理工大学

张兰兰　中国农业大学

张丽佳　自然资源部国土整治中心

陈元鹏　自然资源部国土整治中心

陈弘扬　安徽理工大学

罗　明　自然资源部国土整治中心

周　旭　自然资源部国土整治中心

周　际　自然资源部国土整治中心

周　妍　自然资源部国土整治中心

胡青青　安徽理工大学

夏沙沙　安徽理工大学

黄元仿　中国农业大学

翟紫菡　自然资源部国土整治中心

序

“绿水青山就是金山银山”，生态文明建设是关系中华民族永续发展的根本大计，生态保护是国家战略定位，中华民族向来尊重自然、热爱自然，绵延5000多年的中华文明孕育着丰富的生态文化。《易经》中说：“观乎天文，以察时变；观乎人文，以化成天下”“财成天地之道，辅相天地之宜”。《老子》中说：“人法地，地法天，天法道，道法自然”。党的十八大以来，我国通过全面深化改革，加快推进生态文明顶层设计和制度体系建设，相继出台了《关于加快推进生态文明建设的意见》《生态文明体制改革总体方案》，制定了40多项涉及生态文明建设的改革方案，从总体目标、基本理念、主要原则、重点任务、制度保障等方面对生态文明建设进行了全面系统的部署。废弃矿山的复垦与生态修复要从系统工程和全局角度寻求新的治理之道，不能再是头痛医头、脚痛医脚，各管一摊、相互掣肘，而应统筹兼顾、整体施策、多措并举，全方位、全地域、全过程地实施。

矿业废弃地是矿产资源开发的伴生产物，由于废弃时间长，历史上粗放开采，其大量存在引起了一系列的生态、环境和社会经济问题。随着国家产业政策的调整和资源枯竭的影响，一些矿山逐步破产和关闭，从而遗留了较多的矿业废弃地，其复垦工作已成为我国当前面临的紧迫任务之一，成为关乎生态文明建设、确保粮食安全的重要一环。该书提出了矿业废弃地复垦与生态修复理论框架，以及不同复垦与修复方向的质量控制标准、复垦与生态修复工程、监测技术等，该书内容系统全面，是迄今首部系统针对矿业废弃地复垦与生态修复各个环节，融合理论、技术和实践的学术专著。

矿业废弃地复垦与生态修复是一项全新的工作，涉及恢复生态学、景观生态学、地理学、土壤学、农学等各个领域，安徽理工大学环境科学与工程学科在矿区土地复垦与生态修复领域有着悠长的研究历史和深厚的积淀，张世文教授作为安徽理工大学的年轻学者，在废弃矿山资源再利用与生态修复方面进行长期研究，取得一定的成果。该书稿的出版发行可为矿业废弃地复垦与生态修复实施、土地质量提升和相关技术标准制定等提供参考。

中国工程院院士

前言

我国矿业废弃地待复垦与生态修复土地面积约 3930 万亩[①]，自 2012 年国家开展矿业废弃地复垦试点工作开始，总下达复垦修复比例不到 2%，已复垦实施验收率不到 40%，矿业废弃地复垦工作已成为我国当前的紧迫任务之一。十九大报告指出，强化土壤污染管控和修复，实施重要生态系统保护和修复重大工程，提升生态系统质量和稳定性。《全国土地整治规划(2016—2020 年)》提出，稳妥开展工矿废弃地复垦利用试点，在有条件的地区全面实行工矿废弃地复垦利用政策，促进工矿废弃地复垦，改善矿山生态环境。《国家新型城镇化规划(2014—2020 年)》提出，加强农村土地综合整治，健全运行机制，规范推进城乡建设用地增减挂钩，总结推广工矿废弃地复垦利用等做法，将农村废弃地、其他污染土地、工矿用地转化为生态用地。矿业废弃地复垦与生态修复工作契合生态文明建设等国家战略需求。

矿业废弃地地块分散破碎，且遗留时间长，缺乏有效信息，加之历史上矿山粗放开采，导致矿业废弃地污染等问题突出。结合当前国家战略定位，综合考虑矿业废弃地特征，本书界定了矿业废弃地的内涵，阐述了分类及当前的研究进展，系统地介绍了矿业废弃地土地复垦与生态修复基础理论、区划与标准、修复技术、监测技术等，是迄今首部专门针对矿业废弃地，融合理论、技术和实践的学术专著，以期为矿业废弃地复垦与生态修复实施、土地质量提升和相关技术标准等提供参考。本书共六章。第一章阐述矿业废弃地的内涵与分类，其复垦与生态修复面临的挑战与意义，国内外研究进展。第二章全面介绍了矿业废弃地复垦与生态修复的理论框架和实施技术路线。第三章划分了我国矿业废弃地复垦与生态修复工程类型区，并按不同区划和复垦修复方向提出我国矿业废弃地复垦与生态修复质量控制标准。第四章详细阐述了调查评价、规划设计的关键技术与方法，明确了矿业废弃地复垦与生态修复工程体系和实施要点。第五章明确了矿业废弃地复垦与生态修复后土地质量监测方案确定策略，提出了以快速监测手段为主的监测技术方法。第六章重点阐述了矿业废弃地复垦与生态修复工程和研究实践。

本书的写作得到中国工程院袁亮院士的热情鼓励，并欣然为本书作序；得到了中国地质大学白中科教授等的悉心指导；自然资源部国土整治中心、安徽理工大学、中国农业大学、中国地质大学相关部门和人员在本书编写中给予了大力支持和帮助；书稿的完成得到了安徽理工大学地球与环境学院领导们的支持；本书是在部分研究生共同参与下完成的。在此一并表示诚挚的谢意！

由于时间仓促、资料有限，对很多问题的研究有待进一步深化，望读者谅解。

编　者

2020 年 1 月

① 1 亩≈666.67m^2。

目　录

第一章　矿业废弃地复垦与生态修复研究概况

【内容概要】本章明确了废弃地、矿业废弃地及废弃地复垦与生态修复的内涵，阐述了国内外矿业废弃地复垦与生态修复现状、研究热点与趋势，明确了当前面临的挑战，以及复垦与生态修复的意义。

第一节　内涵与分类

一、废弃地内涵

废弃地，是指废弃不用或因损毁失去主要价值而不再使用的土地。国内外学者对废弃地做了颇多的研究，由于其专业和所处国家的不同，他们对废弃地的概念理解也不完全一致，因此对废弃地内涵的界定也有所不同。

与废弃地相近的概念有“棕地”(brownfield)、“工业废弃地”、“矿区工业废弃地”和“采矿迹地”等。为了解决旧工业地上的土壤污染问题，美国在1980年《环境应对、赔偿和责任综合法》中提出了“棕地”的概念，美国环境保护署(EPA)于1994年对“棕地”进行了定义，这也是各界广为接受的，其是指被废弃、闲置或未被完全利用的工业或商业用地，其扩展或再开发会受到环境污染的影响而变得复杂。国内学者根据研究专业的不同，对废弃地从不同的角度进行了界定。陈芳清等(2004)从生态恢复的角度将废弃地界定为一种严重退化的生态系统，其生态特点接近于裸地，对周围环境有着较大的负面影响。孙青丽(2007)从景观更新的角度对废弃地的概念进行了定义，指曾经作为工业生产用地或与工业生产相关的交通运输或仓储用地，后来废弃不用的地段。虞莳君(2007)则将其定义为：在工业、农业或城市建设等土地类型的利用中，因使用不当或因规划变动被荒废、不经治理无法再次利用的土地。张丽芳等(2010)在分析国内外有关废弃地的概念起源和发展的基础上，将废弃地定义为在各种类型土地的利用过程中，人类活动的停止使已经使用或开发的土地目前处于闲置、遗弃或未被完全使用的特殊状态的土地，且该类土地需要经过一定的治理才能被再次利用。

废弃地的内涵主要表现在以下几个方面：从土地利用现状角度而言，废弃地为已经开发过的或正在开发的土地，包括闲置的、废弃的和未充分利用的土地；从土地利用功能角度而言，废弃地既包括工业和商业用地，又包括农业用地，但以工业用地为主；从空间分布角度而言，废弃地包括城市用地和非城市用地，但大部分限制在城市空间内部；从受污染的角度而言，废弃地是存在一定程度的污染，对周围环境造成负面影响的土地；从再开发利用角度而言，废弃地是不经治理无法再次利用的土地。

二、矿业废弃地内涵

矿业废弃地是废弃地的一个重要类型，是典型的极度退化生态系统，又称废弃矿区、矿业用地等，是因采矿、选矿和炼矿而被破坏或污染的土地。因其对周边地区景观和生态环境造成破坏，严重影响了生态系统平衡和矿区居民的生活而受到国内外学者的普遍关注，长期以来人们在研究和实践上开展了大量工作，对于矿业废弃地的概念，各国学者也给出了多种界定。美国矿务局(USBM)认为矿业废弃地是未经改造的闲置或废弃矿山开采或者勘探活动的区域，主要包括历史遗留下的废弃矿区和目前仍在开采毁损的土地。

国内很多学者根据各自的研究领域也相应地作了定义，束文圣等(2000)认为矿业废弃地是指因采矿活动所破坏和占用的，非经治理而无法使用的土地，主要包括采空区、排土场、废石堆、尾矿等。常江等(2007)提出了矿区工业废弃地的概念，认为其是由采矿活动所占用，被破坏后弃置不用的，未经处理而无法使用的，与矿业生产相关的生产用地、交通、运输、仓储用地等，包括矿区工业用地内采矿作业面、与生产相关的建筑物、构筑物、机械设施及相关的道路交通等先占用后废弃的土地、废石堆积地、采矿废弃地、尾矿废弃地等。周妍等(2017)认为，矿业废弃地是一类特殊的因矿业活动受损的国土空间，其复垦利用对改善生态环境、优化国土空间开发布局、促进资源节约和生态文明建设具有重要作用。目前我国尚无矿业废弃地的明确界定。“矿业废弃地”在地籍调查分类中并不存在，因此无法准确定位到具体的地类类别。在大类中，其主要分布在建设用地中。在小类中，与矿业废弃地最密切的地类是“采矿用地”。

综合国内外不同学者对矿业废弃地进行的不同的、多角度的界定，总体可以概括其特点为：①在矿山开采过程中被破坏、占用并对人类环境造成严重威胁；②失去了经济利用价值；③非经整治而无法使用的土地；④主要包括裸露的采矿宕口、废土(石、渣)堆、煤矸石堆、尾矿库、废弃厂房等建筑物用地、地下采空塌陷地及圈定存在采空塌陷隐患的荒废地等；⑤包括历史遗留和正在损毁两部分，涵盖了建设用地和农业用地等多种类型。

三、矿业废弃地的分类

(一)按矿业废弃地原用途分

矿业废弃地包括煤矿开采废弃地、金属矿开采废弃地、石油天然气等项目开采废弃地(表1-1)。按矿产资源开采方式，也可以分为露天开采和井工开采，我国以井工开采方式为主，因此井工开采后形成的矿业废弃地相对居多。

表1-1　矿业废弃地主要类型(按原用途分)

原用途		主要废弃对象	主要损毁类型
煤矿开采	井工	表土堆放场、地表沉陷区、矸石堆放场等	挖损、压占、塌陷
	露天	露天采场、矸石堆放场、表土堆放场等	
金属矿开采	井工	采空塌陷区、尾矿库、排土场、废石场等	挖损、压占、塌陷、污染
	露天	露天采场、尾矿库、排土场、废石场等	
石油天然气等项目开采		场站(井场、集气站等)、道路、管线等	挖损、压占、塌陷

1. 煤矿开采废弃地

露天开采会对地形地貌、地表附着物、土壤、岩层等造成损毁破坏，因此，露天矿开采造成的废弃地主要包括了露天采场、表土堆放场、矸石堆放场等废弃地。井工煤矿开采会引起地表沉陷，煤矸石会压占土地。因此，井工矿开采造成的废弃地主要包括了地表沉陷区、矸石堆放场等废弃地。

2. 金属矿开采废弃地

金属矿同样存在露天和井工开采两种方式，与煤矿开采相比，金属矿地下采空区诱发塌陷往往具有较为明显的时间滞后效应，在采空区形成后若干年才能稳定。另外，铁矿、锰矿、铝矿、钛矿等金属开采易对矿区周围土地和水体造成污染。金属矿开采会造成土地的挖损、压占、塌陷、污染等损毁，因此，金属矿露天开采造成的废弃地主要包括露天采场、尾矿库和排土场等废弃地。

3. 石油天然气等项目开采废弃地

主要指石油天然气等能源项目在开发、运输过程中损毁废弃的土地，土地损毁形式主要为挖损、压占和塌陷。其造成的废弃地主要包括场站、道路和管线等废弃地。

(二)按损毁类型分

按损毁类型可分为挖损、压占、塌陷和污染造成的矿业废弃地(图 1-1)。

(a) 废弃采石场——挖损

(b) 废弃硫铁矿——压占

(c) 废弃石油采场——压占

(d) 废弃砖厂——挖损、压占

图 1-1　矿业废弃地类型

1. 挖损造成的矿业废弃地

主要包括采矿、烧制砖瓦、挖沙取土等地表挖掘所损毁废弃的土地。

2. 压占造成的矿业废弃地

主要包括堆放采矿剥离物、废石、矿渣、粉煤灰等固体废弃物及交通、水利等基础设施建设、停产倒闭企业压占废弃的土地。

3. 塌陷造成的矿业废弃地

地下采矿等工程建设造成的地表塌陷废弃的土地。

4. 污染造成的矿业废弃地

铁矿、锰矿、铝矿、钛矿等各种金属矿开采造成的酸性废水、重金属等污染而损毁的废弃土地。

（三）按矿业废弃地管理类型分

矿业废弃地按权属分为国家所有矿业废弃地和集体所有矿业废弃地。国家所有矿业废弃地简称国有矿业废弃地，其产权属国家所有。对于国有矿业废弃地而言，其复垦后的土地仍为国家所有。集体所有矿业废弃地的产权所属为集体。对于集体所有的矿业废弃地而言，其复垦后的权属仍为集体所有。

综上所述，为便于废弃地综合再利用和管理，本书将矿业废弃地划分为二级分类体系，一级类以损毁类型作为分类指标，分为挖损、压占和塌陷 3 类；二级类综合考虑了矿种、开采方式、是否积水等因素，对一级类进行了划分，分为 16 个二级类，见表 1-2。

表 1-2　矿业废弃地分类体系（按管理类型分）

一级类		二级类	
编号	类型	编号	类型
01	挖损废弃地	011	煤矿露天开采挖损地
		012	金属矿露天开采挖损地
		013	勘探打井挖损地
		014	采石挖损地
		015	矿区建设挖损地
		016	其他挖损地
02	压占废弃地	017	排土场压占地
		018	煤系固废堆场压占地
		019	尾矿库压占地
		020	矿石、矿渣压占地
		021	工业场地压占地
		022	其他压占地
03	塌陷废弃地	023	金属矿塌陷地
		024	煤矿积水塌陷地
		025	煤矿非积水塌陷地
		026	其他塌陷地

四、矿业废弃地复垦与生态修复内涵

根据 2011 年 3 月 5 日公布施行的《土地复垦条例》(国务院令第 592 号)，土地复垦是指，对生产建设活动和自然灾害损毁的土地，采取整治措施，使其达到可供利用状态的活动。与 1988 年 11 月 8 日国务院发布，现已废止的《土地复垦规定》对土地复垦的定义“土地复垦是指在生产建设过程中，因挖损、塌陷、压占等造成破坏的土地，采取整治措施，使其恢复到可供利用状态的活动”相比，在以下四个方面发生了变化。

一是在复垦对象上，与《土地复垦规定》中定义相比，《土地复垦条例》增加了“自然灾害损毁的土地”，从而使复垦的对象更为全面，明确了复垦的对象包括人为和自然损毁的各类土地。

二是用“损毁”替代了“破坏”。“损毁”体现出实际生产建设活动和自然灾害造成损毁土地的客观过程和结果，而“破坏”的概念和内涵并不全面和准确。

三是《土地复垦规定》在定义土地复垦概念时列举了“挖损、塌陷、压占”等具体形式。而《土地复垦条例》在定义中不再提及损毁的具体形式，而是在后文的法条中详细列举损毁的形式，这样的方式更加严密。

四是用“达到可供利用状态的活动”替代了“恢复到可供利用的状态”。将损毁的土地不是恢复到可供利用的状态而是达到可供利用状态的活动，体现了“科学规划、因地制宜、综合治理、经济可行、合理利用和复垦土地优先用于农业”的原则。这是因为在很多情况下，损毁土地不可能恢复原来的用途，需要重新规划利用。

矿业废弃地复垦与生态修复，是指以矿业废弃地为对象，基于生态学理论、可持续发展理论、和谐理论等，采取综合整治、系统修复的措施，使其可持续再生利用、生态系统自我维持与更新的活动。

五、矿业废弃地复垦与生态修复面临的挑战及其意义

(一)面临的挑战

1. 矿业废弃地问题严重，复垦与修复难度大

矿业废弃地是矿产资源开发的伴生产物，其大量存在引起了一系列的生态、环境和社会经济问题。随着国家产业政策的调整和资源枯竭的影响，一些矿山逐步破产和关闭，从而遗留了较多的矿业废弃地。我国矿业废弃地待复垦土地面积约 3930 万亩，自 2012 年国家开展矿业废弃地复垦试点工作开始，总下达复垦修复比例不到 2%，下达规模中已复垦实施验收率不到 40%，矿业废弃地复垦工作已成为我国当前的紧迫任务。由于历史的粗放生产，废弃矿区及其周边生态环境恶化严重。同时，由于复垦与生态修复重工程，轻系统修复，头痛医头，脚痛医脚，复垦与生态修复后的土地质量差，且逐年下降，可持续性更差。当前矿业废弃地复垦与生态修复利用和管理的机遇与挑战并存，机遇大于挑战，必须立足科学发展观、妥善处理发展与保护耕地的关系，统筹土地资源的开发、利用和保护，积极探索土地利用新模式，促进土地资源可持续利用和区域社会经济又好又快发展。

矿业废弃地权属来源复杂、图斑破碎分散，缺乏有效信息，复垦利用涉及国有划拨

使用权人、国有出让使用权人、国有租赁使用权人及租赁集体土地使用权人等的权利调整，存在较大的利益协调关系，这些问题对确定复垦目标、制定复垦方案带来一定困难，尤其是在实施过程中会遇到较多障碍。

2. 技术标准的研发迟滞

为推动矿业废弃地复垦工作进一步开展，国土资源部下发了《国土资源部关于开展工矿废弃地复垦利用试点工作的通知》（国土资发[2012]45 号），在全国开展矿业废弃地复垦利用试点工作。以上法律法规的颁布和实施极大地促进了我国废弃地复垦利用。随着土地复垦条例的颁布，我国相继出台了多部与土地复垦相关的技术标准，归纳起来，包括专用、通用和基础三个层次，涵盖实施复垦目标所采取的调查评价、规划设计等工程建设类别，反映了矿业废弃地复垦所具有的共性特征。

无论是层次，还是专业序列，我国都尚无矿业废弃地复垦利用的相关技术标准(图 1-2)。根据当前行业发展的紧迫性与现实需求，结合矿业废弃地的专门对象和特定个性，为更好地服务和适应于矿业废弃地复垦工作，在未来一段时间内，应采用不同方式获取相关技术标准支撑。

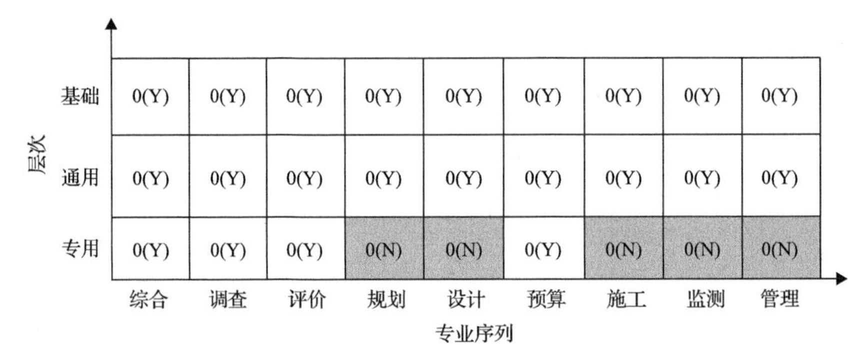

图 1-2　矿业废弃地复垦技术标准体系

0 表示没有专门针对矿业废弃地复垦的技术标准；Y 表示可以借鉴其他领域的技术标准；N 表示无法完全借鉴，须制定

(1) 借鉴其他相关技术标准。基础和通用类的可借鉴土地(包括土地复垦)领域的相关技术标准，暂时不必进行制定。

(2) 制定专门标准。由于矿业废弃地的专门对象和特定个性，专用层次上的技术标准需根据已有技术标准的情况，适时着手制定，综合、预算可参考土地领域的技术标准，评价可以借鉴环境领域的相关技术标准，调查可以参考土地和环境类相关技术标准，而规划、设计、施工、监测与管理等方面的技术标准需要尽快制定发布，即需要尽快出台矿业废弃地复垦规划设计与实施技术指南、矿业废弃地复垦跟踪监测指南。

3. 基数大，区域差异明显

我国工矿废弃地总面积约 3930 万亩，为贯彻落实《土地复垦条例》，推进历史遗留损毁土地复垦，拓展建设用地空间，促进耕地保护和矿山环境治理恢复，2012 年我国正式启动了矿业废弃地复垦利用试点工作。至今，已下达复垦规模 3.54 万 hm^2，下达矿业废弃地复垦任务的地区包括河北、山西、内蒙古等 13 个省份，占比超过 10%以上的包括安徽、四川、内蒙古和江苏，它们占总下达面积的 60%以上[图 1-3(a)]。

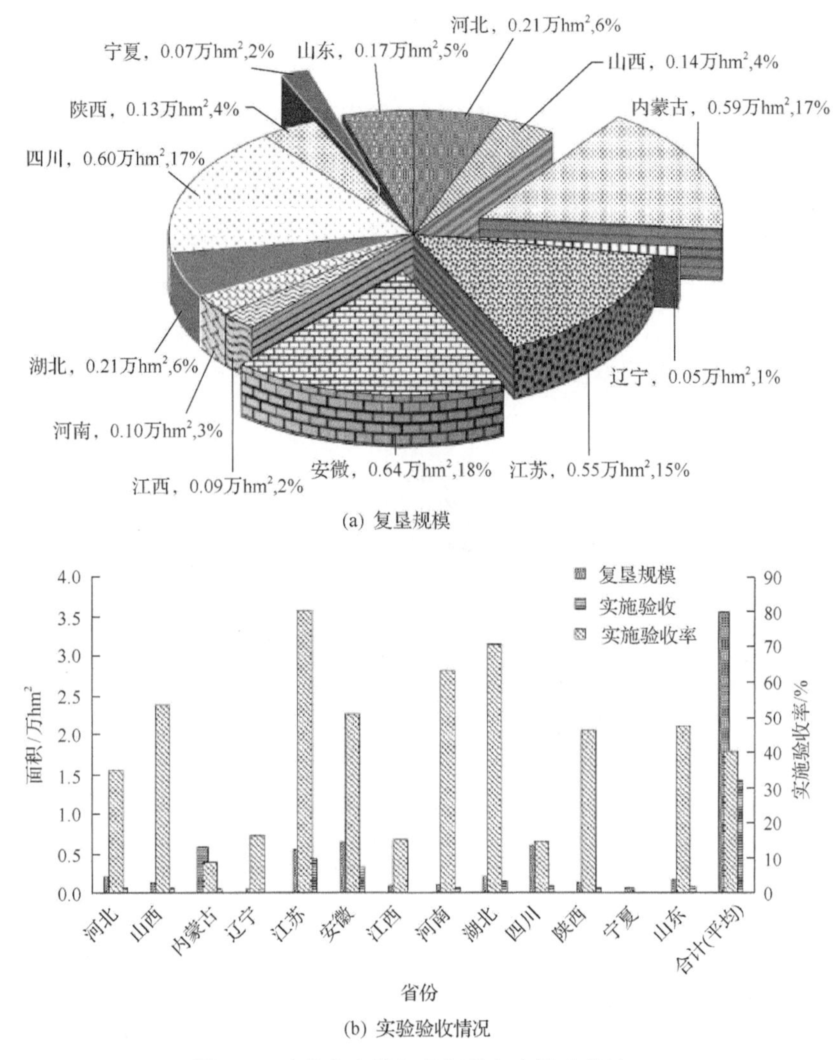

(a) 复垦规模

(b) 实验验收情况

图 1-3　矿业废弃地复垦规模与实施验收情况

4. 复垦实施验收率低

复垦实施验收率为已实施验收的复垦土地面积占复垦总规模的百分比。截至目前，我国已实施矿业废弃地复垦 1.42 万 hm^2，实施验收面积超过 0.1 万 hm^2 的仅有江苏、安徽和湖北三省；整体复垦验收率仅为 40%，不同省份具有一定的差异，验收率超过 50% 的包括山西、江苏、安徽、河南、湖北 5 个省份，其中江苏开展得最好，已经完成了 80% 以上的实施验收工作。内蒙古下达面积很大，但实施验收率不足 10%，工作开展相对较慢，主要受制于复垦资金不足[图 1-3(b)]。由于种种原因我国仍存在大量损毁土地未能及时复垦的情况，开展矿业废弃地复垦工作将是当前乃至今后相当长时期我国的紧迫任务之一。

5. 复垦资金难落实，来源相对单一

截至目前，试点中已投入复垦费用约 205.34 亿元。从图 1-4(a)可以看出，矿业废弃地复垦费用主要来源于财政资金和土地复垦费，两者分别占到总投入资金的38%和36%，总比例占74%。其他资金投入相对较少，特别是社会和信贷资金。从图1-4(b)可以看出，就不同省份而言，信贷资金仅在江西和江苏两省作为矿业废弃地复垦费用，而复垦规模大的安徽和江苏无社会资金介入。今后，对于由于历史原因无法确定复垦义务人的矿业废弃地复垦应建立以政府投资为主体，以股份投资和银行贷款为补充，集体和社会经济实体共同投资的多层次、多元化、多渠道的融资机制；营造多种经济体制投资复垦和共同发展的基本经济制度。政府鼓励和资助矿业废弃地的所有权人和使用权人自行复垦。实行矿业废弃地复垦折抵的非农建设用地指标有偿转让制度，转让收益专门用于矿业废弃地复垦。吸引境内外资金投资矿业废弃地复垦，允许复垦后的农业用地使用权的转让和出租。

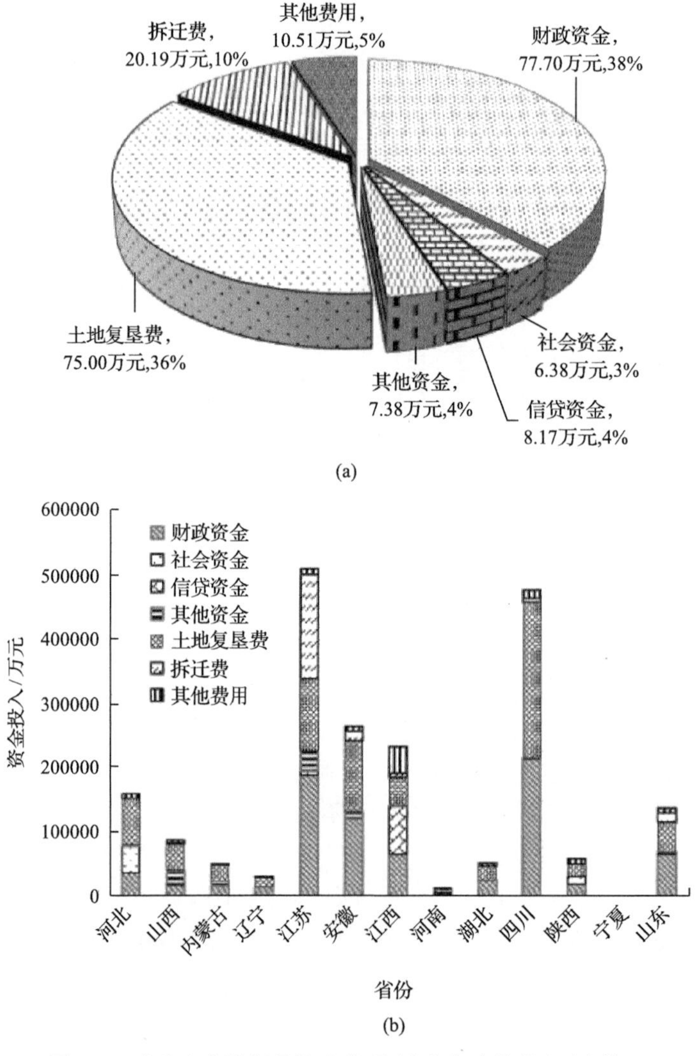

图1-4 矿业废弃地复垦资金分项(a)和各省份投入(b)情况

我国矿业废弃地复垦修复主要依靠政府投资，没有形成以政府投资为主，充分利用市场化机制多渠道筹措资金的良性发展局面。受投资能力制约，项目资金不能很好满足复垦中客土覆土，以及更高标准的工程、生物技术需求，在一定程度上制约了新增耕地质量的提高。土地复垦项目实施中、实施后监管措施缺位。项目实施中涉及的相关部门协调衔接不充分，使得资金、公众参与和技术保障不足，项目实施的效率不高。项目实施后新增耕地管理责任不明，难以有效发挥新增耕地产能，项目实施难以达到预期效果。

(二)意义

矿业废弃地复垦利用，是在新形势下落实十分珍惜、合理利用土地和保护耕地的基本国策，统筹保障发展与保护耕地的重大举措，是实施资源节约优先战略、大力推进节约集约用地的重要途径，是加强矿山环境治理恢复、促进可持续发展的重要手段。

1. 能够推进历史遗留损毁土地复垦，改善生态环境

《土地复垦条例》明确了历史遗留损毁土地复垦责任主体为县级以上地方人民政府国土资源主管部门。但多数地方财政并不宽裕，地方政府缺乏投资复垦的积极性；加之土地复垦资金筹措渠道较少，吸引社会投资又缺乏激励机制，历史遗留损毁土地复垦资金难以保障。由于复垦后土地能够置换新增建设用地指标，该项政策的实施极大地激励了地方政府开展历史遗留损毁土地复垦工作，有效地推动了历史遗留损毁土地复垦，改善了区域生态环境。

2. 有利于盘活存量建设用地，优化用地结构和布局

根据《土地管理法》第五十八条，公路、铁路、机场、矿场等经核准报废的，由有关人民政府土地行政主管部门报经原批准用地的人民政府或者有批准权的人民政府批准，可以收回国有土地使用权。矿业废弃地复垦利用，对落实《土地管理法》、盘活存量建设用地具有积极作用。将矿业废弃地复垦区域和建新区域作为一个整体，实行增减挂钩，在确保耕地面积不减少、建设用地总量不扩大的前提下，对散乱、废弃、闲置的矿业废弃地进行复垦，优化了建设用地结构和布局，提高了集约用地水平。

3. 有利于保障经济社会发展的建设用地供给

为保障经济社会发展的建设用地供给，我国形成了建设用地管理“1+8”的组合政策。矿业废弃地复垦利用是“1+8”的组合政策的组成部分。“1”就是每年的建设用地增量安排，近几年国土资源部(2018 年后整合到自然资源部)每年下达建设用地计划约700 万亩。“8”就是拓展建设用地新空间的 8 个途径，分别为：①农村土地整治，即“田水路林村”综合整治；②城乡建设用地增减挂钩；③低丘缓坡开发，也就是在保护生态的前提下城镇和产业建设上坡上山，少占或不占耕地；④矿业废弃地复垦利用，即将历史遗留的矿业废弃地及交通、水利等基础设施废弃地加以复垦，在治理改善矿山环境的基础上，与新增建设用地相挂钩；⑤城镇低效用地二次开发，挖掘潜力并促进城镇的更新改造和产业结构调整转型；⑥闲置建设用地处置；⑦科学围填海造地；⑧戈壁、荒滩和沙漠等未利用地开发利用。

第二节　国内外研究进展

一、国内外矿业废弃地复垦与生态修复现状

美国和德国是最早开始煤矿区地质环境治理的国家。美国在《1920年矿山租赁法》中就明确要求保护土地和自然环境。1939年，西弗吉尼亚州首先颁布了第一个采矿的法律——《修复法》，对矿区地质环境修复起了很大的促进作用。1977年8月3日，美国国会通过并颁布了第一部全国性的矿区生态环境修复法规——《露天采矿管理与复垦法》。20世纪20年代德国煤矿开始在具备条件的开采沉陷区上进行植被修复。20世纪70年代以来，欧美发达国家和地区矿区生态环境修复已发展成一个集采矿、地质、农学、林学等多学科为一体，涉及多行业、多部门的系统工程，人们不仅在工程技术上研究总结了生态环境治理的成套技术，在环境管理方面也形成了比较完整的管理体系，包括将生态修复纳入开采许可证制度之中、实行生态修复的保证金制度、建立严格的生态修复标准，以及重视科学研究等。许多国家在能源发展战略和采煤沉陷区综合治理与生态修复利用趋向规划方面做了大量工作，并日趋成熟。

美国以20世纪70年代发生的“拉夫运河(Love Canal)污染事故”为起点，在追求地下水质量改善的目标驱动下，形成了一套完整的涵盖法律法规、技术规范及管理手段的土壤污染防治体系。基于《国家环境政策法》(National Environmental Policy Act，NEPA)发布的《综合环境污染响应、赔偿和责任认定法案》(Comprehensive Environmental Response，Compensation and Liability Act，CERCLA，也称“超级基金法”)和《资源保护及恢复法案》(Resource Conservation and Recovery Act，RCRA)旨在预防固体废物、工业废物和危险废物对地下水和土壤的潜在污染，并规范治理已产生的污染问题。“超级基金法”首次明确定义了棕地(brownfield)为“不动产”，而这些不动产的扩张、重新开发或再利用可能由于有害物质或污染物的存在或潜在存在而变得复杂。同时，将矿山废弃地纳入超级基金管理。据美国矿务局调查，美国平均每年采矿用地4500hm^2，其中47%的矿业废弃地恢复了生态环境。据美国矿山废弃地项目官方网站统计，美国主要有煤矿、硬岩矿、铀矿三种矿山废弃地。由美国联邦超级基金项目资助的国家优先项目清单(national priorities list，NPL)是美国进行长期修复、清理行动的有毒废弃物堆积场所名单，因此，NPL中列入的场地又被称为“超级基金”场地，NPL场地中，包含大量矿山废弃地。美国环境保护署开展的矿山废弃地修复案例被列入NPL的矿山废弃地共133个，集中分布于美国中部如犹他州、密苏里州，以及沿东西海岸的加利福尼亚州、宾夕法尼亚州等。另外，美国北部的蒙大拿州、南部的新墨西哥州也有零散分布。

德国自20世纪60年代以来，钢铁工业严重缩水，对煤炭资源的需求量也大大减少，开始着手谋划空间发展规划，尤其是生态战略规划，逐步开展矿山废弃地治理和生态环境修复，主要是在煤矿开采污染和破坏场地上建设生态休闲景观公园和煤文化保护与传承基地，如德国鲁尔工业区北杜伊斯堡景观公园和北戈尔帕地区的“铁城”等。

澳大利亚的矿山治理和生态环境修复的立法时间稍晚，开始于20世纪70年代中后期。国家矿山环境管理方案主要以生态修复与综合治理为主，包括水资源管理、生态修复与综合治理管理和污染防治，其中，因开采矿产资源对水系的破坏难以恢复治理，重点在于监测。矿业公司根据政府设定的环境保护总体目标，在环境保护方案中明确矿产开发的具体复垦目标、考核指标及其技术参数标准等。政府对矿山生态修复与综合治理总体目标的设定主要考虑复垦后土地用途，特别要考虑原土地所有者的利用状况，复垦后土地社会成本必须最小；复垦后土地用途的确定必须充分考虑区域内的环境价值与相邻土地的利用方式；生态修复与综合治理具有长期的经济价值，且复垦后土地利用的风险必须降到最低；生态修复与综合治理要尽量减小开矿破坏土地的程度，并尽可能达到不留开矿痕迹等。其他西方发达国家，如英国、波兰和荷兰等也相继开展了以煤矿山废弃地综合治理和生态修复为主的立法或区域发展战略规划。

国外研究进程如图1-5所示。

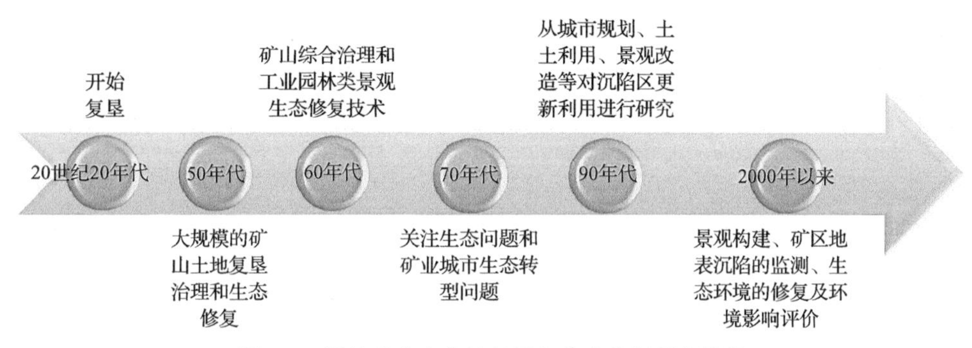

图1-5　国外矿业废弃地复垦与生态修复研究进程

综上来看，像美国、澳大利亚等国因科技发达、管理先进，在矿山治理及生态恢复方面有着较为先进的理念和技术，且在管理方面已经形成了一套较为务实和操作性强的制度体系。作为资源开发的主体，企业在项目伊始，就已经编制了各类完备的矿山修复和治理方案。企业成为真正意义上的责任主体。进入21世纪，随着科学技术的不断发展及景观设计的生态化，利用生态技术手段进行废弃地改造的实例层出不穷，如2000年德国汉诺威世界博览会上的荷兰馆和日本馆均体现了生态设计的理念。由此可见，欧美发达国家和地区对矿业废弃地改造的理论与实践已经步入成熟时期，而且随着地质灾害治理技术和生态恢复技术的不断完善，矿山废弃地景观治理将成为废弃地整治不可缺少的部分。

目前，我国已经建立了一系列关于矿业废弃地地质环境恢复治理的规定，这些法律制度多分散在各个层次的法律文件和其他规范性文件中，包括《中华人民共和国矿产资源法》《中华人民共和国土地管理法》《中华人民共和国水土保持法》《地质灾害防治条例》《矿山地质环境保护规定》《中华人民共和国土地管理法实施条例》《中华人民共和国环境保护法》《土地开发整理标准》《中华人民共和国水污染防治法》《中华人民共和国大气污染防治法》，以及地方土地利用总体规划、地质环境保护规划、地质灾害防治规划等。我国关于矿山地质环境生态恢复的具体法律制度主要包括：方案编制审批制度、环境影响评价制度、三同时制度、污染物集中处理制度、生态修复与综合治理制度、保证金制度、矿山地质环境生态恢复监测、监督制度。

总体上，我国的矿业废弃地综合治理和生态恢复相关的各种法规从无到有，取得了一定的进步，但上述规定尚不足以规范我国的矿业废弃地综合治理和生态恢复工作，主要表现在以下方面：①缺乏系统的矿业废弃地环境生态恢复的法律法规；②未建立完善的环境准入制度；③保证金制度有待完善；④监测、监督的制度不完善，执行不到位；⑤生态效益评估制度不健全；⑥缺乏矿业废弃地生态恢复后的维护制度。这几个方面，也是未来我国在矿业废弃地综合治理和生态恢复法律法规保障制度建设方面的重要内容。

我国矿业开采历史悠久，早在清代便有记载，浙江绍兴东湖采石废弃地修复是记载最早的矿业废弃地生态恢复项目，但系统性地开展矿业废弃地复垦与生态恢复研究则是在中华人民共和国成立之后，比美国、德国、英国等发达国家的起步都晚。中华人民共和国成立后，我国矿业废弃地生态恢复研究大体可分为以下三个阶段(图 1-6)。

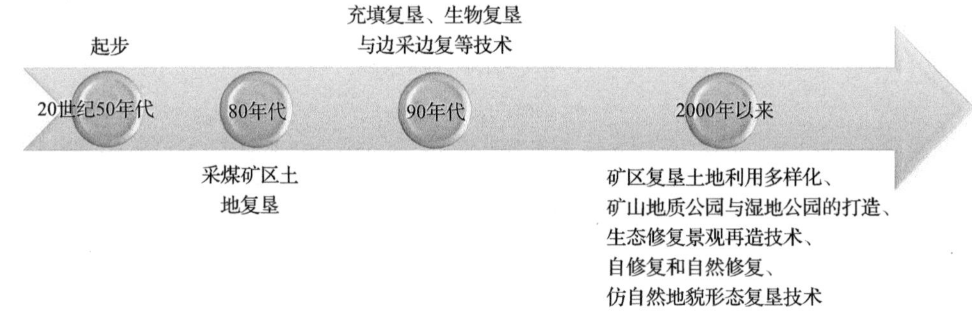

图 1-6　国内矿业废弃地复垦与生态修复研究进程

(1) 探索研究阶段(20 世纪 50～80 年代)。该阶段主要关注土壤退化问题，以复垦为农业用地为主，研究呈现自发状态。由于这一时期技术手段尚不成熟，加之我国经济不发达、土地复垦社会认知度不高及缺少法律法规支撑等，土地复垦率不到 1%。

(2) 以工程技术为主的土地复垦研究阶段(20 世纪 80～90 年代末)。20 世纪 80 年代初，我国学者翻译了《露天矿土地复垦》和《矿区造地复田中的矿山测量工作》两本国外著作，率先向国内引进了国际土地复垦和生态修复技术。1983 年，我国正式成立了第一个土地复垦科研课题组，以东部地区矿业塌陷地为主要研究对象，探讨了煤矿塌陷地土地复垦的相关工程技术。1988 年，我国颁布了《土地复垦规定》(国务院令第 19 号[1988])，第一次以法律条款的方式明确了土地复垦的定义，对复垦后土地的国家征用条件、复垦费用、补偿金等都进行了相应的说明，标志着我国土地复垦已经进入了有组织的、规范性的研究阶段。此后，在国家有关部门组织下，我国建立了数个矿业废弃地生态恢复研究示范基地，开始了全国范围的土地复垦推广工作。1998 年 10 月，我国修订了《中华人民共和国土地管理法》，提出了“占用耕地与开发复垦耕地相平衡”的要求，并为土地复垦的资金来源做出了明确说明。至20世纪末，我国土地复垦率已提高到12%，但仍然远低于发达国家至少50%的标准。

(3)多学科综合性研究阶段(21世纪初至今)。21世纪后，我国加大了对生态环境和矿山治理的重视，在法律法规上，跟进出台了《关于加强生产建设项目土地复垦管理工作的通知》《关于组织土地复垦方案编报和审查有关问题的通知》，要求企业开矿之前必须进行生态环境评价和土地复垦规划。2011年我国颁布了《土地复垦条例》，以“尽量不欠新账，逐步偿还老账”为指导思想，明确了土地复垦方案编制的具体要求。国土资源部于2015年下发的《历史遗留工矿废弃地复垦利用试点管理办法》中，明确提出应科学合理地编制工矿废弃地复垦利用专项规划，标志着我国的土地复垦工作进一步规范化、科学化和法制化。

这一阶段的矿业废弃地再生利用研究从最初集中在生态技术恢复领域，以生态恢复的技术研究为主导，慢慢发展出了生态风险评价、经济效益评价、工业遗产保护等研究方向。在再利用模式上，土地复垦仍以农业用地为主要目标，这是由我国人多地少的国情所决定的。但已出现农业、林业、牧业、渔业、景观休闲等的多元化的土地利用模式。在研究内容上，从对单一类型废弃地的研究(如矸石山、塌陷地、排土场、固废堆等)发展出对综合多种土地破坏类型矿业废弃地的研究，甚至对多个矿业废弃地的综合规划研究。修复技术也从工程技术向生物技术转变，研究内容涉及矸石山植被修复、沉陷区土地复垦工艺、土壤生物技术改良、废水控制与处理、高潜水位生态修复工程等，部分地区土地复垦率达到50%。总的来说，中国的矿业废弃地生态恢复研究逐渐呈现多元化、综合化、跨学科化的研究趋势。

纵观国内外矿业废弃地生态恢复研究，不难发现国外矿业废弃地复垦与生态恢复率高，执行力度强，在基础数据建设和法律法规建设方面都有很多值得我国借鉴的地方。我国虽也取得了相当瞩目的研究成果，但对比国外研究经验，依然有许多问题亟待解决，如完善矿业废弃地生态恢复管理体制、丰富矿业废弃地生态恢复目标和加强最新空间分析技术在矿业废弃地生态恢复中的应用。

二、矿业废弃地土地复垦研究热点和趋势分析

(一)国家、机构和作者合作图谱分析

在Web of Science核心合集数据库的基础上，矿业废弃地复垦与生态修复的研究国家中形成了以美国和中国为主要的聚类群，具有很高的中介中心性(雷梅等，2018)。国家合作特征图谱(图1-7)显示，在矿业废弃地复垦与生态修复研究领域，共有60个国家存在着不同程度、不同方式的合作。图中圆形节点表示不同的国家，圆形节点大小与该国以合作方式发表的论文频数成正比，外圈代表中介中心性，其厚度与合作研究活跃程度成正比。而圆形节点的年轮颜色及厚度表示出现年份，某个年份的年轮越厚，对应年份合作发表的论文频次越高。圆形节点间的连线则反映二者共现或共被引关系，颜色对应首次共现或共被引年份，粗细反映关系强弱。

可视化软件,v.5.3 R4(64-bit)
2019年6月13日上午10时09分22秒
科学引文索引：C:\Users\Administrator\Desktop\citespace\data
时限：2009-2019(切片长度=1)
选择条件：每片前30名，LRF=2,LBY=8,e=2.0
网络系统：N=60，E=285(密度=0.161)
最大子网络成员：59(98%)
节点标签：5.0%
网络裁剪：无
#1 USA
#2 CANADA
#3 POLAND
#4 INDIA
#5 PEOPLES R CHINA
#6 R. O. KOREA
#7 AUSTRALIA
#8 GERMANY
#9 ITALY
#10 ENGLAND
聚类标签：
#1 美国　#6 韩国
#2 加拿大　#7 澳大利亚
#3 波兰　#8 德国
#4 印度　#9 意大利
#5 中国　#10 英国
2009年
2019年

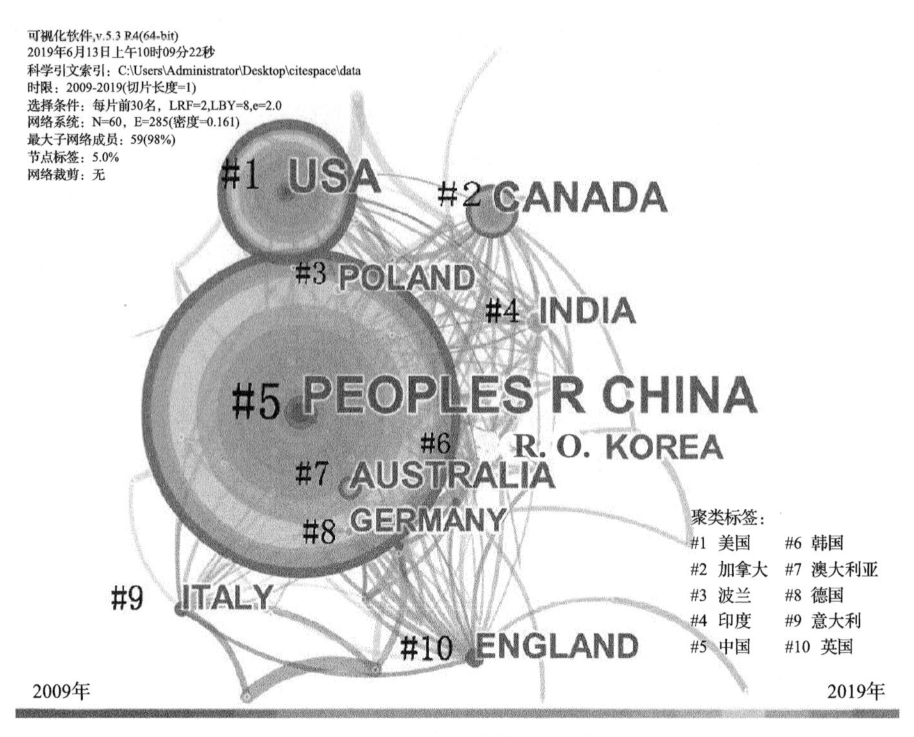

图 1-7　国家合作特征图谱

研究机构合作特征图谱如图 1-8 所示。

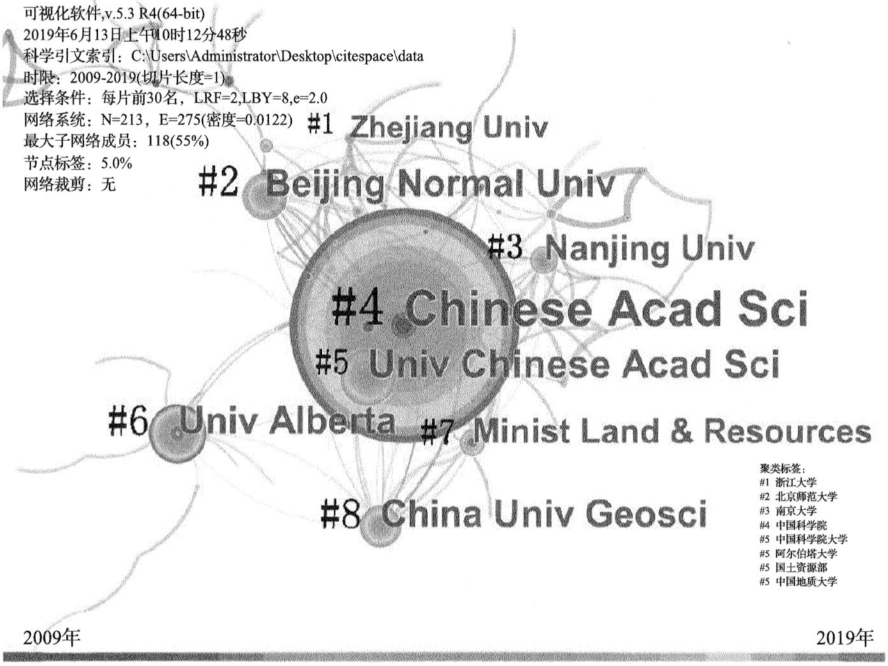

可视化软件,v.5.3 R4(64-bit)
2019年6月13日上午10时12分48秒
科学引文索引：C:\Users\Administrator\Desktop\citespace\data
时限：2009-2019(切片长度=1)
选择条件：每片前30名，LRF=2,LBY=8,e=2.0
网络系统：N=213，E=275(密度=0.0122)
最大子网络成员：118(55%)
节点标签：5.0%
网络裁剪：无
#1 Zhejiang Univ
#2 Beijing Normal Univ
#3 Nanjing Univ
#4 Chinese Acad Sci
#5 Univ Chinese Acad Sci
#6 Univ Alberta
#7 Minist Land & Resources
#8 China Univ Geosci
聚类标签：
#1 浙江大学
#2 北京师范大学
#3 南京大学
#4 中国科学院
#5 中国科学院大学
#5 阿尔伯塔大学
#5 国土资源部
#5 中国地质大学
2009年
2019年

图 1-8　研究机构合作特征图谱

发文贡献率用发文频次来表示。根据表 1-3，发文贡献率最高的国家是中国，其次是美国、加拿大和印度等。表 1-3 显示，中国科学院中介中心性最高，首次发文时间也最早。发文贡献率最高的机构是中国科学院，其次是中国科学院大学、加拿大阿尔伯塔大学、北京师范大学和中国地质大学等。节点的中心性代表了国家或机构的研究在该领域的重要程度，节点中心性越高，说明这个机构的研究越重要。从节点的中心性角度来看，排在前面的国家依次是美国(0.34)、英国(0.29)、中国(0.23)、意大利(0.17)和加拿大(0.14)；排在前面的研究机构依次是中国科学院(0.41)和加拿大阿尔伯塔大学(0.13)。

表 1-3 2009～2019 年国别合作特征及频次统计

国家	频次	中介中心性	机构	频次	中介中心性
中国	853	0.23	中国科学院	260	0.41
美国	382	0.34	中国科学院大学	75	0.02
加拿大	185	0.14	加拿大阿尔伯塔大学	68	0.13
印度	105	0.06	北京师范大学	63	0.06
澳大利亚	99	0.12	中国地质大学	60	0.04
意大利	81	0.17	南京大学	46	0.05
英国	78	0.29	国土资源部	40	0.00
波兰	72	0.00	浙江大学	25	0.03
韩国	67	0.02	华东师范大学	23	0.03
德国	62	0.09	中国农业大学	22	0.03

从微观层面对学者合作网络(图 1-9)进行进一步分析，结果表明，近 10 年来有 430 位

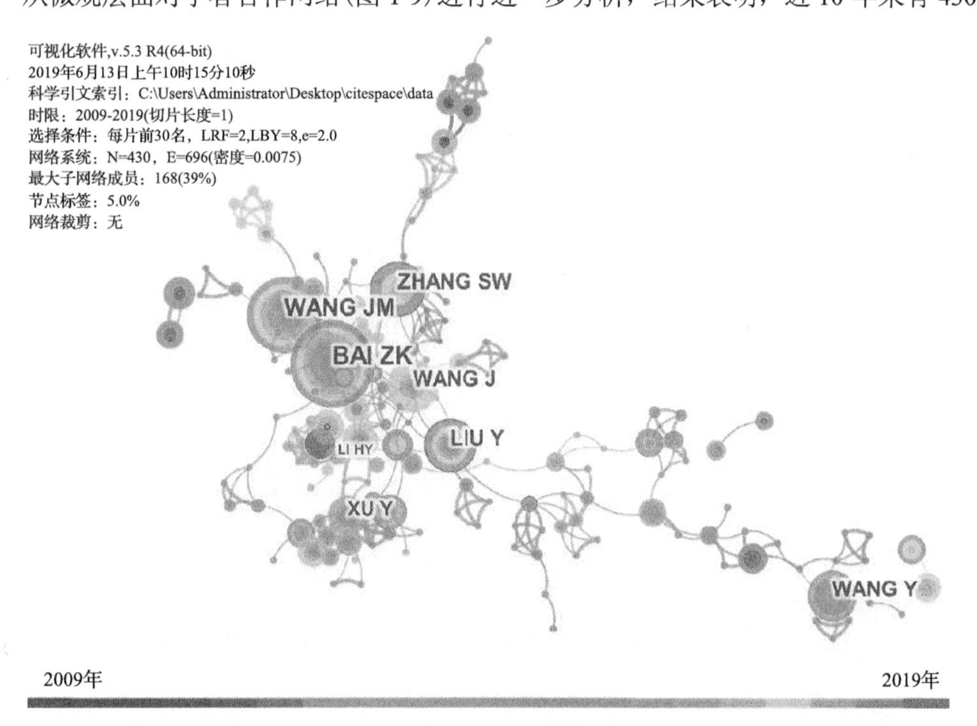

图 1-9 学者合作网络图谱

研究者和他人合作开展了矿业废弃地复垦与生态修复研究，合作发表学术论文 696 篇。其中，从发文频次来看，中国地质大学 BAI Z K(白中科)教授和 WANG J M(王金满)教授分别发表论文 23 篇和 20 篇(表 1-4)，位居第一和第二。节点突现值是反映发文量增长的指标，节点突现值越大，说明其发文量增长速度越快，对该领域的研究兴趣及获得的研究成果增长越快，从突现值可知，加拿大阿尔伯塔大学 NAETH M A 教授突现强度最高(3.63)。从中介中心性来看，排在首位的是 LIU Y(0.11)和安徽理工大学 ZHANG S W(张世文)教授(0.10)。发表论文数量排名前 20 位的作者，共有 16 名中国学者，占 80%，体现了我国学者在矿业废弃地复垦与生态修复领域有较高参与度。

表 1-4　2009～2019 年作者合作特征及频次统计

作者	发文频次	中介中心性	突现值	首发年份	作者	发文频次	中介中心性	突现值	首发年份
BAI Z K	23	0.04		2012	CHANG S X	10	0.00	2.80	2014
WANG J M	20	0.02		2015	SUN T	10	0.03		2016
NAETH M A	19	0.00	3.63	2012	ZIPPER C E	9	0.00	2.82	2011
LIU Y	14	0.11		2014	WANG Z M	9	0.01		2009
WANG J	14	0.03		2015	MAITI S K	8	0.00		2016
WANG Y	14	0.02		2012	CUI B S	8	0.01		2016
ZHANG S W	14	0.10		2016	LIU J Y	8	0.04	3.30	2013
XU Y	11	0.04		2014	LI L	8	0.00	3.25	2017
PU L J	10	0.02		2014	BURGER J A	8	0.00	2.97	2011
LI Y	10	0.03		2015	HU Z Q	8	0.07	2.80	2013

(二)学科分布特征分析

图 1-10 为矿业废弃地复垦与生态修复研究相关学科领域共现分析的被引突现。

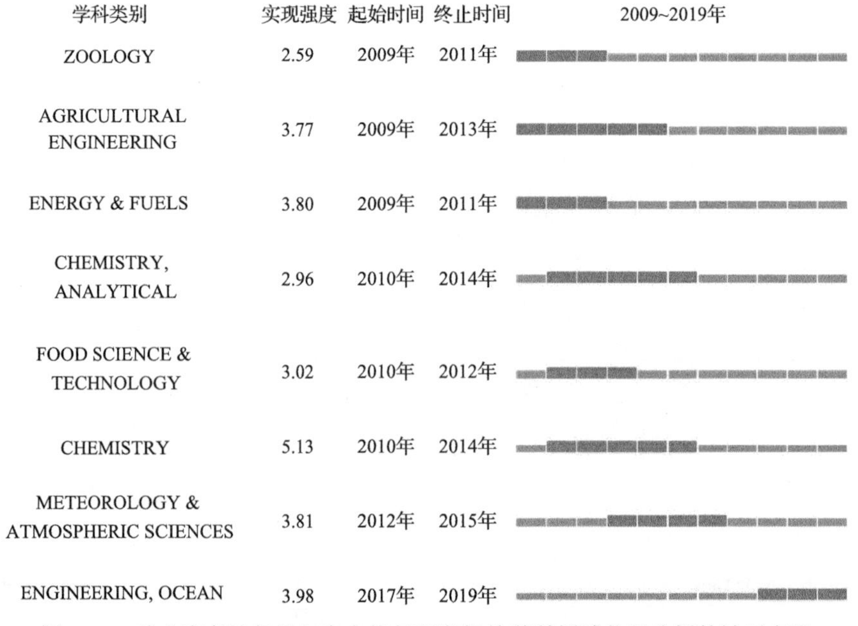

图 1-10　矿业废弃地复垦与生态修复研究相关学科领域共现分析的被引突现

“ZOOLOGY”“AGRICULTURAL ENGINEERING”“ENERGY & FUELS”“CHEMISTRY ANALYTICAL”“FOOD SCIENCE & TECHNOLOGY”“CHEMISTRY”“METEOROLOGY & ATMOSPHERIC SCIENCES”“ENGINEERING，OCEAN”等词的激增反映了矿业废弃地复垦与生态修复研究领域的多学科化发展迅猛，且该研究领域涉及的学科范围广泛，将分析化学、气象学和大气科学及食品科学与技术等学科进行拓展研究是近10年来国际上矿业废弃地复垦与生态修复的研究现状。

（三）文献共被引图谱分析

被引文献是指在文章阐述过程中需要来佐证作者观点和研究的其他相关文献。共被引分析(co-citation analysis)是指在文献空间数据集合中，对文献之间的共被引关系(两篇文献因同时作为第三篇施引文献的参考文献而形成的共被引关系)的挖掘过程(黄晓军等，2019)。通过对文献进行共被引分析，可以得到某研究领域的基础知识，从而为掌握该领域的核心提供重要依据。通过在网络类型(node types)中选择被引文献(reference)选项并运行CiteSpace软件，聚类分析得到文献共被引网络图谱(图1-11)，并在被引频次和突现值等基础上进行关键文献统计(表1-5)。

图1-11中的524个节点与1306条连线构成了7个较大的群组，其中#0群组(ecological engineering)共有101篇参考文献，最小的#22群组(crop growth)也包含10篇共被引参考文献。这表明有关矿业废弃地复垦与生态修复的研究有较高的集中性，同时也形成了一定数量的分支。

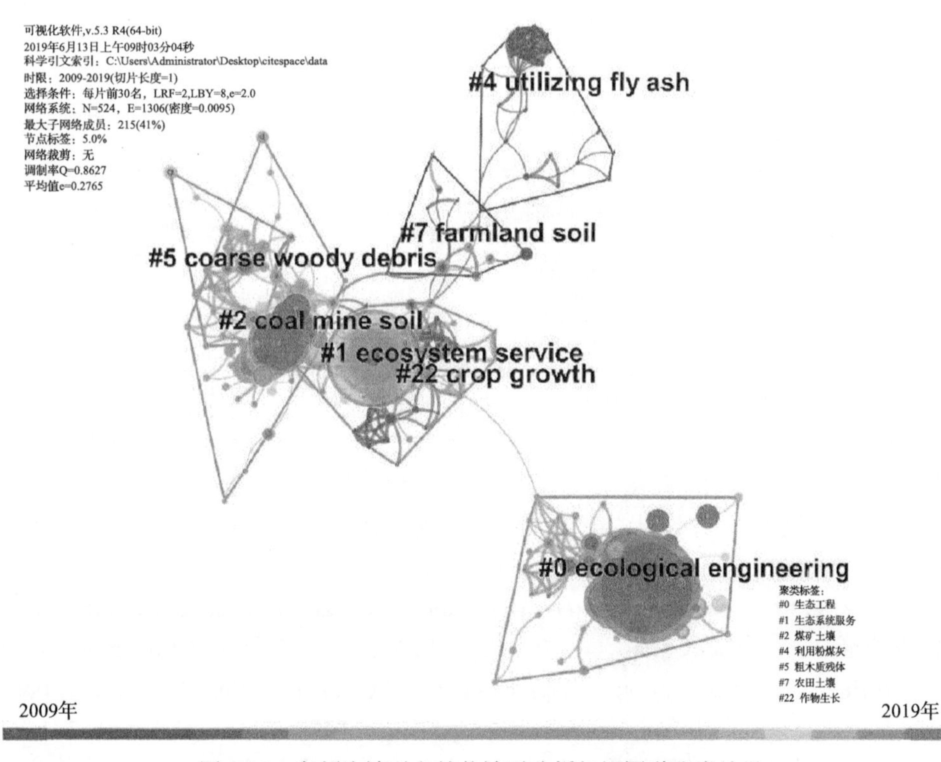

图1-11　高频次被引文献共被引分析知识图谱聚类结果

表 1-5 基于被引文献频次、突现值和半衰期的关键文献统计

作者	被引文献	频次	突现值	半衰期/年	期刊	发表年份	聚类标签
Wei Wang	Development and management of land reclamation in China	56	16.87	3	*Ocean & Coastal Management*	2014	#0
Carl E. Zipper	Restoring forests and associated ecosystem services on Appalachian coal surface mines	51	4.51	5	*Environmental Management*	2011	#1
Zhijun Ma	Rethinking China's new great wall	34	7.97	3	*Science*	2014	#0
Raj K. Shrestha	Changes in physical and chemical properties of soil after surface mining and reclamation	33	4.06	6	*Geoderma*	2011	#2
Bo Tian	Drivers, trends, and potential impacts of long-term coastal reclamation in China from 1985 to 2010	28	11.09	2	*Estuarine, Coastal and Shelf Science*	2016	#0
Jianguo Li	Evolution of soil properties following reclamation in coastal areas: a review	27	7.98	3	*Geoderma*	2014	#0
Zhongqiu Zhao	Soils development in opencast coal mine spoils reclaimed for 1-13 years in the West-Northern Loess Plateau of China	26	—	3	*European Journal of Soil Biology*	2013	#2
Edward B. Barbier	The value of estuarine and coastal ecosystem services	26	3.45	6	*Ecological Monographs*	2011	#0
Murray, Nicholas J	Tracking the rapid loss of tidal wetlands in the Yellow Sea	25	6.22	4	*Frontiers in Ecology and the Environment*	2014	#0
Mukhopadhyay, Sangeeta	Development of mine soil quality index (MSQI) for evaluation of reclamation success: a chronosequence study	24	6.53	3	*Ecological Engineering*	2014	#2
Kirwan, Matthew L	Tidal wetland stability in the face of human impacts and sea-level rise	23	6.78	5	*Nature*	2013	#0
Anderson, Jonathan D	Influence of reclamation management practices on microbial biomass carbon and soil organic carbon accumulation in semiarid mined lands of Wyoming	18	6.36	7	*Applied Soil Ecology*	2008	#2
Mukhopadhyay, Sangeeta	Use of Reclaimed Mine Soil Index (RMSI) for screening of tree species for reclamation of coal mine degraded land	17	6.26	3	*Ecological Engineering*	2013	#2
Cui, Jun	Long-term changes in topsoil chemical properties under centuries of cultivation after reclamation of coastal wetlands in the Yangtze Estuary, China	16	5.76	5	*Soil and Tillage Research*	2012	#0
Simmons, Jeffrey A	Forest to reclaimed mine land use change leads to altered ecosystem structure and function	16	3.49	6	*Ecological Applications*	2008	#1

半衰期在科学计量学中常用来表示文献的衰老速度，半衰期越长代表文献越经典(陈晓玲和刘东亮，2018)。对各组的最高被引频次统计分析发现，#0 群组 Wang 等(2014)发表的论文“Development and management of land reclamation in China”共被引次数最高，达 56 次；#1 群组 Zipper 等(2011)的“Restoring forests and associated ecosystem services on Appalachian coal surface mines”次之，共被引 51 次；而#2 群组的 Anderson 等(2008)发表的“Influence of reclamation management practices on microbial biomass carbon and soil organic carbon accumulation in semiarid mined lands of Wyoming”半衰期为 7 年，时间最长，说明该文是矿业废弃地复垦与生态修复领域最经典的文献之一。随着时间的推移，

这些文献将被更多的同行借鉴和引用，在未来的一段时间将起到引领学科的重要作用，这些成果也将沉积为矿业废弃地复垦与生态修复领域的重要基础知识。

（四）关键词共现图谱分析

关键词是对一篇文章研究主题和核心内容的高度浓缩与提炼，其与正文的关联性在某种程度上可以揭示学科研究领域中的内在联系，借助某一领域关键词之间的共现关系和连接强度，可以识别该研究领域当前所关注的核心热点与前沿动态（李珊珊等，2015）。在 CiteSpace 软件网络类型（node types）中选择关键词（keywords）选项，筛选合适的阈值，对关键词共现关系进行可视化分析，从而得到矿业废弃地复垦与生态修复研究领域的高频关键词分布情况（表 1-6）。在 CiteSpace 分析的数据基础上，利用 VOSviewer 软件对文献进行关键词共现密度图的绘制，从而可以清晰地看出矿业废弃地复垦与生态修复领域的知识结构和研究热点（图 1-12）。

表 1-6　2009～2019 年土地复垦研究文献的高频关键词列表

关键词	频次	突现值	中心性	关键词	频数	突现值	中心性
复垦	411	—	0.35	生长	83	—	0.00
土地复垦	259	—	0.02	湿地	81	—	0.07
中国	188	—	0.11	重金属	80	3.96	0.03
管理	181	—	0.23	水	78	—	0.08
影响	169	—	0.06	动力学	68	4.87	0.02
土壤	153	—	0.05	土地	63	7.62	0.02
恢复	138	—	0.15	氮	62	—	0.07
土地利用	129	—	0.05	有机物	62	—	0.04
植被	99	3.77	0.07	森林	44	6.33	0.04
气候变化	88	5.28	0.02	土地利用变化	40	—	0.01

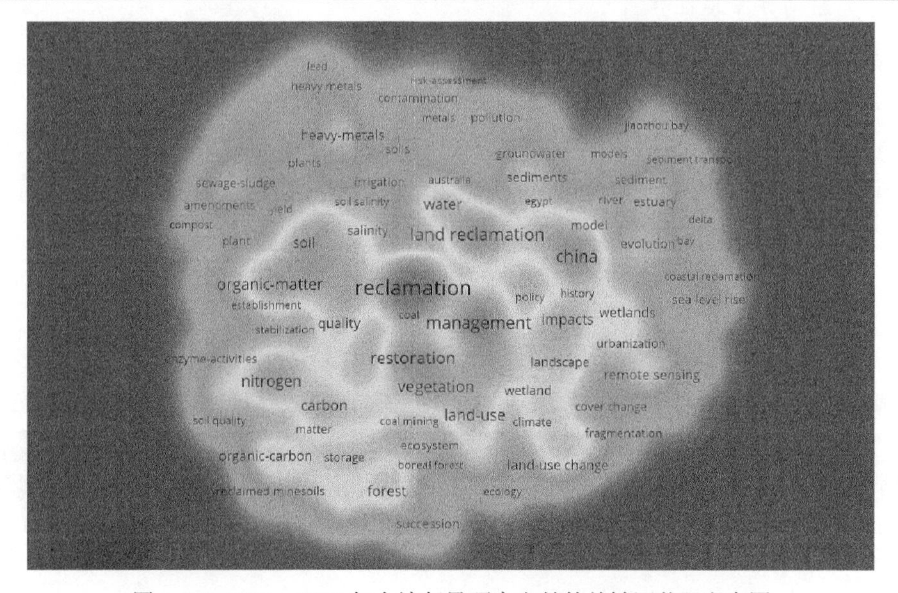

图 1-12　2009～2019 年土地复垦研究文献的关键词共现密度图

图 1-12 中从冷色调到暖色调，代表着关键词共现的频次越来越高，即研究热点的热度越来越高。可以看出，近 10 年来，矿业废弃地复垦与生态修复研究的热点集中在土地复垦、修复、有机物、植被、土地利用、模式、景观、土壤等(宋晓珂等，2018)。

关键词共现密度图定性地展现了矿业废弃地复垦与生态修复研究的热点，但还不能体现出其具体的变化强度及突现出新涌现的研究方向，而关键词突现值则可以定量地表示出不同研究热点的热度及突现大小(表 1-6)。近 10 年来，复垦、土地复垦、中国和治理等被引频次相对较高，一些新涌现的关键词有土地、森林、气候变化、动力学、重金属和植被。

综合被引文献与关键词频次共现分析，相对于有责任主体的矿山而言，矿业废弃地土地复垦与生态修复研究相对落后，不被国内外学者重视，大约落后 15 年，中国在此领域走在世界的前列，近 10 年来国际上关于矿业废弃地复垦与生态修复研究的热点主要集中在以下几个方面：①矿业废弃地复垦与生态修复共性技术问题，包括废弃矿山土地复垦与生态修复规划设计、工程技术选型(地貌重塑、土壤重构)、土地复垦生态环境监测、评估、预警及监管等。总体而言，该方面研究侧重于恢复土地的利用功能的手段和技术方面，研究层次相对较低。②矿业废弃地及复垦后土地生态环境演变规律和影响机制研究。借助于遥感、地理信息系统、采样实测等手段，研究生态环境演变规律及其对周边环境的影响，并针对不同的演变特征，提出相应的治理措施。例如，针对复垦土壤-矿业废弃基质-修复的生态系统-矿山及周边人民群众系统，开展了一些历史废弃矿山生产产生的有害物质元素，特别是重金属，迁移、转化及由此带来的生态环境响应机制和健康风险研究。③矿业废弃地复垦与生态修复基础性研究。重点研究了污染物的诊断与快速检测技术、各种复垦与修复技术的基础理论和机制性问题、复垦与修复质量的检测与评定方法、土地复垦的监管机制与方法等。

(五) 主题词分布特征分析

与利用代表性关键词出现的频率变化对领域发展趋势的把握和追踪及最新演化动态的识别和预测相比，在实际操作过程中则更适合于利用该领域内的突现主题词汇来进行分析预测(秦晓楠等，2014)。设置时间跨度为 2009～2019 年，选择名词短语(noun phrases)和主题词(term)选项，通过突现词探测技术和算法，利用 CiteSpace 软件，分析得到 2009～2019 年突现主题分布情况(图 1-13)。

由图 1-13 可知，2009～2019 年关于矿业废弃地复垦与生态修复的研究进展和发展趋势主要可以分为两个阶段。

(1) 2009～2015 年，国际上矿业废弃地复垦与生态修复研究领域出现了较多的高突现度和高中心度主题词汇，其中，突现强度较高的主题词主要是土地覆盖变化(land cover change)、植物生长(plant growth)、总氮(total nitrogen)、堆积密度(bulk density)和灌溉用水(irrigation water)，说明这段时间内国际上关于矿业废弃地复垦与生态修复的研究主要聚焦在物理等领域，主要从不同土地覆盖变化、堆积密度和植物种群等几方面展开研究。

主题词	突现强度	起始时间	终止时间	2009~2019年
water quality	2.65	2009年	2011年	
degraded lands	4.32	2009年	2013年	
large area	4.32	2009年	2013年	
species richness	3.37	2010年	2012年	
degraded land	2.71	2010年	2014年	
northeast China	4.23	2010年	2014年	
surface mining	2.79	2010年	2011年	
oil sands	3.86	2010年	2012年	
chemical property	3.11	2011年	2013年	
irrigation water	5.01	2011年	2013年	
bulk density	5.12	2011年	2012年	
water resources	3.23	2012年	2016年	
soil reclamation	3.13	2012年	2015年	
total nitrogen	5.12	2012年	2013年	
significant increase	4.62	2012年	2013年	
soil erosion	3.26	2013年	2016年	
land cover change	6.70	2013年	2014年	
plant growth	5.24	2013年	2014年	
land cover	4.47	2013年	2015年	
climate change	3.25	2013年	2014年	
plant species	4.62	2013年	2014年	
significant difference	3.37	2014年	2015年	
eastern China	6.06	2015年	2016年	
mining activity	5.12	2015年	2016年	
mg ha	2.80	2016年	2017年	
mining area	3.90	2016年	2017年	
coastal reclamation	8.28	2017年	2019年	
ecosystem service	7.32	2017年	2019年	
coastal wetlands	6.30	2017年	2019年	
sustainable development	4.57	2017年	2019年	

图 1-13　2009～2019 年土地复垦研究主题词共现分析的被引突现

(2)2016～2019 年，除去华东地区(eastern China)、采矿工程(mining activity)和矿区(mining area)，其他主题词如围海造地(coastal reclamation)、生态系统服务(ecosystem service)、滨海湿地(coastal wetlands)和可持续发展(sustainable development)的突现周期均为 2017～2019 年。突现的主题词中大部分与矿区有着直接或间接的联系，说明该阶段的研究主要集中在采矿工程领域，对采矿活动及矿业废弃地对周边的影响等展开相关研究。其中，突现强度相对较高的几个主题词分别是围海造地、生态系统服务和滨海湿地，这几个突现主题词均开始于 2017 年，在 2019 年仍处在突现高涨期，说明最近几年乃至未来一段时期，关于矿业废弃地复垦与生态修复的研究趋势为采矿活动对周边的影响。主要通过对矿区生态环境影响的时间分析，探究矿业废弃地对人类生活的影响。

第二章　矿业废弃地复垦与生态修复理论

【内容概要】本章阐述了矿业废弃地复垦与生态修复理论框架和相关理论，并提出了融合污染防控的矿业废弃地复垦与生态修复技术路线。

第一节　理 论 框 架

矿业废弃地复垦与生态修复理论框架由目标、实施和评价三个环节构成(图 2-1)。可持续、和谐理论构成目标，循环经济和恢复生态学理论组成矿业废弃地复垦与生态修复实施环节理论基础，实施的效果采用生态系统服务理论进行评价。

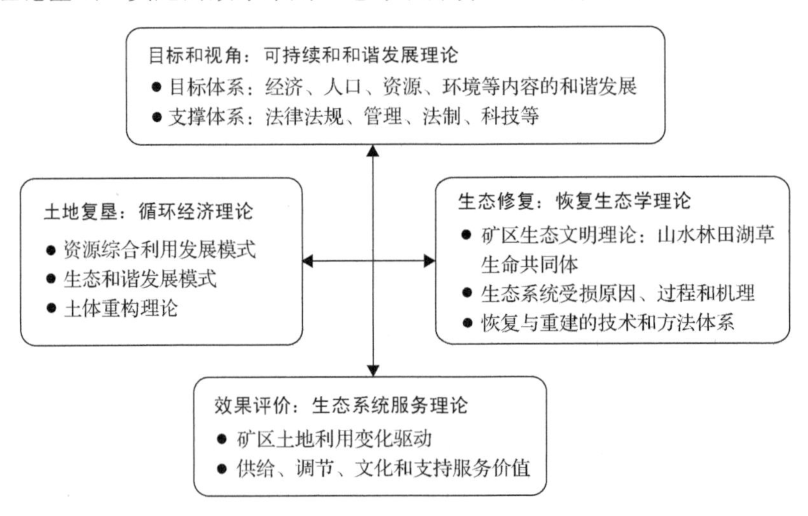

图 2-1　矿业废弃地复垦与生态修复理论框架

第二节　主 要 理 论

一、和谐理论

和谐理论的基本思想是如何在各个子系统中形成一种和谐的状态，从而达到整体和谐的目的。新时期矿业废弃地复垦修复是以和谐理论为目标进行的生态综合治理与系统修复，是使矿业废弃地中的“矿、地、水、林、田、湖、村、人”等各子系统最终达到和谐发展的状态。

当今社会，环境保护越来越受到人们的关注，环境保护已经属于一种文化范畴。20 世纪后期，人们逐渐认识到环境与发展不是互相对立的关系，而是相互促进的关系。自然界富有丰富的资源，其中矿业资源更是富饶，但矿区的开采也对环境造成了不小的伤害。大规模的矿山开发与矿产品加工会造成土壤酸化、大气污染、水土流失加剧、水污染等一系列生态环境问题，严重制约着社会经济的可持续发展。因此，对矿区进行修复，使其可以重新利用就显得尤为重要。

矿区及其周边经济、人口、资源、环境等内容的协调发展构成了和谐理论的目标体系。在对这一理念的理解上，结合前人在矿区和谐发展问题上的研究，可以明确新时期矿业废弃地复垦与生态修复可持续“和谐”发展是矿区结构性经济变革的一种模式，矿区可持续“和谐”发展不仅仅指与经济的和谐发展，更不可能只是资源的开发利用，而是指矿区的生态、经济、科技和社会的和谐与共发展(图 2-2)。

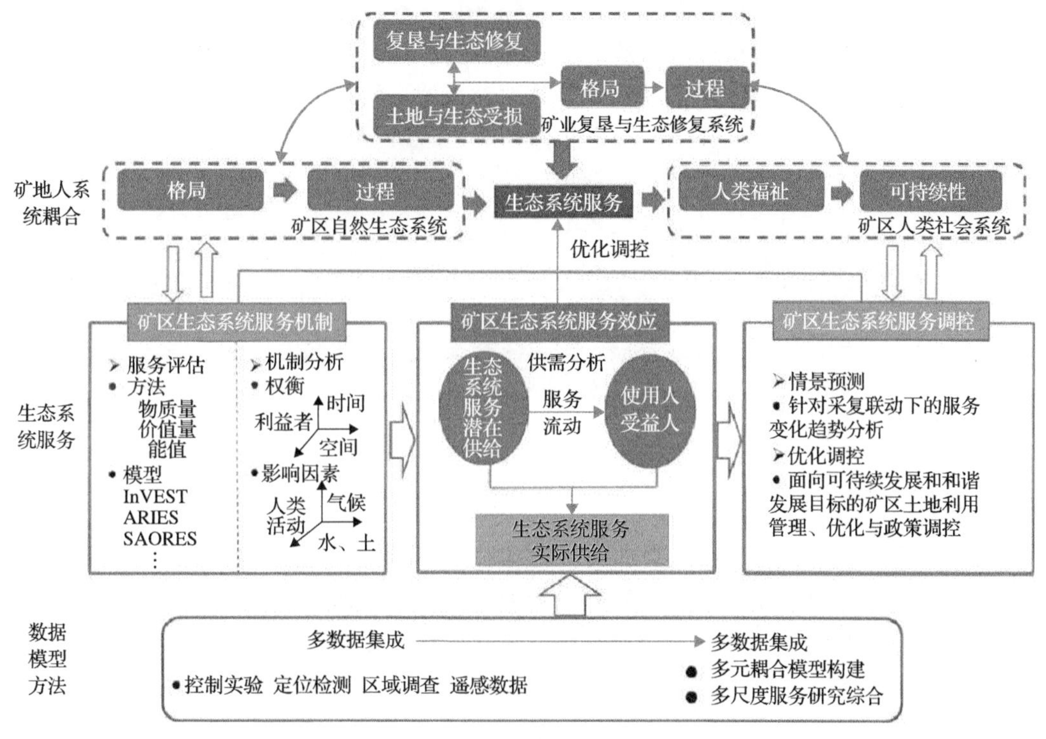

图 2-2　矿区生态系统演变与研究体系

二、可持续发展理论

可持续发展理论是指既满足当代人的需要，又不对后代人满足其需要的能力构成危害的发展，以公平性、持续性、共同性为三大基本原则。可持续发展理论的最终目的是达到共同、协调、公平、高效、多维的发展。管理、法制、科技、教育等方面的能力建设构成了可持续发展战略的目标体系。为实现可持续发展，相应的环境对策也提出了，包括把环境保护纳入国民经济和社会发展计划；开展国土开发整治，强化防灾减灾；制定和实施一系列环境保护法律法规，强化环境监督管理；实施能源开发与节约并重的方针，开展污染物排放总量控制；建立以合理利用自然资源为核心的环境保护战略等。这些政策措施可以有效地将社会效益与环境效益统一起来(高保彬等，2014)。

矿区是资源、环境、经济、人口四个子系统相互作用、相互依赖、相互制约而构成的紧密联系的复杂体系。遵照可持续发展原则，将新时期矿业废弃地可持续发展定义为：矿区资源开发、环境保护、经济和社会发展相互协调，保持矿区总资本存量既能满足当代矿区发展的需要，又能满足未来本区的发展需要。其中，矿区资源开发是指根据矿产资源的特性和可持续发展的原则，采用勘探、冶炼、制造等工程技术措施，使矿产资源为人类生存、发展服务的一切活动。但开采前需要对整个工程进行评估，考虑其对环境的影响程度，同时设计开采方案，争取将其对环境的影响最小化。环境保护的理念贯穿整个工程的设计和实施，从污染预防和环境制约角度考虑调整产业的结构，从而达到经济和社会发展相协调的目的，其实质就是在经济和社会发展过程中兼顾局部利益和全局利益，充分考虑自然资源的长期供给和生态环境的长期承载能力。保持矿区的总资本存量，即对开采后的矿区要及时进行修复，使被破坏的自然环境得以恢复。针对矿业废弃地，要努力实现经济的持续、稳定和健康的发展，不断提高矿业废弃地人民的生活水平，在矿区资源开发中，采用更清洁、更绿色的技术，尽可能提高矿产资源采收率，减少环境资源的消耗，合理利用矿业废弃地内的各种资源，为矿区的发展提供良好的环境。可持续发展的目标是世世代代的经济繁荣、社会公平和环境优美，其是经济、社会、环境“三位一体”协调统一的发展。矿产资源作为地球上的重要资源，人们更要注重对其的可持续发展。对于矿区的可持续发展，要以生态文明建设理念为导向，促进产业转型发展，利用产业转型促进乡村振兴，以乡村振兴促进产业发展，解决矿业废弃地居民的生产、生活问题，实现“矿、地、水、林、田、湖、村”全要素综合整治、系统修复。

三、系统修复理论

系统修复理论以“减量化、再利用、再循环”为原则，“减量化”针对的是输入端，旨在减少进入生产和消费过程中的物质和能源流量。可以通过预防的方式而不是末端治理的方式来避免废弃物的产生。“再利用”属于过程性方法，目的是延长产品和服务的时间强度，也就是尽可能多次利用或多种方式使用产品。“再循环”属于输出端方法，通过把废物再次变成资源以减少最终处置量，也就是废品的回收利用和废物的综合利用。这三个原则都是以提高资源的利用率为目标，从而将经济增长对环境的影响减少到最小，把人类对资源的索取控制在自然能够自我调节恢复的范围内，实现物质利用循环化、经济增长合理化、生态污染最小化，实现人类-经济-生态三者的和谐发展。

复垦修复是指对生态系统停止人为干扰，以减轻其负荷压力，使其依靠自我调节能力与自组织能力向有序的方向演化，或者利用生态系统的这种自我恢复能力，辅以人工措施，使遭到破坏的生态系统逐步恢复或使生态系统向良性循环方向发展；主要指致力于那些在自然突变和人类活动影响下受到破坏的自然生态系统的恢复与重建工作，使生态系统恢复原本的面貌，如砍伐的森林迹地要重新种上植物，退耕还林让动物回到原来的生活环境中。生态和谐是落实科学发展观，实现可持续发展的基石。我们必须站在构建和谐社会的高度去考虑生态建设、生态恢复、环境保护问题。构建和谐社会离不开统筹人与自然和谐发展，而统筹人与自然和谐发展的基础和纽带是生态建设。加强生态建设是构建社会主义和谐社会极为重要的条件。历史上，人类曾经崇拜和依赖于自然、利用改造自然，而现在我们倡导人与自然的和谐发展。

我国对矿山废弃地生态修复的研究起步较晚，开始于20世纪80年代，90年代以后才初步形成一定的规模，研究领域主要集中在煤矿废弃地和有色金属尾矿库植被覆盖等(胡振琪，2009)。目前，国内对矿区废弃地的研究主要是与土地开发、土地整理相结合的研究，根据实际情况将废弃矿山开发改造成工业用地、耕地、旅游景观和旅游用地、仓储用地、养殖用地、军事用地或绿地。

矿产资源种类的不同，其废弃矿山的治理关键也不相同。煤矿废弃地的环境问题为采空、塌陷、煤矸石堆等，其治理关键是对采空区的治理和对煤矸石堆的处理；有色金属矿山如铜矿、铅锌矿，其治理除了矿坑的治理外，还要对废弃渣堆进行化学处理，防治废渣堆等通过雨水的淋漓作用污染附近的土壤和地下水；废弃采石场则主要进行滑坡、泥石流等地质灾害的防治及植被的恢复。废弃采石场作为矿山废弃地的一种，其恢复治理过程应为：废弃采石场现状调查→恢复治理总体规划→地质灾害防治→不稳定边坡、废气坑、矿坑等的治理→植被恢复。目前，国内外针对矿山改造的成功案例有很多，综合其不同功能与特性，主要有以下5种类型：生态恢复类、博物资源利用类、旅游开发类、复垦造田类、引水造湖类。

四、恢复生态学理论

生态系统具有自我调节、自我恢复、自我更新的能力，以维持其相对稳定性。生态系统稳定性是其结构和功能呈现相对稳定的状态，主要包括抵抗力稳定性和恢复力稳定性。抵抗力稳定性是指生态系统抵抗外界干扰并使自身的结构和功能恢复原状的能力。恢复力稳定性是指生态系统在遭到外界干扰因素的破坏后，恢复原状的能力。通过自我调节维持和恢复生态系统的稳定性是生态系统固有的特征，但是其调节能力和恢复能力是有限的，一旦外界干扰作用超过其调节能力，生态系统往往会遭受到不可逆的破坏。

生态恢复是根据生态学原理，改变生态系统退化的主要因子及生态过程，调整优化系统秩序，使生态系统的结构、功能和生态学潜力尽快恢复到一定的或者原有的水平，甚至上升到更高的水平。我国正面临着合理开发利用自然资源、高效恢复和保护生态环境的挑战。近十年来，我国矿区开发发展迅猛，矿业在国民经济中的地位、作用直线上升，吸引的资本无论是增幅还是增速都是前几十年不能比拟的。作为国民经济的基础产业——矿山开采业的经济贡献令人注目。在人们生活水平不同程度提高的条件下，人们对自身生存环境的关注度和要求空前提高，矿业资源的开采既要带来经济和实惠，又不能导致山清水秀的自然环境“变味”、消失。我们正在经历矿山经济快速发展与矿山环境恶化矛盾挑战的重要阶段。可持续发展的矿业经济，必须直面这一矛盾的挑战。虽然国家对矿山土地复垦和矿山地质环境保护与恢复治理出台了相关的法规和政策，但是历史遗留的矿山环境问题依然很多。

矿山资源开采导致土壤结构及地表植被的完全损毁，并且其造成的土壤环境损毁几乎不可恢复。由此而引发的水土流失加剧，淤塞、污染水体，增加扬尘，导致植被破坏、地质遗迹破坏、自然景观及人文景观破坏等。废石和尾矿的堆存不当及矿山开采不当极易造成崩塌、滑坡、泥石流、地面塌陷、地裂缝、水土流失、尾矿库溃坝、矿井突水等灾害，更有可能因为堆存不善、治理措施不合理而导致土地荒漠化的危险。例如，地下开采常引发地表沉陷，其主要特征是地表下沉、产生附加坡度和裂缝等，导致地下水被疏干，地表水漏失；高潜水位矿区常常由于地表下沉引起土壤盐渍化和沼泽化，导致土地丧失耕种能力。我国有色金属矿产资源具有共生矿多、单一矿种少，贫矿多、富矿少，小型矿床多、大中型矿床少，开采量大、综合利用水平不高的特点，造成金属矿山选矿工业场地较大，剥采比大而导致固体废弃物生成量大。无论是井下开采还是露天开采，都将地下矿产暴露于地表，其氧化还原对环境的影响很大，致使矿物的化学、物理状态也随之发生改变。在选矿时采用的药剂大多数为络合剂或螯合剂，其中也有铜、锌、汞、铅、锰、镉等重金属。它们一方面随渗流进入土壤或地表水流，另一方面会直接进入河流，造成整个矿区水体和土壤的污染，并逐渐影响到整个矿区的生态环境，导致矿区受到重金属污染。我国金属矿山中硫化矿床占有很大比例，井巷疏干排水常为酸性，而且水量较大，尤其是岩溶充水床矿；选矿废水虽然量不大，但其成分复杂，除了含有多种重金属外，溶剂和淋滤水多呈酸性；闭坑后的金属矿山，地下水位得到恢复，从老的井巷中排出的“自流水”根据矿种不同而有所差异，但共性是多为酸性水；尾矿库的渗滤水和废渣土堆场的淋滤水也都含有重金属，并呈酸性。矿山土壤被酸性废水污染后，土壤的理化性质将会改变，团粒结构遭受破坏，酸度和硫酸盐含量增加，将导致土壤有益微生物的活度降低，甚至完全破坏，导致大部分植物枯萎、死亡，严重影响农作物的产量和质量。因此，矿山环境保护与生态修复的形式十分严峻，新时期矿业废弃地生态修复成为整个矿区环境保护与治理的重点和难点。

新时期矿业废弃地生态修复的主要任务是通过科学、系统的生态修复工程和长期的生态抚育措施，使被破坏的、受损的矿山环境功能逐步恢复，使之生态环境自身可持续良性发展，逐步形成自我维持的繁衍生态平衡体系。矿业废弃地的主要生态修复对象包括：露天采矿场地、地下开采的采动影响区、排土场、选矿尾矿库、堆浸场、输送管线填埋区、道路、各工业场地等。

矿业废弃地生态修复或重建是一项长期持久的工程，应该根据矿山总体规划及矿山环境治理与恢复治理计划统一实施。不但需要在矿山开采之前就考虑好矿山开采后的修复方向，即修复目的的明确性，并在开采时对表土、植物种子库进行收集和保存，以便在开采后合理利用，而且需要在矿山开采时对一些破坏强度不大的地区进行保护，制定边开采边恢复的计划，这样就会减小矿山开采后修复的难度，同时降低矿山开采后对周边地区造成的污染，减少破坏程度和影响范围。在保证矿区安全的前提下，矿区生态修复将会成为整个矿山开采过程中和开采后的重点和难点。因此，通过矿山地质灾害治理、矿区有毒有害物质处理、土壤基质改良、植被恢复等一系列措施的实施，以及人为工程措施和自然生态修复的结合，被破坏的矿区生态系统得以重建，最终形成一个稳定健康的矿区生态系统(图 2-3)。

五、生态系统服务理论

生态系统服务是指人类从生态系统获得的所有惠益。地球生态系统被誉为生命之舟，它为人类社会、经济和文化生活提供了许许多多必不可少的物质资源和良好的生存条件。

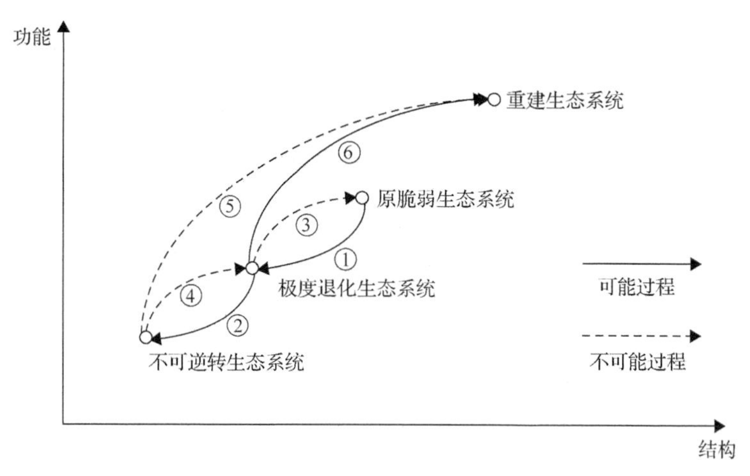

图 2-3　矿区生态系统的退化、恢复和重建
①退化；②再度退化；③④自然恢复；⑤⑥人工重建

这些由自然系统的生境、物种、生物学状态、性质和生态过程所产生的物质及其维持的良好的生活环境对人类的服务性能称为生态系统服务。在这一定义中生态系统服务功能的来源既包括自然生态系统，又包括人类改造的生态系统；包含了生态系统为人类提供的直接的和间接的、有形的和无形的效益。生态系统服务功能创造与维持了地球的生命保障系统，生态系统人类赖以生存与发展的物质基础，直接或间接地为人类造福。然而，全球自然资源提供的 2/3 以上的各类生态系统服务功能呈不断下降的趋势，且这种趋势很难有效扭转。

矿区是典型的生态脆弱型和矿产资源型相结合的区域，在生态环境、经济和社会发展等方面独具特色。它既不同于现代化大都市，又不同于农业、湿地等自然、半自然生态系统。矿区开采对其生态系统服务功能会产生很大的影响，矿产不断被开发，矿产资源日益枯竭，因资源枯竭而被废弃的矿山不断增多，大量的矿业废弃地引发了一系列的社会、经济和生态环境问题，制约了城镇可持续发展。矿山采复过程中，生态系统处于不停的演替过程中(图 2-4)。

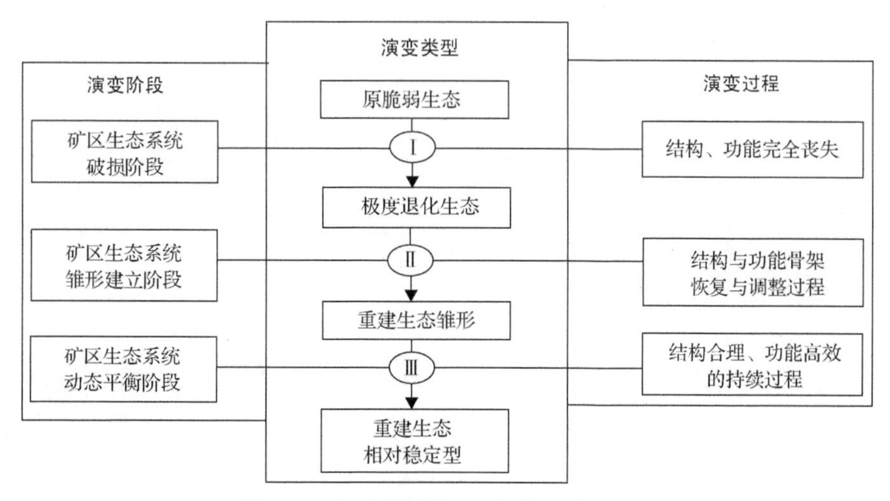

图 2-4　矿区采复联动下的生态系统演变

综上，恢复矿区的生态系统服务功能，使其仍能发挥价值显得尤其重要。可以通过矿区的物质生产能力、涵养水源能力、土壤保护能力及旅游文化价值来判断矿区的生态系统服务功能。矿区开采会促进区域经济的增长，在区域经济增长的同时，一定区域内的土地利用类型也会发生变化，相对应类型的生态服务价值也发生不同程度的改变。因此，探究土地利用变化及其生态服务价值影响对于可持续发展和生态环境的改善有着重要作用，矿区生态系统服务功能价值的研究，能够比较精确地体现出采矿活动对生态系统服务功能的影响。新时期矿业废弃地生态修复效果要充分体现生态系统服务价值的理念。

六、循环经济理论

循环经济理论的本质是生态经济理论，其以生态学原理为基础，经济学原理为主导，以人类经济活动为中心，运用系统工程方法，从最广泛的范围研究生态和经济的结合，从整体上去研究生态系统和生产力系统的相互影响、相互制约和相互作用，揭示自然和社会之间的本质联系和规律，改变生产和消费方式，高效合理利用一切可用资源。与传统经济相比，循环经济的不同之处在于：传统经济是一种“资源—产品—污染排放”单向流动的线性经济，其特征是高开采、低利用、高排放。在这种经济中，人们高强度地把地球上的物质和能源提取出来，然后又把污染和废物大量地排放到水系、空气和土壤中，对资源的利用是粗放的和一次性的，通过把资源持续不断地变成废物来实现经济的数量型增长。与此不同，循环经济倡导的是一种与环境和谐的经济发展模式。

矿区循环经济就是一种尊重生态原理和经济规律，把人类经济社会发展与矿区生态环境作为一个统一体，把矿区经济系统与生态系统的多种组成要素联系起来进行综合考察与实施，加强资源综合利用与环境治理，构建矿区循环经济体系。矿区循环经济理论体系也遵循“减量化、再利用、再循环”的原则。“减量化”注重的是尽可能使进入循环体系中的物质和能量达到最小，因为物质越少，生产过程中所排放的废弃物就越少；“再利用”强调的是对循环体系中物质的利用要最大化，杜绝物质过早地脱离循环圈，变为废弃物；“再循环”是对“再利用”的补充，它指出当物质被某一个环节充分利用后，通过对其性能进行改造，将其放置在循环体系中的另一个环节中，达到物质性能的再利用。因此，矿区循环经济体系的三个原则分别从循环体系的源头、过程和末端三个阶段进行强调，杜绝污染的产生，极大地提高了矿区煤炭资源整体利用率，初步构建了“资源—产品—再生资源”的循环经济结构。其特征是低开采、高利用、低排放，所有的物质和能源能在这个经济循环中得到合理和持久的利用，以把采矿活动对自然环境的负面影响降低到尽可能小的程度。

第三章　矿业废弃地复垦与生态修复工程类型区划和质量控制标准

【内容概要】本章综合考虑我国矿业废弃地空间分布情况，结合农业区划、土壤、气候等因素，划分我国矿业废弃地复垦与生态修复工程类型区；基于区划成果，提出矿业废弃地复垦与生态修复质量控制指标体系和要求。

第一节　矿业废弃地复垦与生态修复区划

一、区划特征与原则

（一）区划特征

区划的目的是揭示客观存在的地域分异状况。伊萨钦科认为，区划具有下列基本特征：①区划中所划分的区域单位，因其间存在着空间相互联系而保持统一性和不可分割性。②区划对象可以是各种不同的对象和现象，但必须是能够形成有规律的地域组合的“地域现象”。③区划是一种独特的系统方法，可以根据区域的地理位置的共同性和它们之间的有规律的地域联系合并在一起。这种由区域的共同性合并在一起的各个对象和现象之间的相互联系是在历史发展中形成的。任何区域都是历史发展的产物，因此，区划是反映历史上形成的对象和现象之间地域联系的区域系统方法。④区划既可以自上而下划分，又可以自下而上合并。⑤任何区划对象都可以既按照区域的原则，又按照类型的原则加以系统化。

地理区划是依照一定的参照及标准对地理区域空间进行划分(郑度等，2005)，是地理学对区域分异规律理论认识的反映。我国相继开展了自然区划、农业区划、经济区划、生态功能区划等重大基础性工作(陈雯等，2004)。随着人们对区域分异规律、区域发展理念的认识深化及区划方法和技术手段的现代化，地理区划的发展呈现出以下新的特点。

(1)区划目的：由理论认识向综合决策转变。

传统的区划目的多是认识地域的特征，认识某一地域在地域分异中的地位与作用，或者是探索区划理论与方法，提高区划技术。此类区划多由科研人员编制。区划内容不求全，区划成果单一。但随着社会经济的发展，尤其是人们对区域发展认识的深化，区划目的开始转向为区域发展综合决策服务，特别是为塑造区域特色经济，促进区域协调发展等提供科学的决策依据。

(2)区划标准：由单要素向全要素转变。

无论是自然区划、经济区划，还是农业区划、生态功能区划，都是以区域自然、经济或生态等某一要素为标准来认识地域分异特征的，在区划过程中所考虑的综合性，只不过是自然、经济或生态某一方面的综合性，相对于整个区域生态经济系统而言，这种综合是不完全的。随着可持续发展理念的普及，尤其是科学发展观的确立，人们认识到区域发展并不仅仅是经济、生态或社会等某一方面的持续发展，而是由经济、社会、生态、文化、技术、制度等要素构成的区域系统的整体演进。因此，地理区划不能只考虑某一要素，而应该综合考虑区域系统的各组成要素，以保证区划的完全综合性。

(3) 区划方法：由一般定量向综合集成转变。

区划研究中，借鉴数学、物理学、化学、生态学、经济学、社会学等学科的研究方法，以为地域分异规律、各类区划界线的确定等提供新的分析方法，促使人们对地域复杂系统的研究由一般定量分析转向综合集成分析。同时，GIS（地理信息系统）、RS（遥感）、GNSS（全球导航卫星系统）及计算机等现代技术手段的逐步应用，使地理区划从野外调查、信息收集与处理、计算模型、方案成图等向现代化转变，从而为区划演化、地理结构与功能、地域分异规律等的研究提供了先进的手段，提高了研究精度。

（二）区划原则

目前，常用的区划原则有发生统一性原则、相对一致性原则、空间连续性原则、综合性原则、主导因素原则等。这些原则可以归成两类：一类是由区划本身的特点所决定的，目的在于解决分区问题；另一类是由地域分异和区域单位的整体性所决定的，目的在于确定区域界限。区域单位的划分和合并应根据其发生共同性、特征的相似性和空间的连续性来进行。因此，发生统一性原则、相对一致性原则和空间连续性原则是任何区划都必须遵循的原则。

1. 发生统一性原则（发生学原则）

发生统一性是区域单位都具有的特征，任何区域单位都是在地域分异因素作用下的历史发展的产物，是一个自然历史体。而历史发展道路的共同性则使其具有自己的发生统一特征。因此，必须以历史的角度来对待区域单位的划分，即在区划工作中必须遵循发生统一性原则，简称发生学原则。

发生学原则早在19世纪后半期就已经开始用于自然区划实践，发生统一性的内涵包括地域空间的自然地理分异产生的过程、原因和时代，各自然地理单位的发生一致的程度和发展途径的共同性把它们联结在一起的紧密程度。发生学原则可概括成三个基本内容：①查明每个区域单位的形成原因及其以后的发展；②查明其古地理历史的一般情况及确定这一历史中最重要的转折阶段；③查明作为历史发展产物的现代自然条件。有些学者把发生学原则理解为区域的地貌发展史的共同性，有些则偏向于把它理解为根据某些自然地理特征进行区划单位形成条件的分析（倪绍祥，1994）。实际上，发生统一性应理解为区划单位古地理分化过程的统一性。所有区域单位作为自然地理综合体的最基本和最本质特点的产生与发展历史都必须具有共同性，失去这种共同性就不能称其为一个区域。

正确理解发生统一性原则应从以下几个方面入手：①所划分出来的任何区域都必须具有发展过程的相似性；②区域的发生统一性不是其组成成分或组成部分所有的特点形成的同时性，而是形成该区域整体特征的历史共同性；③不同等级或同一等级的不同区域，其发生统一性的程度或特点应有区别。

2. 相对一致性原则

相对一致性原则(包括发生上的相对一致性原则)要求在划分区域时，必须注意其内部特征的一致性。不同等级的区划单位特征的一致性有不同的标准。例如，自然带的一致性体现于热量基础大致相同。自然地区的一致性体现于在热量辐射基础相同的情况下，大地构造和地势起伏大致相同。中国综合自然区划初稿中的“地区”的一致性，体现在热量基础大致相同状况下地势起伏大致相同，山地省则体现于垂直带谱的结构相同。

区域内部特征的一致性不是绝对的而是相对的。区划单位自然特征一致性的相对性质，表明其本身存在着一个等级单位系统。大的区域可以划分为一系列中等区域，而后者又可进一步划分为低级区域。这样，就可以对自然区域进行自上而下顺序的划分和自下而上的逐级合并。但无论是划分还是合并，都应以相对一致性原则为指导。

3. 空间连续性原则

空间连续性原则又称区域共轭性原则，意指自然区划中区域单位必须保持空间连续性和不可重复性。任何一个区域永远是个体的，不能存在彼此分离的部分。例如，山间盆地与其周边山地在自然特征上存在着很大的差别，根据空间连续性原则，二者应共同从属于某个更高级的区域。同理，若自然界中存在两个自然特征类似但彼此隔离的区域，也不能把它们划到同一个区域中，即不可能存在名称相同的分离区域，即使有两个自然条件完全相同的山间盆地，它们也应给出不同的名称。

空间连续性原则虽然非常明确，但在区划工作中却常被忽视。这往往是由于混淆了类型与区划。例如，柴达木盆地，某些学者强调应把它划归到西北干旱区，并进行了深入的自然地理特征比较。但这只能证明柴达木盆地在自然特征上与西北干旱区的荒漠、半荒漠平地比较近似，或证明二者属一种景观类型，却不能证明柴达木盆地在区划上应归属西北干旱区。按照空间连续性原则要求，要把柴达木盆地划归西北区，关键在于论证阿尔金山和西祁连山的从属性问题，而不在于论证柴达木盆地是否在地貌、气候甚至植物区系发生上与西北荒漠平地相近。

4. 综合性原则和主导因素原则

综合性原则：任何区域都是在地域分异规律影响下形成的由各自然地理成分和区域内各部分所组成的统一整体。因此，任何区域的组成成分及其整体特征不仅具有自身发展所获得的特征，还不同程度地具有地域分异“烙印”，即地带性和非地带性。进行区划时必须全面分析区域整体特征的相似性和差异性，特别是地带性特征和非地带性特征的表现程度，并依据这些特征划分区域和确定界线。这样的区域既揭示了差异性，又反映了它们与地域分异规律的关系，故能比较正确地反映客观地域分异状况。

主导因素原则：尽管地域分异原因非常复杂，但仍可以从中找出主导因素，由此便引出主导因素原则。这一原则强调在区划时首先考虑决定地域分异的主要因素，在确定区划边界时应选择主导因素的主导指标。

二、复垦与生态修复工程类型区划

（一）工程类型划分的内涵、层次及主要特征

1. 内涵

矿业废弃地复垦与生态修复，是指以矿业废弃地为对象，采取山水林田湖草综合整治、系统修复的措施，使其可持续再生利用、生态环境恢复的活动。矿业废弃地复垦与生态修复工程类型区可以理解为一种主要由土地与生态受损情况、自然要素和社会经济要素所决定的工程类型空间，这一空间主要体现某一主导因素特征，但同时并不排斥其他类型的存在。工程类型区是体现土地复垦与生态修复地域差异和工程组合特征的单元，是按照复垦与生态修复目标、地域特征、工程内容、工程组合一致性原则所划定的空间。其划分不同于以往区划的最重要的一点就是，它的划分是以单项工程内容为集合体的一种分区成果，而这种单项工程内容所反映的是类型区内土地与生态受损情况、自然、社会经济及文化因素的高度综合，从而突破了传统的地域划分和类型划分各成独立系统的做法，采用地域特征和类型参数两方面要素结合的“类型区”新概念，是土地复垦与生态修复理论和实践相结合的产物，是从工程实践出发的具有创新性的概念。

2. 层次及主要特征

我国矿业废弃地土地复垦与生态修复工程类型区划包括一级、二级和三级的三级层次体系。一级工程类型区突出地域特征，以矿业废弃地空间分布和自然地理区划为划分因子，通过空间叠置形成。二级工程类型区突出复垦再利用方向，体现地域特征，以农业利用为主导因子，以土壤、地貌和气候为辅助划分因子，根据主导因素和地域分异理论，参考其他类型区划成果，确定二级工程类型区。三级工程类型区主要服务于特定区域在特征条件下土地复垦与生态修复项目目标和建设内容的确定，根据损毁土地再利用限制因素、复垦与生态修复目标和特征，以土地平整、田间道路、农田水利、田间防护和生态保护等工程类型为依据，对叠加图进一步分析，并结合其他相关分区结果和工程组合模式情况形成分区底图。三个层次的划分并非绝对的，而是相互渗透的：一般高层次的类型区划分着重体现区域差异，包括地理位置、水文气候、地质地形、土壤类型、土地利用方式、农业种植制度等；低层次的类型区则侧重于与项目建设有关的类型要素，如末级地貌单元、第四纪地质与成土母质、土体构型与土壤理化性状、水源条件与灌排方式等。所以，低层次的类型区也可以直接用工程模式来命名。

（二）工程类型区划理论与方法

工程类型区为一种由自然和社会经济共同决定的工程类型空间。矿业废弃地土地复

垦与生态修复工程类型区是具有地域差异和工程组合特征的单元，是矿业废弃地损毁土地再利用限制因素、复垦目标、地域特征、工程内容和组合相对一致的空间单元。区划的主要理论包括地理地带性规律、区域分异规律、集合论、信息编码理论等。地理地带性规律是一切自然地理区划的基本理论基础，控制着地理区域内在相似性或差异性。区域分异规律产生区域的差异性和均衡性。随着数字技术和定量化方法在区划中的应用，其他学科的理论也成为地理区划的理论基础，如集合论、信息编码理论等。

常用的区划方法有自上而下和自下而上两种。在实际区划过程中，两种方法相互补充。具体的方法包括部门区划叠置法、地理相关分析法、主导标志法等。无论采用何种区划方法，都应明确地域结构的层次性，重视各层次、各区域单位中的地域结构研究。确定划区的具体指标和标志，划出各区域的界线。作者以复垦再利用的限制因素(土壤、地貌、气候等)为辅助指标，以复垦方向(农业综合区划)为主导标志，综合其他分区成果，采用自上而下和自下而上相结合的划分方法，提出了我国矿业废弃地复垦与生态修复工程类型区划技术路线及区划方法。具体技术路线如图3-1所示。

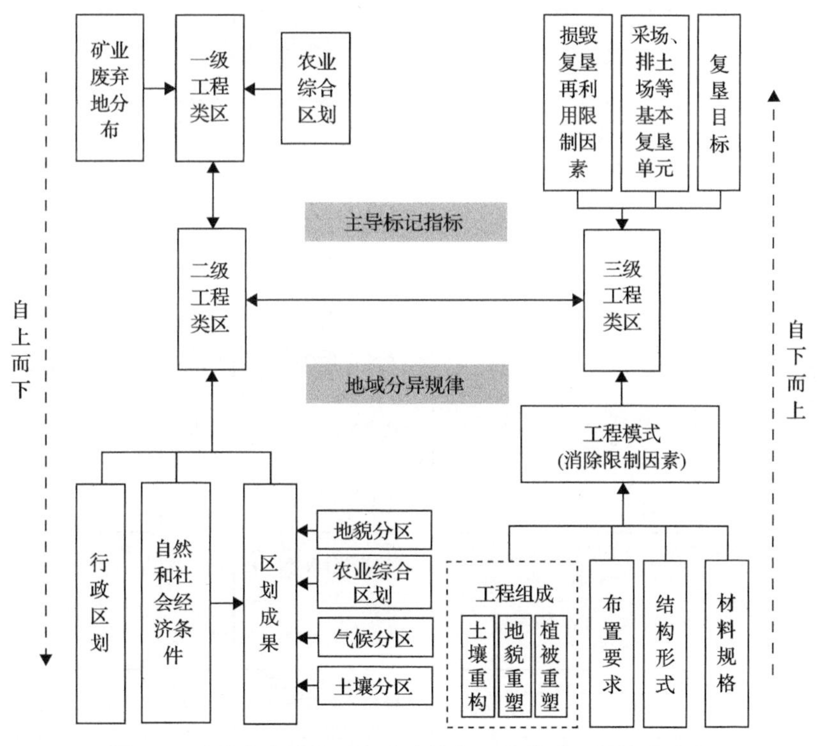

图3-1　矿业废弃地复垦与生态修复工程类型区划技术路线

(三)工程类型区划

收集并矢量化土壤类型、农业区划、气候带等基础图件，基于前文提出的矿业废弃地复垦与生态修复工程类型区划的技术路线，完成我国矿业废弃地复垦与生态修复工程类型分区。

我国矿业废弃地区域划分为10个一级工程类型区，分别命名为东北区、北方草原区、黄淮海区、黄土高原区、长江中下游区、西南区、中部山地丘陵区、东南沿海区、西北干旱区和青藏区，代码为Ⅰ、Ⅱ、Ⅲ、…、Ⅹ。在此基础上，划分成44个二级工程类型区(表3-1)，代码为一级工程类型区代码+1，2，3，…，*n*(*n*为同一一级工程类型区下划分的二级工程类型区数量)，二级工程类型区命名规则为区域名称+地貌类型+气候带+土壤类型+主导利用方向。例如，Ⅰ东北区下分Ⅰ1辽宁平原丘陵湿润、半湿润棕壤、褐土农林区，Ⅰ2松嫩三江平原湿润、半湿润暗棕壤、黑土农业区，Ⅰ3兴安岭湿润、半湿润暗棕壤、黑土林区等。

表3-1 矿业废弃地工程类型分区

序号	工程类型区		分区依据与特征		
	一级	二级	农业区划	降水带	气候带和土壤类型
1	Ⅰ东北区	辽宁平原丘陵湿润、半湿润棕壤、褐土农林区	辽宁平原丘陵农林区	过渡带	湿润、半湿润棕壤、褐土
2		松嫩三江平原湿润、半湿润暗棕壤、黑土农业区	松嫩三江平原农业区	过渡带	湿润、半湿润暗棕壤、黑土
3		兴安岭湿润、半湿润暗棕壤、黑土林区	兴安岭林区	过渡带	湿润、半湿润暗棕壤、黑土
4		长白山地湿润、半湿润暗棕壤、黑土农林区	长白山地农林区	过渡带	湿润、半湿润暗棕壤、黑土
5		兴安岭湿润、半湿润寒棕壤、漂灰土林区	兴安岭林区	过渡带	湿润、半湿润寒棕壤、漂灰土
6	Ⅱ北方草原区	内蒙古中南部干旱、半干旱黑钙土、栗钙土、黑垆土牧农区	内蒙古中南部牧农区	少水带	干旱、半干旱黑钙土、栗钙土、黑垆土
7		内蒙古北部干旱、半干旱黑钙土、栗钙土、黑垆土牧区	内蒙古北部牧区	缺水带	干旱、半干旱黑钙土、栗钙土、黑垆土
8		内蒙古中南部湿润、半湿润暗棕壤、黑土牧农区	内蒙古中南部牧农区	少水带	湿润、半湿润暗棕壤、黑土
9		内蒙古北部干旱、半干旱灰钙土、棕钙土牧区	内蒙古北部牧区	缺水带	干旱、半干旱灰钙土、棕钙土
10		长城沿线干旱、半干旱黑钙土、栗钙土、黑垆土农牧区	长城沿线农牧区	过渡带	干旱、半干旱黑钙土、栗钙土、黑垆土
11	Ⅲ黄淮海区	黄淮平原湿润、半湿润棕壤、褐土农业区	黄淮平原农业区	过渡带	湿润、半湿润棕壤、褐土
12		山东丘陵湿润、半湿润棕壤、褐土农林区	山东丘陵农林区	过渡带	湿润、半湿润棕壤、褐土
13		冀鲁豫低洼平原湿润、半湿润棕壤、褐土农业区	冀鲁豫低洼平原农业区	过渡带	湿润、半湿润棕壤、褐土
14	Ⅳ黄土高原区	陇中青东丘陵干旱、半干旱黑钙土、栗钙土、黑垆土农牧区	陇中青东丘陵农牧区	过渡带	干旱、半干旱黑钙土、栗钙土、黑垆土
15		晋东豫西丘陵山地湿润、半湿润棕壤、褐土农林牧区	晋东豫西丘陵山地农林牧区	过渡带	湿润、半湿润棕壤、褐土
16		晋陕甘黄土丘陵沟壑干旱、半干旱黑钙土、栗钙土、黑垆土牧林农区	晋陕甘黄土丘陵沟壑牧林农区	过渡带	干旱、半干旱黑钙土、栗钙土、黑垆土

续表

序号	工程类型区		分区依据与特征		
	一级	二级	农业区划	降水带	气候带和土壤类型
17	Ⅴ长江中下游区	南岭丘陵山地湿润、半湿润红壤、黄壤林农区	南岭丘陵山地林农区	丰水带	湿润、半湿润红壤、黄壤
18		江南丘陵山地湿润、半湿润红壤、黄壤林农区	江南丘陵山地林农区	丰水带	湿润、半湿润红壤、黄壤
19		长江下游平原丘陵湿润、半湿润黄棕壤、黄褐土农蓄水产区	长江下游平原丘陵农蓄水产区	多水带	湿润、半湿润黄棕壤、黄褐土
20		秦岭大巴山湿润、半湿润棕壤、褐土林农区	秦岭大巴山林农区	多水带	湿润、半湿润棕壤、褐土
21	Ⅵ西南区	川滇高原山地湿润、半湿润红壤、黄壤农林牧区	川滇高原山地农林牧区	多水带	湿润、半湿润红壤、黄壤
22		滇南湿润、半湿润赤红壤农林区	滇南农林区	丰水带	湿润、半湿润赤红壤
23	Ⅶ中部山地丘陵区	川鄂湘黔边境山地湿润、半湿润红壤、黄壤农林牧区	川鄂湘黔边境山地农林牧区	多水带	湿润、半湿润红壤、黄壤
24		四川盆地湿润、半湿润红壤、黄壤农林区	四川盆地农林区	多水带	湿润、半湿润红壤、黄壤
25		秦岭大巴山高寒区亚高山草甸土林农区	秦岭大巴山林农区	多水带	高寒区亚高山草甸土
26	Ⅷ东南沿海区	闽南粤中湿润、半湿润赤红壤农林水产区	闽南粤中农林水产区	丰水带	湿润、半湿润赤红壤
27		浙闽丘陵山地湿润、半湿润红壤、黄壤林农区	浙闽丘陵山地林农区	丰水带	湿润、半湿润红壤、黄壤
28		琼雷及南海诸岛湿润、半湿润砖红壤农林区	琼雷及南海诸岛农林区	丰水带	湿润、半湿润砖红壤
29		粤西桂南湿润、半湿润砖红壤农林区	粤西桂南农林区	丰水带	湿润、半湿润砖红壤
30		滇南湿润、半湿润赤红壤农林区	滇南农林区	丰水带	湿润、半湿润赤红壤
31		台湾湿润、半湿润赤红壤农林区	台湾农林区	丰水带	湿润、半湿润赤红壤
32	Ⅸ西北干旱区	南疆高寒区高山漠土农牧区	南疆农牧区	缺水带	高寒区高山漠土
33		蒙宁甘干旱、半干旱棕漠土农牧区	蒙宁甘农牧区	缺水带	干旱、半干旱棕漠土
34		南疆高寒区高山漠土农牧区	南疆农牧区	少水带	高寒区高山漠土
35		南疆干旱、半干旱棕漠土农牧区	南疆农牧区	少水带	干旱、半干旱棕漠土
36		蒙宁甘干旱、半干旱灰漠土农牧区	蒙宁甘农牧区	缺水带	干旱、半干旱灰漠土
37		北疆干旱、半干旱灰漠土农牧林区	北疆农牧林区	缺水带	干旱、半干旱灰漠土
38	Ⅹ青藏区	藏南高寒区亚高山草原土农牧区	藏南农牧区	过渡带	高寒区亚高山草原土
39		川藏湿润、半湿润红壤、黄壤林农牧区	川藏林农牧区	多水带	湿润、半湿润红壤、黄壤
40		青藏高寒高山草原土牧区	青藏高寒牧区	过渡带	高寒高山草原土
41		青甘高寒亚高山漠土牧农区	青甘牧农区	少水带	高寒亚高山漠土
42		青藏高寒亚高山漠土牧区	青藏高寒牧区	缺水带	高寒亚高山漠土
43		青甘干旱、半干旱棕漠土牧农区	青甘牧农区	少水带	干旱、半干旱棕漠土
44		青藏高寒亚高山草甸土牧区	青藏高寒牧区	过渡带	高寒亚高山草甸土

第二节　矿业废弃地复垦与生态修复质量控制标准

一、质量控制指标

矿业废弃地复垦与生态修复方向包括耕地、园地、林地、草地、渔业(含水产养殖)、人工水域和公园、建设用地等。耕地、园地方向质量指标包括土地生产力和清洁度状况两个方面，其他方向不再区分二级指标。土地复垦与生态修复质量控制指标体系见表 3-2。

表 3-2　土地复垦与生态修复质量控制指标体系表

复垦方向	指标类型	基本指标
耕地	土地生产力	地面坡度/(°)
		平整度
		有效土层厚度/cm
		土壤质地
		砾石含量/%
		有机质/%
		灌排能力
		道路
		林网
		单位面积产量/(kg/hm^2)
	清洁度状况	综合污染指数
园地	土地生产力	地面坡度/(°)
		有效土层厚度/cm
		有机质/%
		灌溉
		排水
		道路
		单位面积产量/(kg/hm^2)
	清洁度状况	综合污染指数
林地		有效土层厚度/cm
		有机质/%
		道路
		定植密度/(株/hm^2)
		郁闭度

续表

复垦方向	指标类型	基本指标
草地		有效土层厚度/cm
		有机质/%
		灌溉
		道路
		覆盖度/%
		单位面积产量/(kg/hm^2)
渔业(含水产养殖业)		塘(池)面积/hm^2
		塘(池)深度/m
		水质
		单位面积产量/(kg/hm^2)
		防洪
		排水
人工水域和公园		协调程度
		水质
		防洪
		排水
建设用地		协调程度
		平整度
		地基承载力
		防洪

二、质量控制标准

根据不同分区土壤、植被等特征，结合复垦修复方向，制定矿业废弃地复垦修复各指标的质量控制要求(表 3-3～表 3-13)。

表 3-3 东北区土地复垦与生态修复质量控制标准

复垦方向	指标类型	基本指标	控制标准
耕地	土地生产力	地面坡度/(°)	≤15
		平整度	田面高差±5cm 之内
		有效土层厚度/cm	≥80
		土壤质地	砂质壤土至砂质黏土
		砾石含量/%	≤5
		有机质/%	≥2
		灌排能力	达到当地各行业工程建设标准要求
		道路	达到当地各行业工程建设标准要求
		林网	达到当地各行业工程建设标准要求
		单位面积产量/(kg/hm^2)	3 年后达到周边地区同等土地利用类型水平
	清洁度状况	综合污染指数	尚清洁以上，各重金属单项指标低于 GB 15618—2018*风险筛选值

续表

复垦方向	指标类型	基本指标	控制标准
园地	土地生产力	地面坡度/(°)	≤15
		有效土层厚度/cm	≥40
		有机质/%	≥2
		灌溉	达到当地各行业工程建设标准要求
		排水	达到当地各行业工程建设标准要求
		道路	达到当地各行业工程建设标准要求
		单位面积产量/(kg/hm^2)	3年后达到周边地区同等土地利用类型水平
	清洁度状况	综合污染指数	尚清洁以上
林地		有效土层厚度/cm	≥30
		有机质/%	≥2
		道路	达到当地本行业工程建设标准要求
		定植密度/(株/hm^2)	满足《造林技术规程》(GB/T 15776—2016)要求
		郁闭度	≥0.30
草地		有效土层厚度/cm	≥50
		有机质/%	≥2
		灌溉	达到当地本行业工程建设标准要求
		道路	达到当地本行业工程建设标准要求
		覆盖度/%	≥30
		单位面积产量/(kg/hm^2)	3年后达到周边地区同等土地利用类型水平

*指《土壤环境质量　农用地土壤污染风险管控标准(试行)》，下同。

表 3-4　黄淮海区土地复垦与生态修复质量控制标准

复垦方向	指标类型	基本指标	控制标准
耕地	土地生产力	地面坡度/(°)	≤15
		平整度	田面高差±5cm之内
		有效土层厚度/cm	≥60
		土壤质地	壤土至壤质黏土
		砾石含量/%	≤5
		有机质/%	≥1
		灌排能力	达到当地各行业工程建设标准要求
		道路	达到当地各行业工程建设标准要求
		林网	达到当地各行业工程建设标准要求
		单位面积产量/(kg/hm^2)	3年后达到周边地区同等土地利用类型水平
	清洁度状况	综合污染指数	尚清洁以上，各重金属单项指标低于GB 15618—2018风险筛选值

续表

复垦方向	指标类型	基本指标	控制标准
园地	土地生产力	地面坡度/(°)	≤20
		有效土层厚度/cm	≥40
		有机质/%	≥1
		灌溉	达到当地各行业工程建设标准要求
		排水	达到当地各行业工程建设标准要求
		道路	达到当地各行业工程建设标准要求
		单位面积产量/(kg/hm²)	3年后达到周边地区同等土地利用类型水平
	清洁度状况	综合污染指数	尚清洁以上，各重金属单项指标低于GB 15618—2018风险管制值
林地		有效土层厚度/cm	≥30
		有机质/%	≥1
		道路	达到当地本行业工程建设标准要求
		定植密度/(株/hm²)	满足《造林技术规程》(GB/T 15776—2016)要求
		郁闭度	≥0.35
草地		有效土层厚度/cm	≥50
		有机质/%	≥1.5
		灌溉	达到当地本行业工程建设标准要求
		道路	达到当地本行业工程建设标准要求
		覆盖度/%	≥30
		单位面积产量/(kg/hm²)	3年后达到周边地区同等土地利用类型水平

表3-5　长江中下游区土地复垦与生态修复质量控制标准

复垦方向	指标类型	基本指标	控制标准
耕地	土地生产力	地面坡度/(°)	≤15
		平整度	田面高差±5cm之内
		有效土层厚度/cm	≥50
		土壤质地	砂质壤土至壤质黏土
		砾石含量/%	≤5
		有机质/%	≥1
		灌排能力	达到当地各行业工程建设标准要求
		道路	达到当地各行业工程建设标准要求
		林网	达到当地各行业工程建设标准要求
		单位面积产量/(kg/hm²)	3年后达到周边地区同等土地利用类型水平
	清洁度状况	综合污染指数	尚清洁以上，各重金属单项指标低于GB 15618—2018风险筛选值

续表

复垦方向	指标类型	基本指标	控制标准
园地	土地生产力	地面坡度/(°)	≤20
		有效土层厚度/cm	≥30
		有机质/%	≥1
		灌溉	达到当地各行业工程建设标准要求
		排水	达到当地各行业工程建设标准要求
		道路	达到当地各行业工程建设标准要求
		单位面积产量/(kg/hm²)	3年后达到周边地区同等土地利用类型水平
	清洁度状况	综合污染指数	尚清洁以上，各重金属单项指标低于GB 15618—2018风险管制值
林地		有效土层厚度/cm	≥30
		有机质/%	≥1
		道路	达到当地本行业工程建设标准要求
		定植密度/(株/hm²)	满足《造林技术规程》(GB/T 15776—2016)要求
		郁闭度	≥0.35
草地		有效土层厚度/cm	≤20
		有机质/%	≥1.5
		灌溉	达到当地本行业工程建设标准要求
		道路	达到当地本行业工程建设标准要求
		覆盖度/%	≥50
		单位面积产量/(kg/hm²)	3年后达到周边地区同等土地利用类型水平

表 3-6　东南沿海区土地复垦与生态修复质量控制标准

复垦方向	指标类型	基本指标	控制标准
耕地	土地生产力	地面坡度/(°)	≤25
		平整度	田面高差±5cm之内
		有效土层厚度/cm	≥30
		土壤质地	砂质壤土至壤质黏土
		砾石含量/%	≤10
		有机质/%	≥1
		灌排能力	达到当地各行业工程建设标准要求
		道路	达到当地各行业工程建设标准要求
		林网	达到当地各行业工程建设标准要求
		单位面积产量/(kg/hm²)	3年后达到周边地区同等土地利用类型水平
	清洁度状况	综合污染指数	尚清洁以上，各重金属单项指标低于GB 15618—2018风险筛选值

续表

复垦方向	指标类型	基本指标	控制标准
园地	土地生产力	地面坡度/(°)	≤25
		有效土层厚度/cm	≥30
		有机质/%	≥1
		灌溉	达到当地各行业工程建设标准要求
		排水	达到当地各行业工程建设标准要求
		道路	达到当地各行业工程建设标准要求
		单位面积产量/(kg/hm^2)	3 年后达到周边地区同等土地利用类型水平
	清洁度状况	综合污染指数	尚清洁以上，各重金属单项指标低于 GB 15618—2018 风险管制值
林地		有效土层厚度/cm	≥30
		有机质/%	≥1
		道路	达到当地本行业工程建设标准要求
		定植密度/(株/hm^2)	满足《造林技术规程》(GB/T 15776—2016)要求
		郁闭度	≥0.35
草地		有效土层厚度/cm	≥30
		有机质/%	≥1.5
		灌溉	达到当地本行业工程建设标准要求
		道路	达到当地本行业工程建设标准要求
		覆盖度/%	≥50
		单位面积产量/(kg/hm^2)	3 年后达到周边地区同等土地利用类型水平

表 3-7　黄土高原区土地复垦与生态修复质量控制标准

复垦方向	指标类型	基本指标	控制标准
耕地	土地生产力	地面坡度/(°)	≤25
		平整度	田面高差±5cm 之内
		有效土层厚度/cm	≥80，土石山区≥30
		土壤质地	壤土至黏壤土
		砾石含量/%	≤10
		有机质/%	≥0.5
		灌排能力	达到当地各行业工程建设标准要求
		道路	达到当地各行业工程建设标准要求
		林网	达到当地各行业工程建设标准要求
		单位面积产量/(kg/hm^2)	3 年后达到周边地区同等土地利用类型水平
	清洁度状况	综合污染指数	尚清洁以上，各重金属单项指标低于 GB 15618—2018 风险筛选值

续表

复垦方向	指标类型	基本指标	控制标准
园地	土地生产力	地面坡度/(°)	≤20
		有效土层厚度/cm	≥30
		有机质/%	≥0.5
		灌溉	达到当地各行业工程建设标准要求
		排水	达到当地各行业工程建设标准要求
		道路	达到当地各行业工程建设标准要求
		单位面积产量/(kg/hm^2)	3年后达到周边地区同等土地利用类型水平
	清洁度状况	综合污染指数	尚清洁以上，各重金属单项指标低于GB 15618—2018风险管制值
林地		有效土层厚度/cm	≥30
		有机质/%	≥0.5
		道路	达到当地本行业工程建设标准要求
		定植密度/(株/hm^2)	满足《造林技术规程》(GB/T 15776—2016)要求
		郁闭度	≥0.30
草地		有效土层厚度/cm	≥40
		有机质/%	≥0.5
		灌溉	达到当地本行业工程建设标准要求
		道路	达到当地本行业工程建设标准要求
		覆盖度/%	≥50
		单位面积产量/(kg/hm^2)	3年后达到周边地区同等土地利用类型水平

表 3-8　北方草原区土地复垦与生态修复质量控制标准

复垦方向	指标类型	基本指标	控制标准
耕地	土地生产力	地面坡度/(°)	≤25
		平整度	田面高差±5cm之内
		有效土层厚度/cm	≥50
		土壤质地	砂质壤土至砂质黏土
		砾石含量/%	≤10
		有机质/%	≥1
		灌排能力	达到当地各行业工程建设标准要求
		道路	达到当地各行业工程建设标准要求
		林网	达到当地各行业工程建设标准要求
		单位面积产量/(kg/hm^2)	3年后达到周边地区同等土地利用类型水平
	清洁度状况	综合污染指数	尚清洁以上，各重金属单项指标低于GB 15618—2018风险筛选值

续表

复垦方向	指标类型	基本指标	控制标准
园地	土地生产力	地面坡度/(°)	≤20
		有效土层厚度/cm	≥30
		有机质/%	≥1
		灌溉	达到当地各行业工程建设标准要求
		排水	达到当地各行业工程建设标准要求
		道路	达到当地各行业工程建设标准要求
		单位面积产量/(kg/hm^2)	3年后达到周边地区同等土地利用类型水平
	清洁度状况	综合污染指数	尚清洁以上，各重金属单项指标低于GB 15618—2018风险管制值
林地		有效土层厚度/cm	≥30
		有机质/%	≥1
		道路	达到当地本行业工程建设标准要求
		定植密度/(株/hm^2)	满足《造林技术规程》(GB/T 15776—2016)要求
		郁闭度	≥0.30
草地		有效土层厚度/cm	≥40
		有机质/%	≥1
		灌溉	达到当地本行业工程建设标准要求
		道路	达到当地本行业工程建设标准要求
		覆盖度/%	≥40
		单位面积产量/(kg/hm^2)	3年后达到周边地区同等土地利用类型水平

表3-9　中部山地丘陵区土地复垦与生态修复质量控制标准

复垦方向	指标类型	基本指标	控制标准
耕地	土地生产力	地面坡度/(°)	≤25
		平整度	田面高差±5cm之内
		有效土层厚度/cm	≥40
		土壤质地	砂质壤土至砂质黏土
		砾石含量/%	≤15
		有机质/%	≥1.5
		灌排能力	达到当地各行业工程建设标准要求
		道路	达到当地各行业工程建设标准要求
		林网	达到当地各行业工程建设标准要求
		单位面积产量/(kg/hm^2)	3年后达到周边地区同等土地利用类型水平
	清洁度状况	综合污染指数	尚清洁以上，各重金属单项指标低于GB 15618—2018风险筛选值

续表

复垦方向	指标类型	基本指标	控制标准
园地	土地生产力	地面坡度/(°)	≤25
		有效土层厚度/cm	≥30
		有机质/%	≥1.5
		灌溉	达到当地各行业工程建设标准要求
		排水	达到当地各行业工程建设标准要求
		道路	达到当地各行业工程建设标准要求
		单位面积产量/(kg/hm^2)	3年后达到周边地区同等土地利用类型水平
	清洁度状况	综合污染指数	尚清洁以上，各重金属单项指标低于GB 15618—2018风险管制值
林地		有效土层厚度/cm	≥30
		有机质/%	≥1
		道路	达到当地本行业工程建设标准要求
		定植密度/(株/hm^2)	满足《造林技术规程》(GB/T 15776—2016)要求
		郁闭度	≥0.35
草地		有效土层厚度/cm	≥40
		有机质/%	≥1.5
		灌溉	达到当地本行业工程建设标准要求
		道路	达到当地本行业工程建设标准要求
		覆盖度/%	≥40
		单位面积产量/(kg/hm^2)	3年后达到周边地区同等土地利用类型水平

表3-10 西南区土地复垦与生态修复质量控制标准

复垦方向	指标类型	基本指标	控制标准
耕地	土地生产力	地面坡度/(°)	≤25
		平整度	田面高差±5cm之内
		有效土层厚度/cm	≥40
		土壤质地	砂质壤土至壤质黏土
		砾石含量/%	≤15
		有机质/%	≥1
		灌排能力	达到当地各行业工程建设标准要求
		道路	达到当地各行业工程建设标准要求
		林网	达到当地各行业工程建设标准要求
		单位面积产量/(kg/hm^2)	3年后达到周边地区同等土地利用类型水平
	清洁度状况	综合污染指数	尚清洁以上，各重金属单项指标低于GB 15618—2018风险筛选值

续表

复垦方向	指标类型	基本指标	控制标准
园地	土地生产力	地面坡度/(°)	≤25
		有效土层厚度/cm	≥50
		有机质/%	≥1
		灌溉	达到当地各行业工程建设标准要求
		排水	达到当地各行业工程建设标准要求
		道路	达到当地各行业工程建设标准要求
		单位面积产量/(kg/hm^2)	3 年后达到周边地区同等土地利用类型水平
	清洁度状况	综合污染指数	尚清洁以上，各重金属单项指标低于 GB 15618—2018 风险管制值
林地		有效土层厚度/cm	≥30
		有机质/%	≥1
		道路	达到当地本行业工程建设标准要求
		定植密度/(株/hm^2)	满足《造林技术规程》(GB/T 15776—2016)要求
		郁闭度	≥0.30
草地		有效土层厚度/cm	≥20
		有机质/%	≥1.2
		灌溉	达到当地本行业工程建设标准要求
		道路	达到当地本行业工程建设标准要求
		覆盖度/%	≥40
		单位面积产量/(kg/hm^2)	3 年后达到周边地区同等土地利用类型水平

表 3-11　西北干旱区土地复垦质量与生态修复质量控制标准

复垦方向	指标类型	基本指标	控制标准
耕地	土地生产力	地面坡度/(°)	≤15
		平整度	田面高差±3cm 之内
		有效土层厚度/cm	≥40
		土壤质地	壤质砂土至黏壤土
		砾石含量/%	≤20
		有机质/%	≥0.5
		灌排能力	达到当地各行业工程建设标准要求
		道路	达到当地各行业工程建设标准要求
		林网	达到当地各行业工程建设标准要求
		单位面积产量/(kg/hm^2)	3 年后达到周边地区同等土地利用类型水平
	清洁度状况	综合污染指数	尚清洁以上，各重金属单项指标低于 GB 15618—2018 风险筛选值

续表

复垦方向	指标类型	基本指标	控制标准
园地	土地生产力	地面坡度/(°)	≤20
		有效土层厚度/cm	≥30
		有机质/%	≥0.5
		灌溉	达到当地各行业工程建设标准要求
		排水	达到当地各行业工程建设标准要求
		道路	达到当地各行业工程建设标准要求
		单位面积产量/(kg/hm^2)	3 年后达到周边地区同等土地利用类型水平
	清洁度状况	综合污染指数	尚清洁以上，各重金属单项指标低于 GB 15618—2018 风险管制值
林地		有效土层厚度/cm	≥30
		有机质/%	≥0.5
		道路	达到当地本行业工程建设标准要求
		定植密度/(株/hm^2)	满足《造林技术规程》(GB/T 15776—2016)要求
		郁闭度	≥0.20
草地		有效土层厚度/cm	≥20
		有机质/%	≥0.8
		灌溉	达到当地本行业工程建设标准要求
		道路	达到当地本行业工程建设标准要求
		覆盖度/%	≥20
		单位面积产量/(kg/hm^2)	3 年后达到周边地区同等土地利用类型水平

表 3-12　青藏区土地复垦与生态修复质量控制标准

复垦方向	指标类型	基本指标	控制标准
耕地	土地生产力	地面坡度/(°)	≤15
		平整度	≥40
		有效土层厚度/cm	≥30
		土壤质地	壤质砂土至砂质黏土
		砾石含量/%	≤20
		有机质/%	≥0.6
		灌排能力	达到当地各行业工程建设标准要求
		道路	达到当地各行业工程建设标准要求
		林网	达到当地各行业工程建设标准要求
		单位面积产量/(kg/hm^2)	3 年后达到周边地区同等土地利用类型水平
	清洁度状况	综合污染指数	尚清洁以上，各重金属单项指标低于 GB 15618—2018 风险筛选值

续表

复垦方向	指标类型	基本指标	控制标准
园地	土地生产力	地面坡度/(°)	≤25
		有效土层厚度/cm	≥30
		有机质/%	≥0.5
		灌溉	达到当地各行业工程建设标准要求
		排水	达到当地各行业工程建设标准要求
		道路	达到当地各行业工程建设标准要求
		单位面积产量/(kg/hm^2)	3 年后达到周边地区同等土地利用类型水平
	清洁度状况	综合污染指数	尚清洁以上，各重金属单项指标低于 GB 15618—2018 风险管制值
林地		有效土层厚度/cm	≥30
		有机质/%	≥0.5
		道路	达到当地本行业工程建设标准要求
		定植密度/(株/hm^2)	满足《造林技术规程》(GB/T 15776—2016)要求
		郁闭度	≥0.20
草地		有效土层厚度/cm	≥20
		有机质/%	≥0.5
		灌溉	达到当地本行业工程建设标准要求
		道路	达到当地本行业工程建设标准要求
		覆盖度/%	≥20
		单位面积产量/(kg/hm^2)	3 年后达到周边地区同等土地利用类型水平

表 3-13　其他土地复垦与生态修复质量控制标准

复垦用途	指标类型	基本指标	控制标准
用于渔业(含水产养殖业)	规格	塘(池)面积/hm^2	0.5～1.0
		塘(池)深度/m	2～3
	水体质量	水质	满足《渔业水质标准》(GB 11607—1989)要求
	设施配套程度	防洪	有排水设施，防洪标准满足当地要求
		排水	
	生产力水平	单位面积产量/(kg/hm^2)	3 年后达到当地平均水平
用于人工水域和公园	景观	景观协调程度	面积宜大于 $2hm^2$，保持景观完整性与多样性
	水体质量	水质	达到《地表水环境质量标准》(GB 3838—2002)中Ⅳ、Ⅴ类以上标准
	设施配套程度	防洪	有排水设施，防洪标准满足当地要求
		排水	
用于建设用地	景观		景观协调，宜居
	地形	平整度	基本平整
	稳定性要求	地基承载力	满足《建筑地基基础设计规范》(GB 50007—2011)要求
	配套设施	防洪	地基设计标高满足防洪要求

第四章　矿业废弃地复垦与生态修复实施技术要点

【内容概要】本章阐述了矿业废弃地复垦与生态修复工作中关键环节的内容、工程技术及相关要点，包括矿业废弃地调查评价、复垦与生态修复规划设计、复垦与生态修复实施体系和实施要点。

第一节　矿业废弃地调查评价

按推进进程分，矿业废弃地复垦与生态修复工作内容包括调查评估、复垦规划设计、复垦工程实施及竣工验收工作。具体详见图 4-1。

根据复垦修复环节，矿业废弃地复垦与生态修复调查包括两个阶段：第一阶段是复垦修复前的背景调查；第二阶段是复垦修复后的监测调查。本节主要阐述矿业废弃地复垦修复前的利用现状调查，复垦修复后监测调查在第五章中阐述，但相关调查评价方法是相同的。

一、矿业废弃地复垦与生态修复调查

(一)调查的目的和意义

矿业废弃地调查是指在一定待或已复垦修复区域内，通过资料收集整理、采样化验、遥感等多途径，对复垦修复前后矿业废弃地基本状况进行摸底和统计，采集矿业废弃地历史背景情况及利用现状等，为矿业废弃地复垦与生态修复利用专项规划、复垦修复实施、复垦修复监测及下一步改良措施的选择等提供基础资料，为建立土地复垦与生态修复基础信息采集和备案制度、构建土地复垦与生态修复管理信息系统、科学合理地组织损毁土地复垦与生态修复、实现土地资源的可持续利用、促进区域经济社会发展提供基础信息。

(二)调查的原则

1. 独立性原则

依据相关法律、法规和规章制度及可靠的数据来源，对矿业废弃地独立地进行调查。坚持独立的第三者立场，不受主管部门或当事人的利益左右。

2. 科学性和针对性原则

根据矿业废弃地及其复垦修复对象的特征，选择适用的标准和方法，制定科学的调查工作方案，以确保调查结果的准确性。开展矿业废弃地调查时，要秉承实事求是的态度，根据待复垦修复矿业废弃地的特征，因地制宜地选择不同的调查方法和技术路线。

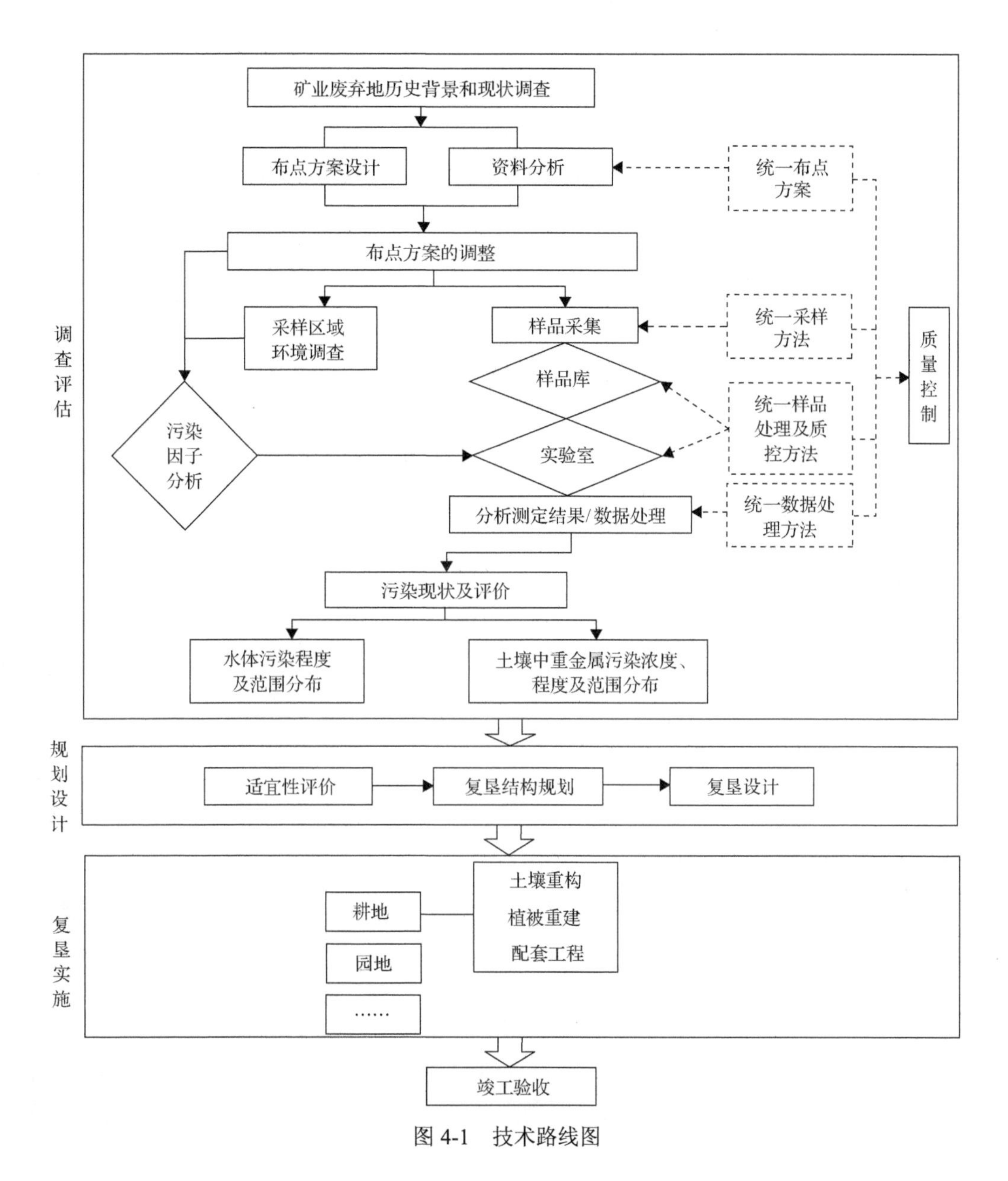

图 4-1　技术路线图

3. 统一性和地区性原则

对不同待复垦修复区矿业废弃地进行调查时，采用统一的土地利用分类、矿业废弃地类型分类标准，使不同区域便于衔接，有利于实现全国的管理。在保持大的分类不变的情况下，可在兼容的情况下，制定相应的地方标准和操作方法。

(三)调查内容与程序

调查内容包括废弃地历史背景、地质灾害和污染隐患调查及其所在地区的社会经济状况、自然条件等。调查程序包括方案设计、资料分析、人员组织、表格准备及仪器工具准备等。具体内容和程序如图 4-2 所示。

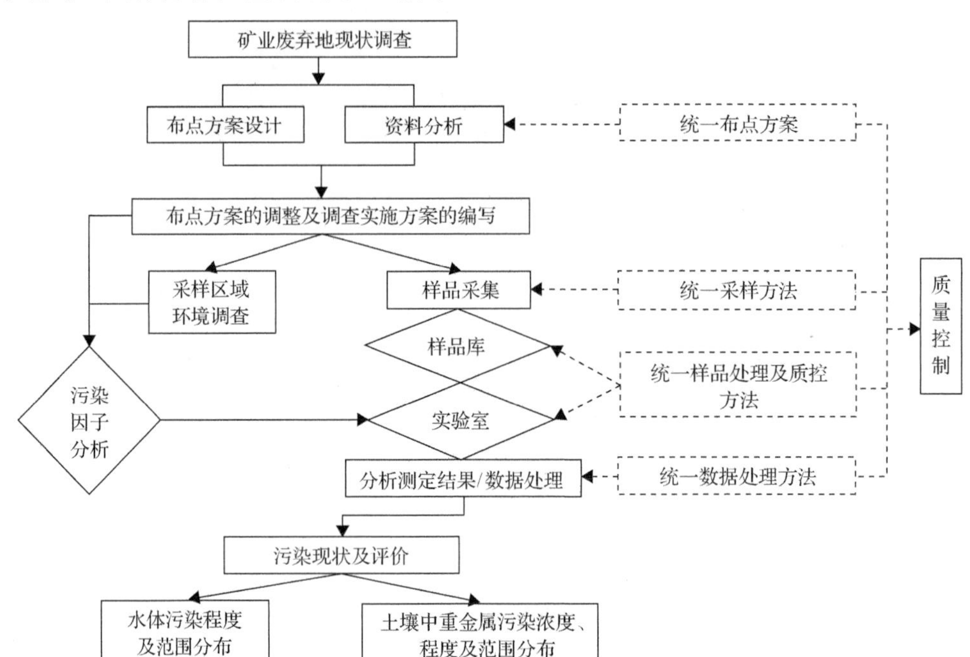

图 4-2　矿业废弃地利用现状调查内容与一般程序

（四）调查技术要点

1. 现场调查与资料分析

根据矿业生产历史背景，查明《土壤环境质量　农用地土壤污染风险管控标准(试行)》(GB 15618—2018)中涉及的与工矿活动相关的污染物含量和土壤本底中污染物含量。应查明污染物分布特征，并综合考虑土地损毁状况、区位条件、水土资源、生态环境风险等，查明污染物类型、污染程度。基于资料收集分析、实地调查和遥感调查等手段，获取矿业废弃地现状信息指标，具体调查指标和方法见表 4-1。在污染调查工作时遵循“点对点”和“同时”两个原则，开展与土壤对应的植物、地下水污染情况调查。

目前，常用的调查方法主要有四类，分别是实地调查法、遥感调查法、问询调查法、资料收集法。

1)实地调查法

实地调查获取数据时要确保准确、真实，出现与实际不符的情况时要及时与有关部门沟通。实地调查主要是指使用各种测量仪器、设备、工具等进行地面实地考查或人眼直接观察。调查结果应及时向有关部门反馈、沟通、核实，与实际不符的数据要进行实地补充调查。

表 4-1　矿业废弃地调查指标和方法

调查类别			调查内容	调查指标	调查方法
历史背景调查			工矿废弃地类型		资料收集、实地调查
			废弃时间		资料收集、调查问询、年度变更调查
			废弃原因		资料收集、实地调查
			面积		实地调查、遥感调查、土地利用现状调查
			利用程度		资料收集、实地调查
			地表覆盖情况		实地调查、遥感调查
现状调查	位置信息			行政区域	资料收集、土地利用现状调查
				权属	资料收集、调查问询、土地利用现状调查
	利用现状			利用程度	资料收集、实地调查
				地表覆盖情况	实地调查、遥感调查
	利用条件调查	自然条件	地形状况	海拔/m	DEM 和遥感
				坡度/(°)	DEM 和遥感
			土壤地力状况	地表物质组成	实地调查并按照《土壤检测　第 3 部分：土壤机械组成的测定》(NY/T 1121.3—2006)执行
				土壤类型	土壤图抽取和现场调查
				土壤质地	按照 NY/T 1121.3—2006 规定的方法测定
				有效土层厚度/cm	实地调查
				土壤容重/(g/cm^3)	按照《土壤检测 第 4 部分：土壤容重的测定》(NY/T 1121.4—2006)规定的方法测定
				砾石含量/%	按照 NY/T 1121.3—2006 规定的方法测定
				pH	按照《土壤检测 第 2 部分：土壤 pH 的测定》(NY/T 1121.2—2006)规定的方法测定
				有机质含量/%	按照《土壤检测 第 6 部分：土壤有机质的测定》(NY/T 1121.6—2006)规定的方法测定
		基础条件	道路状况	道路类型	实地调查、遥感调查
				路面宽度	实地调查、遥感调查
				路面材料	实地调查、遥感调查
			灌排条件	灌溉水源	实地调查、遥感调查
				灌溉保证率	实地调查、遥感调查
				排水沟	实地调查、遥感调查
		土壤-水-植被污染状况调查	污染源		资料收集、实地调查
			总铅含量/(mg/kg)		按《土壤环境监测技术规范》(HJ/T 166—2004)规定的方法测定
			总汞含量/(mg/kg)		按 HJ/T 166—2004 规定的方法测定
			总镉含量/(mg/kg)		按 HJ/T 166—2004 规定的方法测定
			总铬含量/(mg/kg)		按 HJ/T 166—2004 规定的方法测定
			总砷含量/(mg/kg)		按 HJ/T 166—2004 规定的方法测定
			有机污染物		参照《土壤环境质量　农用地土壤污染风险管控标准(试行)》(GB 15618—2018)执行

在实地调查之前，首先应准备好调查区的图件(如调查区地形图、土地利用现状图、土壤图、已复垦土地分布图等)、采样工具(样品袋、样品瓶、照相机、记录本等)和调查表等。其次核对现场复垦与生态修复分布图是否一致，如果有不符合的地方应进行修改或补绘。最后按照调查的一般程序，根据调查表的内容逐项调查填写。主要调查指标的调查方法如下。

(1) 土地面积。调查该指标可使用全站仪、GPS(全球定位系统)等测绘仪器进行实地的测量工作。①全站仪法。测量时使用全站仪，沿顺时针依次采集土地复垦边界线上的界址点坐标(不少于四个)，利用全站仪自带的面积测量程序计算面积，或利用内业数据处理软件处理后计算面积。②GPS 法。大区域测量时该法有较强的实用性。用实时动态(RTK)载波相位差分技术测量，在沿线每个界址点(不少于四个)上停留足够的时间(一般为 2min 左右)，获得每个点的坐标。结合输入的点特征编码及属性信息，获得所有界址点的数据，在室内即可用软件计算面积。

(2) 压占物高度。由于压占物表面不稳定或其他原因，不易在压占物上架设仪器时可采用三角高程测量方法。利用全站仪测量两点之间的水平或倾斜距离并测出倾斜角，利用公式求出高差。表面稳定的压占物可采用 GPS 测高。

(3) 边坡坡度。先实地测量出台阶的高度值和边坡坡面的倾斜长度，根据台阶高度和坡面倾斜长度的比值来计算台阶坡面角。

(4) 有效土层厚度。主要针对已复垦土地和拟复垦土地。首先根据调查区域特点和调查的要求布设一定数量的采样点，然后按照《土壤检测　第 1 部分：土壤样品的采集、处理和贮存》(NY/T 1121.1—2006) 中的要求开挖土壤剖面，量取有效土层厚度并记录采集地点、剖面号、采样日期和采样人等内容。

(5) 土壤质地、土壤容重、土壤有机质含量、土壤 pH 等按照土壤检测的第 3、4、6、2 部分执行。首先布设采样点，然后使用样品铲采集图样，保存在样品袋中并编号，记录采样位置等信息。实地采集完土样后带回室内分析。

(6) 水质。设置采样点，实地利用采样瓶等采样工具采集水样，记录采样位置等信息。室内分析方法参照《渔业水质标准》(GB 11607—1989)、《地表水和污水监测技术规范》(HJ/T 91—2002) 执行。

(7) 覆盖度。覆盖度多采用下面两种方法确定：①目视估测法。采用肉眼并凭借经验直接判别或利用照片、网格等参照物来估计草地的覆盖度。该方法简单易行，但主观随意性大，精度不高。②采样针刺法。对地块选定样方后，将一根根样针在植被中垂直投下，记录刺中植物枝叶的次数，该次数与总样针数之比即为植被盖度。除以上两种方法外，植被覆盖度还可以用遥感调查的方法获取。

(8) 郁闭度。郁闭度实地调查可以采用样点测定法，即在林分调查中，机械设置若干个样点，在各样点位置上用抬头垂直昂视的方法，判断该样点是否被树冠覆盖，统计被覆盖的样点数，该样点数与样点总数之比即为林地郁闭度。除样点测定法外，郁闭度还可以用遥感调查的方法获取。

(9) 定植密度。实地选取一定的面积，使用 GPS 等测量仪器测定选取面积的大小，并对其中植物株数进行调查，株数与面积的比值即为定植密度。

2）遥感调查法

遥感技术是20世纪60年代兴起的一种探测技术，其原理是应用各种传感仪器对远距离目标所辐射和反射的电磁波信息进行收集、处理，并最后成像，对获得的影像数据进行处理、提取和应用有关对象信息的一种高效的信息采集手段，具有极高的时空分辨率，被广泛应用于土地资源调查领域。

利用遥感技术进行调查通常有数据时效性好、观测同步性和经济性等优点。使用遥感的方法可以得到地面大面积的数据，相比传统方法受地形因素影响较小，可以在很大程度上节省人力、物力、财力。遥感调查的程序大致可以分为以下几个步骤：确定计划任务、组织培训调查人员、野外勘察、建立解译标志、遥感图像解译、野外校核、信息提取、汇总分析。在实际调查工作中，常利用遥感调查法得到以下信息。

（1）地貌类型。进行一般的地貌类型普查，对地貌类型的区分度要求不高时，可以对遥感影像直接进行目视解译，得到区域内的主要地貌类型；当调查要求较高，要求划分基本的地貌单元时，则关键是进行地貌的解译工作，此时遥感影像应与其他数据源（如等高线图、DEM、地质图等）在GIS环境中进行叠加分析，解译出基本的地貌类型、形态、物质组成等，经综合分析后划分出地貌单元。

（2）土地利用类型。选择合适的遥感影像数据，进行几何校正和大气辐射校正，然后进行监督分类，利用人机交互解译并结合野外调查验证，进一步修改土地利用类型，并最终提取土地利用信息。

（3）水域面积。根据水域的光谱特征反映在遥感图像上形成的影像特征，建立解译标志，采用计算机自动提取与人工判读相结合的方法对遥感影像进行解译，鼠标示踪描绘水域边界，从属性中提取水域面积。

（4）覆盖度。通过实地测量的草地覆盖度与遥感数据的某一波段、波段组合，或利用遥感数据的某一波段、波段组合，或利用遥感数据计算出的植被指数进行相关性分析，建立经验模型，从而计算覆盖度。

3）问询调查法

问询调查法是依据调查的目的并针对特定的调查对象，预先设计好问题，向被调查者提出预先设计的问题并征求回答，以收集所需信息的研究方法，问询调查的主要形式有口头、书面、电话等，是一种常用的信息收集方法。

可通过问询当地居民及相关部门获取产量、人均耕地面积、人均纯收入等社会经济指标。

4）资料收集法

资料收集法是通过对与调查内容有关的文件资料、图件资料、数据资料的收集、整理、分析，获得所需的信息的方法。土地复垦与生态修复基础信息调查中，当地自然条件状况、社会经济情况等指标都可以使用该方法来获取，某些指标可以在资料收集得到结果的基础上进行实地调查验证。资料收集法的过程大致可以分为两个步骤。

（1）资料收集。收集整理项目所在地区地质环境、工矿生产的历史状况、复垦工作规划、设计、实施、调查及不同阶段遥感影像等文字、图件等资料。

(2)资料整理。①资料分类：根据不同的使用类型对收集的资料进行整理分类。一类为可以直接提取的土地复垦调查基础数据；另一类为辅助检核外业补充调查资料。②资料核实：通过资料核实，使收集的资料的计量单位统一，无显著异常，剔除明显不符合实际情况的极值。③资料分析：研究分析各种统计数据的来源及适用范围。通过资料分析，初步掌握辖区内已损毁、已复垦、拟复垦土地的分布及土地利用状况和土地经济状况。

2. 采样点布设与采集

采样方案包括采样点布设、样品采集、样品处理、实验室检测等。复垦与生态修复后监测取样参照此进行。

1)采样点布设

采样点包括土壤、作物、地下水和地表水等，土壤、作物采样点布设遵循“点对点”原则。分析前期收集到的背景资料，通过现场初步调查，根据流域情况，确定布点范围。在所在区域地图或规划图中标注出准确的地理位置，绘制调查区边界。

A. 土壤采样点布设

常见的土壤采样点布设方法包括系统随机布点法、系统布点法及分区布点法等，如图 4-3 所示。

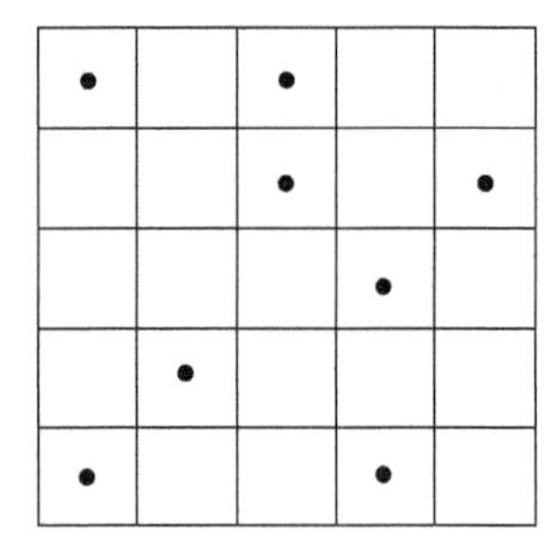

(a) 系统随机布点法

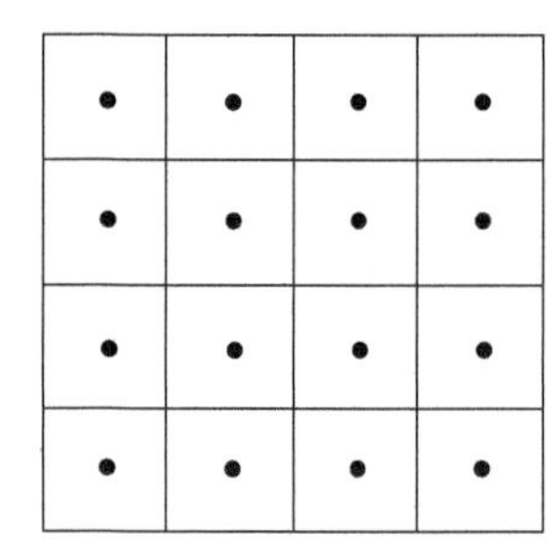

(b) 系统布点法

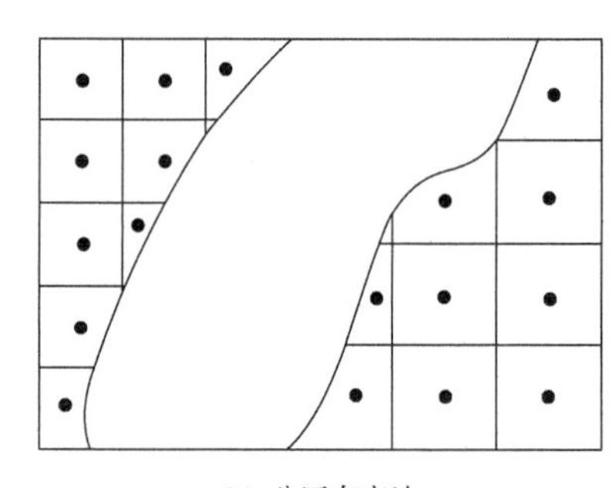

(c) 分区布点法

图 4-3　采样点布设方法

对于前期调查，应根据历史上用地类型、污染程度和地形地貌等情况，结合已有数据的空间异质性，采用系统布点法加密布设土壤采样点，原则上每种用地类型土壤采样点不少于 1 个点。对于复垦与生态修复后的土壤应结合相关复垦与生态修复措施的情况，合理确定采样点数量。

应结合污染源的位置、迁移特征等确定一定的剖面点。若对矿业废弃地信息了解不足，难以合理判断采样深度，可按 0.5～2m 等间距设置采样位置。对于已复垦与修复的土壤应结合相关措施来确定采样深度，剖面采样深度应包括界面在内。

B. 作物采样点布设

按“点对点”原则，设置一定数量的农作物采样点，农作物样品采集密度需根据待复垦与修复区及复垦与生态修复后土壤污染情况和农作物种植种类自行确定。农作物样品采集种类和数量应按照以下规定执行：原则上采集耕种面积大于 80%的农作物可食部分，如南方水稻、小麦和油菜等，北方小麦、玉米、谷子等，每种农作物采集数量需大于 10 件；特色农产品、蔬菜、经济作物、道地中药材等样品可适当布设，每种农产品数量需大于5件。农作物样点布设时，应按照以下两种情况执行：①对土壤有益元素、有害元素及有机污染物分布和理化参数变化范围进行测定的土壤，选择有代表性与典型性异常区布设农作物采样点位，对污染源分布明显的区域应适当加密布设样点；②土壤中污染物无明显大面积分布的地区，也可按照一定网度，选择主要农产区均匀布设农产品采样点，可根据前期调查评价情况，适当布设样点。

C. 地下水、地表水采样点布设

应根据矿业废弃地污染源分布情况，在地下水污染源的上游、中心、两侧及下游区分别布设监测点，以评估地下水的污染状况。①采矿区、分选区和工业场地等位于同一个水文地质单元。对照监测点布设1个，位于矿山影响区上游边界30～50m处；污染扩散监测点不少于3个，地下水下游及两侧的地下水监测点均不得少于1个；对于特定的污染源，如尾矿库，应在其下游30～50m处设置1个监测点，以评价其对地下水的影响。②不同用地类型处于不同水文地质单元：对照监测点布设1个，设置在影响区上游边界30～50m处；污染扩散监测点不少于3个，地下水下游及两侧的地下水监测点均不得少于1个；采矿区与分选区分别设置1个监测点以确定其是否对地下水产生影响，如果地下水已污染，加密布设监测点，以确定地下水的污染范围。

如果复垦与生态修复区内有地表径流(包括河流和湖泊等)，应结合地形地貌和污染源情况，设立背景断面、入境断面、控制断面(若干)和出境断面。背景断面须能反映水系未受污染时的背景值。入境断面用来反映水系进入的水质状况，应设置在水系进入本区域且尚未受到本区域污染源影响处。控制断面用来反映某污染区污水对水质的影响，应设置在复垦与生态修复区的下游，污水与河水基本混匀处。控制断面的数量、控制断面与污染源的距离可根据以下因素决定：主要污染区的数量及其距离、各污染源的实际情况、主要污染物的迁移转化规律和其他水文特征等。此外，还应考虑对纳污量的控制程度，即由各控制断面所控制的纳污量不应小于该河段总纳污量的80%。出境断面用来反映水系进入下一行政区域前的水质，因此应设置在本区域下游。

在一个断面上设置的采样垂线数与各垂线上的采样点数应符合表4-2和表4-3要求，湖(库)垂线上采样点的布设应符合表4-4要求。

表4-2　采样垂线数的设置

水面宽	垂线数	说明
≤50m	一条(中泓)	1. 垂线布设应避开污染带，要测污染带应另加垂线 2. 确能证明该断面水质均匀时，可仅设中泓垂线 3. 凡在该断面要计算污染物通量时，必须按本表设置垂线
50～100m	两条(近左、右岸有明显水流处)	
＞100m	三条(左、中、右)	

表4-3　采样垂线上的采样点数的设置

水深	采样点数	说明
≤5m	上层一点	1. 上层指水面下0.5m处，水深不到0.5m时，在水深1/2处 2. 下层指河底以上0.5m处 3. 中层指1/2水深处 4. 封冻时在冰下0.5m处采样，水深不到0.5m处时，在水深1/2处采样 5. 凡在该断面要计算污染物通量时，必须按本表设置采样点
5～10m	上、下层两点	
＞10m	上、中、下三层三点	

表 4-4　湖(库)监测垂线采样点的设置

水深	分层情况	采样点数	说明
≤5m		一点(水面下 0.5m 处)	1. 分层是指湖水温度分层状况 2. 水深不足 1m，在 1/2 水深处设置测点 3. 有充分数据证实垂线水质均匀时，可酌情减少测点
5～10m	不分层	两点(水面下 0.5m，水底上 0.5m)	
5～10m	分层	三点(水面下 0.5m，1/2 斜温层，水底上 0.5m 处)	
＞10m		除水面下 0.5m，水底上 0.5m 外，按每一斜温分层 1/2 处设置	

2)样品采集

A. 土壤样品采集

土壤样品分表层土和深层土。土壤样品采集时间一般要求在上茬作物成熟或收获以后，下茬作物尚未施用底肥和种植以前，以反映采样地块的真实养分状况和供肥能力。同时也应避开雨季，以防速效氮的淋洗。一个区域的土壤养分有效态分析样品的采集，应在 1～2 周之内完成，以便进行对比。

用于土壤重金属分析的样品，可使用竹铲、竹片直接采取样品。用铁锹挖采样坑时，先挖好坑，用竹片去除与金属采样器接触的土壤后，再采集样品。每个样品采集完后，应清除干净采样工具上的泥土，再用于下个样品采集。在布设的采样点上，以 GPS 定位点为中心，向四周辐射 50～100m 确定分样点，等份组合成一个混合样。采样地块为长方形时，采用“S”形布设分样点；采样地块近似正方形时，采用“X”形或棋盘形布设分样点。每个分样点的采样部位、深度及质量要求一致。采集蔬菜地土壤混合样品时，一个混合土壤样应在同一具有代表性的蔬菜地或设施类型里采集。采样时应避开沟渠、林带、田埂、路边、旧房基、粪堆及微地形高低不平无代表性地段。

采样深度应考虑污染物可能释放和迁移的深度、污染物性质等。大田采集耕层土壤，采样深度为 0～20cm，由 4～6 个子样等量混合组成 1 件样品。果园地土壤采集部位为毛根区，采集深度为 0～60cm 的，原则上由 2～3 个子样等量混合组成 1 件样品，采样困难地区，混合子样数量适当减少。林地的土壤，采集深度为 0～20cm，由 2～3 个子样等量混合组成 1 件样品。将采集的各分样点土壤掰碎，挑出根系、秸秆、石块、虫体等杂物，充分混合后，四分法留取 1.0～1.5kg 装入样品袋。样品袋一般为干净结实的棉布袋，如潮湿样品可内衬塑料袋(供无机元素和化合物测定)或将样品置于玻璃瓶内(供有机化合物测定)。

土壤采样时应进行现场记录，主要内容包括：样品名称和编号、气象条件、采样时间、采样位置、采样深度、样品质地、样品的颜色和气味、现场检测结果及采样人员等。

B. 地下与地表水样采集

地下水采样一般应建地下水监测井。监测井的建设过程分为设计、钻孔、过滤管和井管的选择和安装、滤料的选择和装填，以及封闭和固定等。监测井的建设可参照《地下水环境监测技术规范》(HJ/T 164—2004)中的有关要求。所用的设备和材料应清洗除污，建设结束后需及时进行洗井。监测井建设记录和地下水采样记录的要求参照 HJ/T 164—2004。样品保存、容器和采样体积的要求参照 HJ/T 164—2004。

地表水采集参考《地表水和污水监测技术规范》(HJ/T 91—2002)执行。

C. 作物样品采集

于农作物收获盛期，在采样点地块内视不同情况采用棋盘法、梅花点法、对角线法、蛇形法等进行多点取样，然后等量混匀组成一个混合样品。每一混合样，大型果实由 5～10 个以上的植株组成，小型果实由 10～20 个以上的植株组成。农作物样品的采集量一般为待测试样量的 3～5 倍，每分点采集量则随样点的多少而变化。通常情况下，谷物、油料、干果类为 300～1000g(干重样)，水果、蔬菜类为 1～2kg(鲜重样)，水生植物为 300～1000g(干重样)，烟叶和茶叶等可酌情采集。按照 5%的比例同时采集外检样品，外检鲜样需现场同步采集、处理，由采样单位送测。

不同样品采集方法如下：①农作物样品采集，以 0.1～0.2hm^2 为采样单元，在采样单元内选取 5～20 个植株，水稻、小麦类采取稻穗、麦穗，混合成样；②果树类样品采集，以 0.1～0.2hm^2 为采样单元，在采样单元内选取 5～10 棵果树，每棵果树纵向四分，从其中一份的上、中、下、内、外各侧均匀采摘，混合成样；③蔬菜类样品采集，以 0.1～0.2hm^2 为采样单元，在采样单元内选取 5～20 个植株，小型植株的叶菜类(白菜、韭菜等)去根整株采集，大型植株的叶菜类可用辐射形切割法采样，即从每株表层叶至心叶切成八小瓣为该植株分样；④烟草、茶叶类样品采集，以 0.1～0.2hm^2 为采样单元，在采样单元内随机选取 15～20 个植株，每株采集上、中、下多个部位的叶片混合成样，不可单取老叶或新叶作代表样。

样品采集还需注意以下事项：①采样时须注意样品的代表性。水果类样品的采集要注意树龄、株型、生长势、坐果数量及果实着生部位和方位。②农作物应在无风晴天时采集，雨后不宜采集。采样应避开病虫害和其他特殊的植株。若采集根部样品，在清除根部上的泥土时，不要损伤根毛。③同时采集植株根、茎、叶和果实样品时，应现场分类包装，同一采样点的同一作物使用统一编号。④新鲜样品采集后，应立即装入聚乙烯塑料袋，扎紧袋口，以防水分蒸发。⑤测定重金属的样品，尽量用不锈钢制品直接采取样品。

样品采集后，立即将植株样品按不同部位(根、茎、叶、籽粒)分开，以免养分转移。剪碎的样品太多时，可在混匀后，用四分法缩分至所需的量(要保证干样约 100g)。籽粒的样品要在脱粒后，混匀铺平，用方格法和四分法缩分，取得约 250g 样品。颗粒大的籽实可取 500g 左右。一般作微量元素分析和肉眼明显看得见或明知受到施肥、喷药污染的样品需要洗涤。样品应在刚采集的新鲜状态下冲洗，一般可用湿布擦净表面污染物，再用蒸馏水冲洗 1～2 次。

3. 样品处理

1) 土壤样品处理

样品晾晒和加工场地应确保无污染。从野外采回的土壤样品及时清理登记后，置于干净整洁的室内通风场地晾晒，或悬挂在样品架上自然风干，严禁暴晒和烘烤，并注意防止雨淋及酸、碱等气体和灰尘污染。在风干过程中，适时翻动，并将大土块用木棒敲碎以防治黏泥结块，加速干燥，同时剔除土壤以外的杂物。

风干后的土壤样品，按照以下要求进行初加工：①将风干后的样品平铺在制样板上，用木棍或塑料棍碾压，并将植物残体、石块等侵入体和新生体剔除干净，细小已断的植物须根，可采用静电吸附的方法清除。②压碎的土样要全部通过 2mm 的孔径筛。未过筛的土粒必须重新碾压过筛，直至全部样品通过 2mm 孔径筛为止。③过筛后土壤样品应称重后混匀。一部分样品送实验室分析，可用塑料瓶或纸袋盛装。副样(质量不低于 300g)装入干净的塑料瓶，送样品库保存，多余部分可弃掉。

用于微量元素分析的土样，在土壤采集、风干、研磨、过筛、运输和储存等各环节中，不要接触可能造成污染的金属器皿，如采样、制样使用不锈钢、木、竹或塑料工具，过筛使用尼龙筛，储存样品使用塑料瓶等。用于颗粒分析的土样，有两种类型土样应分别处理，一种为砂质土壤，干燥后用手搓使其分散后直接装袋送实验室；另一种为含有黏泥的土样，应用水浸泡使其充分分散，将黏泥混浊液倒入玻璃瓶中，残渣烘干后与黏泥混浊液同时送实验室。

土壤样品不同测试项目加工粒径不同，具体要求如下。

过 2mm 孔径筛的土样可供 pH、阳离子交换量、盐分和元素交换性及有效养分项目的测定;将通过 2mm 孔径筛的土样用四分法取出一部分继续碾磨,使之全部通过 0.25mm 孔径筛，供农药、土壤有机质、腐殖质、土壤全氮、碳酸钙和重金属形态等项目测定；将通过 0.25mm 孔径筛的土样继续用玛瑙研钵磨细，使之全部通过 0.074mm 孔径筛，供土壤矿质成分、元素全量等项目测定；样品加工过程需严格控制质量，防止污染。

2) 农作物样品处理

农作物样品加工场地与加工用具要求如下：①制样工作场地应单独设风干室、加工室。房间向阳(严防阳光直射样品)，通风、整洁、无扬尘、无易挥发化学物质。②晾干用白色搪瓷盘及木盘。③脱粒、去壳、切碎用的小型脱粒机、小型脱壳机、不锈钢剪刀、木棍、硬质木搓板、无色聚乙烯薄膜等。④磨碎干燥后的样品用的玛瑙球磨机、玛瑙研钵、白色瓷研钵、石磨、不锈钢磨、旋风磨；切碎新鲜样品用的不锈钢食品加工机、硅制刀、不锈钢切刀、不锈钢剪刀等。⑤磨碎后的样品用 40～60 目的尼龙筛过筛。⑥用具塞磨口玻璃瓶、具塞白色聚乙烯塑料瓶、具塞玻璃瓶、无色聚乙烯塑料袋或特制牛皮纸袋分装，规格适量而定。

农作物样品采集后，进行初步加工，按照以下要求进行缩分送样：①粮食等粒状样品应采用四分法缩分。先将粮食样品用小型脱粒机或凭借硬木搓板与硬木块进行手工脱粒，反复混合均匀，铺成一个圆形，过中心线画十字线，把圆分为四等份，取对角线两等份，如此继续缩分至所需数量为止。②水果等块状样品及大白菜、包菜等大型蔬菜样品应采用对角线分割法缩分。先用清水将样品洗净晾至无水后，垂直放置，中间部分横切，然后上下两部分分别进行对角线切割，除去不可食部分，取所需量的样品。③小型叶菜类样品应采用随机取样法缩分。先用清水将样品洗净晾至无水后，将整株植株粗切后混合均匀，随机取所需足量的样品。④新鲜蔬菜、水果等样品在野外称重打浆，取 1000mL 于玻璃瓶中，及时送实验室待测。⑤新鲜蔬菜、水果也可风干晾晒至干样，或在 65℃以下无污染烘干。

待测的农作物试样分干样和鲜样两种。干样用于测定重金属元素和蛋白质、脂肪、纤维含量等，鲜样用于测定分析有关评价标准规定的指标及易挥发有机污染物等。

分别按照以下方法及要求，加工农作物的干样和鲜样。

(1)干样加工方法。粮食样品用清水清洗干净后，放在干净的托盘上无污染晾干后直接磨碎，带皮粮食样应用清水冲洗，晾干，去皮后磨碎；用不锈钢刀或剪刀将根、茎、叶、果等蔬菜样品切剪成 0.5～1cm 大小的块状、条状，在晾干室内或高出地面 1.5m 以上的架子上摊放于晾样盘中风干，或将切碎的样品放在 85～90℃烘箱鼓风烘 1h，再在 60～70℃下通风干燥 24～48h 成风干样品。有刮风扬尘天气时或空气质量差的地区，严禁在室外晾晒样品；将风干样品置于玛瑙研钵进行研磨，使样品全部过 40～60 目尼龙塑料筛，混合均匀成待测试样。

(2)鲜样加工方法。新鲜样品用清水清洗干净后，用干净纱布轻轻擦干样品后直接用组织捣碎机捣碎，混合均匀成待测试样；含纤维较多的样品，如根、茎秆、叶子等不能用捣碎机捣碎，可用不锈钢刀或剪刀切成小碎片，混合均匀成待测试样。

测试锌、铅的样品，避免使用橡胶类工具，以免污染样品。不同农作物送测部位见表 4-5。富硒稻米检测样品为三级大米，加工要求见《大米》(GB/T 1354—2009)。

表 4-5　不同农产品测试部位及要求

样品种类	测试部位
小麦、水稻、玉米	籽实去杂物后，磨碎，过 20 目筛
苹果、梨等薄皮水果	去蒂、去芯(含籽) 带皮果肉和去皮果肉分别供测
柑橘、柚子等厚皮水果	外皮和果肉(含内皮和筋丝)分别供测
番茄、茄子	去蒂供测
黄瓜	去果柄供测
萝卜、胡萝卜	叶、根(用水轻轻洗去根泥，稍晾干)分别供测
大白菜、小白菜	去根、去外侧腐叶，供测
烟叶、茶叶	鲜叶、干叶分别供测

4. 质量保证和质量控制

按照《农田土壤环境质量监测技术规范》(NY/T 395—2012)、《土壤环境监测技术规范》(HJ/T 166—2004)和各项参数选用的国家标准、行业标准，确定上述分析方案的配套质量参数，表 4-6 和表 4-7 为土壤养分和土壤重金属检出限。

1)全程序空白测定

每批样品分析中均有空白测定，每天测 2 份全程序空白平行样，共测 5 天，共得到 10 个测定结果，以此计算批内标准偏差(S_{wb})，如式(4-1)所示：

$$S_{wb}=\left\{\sum_{i=1}^{10}(X_i-\overline{X})^2/m(n-1)\right\}^{1/2} \tag{4-1}$$

式中，n=2(每天测定的平行样个数)；m=5(测定天数)。

表 4-6　土壤养分检出限

检测元素(项目)	要求检出限/(mg/kg)	方法检出限/(mg/kg)
pH	0.01(无量纲)	0.01(无量纲)
阳离子交换量	2.5mmol/L	2.5mmol/L
有机质	250	250
全氮	48	30
有效磷	0.25	0.15
速效钾	1.25	0.21
有效铁	0.04	0.01
有效锰	0.02	0.005
有效锌	0.04	0.02
有效硼	0.005	0.003
有效钼	0.06	0.04
有效硫	0.1	0.09

表 4-7　土壤重金属检出限

检测元素(项目)	要求检出限/(mg/kg)	方法检出限/(mg/kg)
总砷	0.01	0.01
总汞	0.002	0.002
总镉	0.5	0.01
总铜	0.4	0.1
总铬	0.5	0.1
总铅	1.4	0.2

2)检出限控制

根据测定批内空白标准偏差计算检出限，在给定的95%置信水平下，若试样一次测定值与零浓度试样一次测定值有显著差异时，检出限(L)按式(4-2)计算：

$$L = 2 \times \sqrt{2} / 2t_f S_{\mathrm{wb}} \tag{4-2}$$

式中，t_f为显著水平为0.05(单侧)、自由度f的t值；S_{wb}为批内空白值标准偏差；f为批内自由度，$f=m(n-1)$，m为重复测定次数，n为平行测定次数。

3)标准曲线

标准系列应设定6个以上浓度点。根据一元性回归方程式(4-3)计算：

$$y = a + bx \tag{4-3}$$

式中，y为吸光度；x为待测液浓度；a为截距；b为斜率。

校准标准曲线控制：每批样品均需标准曲线，标准曲线相关系数≥0.999，且应该重现性好，即使标准曲线有良好的重现性也不能长期使用，待测液浓度过高时不任意外推，大批量分析时每测 20 个样品后用标液校验，以查仪器灵敏度飘移。

4) 平行控制

每批样品需作 12%的平行，平行样品在允许误差范围内为合格(表 4-8)。

表 4-8　土壤重金属监测平行样测定值的精密度与准确度允许误差

监测项目	样品含量范围/(mg/kg)	精密度/%		准确度/%		
		室内相对偏差	空间相对偏差	加标回收率	室内相对误差	空间相对误差
镉	<0.1 0.1～0.4 >0.4	±30 ±20 ±10	±40 ±30 ±20	75～110 85～110 90～105	±30 ±20 ±10	±40 ±30 ±20
汞	<0.1 0.1～0.4 >0.4	±20 ±15 ±10	±30 ±20 ±15	75～110 85～110 90～105	±20 ±15 ±10	±30 ±20 ±15
砷	<10 10～20 20～100 >100	±15 ±10 ±5 ±5	±20 ±15 ±10 ±10	85～105 90～105 90～105	±15 ±10 ±5	±20 ±15 ±10
铜	<20 20～30 >30	±10 ±10 ±10	±15 ±15 ±15	85～105 90～105 90～105	±10 ±10 ±10	±15 ±15 ±15
铅	<20 20～40 >40	±20 ±10 ±5	±30 ±20 ±15	80～110 85～110 90～105	±20 ±10 ±5	±30 ±20 ±15
铬	<50 50～90 >90	±15 ±10 ±5	±20 ±15 ±10	85～110 85～110 90～105	±15 ±10 ±5	±20 ±15 ±10

5) 参比样控制

每批样品均插测参比样。每批或每 50 个样加测一个。参比样测定值在相应测试项目所规定的置信区间，否则，同批样品该项目检测结果判定为不合格，该项目重新检测。

6) 异常结果的检查与核对

应用格鲁布斯(Grubbs)检验法判断测定结果是否产生异常值：

$$T_{计} = (X_K - X) / S \tag{4-4}$$

式中，X_K为怀疑异常值；X 为包括 X_K在内的平均值；S 为包括 X_K在内的标准值，根据测定结果，从小到大排列，按上述公式计算。根据计算样本容量，查 Grubbs 检验临界值 Ta 表，若 $T_{计} \geq 0.01$，则 X_K为异常值，反之，则为正常值。

7) 分析准确度、精密度控制

日常分析的准确度、精密度分别采用国家一级标准物质和平行样的方法进行控制。

pH、阳离子交换量、速测养分含量、元素有效性含量、有机质含量及全氮含量等指标检测参数采用土壤有效态成分分析(ASA)系列国家一级土壤标准物质监控其准确度，结合《农田土壤环境质量监测技术规范》(NY/T 395—2012)和各参数采用的国家/行业标准方法中关于分析质量控制的要求，用于监控的所有国家标准物质测定值落在其保证值范围之内的为合格，否则本批次结果无效，需重新分析测定。

用于监控精密度的平行双样测定结果的误差在允许误差范围之内为合格，允许误差(室内相对偏差)范围见表 4-9。

表 4-9　土壤养分平行样测定值的精密度允许误差

测定项目	含量范围	允许相对偏差
pH	中酸性土壤	0.1
	碱性土壤	0.2
有机质	＞10g/kg	5%
	≤10g/kg	0.5g/kg(绝对偏差)
全氮	≥5g/kg	0.30～0.15g/kg(绝对偏差)
	1～5g/kg	0.15～0.05g/kg(绝对偏差)
	0.5～1g/kg	0.05～0.03g/kg(绝对偏差)
	≤0.5g/kg	0.03g/kg(绝对偏差)
有效磷	≥10mg/kg	10%
	10～2.5mg/kg	20%
	≤2.5mg/kg	0.5mg/kg(绝对偏差)
速效钾	＞50mg/kg	5%
	≤50mg/kg	2.5mg/kg(绝对偏差)
阳离子交换量	＞100mmol/kg	5%
	≤100mmol/kg	5mmol/kg(绝对偏差)
有效铁、锰、锌、硼、钼、硫、硅	≥1mg/kg	5%
	1～0.1mg/kg	10%
	≤0.1mg/kg	0.01mg/kg(绝对偏差)

所有检测元素的所有批次标准物质测定值均落在保证值范围内，平行双样测定结果的误差均在允许误差范围内，合格率均为 100%，满足一次原始合格率≥98%的要求，详见统计结果表 4-10。

表 4-10　质控样和平行双样准确度、精密度值统计　　(单位：%)

项目	准确度合格率	精密度合格率
pH	100	100
有机质	100	100
全氮	100	100
有效磷	100	100
速效钾	100	100
阳离子交换量	100	100
有效铁	100	100
有效锰	100	100

续表

项目	准确度合格率	精密度合格率
有效锌	100	100
有效硼	100	100
有效钼	100	100
有效硫	100	100
有效硅	100	100
总合格率	100	100

8)重复性检验和异常点重复性检验的合格率

按所送样品总数提取约20%样品(取整)，共计45～60件进行重复性检验。pH、有机质、全氮、有效磷、速效钾、阳离子交换量、有效铁、有效锰、有效锌、有效硼、有效钼、有效硫、有效硅的原始分析数据与重复性检测数据符合表4-9的精密度要求的为合格，合格数占重复样总数的百分数为合格率。

在分析测试工作完成后，对部分特高或特低含量试样进行了异常点重复性分析。分析结果质量统计见表4-11。

表4-11　分析结果质量统计表

项目	重复性检验(内检)数/件	异常点重复性检验数/件	合计数/件	不合格数/件	合格率/%
pH	60	32	92	0	100
有机质	60	32	92	0	100
全氮	60	32	92	0	100
有效磷	60	32	92	0	100
速效钾	60	32	92	0	100
阳离子交换量	72	40	112	0	100
有效铁	72	40	112	0	100
有效锰	72	40	112	0	100
有效锌	72	40	112	0	100
有效硼	72	40	112	0	100
有效钼	72	40	112	0	100
有效硫	72	40	112	0	100
有效硅	72	40	112	0	100
总合格率/%		100			

9)整批样品各元素的报出率、总报出率

分析结果低于方法检出限的按不能报出对待，报出率按要求需达到90%以上。本批样品所有元素的报出率均为100%。

10)所采取的各项措施

样品采用无污染的球磨机进行加工，加工的时间要保证样品能达到所需要的粒度，并在加工过程中抽查一定比例进行过筛检验，过筛合格率达95%，并进行记录。对所插入的标准物质、密码分析样和异常分析样，以及对样品的报出率、合理性、分析新方法等也做了专门的质量控制方案及技术措施。

11）总体评价

综上所述，本批样品加工过程符合《农田土壤环境质量监测技术规范》(NY/T 395—2012）规定，分析方法选择得当，其精密度、准确度、检出限、报出率符合上述规范和所选用国家、行业标准方法要求。

分析过程质量控制严格按照规范执行，分别对检测过程的精密度、准确度进行了日常监控，并对检测过程出现的质量问题进行了及时处理，保障分析结果的可靠性、合理性。经过统计分析质量参数，各项分析质量参数达到优秀级，提供的分析数据不会影响和歪曲或掩盖区域中耕地环境质量情况。

针对成图过程中出现的异常情况要及时与本实验室进行沟通和协商，使问题及时得到解决。同时，要结合耕地质量标准、区域土壤元素背景、污染物及来源、耕种历史等做好异常区的判断和解释，为耕地质量的保护和提升提供更多的参考。

二、矿业废弃地利用现状评价分析

基于现状调查，分析矿业废弃地存在的地质灾害和污染隐患情况，并以地质灾害和污染隐患分析结果作为评价因素之一，对矿业废弃地损毁程度进行评价分析。

（一）地质灾害和污染隐患分析

1. 地质灾害分析

通过调查，在充分考虑待规划区的地质环境条件的差异和潜在的地质灾害隐患点的分布、危险程度的基础上，确定判别危险性的量化指标，并采用定性、半定量分析法进行待修复区地质灾害危险性等级划分。地质灾害危险性和防治难度等级一般包括大、中等和小三级。矿业废弃地地质灾害危险性评估如图 4-4 所示。

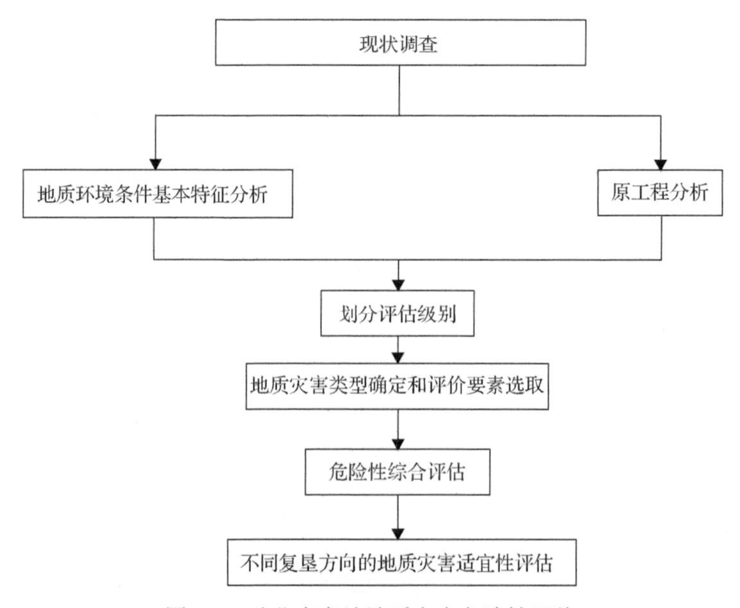

图 4-4　矿业废弃地地质灾害危险性评估

根据地质灾害危险性、防治难度，针对不同初步复垦方向(耕地、园地、林地等)对地质灾害适宜性进行评估，提出防治地质灾害的措施和建议，见表4-12。

表4-12　地质灾害评估结果

<table>
<tr><th rowspan="3">评价单元</th><th colspan="6">地质灾害</th></tr>
<tr><th rowspan="2">危险性</th><th rowspan="2">防治难度</th><th colspan="4">地质灾害适宜性</th></tr>
<tr><th>耕地</th><th>园地</th><th>林地</th><th>……</th></tr>
<tr><td>评价单元1</td><td>中等</td><td>中等</td><td></td><td></td><td></td><td></td></tr>
<tr><td>评价单元2</td><td>中等</td><td>中等</td><td></td><td></td><td></td><td></td></tr>
<tr><td>评价单元3</td><td>中等</td><td>小</td><td></td><td></td><td></td><td></td></tr>
<tr><td>⋮</td><td></td><td></td><td></td><td></td><td></td><td></td></tr>
</table>

对于废弃尾矿库，要对其所在区域的地质环境背景和原尾矿库本身工程特点进行详细调查，并在调查的基础上，对废弃尾矿库进行安全评价，确保废弃尾矿库的再利用不存在地质灾害危险性。详细的评估技术可以参考《地质灾害危险性评估技术要求(试行)》和《尾矿库安全技术规程》(AQ 2006—2005)。

2. 环境影响评价

由于矿业废弃地已经废弃不再生产，故而环境影响评价主要针对土壤和水资源进行。

1)土壤环境评价

矿业废弃地的环境风险主要为重金属污染，可参考《土壤环境质量　农用地土壤污染风险管控标准(试行)》(GB 15618—2018)对复垦为耕地、菜地、茶园、果园、牧草地的矿业废弃地进行土壤环境评价。各主要评价项目的等级标准见表4-13。

表4-13　土壤环境质量标准值　(单位：mg/kg)

<table>
<tr><th rowspan="2">项目</th><th colspan="4">土壤pH</th></tr>
<tr><th>≤5.5</th><th>5.5～6.5</th><th>6.5～7.5</th><th>>7.5</th></tr>
<tr><td>镉≤</td><td>0.3</td><td>0.3</td><td>0.3</td><td>0.6</td></tr>
<tr><td>汞≤</td><td>1.3</td><td>1.8</td><td>2.4</td><td>3.4</td></tr>
<tr><td>砷≤</td><td>40</td><td>40</td><td>30</td><td>25</td></tr>
<tr><td>铜≤</td><td>50</td><td>50</td><td>100</td><td>100</td></tr>
<tr><td>铅≤</td><td>70</td><td>90</td><td>120</td><td>170</td></tr>
<tr><td>铬≤</td><td>150</td><td>150</td><td>200</td><td>250</td></tr>
<tr><td>镍≤</td><td>60</td><td>70</td><td>100</td><td>190</td></tr>
</table>

也可以在详细调查的基础上，通过选择指标，构建评价体系和模式，采用土壤污染指数法、指数和法及内梅罗污染指数法等进行综合评价。

2) 水环境评价

(1) 地下水污染评价。

根据矿业废弃地类型，设置地下水污染评价指标，基于调查结果，参照《地下水质量标准》(GB/T 14848—2017) 对地下水污染进行评价。地下水污染评价可分为单项组分评价和综合评价两种。地下水质量单项组分评价，按《地下水质量标准》所列分类指标，划分为五类，不同类别标准值相同时，从优不从劣。地下水质量综合评价采用加附注的评分法。

(2) 地表水污染评价。

根据调查结果，参考《地表水环境质量标准》(GB 3838—2002) 对地表水污染状况进行评价。

(二) 矿业废弃地损毁程度评价分析

矿业废弃地损毁表现在早期生产建设活动或长期废弃过程中矿业废弃地质量控制因素指标值在原始土地质量背景值基础上向不利于土地利用的方向变化。矿业废弃地损毁程度评价实际上是土地质量变化程度的评价，其揭示了矿业废弃地可利用范围及可利用的能力。依据《中华人民共和国土地管理法》(2004 年)、《土地复垦条例》(2011 年)、土地复垦方案编制规程 (TD/T 1031.1～TD/T 1031.7—2011) 等法律法规和技术标准，基于矿业废弃地现状调查结果，采取定性或定量方法对矿业废弃地损毁情况进行综合评估。

1. 评价单元

按照损毁类型划分，矿业废弃地包括压占地、挖损地、塌陷地、污染地等。在详细调查的基础上，首先绘制损毁类型图，再根据衡量损毁程度的单因素调查情况，如地表下沉深度、倾斜情况等，绘制相关单因素专题图件，最终将相关图件进行空间叠置获取矿业废弃地损毁程度评价单元。

2. 评价方法

矿业废弃地损毁程度的评价方法包括定性和定量两种，视矿业废弃地类型的不同评价方法有所差别，由于同一个矿业废弃地专项规划中涉及多种矿业废弃地类型，可能同时使用两种方法。对于损毁现状比较直观的矿业废弃地，如压占地，可直接通过定性分析获知其损毁程度。若采取了定性分析法，那么损毁程度评价到此为止，不需进行下面的流程。

3. 评价因素选择

影响矿业废弃地损毁程度的因素有很多，确定主导因素的基本原则是：①影响大，对等级具有重要作用；②覆盖面广，适用于一定类型的矿业废弃地损毁程度的评价；③因素指标值有较大的变化范围。

按照损毁类型划分，矿业废弃地类型包括塌陷地、挖损地、压占地、污染地等。不同损毁类型土地衡量其质量变化的指标大相径庭，所以，矿业废弃地损毁程度评价应在现状调查的基础上，确定其损毁类型，并按损毁类型来选择评价因素。例如，表 4-14 为某塌陷地损毁程度评价因素体系。

表 4-14　某塌陷地损毁程度评价因素体系

损毁类型	准则层	指标层
塌陷地	地表变形	塌陷深度
		塌陷边坡度
	地表裂缝	裂缝宽度
		裂缝间距
	水文条件	积水状况

4. 分类系统

一般情况下，评价等级数 M 为[3, 7]中的整数，根据《中华人民共和国土地管理法》和《土地复垦规定》，把土地损毁程度评价等级数确定为 3 级标准：Ⅰ级(轻度损毁)、Ⅱ级(中度损毁)、Ⅲ级(重度损毁)。

最终损毁分析结果应以表格的形式统计不同损毁类型和程度的土地面积，并绘制×××区(县)矿业废弃地损毁类型及程度图。

第二节　矿业废弃地复垦与生态修复规划设计

一、矿业废弃地复垦与生态修复潜力分析

(一)矿业废弃地复垦与生态修复适宜性评价

1. 适宜性评价原则

针对矿业废弃地复垦与生态修复适宜性评价的特征和目的，提出以下原则。

1)与地区土地利用总体规划和土地整治规划相协调的原则

土地利用总体规划是从全局和长远的利益出发，以区域内全部土地为对象，对土地利用、开发、整治、保护等方面所做的统筹安排。复垦与生态修复适宜性评价应符合土地利用总体规划，避免盲目投资、过度超前浪费土地资源。矿业废弃地复垦与生态修复专项规划是区域土地整治规划的一部分，是科学指导土地整治工作的重要依据，土地整治规划和矿业废弃复垦与生态修复专项规划都是对土地利用总体规划的深化和补充。

2)复垦方向尽量与周边保持一致，评价指标和标准尽量与建新区保持衔接

矿业废弃地复垦与生态修复适宜性评价的对象为已废弃的工矿建设用地，原土地利用状况不清楚，复垦方向的确定应该尽量与周边土地利用方式保持一致。矿业废弃地复垦后的土地将与新增建设用地相挂钩，为了确保后续折算，质量挂钩，矿业废弃地复垦与生态修复适宜性评价指标集标准尽量考虑与建新区衔接。

3)因地制宜、农用地优先原则

土地利用受周围环境条件制约，土地利用方式必须与环境特征相适应。根据被损毁前后土地拥有的基础设施，因地制宜，扬长避短，发挥优势，宜农则农、宜林则林，宜牧则牧，宜渔则渔。我国是一个人多地少的国家，《土地复垦条例》第四条明确规定，复

垦的土地应当优先用于农业。

4) 主导因素与综合分析相结合的原则

影响矿业废弃地复垦与生态修复利用的因素有很多，如地质灾害、污染、水土状况、立地条件等。根据规划区自然环境、土地利用和土地损毁情况，分析影响损毁土地复垦与生态修复利用的主导性限制因素，同时也应兼顾其他限制因素。

5) 可持续利用原则

复垦后的土地应既能满足保护生物多样性和生态环境的需要，又能满足人类对土地的需求，应保证生态安全和人类社会可持续发展。

2. 适宜性评价依据

矿业废弃地复垦与生态修复适宜性评价主要依据如下。

1) 相关法律法规和规划

包括国家与地方有关土地复垦的法律法规，如《中华人民共和国土地管理法》、《土地复垦条例》、土地管理的相关法律法规和土地利用总体规划及其他相关规划等。

2) 相关规程和标准

包括国家与地方的相关规程、标准等，如《土地复垦质量控制标准》(TD/T 1036—2013)、分省的土地整理工程建设标准、土地复垦方案编制规程(TD/T 1031.1～7—2011)、《土地开发整理项目规划编制规程》(TD/T 1011—2000)、《耕地后备资源调查与评价技术规程》(TD/T 1007—2003)、《高标准基本农田建设规范》(试行)和《补充耕地质量验收评定技术规范(试行)》(2012)等。

3) 其他

包括规划区及其周边自然状况、土地损毁分析结果、政策因素等。

3. 适宜性评价体系与方法

1) 评价系统

矿业废弃地复垦与生态修复适宜性评价体系包括二级和三级两类体系，一般采用二级体系。

二级体系分成两个序列，包括土地适宜类和土地质量等，土地适宜类一般分成适宜类、暂不适宜类和不适宜类，类别下面再续分若干土地质量等。土地质量等一般分成一等地、二等地和三等地，暂不适宜类和不适宜类一般不续分。适宜类的划分主要根据复垦区自然禀赋、土地利用总体规划和土地损毁分析；等别的划分主要根据适宜程度、生产潜力、限制因素与程度。

2) 评价方法

根据是否需确定指标权重，矿业废弃地复垦与生态修复适宜性评价方法可以分成两个大类：一类是不需确定权重的方法，如极限条件法、参比法等；另一类为需确定权重的方法，为权重确定方法与等级指数(分值)确定方法的组合，如特尔斐(专家打分)-指数和法、层次分析-模糊综合评价法等。以下就这两类中常用的方法进行介绍。

A. 极限条件法

极限条件法基于系统工程中“木桶原理”，即分类单元的最终质量取决于条件最差的因子的质量。公式为

$$Y_i = \min Y_{ij} \tag{4-5}$$

式中，Y_i为第 i 个评价单元的最终分值；Y_{ij}为第 i 个评价单元中第 j 参评因子的分值。该方法是土地复垦与生态修复适宜性评价中一种较为常用的方法。

B. 特尔斐(专家打分)-指数和法

特尔斐法确定权重。特尔斐法又称专家调查法，其主要工作是专家对鉴定因素的指标值及其权重作概率估计。首先，邀请有经验的专家采用因素比较法独自对各项因素的权重进行判别，按重要程度由小到大排列，设因子 $U_i(i=1,2,3,\cdots,n)$。其次，确定后一个因子对前一个因子的重要程度(R_i)，用相关系数表示，并令第一个因子的重要程度为1.0。R_i 代表某一个因子与前一个因子重要程度之比，各因子权重 W_i 根据式(4-6)进行计算：

$$W_i = \frac{U_i}{\sum_{i=1}^{n} U_i}, \quad U_1=1.0(U_i=R_i \times R_{i-1} \times \cdots \times R_1) \tag{4-6}$$

指数和评定等级。当选取好待评价区域的参评因子和确定权重后，采用指数和法与极限条件法相结合的方法评定土地适宜性的等级。首先，在确定各参评因子权重的基础上，将每个单元针对各个不同适宜类所得到的各参评因子等级指数分别乘以各自的权重值。然后，进行累加，分别得到每个单元适宜类型(如宜耕、宜林、宜牧等)的总分值。最后，根据总分值的高低确定每个单元对各土地适宜类的适宜性等级。计算公式为

$$R(j) = \sum_{i=1}^{n} F_i W_i \tag{4-7}$$

式中，$R(j)$为第 j 单元的综合得分；F_i、W_i 分别为第 i 个参评因子的等级指数、权重值；n 为参评因子的个数。

C. 层次分析-模糊综合评价

将评价指标按属性归类，可形成具有三个层次的评价指标体系。第一层为评价总目标 U；第二层为评价准则层 $U_i(i=1,2,3,\cdots,N)$，按其属性不同可划分为 N 类；第三层为评价指标层 U_{in}，对于不同因素层 U_i，n 的取值可能不同。多层次模糊综合评判包括指标权重确定、评价结果集合的建立和不同层次因素的综合评判。按照层次结构和多级综合评价模型框图(图 4-5)，由低层到高层逐层确定权重分配并进行该层的综合评价，将其所得结果作为高层次的模糊矩阵，进行高层次的综合评价。如此一层一层自上而下求下去，一直到最低层所有因素的层次总排序都求出为止，就可得到所有因素相对于总目标而言的组合权重。

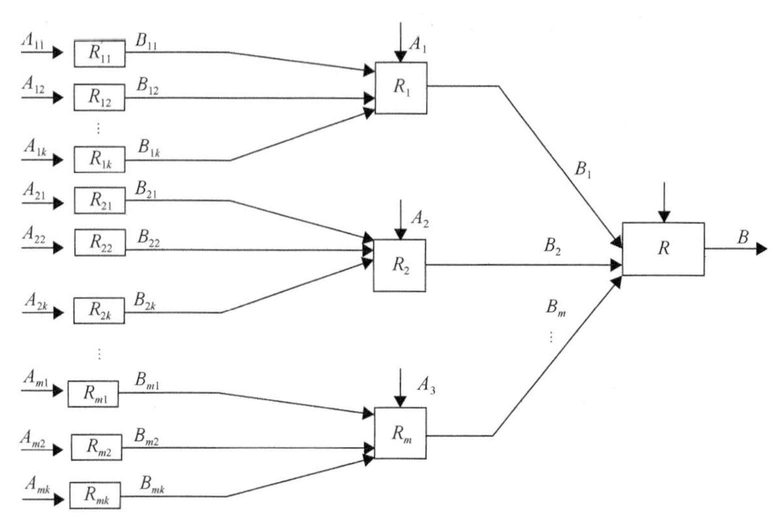

图 4-5　多层次模糊综合评价模型

指标权重的确定。本书采用层次分析法确定指标权重(A 或 A_i)。整个层次分析法包括评估目标确定、建立层次结构、构建成对比较的判断矩阵、层次单排序及其一致性检验和层次总排序。确定各指标权重，然后建立权重集合 $A=[a_1,a_2,a_3,\cdots,a_N]$ $(i=1,2,3,\cdots,N)$，它是 U 上的模糊子集，反映各指标的重要程度，满足：

$$\sum_{i=1}^{n} a_i = 1 \quad (a_i \geqslant 0) \tag{4-8}$$

式中，a_i 为第 i 个评价指标对应的权重。

第三层次中各因素的综合评价，即对 U_i $(i=1,2,3,\cdots,N)$ 中各个因素进行评价。假设对 U_i 中第 j $(j=1,2,3,\cdots,n)$ 个因素进行综合评价，评价对象隶属于评价结果集合 V 中第 k $(k=1,2,3,\cdots,n)$ 个元素的隶属度可记为 r_{ijk} $(i=1,2,3,\cdots,N;\ j=1,2,3,\cdots,n;\ k=1,2,3,\cdots,n)$，则该综合评价的单因素隶属度矩阵为式(4-9)：

$$R_i = \begin{bmatrix} r_{i11} & r_{i12} & r_{i13} & \cdots & r_{i1m} \\ r_{i21} & r_{i22} & r_{i23} & \cdots & r_{i2m} \\ r_{i31} & r_{i32} & r_{i33} & \cdots & r_{i3m} \\ \vdots & \vdots & \vdots & & \vdots \\ r_{in1} & r_{in2} & r_{in3} & \cdots & r_{inm} \end{bmatrix} (i=1,2,3,\cdots,N) \tag{4-9}$$

则可建立第 i 类因素 U_i 的模糊综合评价模型，见式(4-10)：

$$B_i = A_i \times R_i = \left[a_{i1}, a_{i2}, a_{i3}, \cdots, a_{in}\right] \begin{bmatrix} r_{i11} & r_{i12} & r_{i13} & \cdots & r_{i1m} \\ r_{i21} & r_{i22} & r_{i23} & \cdots & r_{i2m} \\ r_{i31} & r_{i32} & r_{i33} & \cdots & r_{i3m} \\ \vdots & \vdots & \vdots & & \vdots \\ r_{in1} & r_{in2} & r_{in3} & \cdots & r_{inm} \end{bmatrix} = \left[b_{i1}, b_{i2}, b_{i3}, \cdots, b_{in}\right] (i=1,2,3,\cdots,N) \tag{4-10}$$

式中，B_i、a_{ij} 为第二层第 i 个指标所包含的第三层因素相对于它的综合模糊运算结果和权重；R_i 为模糊评价矩阵。

第二层次中各因素的模糊综合评价。第三层模糊综合评价仅仅是对第二层中某一类中的各个因素进行综合。为了考虑第二层各类因素的综合影响，必须在第二层各类之间进行综合评价。进行各类因素的综合评价时，应将最低层模糊综合评价运算结果作为其评价矩阵。

$$B = A \times R = [a_1, a_2, a_3, \cdots, a_N] \times [B_1, B_2, B_3, \cdots, B_N]^{\mathrm{T}} = [b_1, b_2, b_3, \cdots, b_n] \tag{4-11}$$

式中，A、B 分别为评估因素权向量、结果向量；R 为模糊关系矩阵。

4. 适宜性评价基本过程

矿业废弃地复垦与生态修复适宜性评价以已损毁、类型多样化的土地为评价对象，在矿业废弃地调查和损毁分析的基础上，对待复垦土地进行评价单元划分，以及复垦与生态修复适宜性评价，确定损毁土地的复垦方向。基本过程见图 4-6。

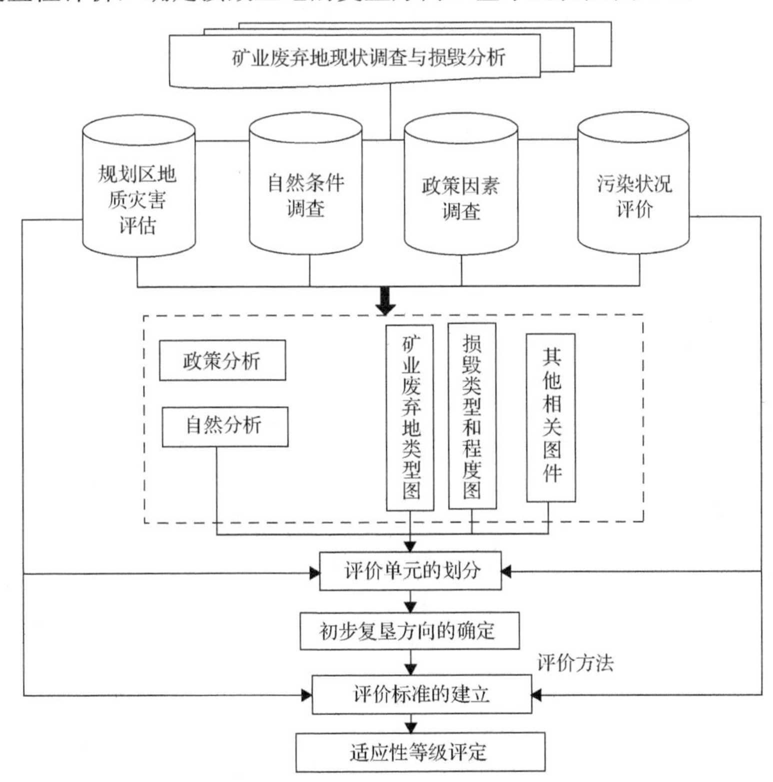

图 4-6　矿业废弃地复垦与生态修复适宜性评价基本过程

整个矿业废弃地复垦与生态修复适宜性评价包括调查阶段、评价单元划分阶段、初步复垦方向确定阶段、评价标准建立阶段、等级评定阶段。但不同类型的矿业废弃地及不同的评价单元，其土地复垦与生态修复适宜性评价流程也有所不同。对于交通、水利等线性或者特殊类型矿业废弃地，其复垦与生态修复适宜性评价可能只需定性评价就能确定其最终的复垦与生态修复方向，无须再进行定量评价。

1) 评价单元划分

评价单元是土地的自然属性和社会经济属性基本一致的空间客体，是具有专门特征的土地单位，并用于制图的基本区域。划分的基本要求：①评价单元内部性质相对均一或相近；②评价单元之间具有差异性，能客观地反映出土地在空间上的差异；③具有一定的可比性。

由于矿业废弃地复垦与生态修复适宜性评价对象已经不再生产建设，且不集中，土地利用方式均为建设用地，但矿业废弃地复垦与生态修复利用专项规划以区县级行政区为单元，规划区内矿业废弃地类型和损毁程度存在差异，矿业废弃地复垦与生态修复适宜性评价单元可以根据规划区矿业废弃地类型、项目单元、地块图斑、损毁类型和程度、限制因素等来划分。根据规划区矿业废弃地的特点，合理划分矿业废弃地复垦与生态修复适宜性评价单元。考虑矿业废弃地复垦与生态修复利用的特征，以单一的图斑作为评价单元，很难满足评价划分的基本要求，可以将多图层结合起来划分评价单元。有时可以根据待规划区(县)矿业废弃地的分布状况、农业区划和自然状况等先对规划区进行分区，在分区的基础上再进一步划分评价单元。

2) 初步复垦方向确定

复垦与生态修复适宜性评价是以特定复垦与生态修复方向为前提的。因此，在进行复垦与生态修复适宜性评价时，应对划定的评价单元赋以初步的复垦与生态修复方向。根据规划区政策因素、损毁分析和自然条件定性分析来确定待复垦矿业废弃地初步复垦与生态修复方向。

A. 政策因素

初步复垦与生态修复方向的确定必须符合区(县)的土地利用总体规划，且与土地整治规划等其他规划相协调，对涉及的相关文件和规划进行阐述，为确定复垦与生态修复初步方向提供指导。

B. 损毁分析

根据土地损毁现状分析相关结果，依据我国相关用地的标准和规定[如《土壤环境质量 农用地土壤污染风险管控标准(试行)》(GB 15618—2018)、《耕地地力调查与质量评价技术规程》(NY/T 1634—2008)等]，分析既定的土地损毁状况(如污染状况、立地条件等)对复垦与生态修复方向初步确定的影响。

C. 自然条件定性分析

主要涉及与生态环境和农业生产密切相关的自然条件，如地质地貌、水土流失、土壤状况等。若规划区地形地貌以山地为主，水土流失严重，生态环境脆弱，则初步确定复垦与生态修复方向应侧重于生态用地；若规划区地势平坦，水、肥、气、热条件较好，则初步确定其方向应侧重于农业用地。

通过上述定性分析可以确定各评价单元的初步复垦与生态修复方向。对于某些评价单元只需定性评价就能确定其最终的复垦与生态修复方向，可不必进行定量评价。对于需要定量分析的，在详细的调查和初步复垦与生态修复方向确定的基础上，参考后续的步骤，通过选取评价因子，建立矿业废弃地复垦与生态修复适宜性评价标准，采用一定的评价方法对其适宜性等级进行评定。

3) 评价指标体系的建立

在特定的土地用途或土地利用方式中，选择影响复垦与生态修复适宜性最主要的几项因素作为评价的项目，称其为参评因子。参评因子的选择是土地复垦与生态修复适宜性评价的核心内容之一，直接关系到土地适宜性评价的科学性及评价精度的高低。影响适宜性的要素众多，且其间的关系错综复杂，需在众多的因素中选择出最灵敏、便于度量且内涵丰富的主导性因素作为土地复垦与生态修复适宜性评价指标。

评价指标的选择需要满足一定的要求：①差异性。选择的评价因素要能够反映出评价对象不同适宜性等级之间差异性和同一适宜性等级内部的相对一致性，这就需要尽量选择一些变化幅度较大，且其变化对评价对象的适宜性影响显著的因素。②综合性。综合考虑土壤、气候、地貌、生物等多种自然因素，经济条件和种植习惯等社会因素及土地损毁的类型与程度。③主导性。矿业废弃地复垦与生态修复再利用过程中，限制因素有很多，如坡度、排灌条件、裂缝、土壤质地等，其中对土地利用起主导作用的因素为主导因素。在众多的因素中，部分因素是可以通过少量的投入加以改善的，这些因素不属于主导因素。④定量和定性相结合。定量指标具有明确的量级标准，评价因子尽可能量化。对于难以量化的因子，给予定性的描述。⑤可操作性。建立的评价指标体系要尽可能简明，选取的指标应充分考虑了各指标资料获取的可行性与可利用性，既要保证评价成果的质量，又要保证可操作性强。

矿业废弃地复垦与生态修复适宜性评价针对已废弃的矿业用地，其评价指标应能够反映早期矿业生产建设过程及废弃期间对土地复垦与生态修复再利用的影响。根据不同的评价方法，指标体系有所不同，若采用层次分析法确定权重，则可以建立以下的多层次指标体系。

图 4-7 为一参考的多层次复垦与生态修复适宜性评价指标体系，不同的评价单元、规划区和初步复垦与生态修复方向，复垦与生态修复适宜性评价指标体系有所区别。通过调查、地质灾害和污染评估，存在地质灾害和污染的，其复垦与生态修复适宜性评价

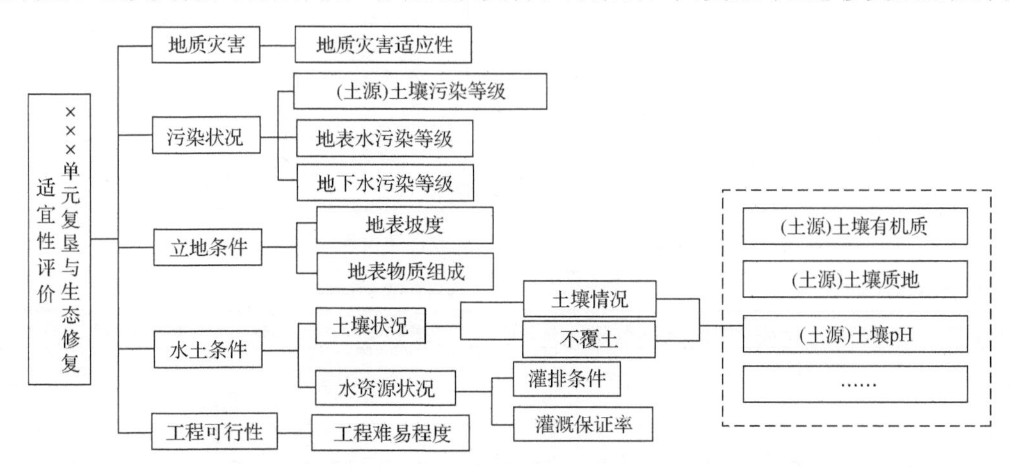

图 4-7　矿业废弃地复垦与生态修复适宜性评价多层次指标体系

需考虑地质灾害适宜性及土壤、地下水和地表水污染状况；对于需覆土复垦的矿业废弃地，应说明土源量和土源的相关性质，包括土源保证率、土源土壤污染状况、土源土壤肥力状况。对矿业废弃地及其周边的地表水和地下水进行调查，包括水质、水量及排灌水设施情况，这些对于复垦为耕地或者养殖水面等至关重要。

4）评价体系、方法选择和标准建立

矿业废弃地复垦与生态修复适宜性评价系统和方法参考前文相关表述。依据我国相关技术行业标准，结合矿业废弃地所在地区的自然、政策等状况，建立工矿废弃地复垦与生态修复适宜性评价标准，主要依据包括《耕地后备资源调查与评价技术规程》（TD/T 1007—2003）、《农用地定级规程》（GB/T 28405—2012）、《补充耕地质量验收评定技术规范（试行）》等，评价标准与评价方法相互对应，不同的评价方法，其评价标准表述方式和框架均不同。

极限条件法的评价标准的见表 4-15。

表 4-15　矿业废弃地复垦与生态修复适宜性评价限制因素的评价等级标准

限制因素及分级指标		耕地评价	园地评价	林地评价	……
因素 1	分级 1				
	分级 2				
	分级 3				
	⋮				
因素 2	分级 1				
	分级 2				
	分级 3				
	⋮				
因素 3	分级 1				
	分级 2				
	分级 3				
	⋮				
⋮	分级 1				
	分级 2				
	分级 3				
	⋮				

特尔斐（专家打分）-指数和法的评价标准见表 4-16。

表 4-16　矿业废弃地复垦与生态修复适宜性评价因素权重和分值表

限制性因素及权重		因素分级及分值						
因素	权重	分级 1	单因素分值	分级 2	单因素分值	分级 3	单因素分值	……
因素 1								
因素 2								
因素 3								
⋮								

采用特尔斐(专家打分)-指数和法公式计算不同评价单元的综合分值，根据表 4-17 的分级标准确定该单元的最终适宜性等级。

表 4-17　评价单元等级分级表

适宜类	宜耕				宜园				宜林				……
土地适宜性等级	一等地	二等地	三等地	不适宜	一等地	二等地	三等地	不适宜	一等地	二等地	三等地	不适宜	
分值													

5. 等级评定与结果汇总

基于上述指标体系、评价标准，采用选定的评价方法对各单元土地复垦与生态修复适宜性等级进行评定，评定结果见表 4-18。

表 4-18　各单元土地复垦与生态修复适宜性等级评定结果汇总表

评价单元	土地复垦与生态修复适宜性等级					
	宜耕		宜林		宜草	
	等级	主要限制因素	等级	主要限制因素	等级	主要限制因素
评价单元 1						
评价单元 2						
评价单元 3						
⋮						

(二) 水土资源分析

矿业废弃地复垦与生态修复工程中涉及覆土和灌溉工程，需进行水土资源分析，分析规划区水土资源条件满足复垦需要的可行性。土源对于矿业废弃地复垦与生态修复十分重要，特别是挖损、压占地的复垦，应结合规划区土源情况、复垦与生态修复方向、标准和措施，进行土方供求平衡分析。在土地复垦与生态修复中首先要考虑水资源的供需问题，特别是缺水的干旱地区，水资源是决定土地复垦面积大小的主要因素。水资源平衡分析就是综合考虑复垦区内水资源的供应能力和需求状况，分析复垦区水资源的余缺情况，合理协调水资源的供求关系，以寻求水资源的平衡。

1. 土源平衡分析

综合考虑复垦与生态修复方向、标准和相关措施，从规划区可供土方量和复垦与生态修复工作需土量两个方面着手分析土源平衡情况。

1) 供土量分析

如果矿业废弃地自身土源量不能满足复垦与生态修复需求，需另外选择取土场，取土场的选择应充分考虑土源质量、成本和是否会导致新的土地损毁等。设可供土源量为 V_s(m^3)，用于取土面积为 S(m^2)，取土厚度为 h(m)，则土源剥离量的计算方法如下：

$$V_s = S \cdot h \tag{4-12}$$

2) 需土量分析

土壤是植物赖以生存的基础，没有良好的土壤母质，作物与植被的生长就无从谈起或者说很难达到良好的效果，对于某些矿业废弃地来说，土源是否充足是其复垦与生态修复工作成败的关键。设待复垦区共有 n 个复垦方向，各复垦方向的复垦面积分别为 $A_1, A_2, \cdots, A_n(\mathrm{m}^2)$，不同复垦方向的覆土厚度为 $H_1, H_2, \cdots, H_n(\mathrm{m})$，则规划复垦区需土量 (V_c) 为

$$V_c = \sum_{i=1}^{n} A_i H_i \tag{4-13}$$

3) 土方供需平衡分析

在分别计算复垦区内的可供表土量和覆土量之后，对其进行比较，若规划区内土源供过于求，就无须外购土源；若供不应求，需外购土源的，应说明外购土源的数量、来源、土源位置、可采量，并提供相关证明材料。在无土源情况下，可综合采取物理、化学与生物改良措施，包括无土复垦、加速风化等。

2. 水源平衡分析

复垦工程中涉及灌溉工程的，应进行用水资源分析，明确用水水源地、水量供需及水质情况。水量供需平衡要综合考虑供水量和需水量两个部分。供水量是指复垦区内可以利用的一切水源；需水量则主要指灌溉用水、水产养殖用水等。水量平衡是一个相对的概念，是指在一定的保证率下的水量供需平衡。因此，在进行水资源平衡分析之前，需先从复垦区的水资源状况出发，选择合适的灌溉设计保证率。如果灌溉设计保证率选得过高，就会增加水利工程的投资和管理费用；如果灌溉设计保证率选得过低，则不能满足生产的需水要求。不同的保证率供水和用水定额是不同的。因此，在水资源平衡计算时，要考虑气象、水源、土地面积、土壤质地、各类作物产量指标和灌水定额等因素，正确确定项目区的灌溉设计保证率，一般取中等干旱年作为选择保证率的依据。

1) 可供水量分析

可供水量包括河川径流、当地地面径流和地下水等可以利用的一切水资源。

A. 河川径流计算

由于引水的方式不同，计算的方法也不一样。

a. 无坝渠道引水

$$W = 86400QT \tag{4-14}$$

式中，W 为河流可供水量，m^3；Q 为在设计保证率下的供水流量，m^3/s；T 为引水时间，以天计算；86400 为单位换算系数，表示一天的秒数。

b. 有坝渠道引水

引水量大小取决于截引面积的大小、年径流量及分配过程和引水渠的断面尺寸，一

般可用下式计算：

$$W=\sum_{i=1}^{12}0.1FYi\eta \tag{4-15}$$

式中，W 为可引水量，万 m^3；0.1 为单位换算系数；F 为截引面积，即拦河坝与引水渠拦截的集水面积，km^2；Y 为月径流量，mm；i 为月份；η 为径流利用率，与月径流量、引水渠尺寸和沿渠土质有关，一般为 0.7～0.8。

c. 机械提水

抽水站提水量可按下式计算：

$$W=3600Qtn \tag{4-16}$$

式中，W 为抽水站提水总量，m^3；3600 为单位换算系数；Q 为抽水站设计流量，m^3/s；t 为抽水站每天开机时间，一般为 20～22h；n 为抽水天数，d。

B. 当地地面径流计算

当地地面径流一般是通过塘库蓄积起来的，以供当地农业灌溉用水。

a. 水库来水量

$$W=1000FCP \tag{4-17}$$

式中，W 为水库来水量，m^3；1000 为单位换算系数；F 为水库集水面积，km^2；C 为该地区年径流系数，与库区地形、植被、土质等因素有关，一般为 0.3～0.5；P 为年降水量，mm。

b. 塘堰可供水量

在南方丘陵山区，塘堰蓄水对农田灌溉有着重要的作用。由于塘堰类型多样，计算其供水量较为困难，一般采用下列两种方法进行估算。

复蓄次数法：

$$W=NV \tag{4-18}$$

式中，W 为塘堰供水量，m^3；N 为塘堰有效容积，即总容积减去因养鱼等需要留下的垫底容积，m^3；V 为塘堰复蓄次数，即塘堰在一年之内蓄满的次数，因地区不同而异。

塘堰径流法：

$$W=0.001\alpha Pf\eta \tag{4-19}$$

式中，W 为塘堰供水量，m^3；α 为径流系数；P 为降水量，mm；f 为塘堰汇水面积，m^2；η 为塘堰蓄水利用系数，一般为 0.5～0.7。

C. 地下水量计算

土地复垦以开采浅层地下水为主，由于浅层地下水的补给随气象(降水、蒸发等)和水文条件的变化而变化，应根据当地水文地质资料分析计算出地下水补给量，以此作为土地复垦水资源平衡分析的依据，不能以单井实际抽水量计算。

a. 降水入渗补给量

降水是浅层地下水的主要补给源之一，降水入渗补给量与降水强度、降水类型、降水前的土壤状况及地下水等诸因素有关。为简化计算，可根据灌溉设计保证率选取设计降水年，然后从当地水文地质资料中查得降水入渗补给系数，由下式计算降水入渗补给量：

$$W_1 = 0.001KPA \tag{4-20}$$

式中，W_1 为降水入渗补给量，万 m^3；K 为降水入渗补给系数；P 为设计年降水量，mm；A 为地下水补给面积，m^2。

b. 侧向补给量

侧向补给是影响浅层地下水储量的因素之一。根据区域均衡法原理将项目区作为一个储水整体，计算一年内区域边界补给或排泄水量：

$$W_2 = 365Kh_{含}\sum\left(L_i J_i\right) \tag{4-21}$$

式中，W_2 为侧向补给量(补给为正，排泄为负)，m^3；K 为含水层渗透系数，m/d；$h_{含}$ 为补给区中地下水含水层厚度，m；L_i 为补给区边界长度，m；J_i 为补给区内对应边界的地下水坡度。

c. 灌溉回归水量

复垦区内渠灌和井灌水均会部分入渗补给地下水。灌溉回归水量受多种因素的影响。因此，一般由当地水文地质资料查得的灌溉回归系数计算灌溉回归水量：

$$W_3 = 10\beta M_{毛} A \tag{4-22}$$

式中，W_3 为灌溉回归水量，m^3；β 为灌溉回归系数；$M_{毛}$ 为毛灌溉定额，mm；A 为灌溉面积，hm^2。

d. 地下水总补给量(可开发利用量)

地下水埋深较浅时，潜水蒸发是地下水主要消耗项之一，但平原地区灌区地下水一般埋深较大，通常可不考虑该项。因此，地下水总补给量计算如下：

$$W_{供} = W_1 + W_2 + W_3 \tag{4-23}$$

2) 需水量分析

需水量包括复垦区内的一切用水，在用水量计算中，最主要的是农业灌溉用水。在计算农作物灌溉用水时，首先要制定农作物灌溉制度。灌溉制度因农作物的种类、品种、自然条件、农业技术措施及灌溉方式的不同而异。

灌溉制度确定后，就可以根据农作物的结构、面积和灌溉定额确定本地区的灌溉用水量。其计算公式如下：

$$W = mAn \tag{4-24}$$

式中，W 为项目区灌溉用水总量，m^3；m 为综合毛灌溉定额，m^3/hm^2；A 为灌溉面积，hm^2；n 为复种指数。

式(4-24)中的综合毛灌溉定额可用下式计算：

$$m = m' / \eta \tag{4-25}$$

式中，m' 为灌区综合净灌溉定额，m^3/hm^2，$m' = \sum q_i m_i$，q_i 为各种作物种植比例，m_i 为相应作物的灌溉定额，m^3/hm^2；η 为灌溉水利用系数。

3) 水量供需平衡分析

根据可供水量和需水量计算结果，若供过于求，一切配套水利设施的规划方案应以总需水量为准，不能因水源丰富，就规划超过需水量的水利设施。对用水来说不能进行过量灌溉，因为这不仅会引起地下水上升，产生土壤盐渍化，还会增加投资。若供不应求，如有条件可进行调水规划，如果没有这种可能，则在制定水利规划时，应以可利用供水量为依据，防止一些水利设施弃而无用，不能发挥其作用而造成浪费。

（三）矿业废弃地复垦与生态修复潜力分析

基于复垦与生态修复适宜性评价结果，综合考虑消除或者提升复垦为一定方向的限制因素所具备的复垦条件(包括技术水平、水土资源条件和可能的投入与效益)，确定矿业废弃地最终复垦方向；根据最终复垦方向，测算各复垦地类的面积和增加耕地系数，分析复垦后的质量潜力，这也为复垦区与建新区用地钩挂、计算折算系数提供依据。以乡镇为单元，根据各乡镇矿业废弃地复垦增加耕地系数和复垦后质量潜力状况，对复垦区进行潜力分级汇总。

1. 复垦地类面积潜力

根据适宜性评价结果，同一评价单元存在多宜性，需综合考虑技术水平、水土资源条件和可能的投入与效益等复垦条件，通过多方案优选，确定规划区各适宜性评价单元的最终复垦方向，并统计各复垦方向及其面积，分析测算新增耕地系数。

$$\alpha = \Delta S / S \tag{4-26}$$

式中，α 为规划区矿业废弃地复垦新增耕地系数，%；ΔS 为规划区工矿废弃地复垦新增耕地面积，hm^2；S 为待复垦区总面积，hm^2。

2. 复垦地类质量潜力分析

根据国土资发[2012]45 号文，复垦土地与建新区用地相挂钩，为了合理确定折算系数，需基于复垦适宜性评价结果、复垦标准和措施及国家相关法律、法规、相关技术规程和标准，结合待修复区的气候、社会经济、技术水平等状况，对复垦后各地类质量潜力进行分析，特别是复垦为耕地的进行分析。质量潜力评价过程见图 4-8。

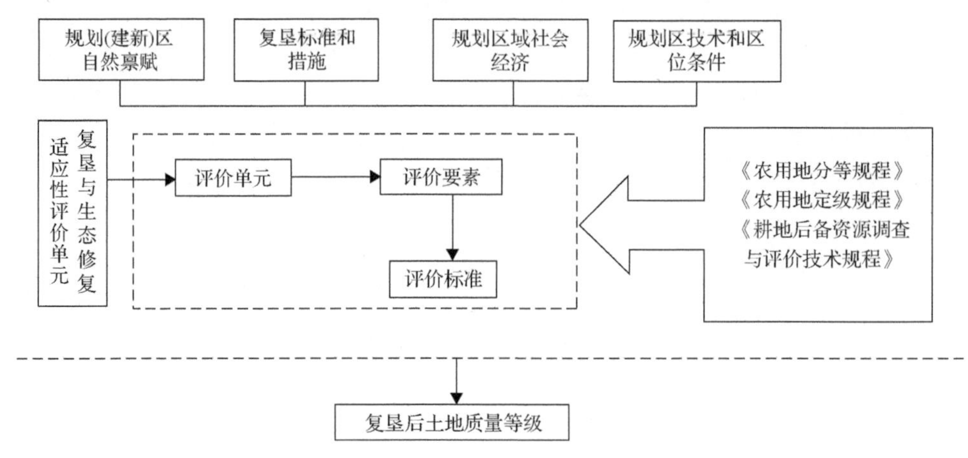

图 4-8　质量潜力评价过程

应制定完整的质量潜力分析过程，实现对质量潜力的评价和评价结果与建新区挂钩。质量潜力评价指标体系构建、标准制定应和复垦与生态修复适宜性评价、建新区土地质量评价标准相衔接，从而使评价结果具有可比性，更能体现复垦前后土地质量的变化，并为后续与建新区用地挂钩提供依据。质量潜力评价过程与一般土地评价过程(包括复垦与生态修复适宜性评价)相似，在此不再赘述，针对矿业废弃地复垦与生态修复特点，从以下两个方面进行说明。

1)质量潜力评价单元划分

质量潜力评价单元一般包括以下三种：①以复垦与生态修复适宜性评价单元为质量潜力评价单元；②按照最终复垦方向合并复垦与生态修复适宜性评价后形成的新单元；③多因素专题图或其他相关图件叠置图。评价因素包括土壤条件(土壤有机质含量、土壤质地等)、区位条件、地形条件、技术条件和社会经济条件等。

2)评价指标体系构建

指标选择应注意：复垦与生态修复适宜性评价侧重自然质量，而复垦后土地质量评价为综合评价，故而，评价因素中应考虑区位条件、技术条件和社会经济条件等。应充分考虑复垦适宜性评价的指标和评价结果。同时在指标选择上应与建新区土地质量评价指标保持衔接。

3. 潜力分级及汇总

以乡镇为汇总单元，以各乡镇新增耕地系数和质量等级为分级依据，在规划区范围内进行潜力分级。各地根据实际情况制定分级标准并进行级别划分，一般不少于 3 个级别。

二、矿业废弃地复垦与生态修复结构规划技术

土地利用格局的形成与演化是不同时空尺度上的自然、社会、经济等多种因素共同作用的结果。当前，用于土地利用空间格局变化模拟的模型较多，根据不同的研究目的，大致可以分为基于数理统计的社会经济过程模型、基于复杂系统理论的系统性模型、智能体模型三类，具体见表 4-19。

表 4-19　土地利用空间格局优化模型

模型类别	模型名称	模型优点	模型缺点
基于数理统计的社会经济过程模型	灰色系统模型	不需要大量样本，模型参数小，容错性小，预测精度高，适用于短期预测分析	对历史数据具有较强依赖性，忽略各因素之间的关系，用于中长期预测时误差较大
	线性规划模型	对历史数据要求较低，目标导向性强	无空间优化功能
	马尔可夫模型	对过程的状态预测效果较好，状态位移概率与时间无关，具有无后效性，即对历史数据无依赖性	必须具备长时间序列的土地利用变化数据，且没有空间优化功能
	系统动力学模型	综合考虑各驱动因素之间的关系，可用于非线性系统模拟	缺乏空间优化功能，预测精度不高
基于复杂系统理论的系统性模型	元胞自动机模型	时间、空间状态都离散化，局部转换规则简单，可以模拟出很大自由度的、复杂的空间结构	最终的模拟结果对参数的依赖性很强
	神经网络	进行并行分布处理，大大节约数据处理时间，高度鲁棒性和容错能力，能充分逼近复杂的非线性关系	对初始网络权重较敏感，易出现局部极小化问题，收敛速度较慢
	土地利用变化及效应模型	包含空间模块和非空间模块；可对全局土地利用类型进行空间配置	土地利用需求计算中需要借助其他模型
智能体模型	多智能体模型	能够考虑多种影响因素及各因素与土地利用变化间的非线性关系，尤其适用于影响因素多样、土地利用变化剧烈的快速经济发展区域的土地利用空间格局变化模拟	对参数较敏感，处于探索阶段，技术不成熟
	粒子群算法		
	蚁群算法		

(一)线性规划模型

线性规划是一种在既有确定目标又有一定约束限制条件下，从所有可能的选择方案中找出最优方案的数学方法。该模型是一种静态模型，在结构优化过程中，可以避免规划人员只靠经验来人为布置用地，从而避免盲目地进行土地利用。

线性规划建模与使用只需具有三个前提条件：①优化条件，目标函数是线性关系，并且能够用极值(最大或最小)来表示。其极值代表土地利用系统功能的最优值。②约束条件，结构优化是多种限制因素影响与约束条件下的相对结果，这种约束可以用各变量的线性代数式(等式或不等式)来表示。③方案优选，根据不同的目标和要求，可以得出若干个优选方案，再通过可行性研究，选出一个最适宜的方案。满足以上条件，即可用线性规划模型来解决结构最优化问题。对行政区域内的土地进行土地利用优化研究，线性规划法是一种行之有效的方法。

线性规划用函数表达的数学模型如式(4-27)所示。

目标函数：

$$S = C^{\mathrm{T}} X = \mathrm{Max(Min)} \tag{4-27}$$

约束条件：$AX \leqslant B$(或$\geqslant B$)，$X \geqslant 0$。

其中，$X=(X_1, X_2, \cdots, X_m)$，$C=(C_1, C_2, \cdots, C_m)^{\mathrm{T}}$，$B=(b_1, b_2, \cdots, b_n)^{\mathrm{T}}$，$A=(a_{ij})_{m\times n}$。式中，$S$ 为目标函数；A 为约束方程组的系数矩阵，即各项用地的技术系数；B 为约束常数；C 为价值向量(各项用地的效益系数)；X 为决策变量(即各用地类型)。

(二)马尔可夫模型

在预测未来土地利用数量上，Markov 模型具有较大优势。Markov 过程具有无后效性的特点，它的转移过程与转移之前的时刻没有关系，而与开始转移时候的状态和转移的步数相关。土地利用变化过程一般都符合 Markov 过程的特点，当研究区的土地政策保持不变时，可以利用 Markov 模型对土地利用数量进行预测模拟，模型见式(4-28)：

$$X_{t+1} = P_{ij} X_t \tag{4-28}$$

式中，X_{t+1} 和 X_t 分别为后一时刻和前一时刻的系统状态；P_{ij} 为状态转移概率矩阵。

状态转移概率矩阵的计算见式(4-29)：

$$P = P_{ij} = \begin{bmatrix} P_{11} & P_{12} & \cdots & P_{1n} \\ P_{21} & P_{22} & \cdots & P_{2n} \\ \vdots & \vdots & & \vdots \\ P_{n1} & P_{n2} & \cdots & P_{nn} \end{bmatrix} \tag{4-29}$$

$$P_{ij} = \frac{A_{ij}}{\mathrm{LU}_i} \tag{4-30}$$

式中，P_{ij} 为土地利用状态由 i 转移到 j 的概率(i=j=1,2,…,n)；n 为地类数量；A_{ij} 为土地类型由 i 转换到 j 的面积；LU_i 为模拟初期 i 地类的面积。P_{ij} 矩阵需满足：①$0 \leqslant P_{ij} \leqslant 1$，即矩阵中的每个元素都必须是非负值；②$\sum_{j=1}^{N} P_{ij} = 1$，即矩阵中每行元素的总和都必须等于 1。

(三)区间优化模型与多目标区间优化模型

这两类模型的主要区别是前者是对单目标优化求解，后者是对多目标优化求解。土地利用结构是区域社会经济活动对土地利用的结果，而土地利用需求因素又是不断变化的，因此，形成以土地利用结构为因变量，而社会经济因素为自变量的函数，因为函数的自变量不断变化，具有不确定性，所以相应函数因变量也应有一定的弹性区间，以应对自变量的不确定变化。区间线性规划标准见式(4-31)：

$$\begin{cases} \min \sum_{j=1}^{n} [c_j^{\mathrm{L}}, c_j^{\mathrm{U}}] \\ \mathrm{s.t} \\ \sum_{j=1}^{n} [a_{ij}^{\mathrm{L}}, a_{ij}^{\mathrm{U}}] x_j \geqslant [b_i^{\mathrm{L}}, b_i^{\mathrm{U}}], i = 1, \cdots, l \\ \sum_{j=1}^{n} [a_{ij}^{\mathrm{L}}, a_{ij}^{\mathrm{U}}] x_j \geqslant [b_i^{\mathrm{L}}, b_i^{\mathrm{U}}], i = l+1, \cdots, m \\ x_j \geqslant 0, j = 1, \cdots, n \end{cases} \tag{4-31}$$

式中，c_j^{U}、c_j^{L} 为目标函数中变量 x_j 系数的上、下限；a_{ij}^{U}、a_{ij}^{L} 为约束函数中变量 x_j 系数的上、下限；b_i^{U}、b_i^{L} 为固定常数的上、下限，具有 n 个变量、1 个不等式约束、m–1 个等式约束。

第三节　矿业废弃地复垦与生态修复工程技术体系和实施要点

一、工程技术体系

复垦与生态修复措施的一级科目包括土壤重构工程、植被重建工程和配套工程，二级科目主要包括土壤剥覆工程、充填工程、平整工程、坡面工程、清理工程、灌排工程、集雨工程、道路工程等，具体工程划分参见表4-20。

表4-20　土地复垦与生态修复的工程划分

序号	一级科目	二级科目	三级科目
一	土壤重构工程		
1		充填工程	
			塌陷地充填
			其他
2		土壤剥覆工程	
			表土处置
			客土
			其他
3		挖深垫浅	
			土方开挖
			覆土
			其他
4		平整工程	
			田面平整
			田埂(坎)修筑
			场地平整
			其他
5		坡面工程	
			梯田
			护坡(削坡)
			其他
6		生物化学工程	
			土壤培肥
			污染防控
			其他
7		清理工程	
		⋮	

续表

序号	一级科目	二级科目	三级科目
二	植被重建工程		
1		林草恢复工程	
			种草(籽)
			植草
			种树(籽)
			植树
			其他
2		农田防护工程	
			种树(籽)
			种草(籽)
			其他
		⋮	
三	配套工程		
1		灌排工程	
			支渠(沟)
			斗渠(沟)
			农渠(沟)
			毛渠(沟)
			其他
2		喷(微)灌工程	
			管道工程
			设备安装
3		机井工程	
			成孔工程
			井管安装
			填封工程
			洗井工程
			设备安装
4		水工建筑物	
			倒虹吸
			渡槽
			蓄水池
			跌水、陡坡
			水闸
			涵洞

续表

序号	一级科目	二级科目	三级科目
4			泵站
			其他
			设备安装
5		集雨工程	
			沉砂池
			集水池
			水窖
6		疏排水工程	
			截流沟
			排水沟
			排洪沟
			其他
			设备安装
7		输电线路工程	
			线路架设工程
			线路移设工程
			配电设备安装
8		道路工程	
			田间道
			生产路
			其他道路
		⋮	

二、主要工程技术实施要点

(一)土壤重构工程

1. 充填工程

塌陷地充填复垦土地综合利用技术一般是利用土壤和容易得到的矿区固体废弃物，如煤矸石、坑口和电厂的粉煤灰、露天矿排放的剥离物、尾矿渣、垃圾、沙泥、湖泥、水库库泥和江河污泥等来充填采矿沉陷地，恢复到设计地面高程来综合利用土地。沉陷地其应用条件是有足够的充填材料且充填材料无污染或可经济有效地采取污染防治措施。充填复垦土地综合利用技术应用于有足够的充填材料且充填材料无污染或污染可有效防治的矿区。充填复垦土地综合利用技术既解决了沉陷地复垦问题，又解决了矿山固体废弃物的处理问题，因此其经济效益最佳，但可能造成二次污染。用矿山废弃物充填时，应参照国家有关环境标准，进行卫生安全土地填筑处置，充填后场地稳定；必须有防止填充物中有害成分污染地下水和土壤的防治措施；视其填充物性质、种类，除采取压实等加固措施外，应做不同程度防渗、防污染处置，必要时，设衬垫隔离层。

2. 表土剥覆工程

1）表土剥离

由于一些废弃地已经多年不生产，当地老百姓对部分用地进行了复种，要统筹做好耕作层剥离，对表土实行单独采集和存放，用于损毁土地的复垦。但当土壤层太薄或质地太不均匀，或者表土肥力不高，而附近土源丰富且能满足生态重建要求时，可以不对表土进行单独剥离存放。

表土剥离厚度根据原土壤表土层厚度、复垦土地利用方向及土方需要量等确定。一般对自然土壤可采集到灰化层，农业土壤可采到犁底层。采集的表土尽可能直接铺覆在复垦好的场地上。

2）表土堆存

表土需要临时堆存时，堆存的要求如下：①堆存场地的要求。防止放牧、机器和车辆的进入，防止粉尘、盐碱的覆盖；不应位于计划中将受施工损毁的地段或靠近卡车拖运道；地势较高，没有径流流入或流过堆土场地；防止主导风。在堆放场地的选择上，应当尽量避免水蚀、风蚀和各种人为损毁。②剥离土壤长期堆放，风蚀、淋蚀等因素都会使土壤的肥力丧失。堆存期越短，土壤受到的影响越小。土壤堆存时间过长，将造成土壤中微生物停止活动、土壤板结、土壤性质恶化、雨水淋溶后有机质含量下降等。如堆存期跨越雨季则受到的侵蚀影响就较严重。堆存期较长时，尽快在土堆上种植植物是保存土壤肥力较有效的方法。堆存期不应超过 12 个月，也不应跨越雨季。堆存期较长时，应在土堆上播种一年生或多年生的草类。③土堆太高，也将影响土壤中微生物活性、土壤结构、土壤养分等，土堆高度不宜超过 5m，含肥岩土堆高度不宜超过 10m。④土壤（特别是含泥量高的土壤）含水过量时极易被压紧。为了保持土壤结构、避免土壤板结，应避免雨季剥离、搬运和堆存表土。另外，土壤湿度较大，不利于运输中的装车与排卸。

3）表土覆盖

表土覆盖充分利用预先收集的表土覆盖形成种植层。未预先收集表土的，在经济运距之内有适宜土源时，可借土覆盖。土源地用作农地、林地或草地时，取土以不影响土源地取土后的再种植为原则。土源缺乏时可将岩土混合物覆盖在表层，用于造林，只需在植树的坑内填入土壤或其他含肥物料（矿区生活垃圾、污泥、矿渣、粉煤灰等）。表土覆盖厚度根据当地土质情况、气候条件、种植种类及土源情况确定。一般，种植农作物时覆土 50cm 以上，耕作层不小于 20cm；用于林业种植时，在覆盖厚度 1m 以上的岩土混合物后，覆土 30cm 以上，可以是大面积覆土，土源不够时也可只在植树的坑内覆土；种植草类时覆土厚度 20～50cm。在经过复垦的排土场覆盖表土时，应对覆土层进行整平。当用机械整平时，尽量采用对地压力小的机械设备，并在整平后对覆土层进行耕翻。复垦为农地时，覆盖土壤 pH 为 5.5～8.5，含盐总量不大于 0.3%，理化性质和养分指标满足种植要求。覆盖表土的有毒有害物质的含量满足《土壤环境质量　农用地土壤污染风险管控标准（试行）》（GB 15618—2018）的有关要求。如覆盖层中利用了污泥、垃圾和粉煤灰，当这些物料中污染物分别满足《农用污泥中污染物控制标准》（GB 4284—2018）、

《城镇垃圾农用控制标准》(GB 8172—1987)、《农用粉煤灰中污染物控制标准》(GB 8173—1987)后，方可用于农业种植。

3. 挖深垫浅工程

挖深垫浅复垦技术，即将积水沉陷区下沉较大的区域再挖深，形成水塘，用于养鱼、栽藕或蓄水灌溉，再用挖出的泥土垫高开采下沉较小的地区，达到自然标高，经适当平整后作为耕地或其他用地，从而实现水产养殖和农业种植并举的目的，一般适用于局部或季节性积水的塌陷区，且沉陷较深，有积水的高、中潜水位地区，同时，“挖深区”挖出的土方量大于或等于“垫浅区”充填所需土方量，使再利用后的土地达到期望的高程。根据复垦设备的不同，可以细分为：泥浆泵复垦技术、托式铲运复垦技术、挖掘机复垦技术等。

泥浆泵实际就是水力挖掘机，也称水力机械化土方工程机械。泥浆泵复垦技术就是模拟自然界水流冲刷原理，运用水力挖塘机组将机电动力转化为水力而进行挖土、输土和填土作业，即由高压水泵产生的高压水，通过水枪喷出一股密实的高压高速水柱，将泥土切割、粉碎，使之湿化、崩解，形成泥浆和泥块的混合液，再由泥浆泵通过输送管压送到待复垦的土地上，然后泥浆沉积排水达到设计高程的过程。由于泥浆泵是水力挖塘机组的核心，称这种技术为泥浆泵复垦。该技术除要求满足挖深垫浅复垦技术的应用条件外，还应有足够的水源供泥浆泵水力挖掘土壤。沉陷地泥浆泵复垦技术工艺流程见图 4-9。

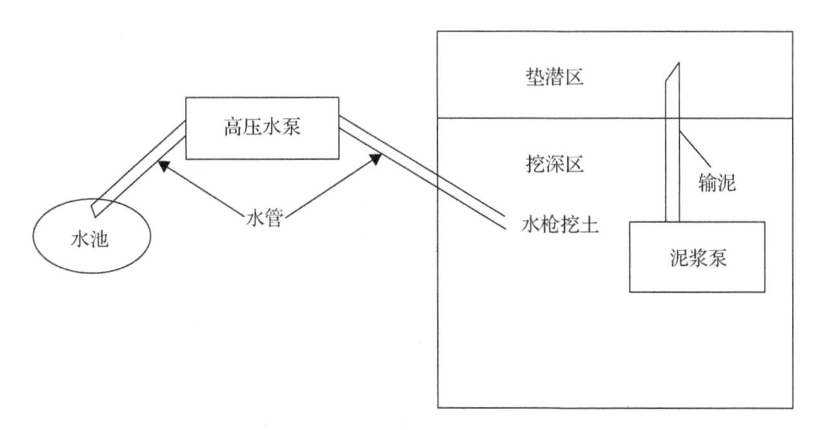

图 4-9　沉陷地泥浆泵复垦技术工艺流程示意图

托式铲运机实质为一个无动力的拖斗，在前部用推土机作为牵引设备和匹配设备进行铲装运土作业。铲运机由一个带有活动地板的铲斗、四个轮胎和液压(驱动)系统组成。托式铲运机在复垦土地时，首先将“挖深区”和“垫浅区”的熟土层剥离堆存；其次将“挖深区”分成若干块段(可按机械多少和地块大小而定)，多台机械同时进行挖掘回填；然后待回填到一定标高后，将熟土回填到复垦地上，使“垫浅区”达到设计标高；最后推平后，使用农用耕作细肥或推耙机进行松土整理，建立复垦区田间水利灌溉系统，培肥后即可种植。铲运机复垦技术工艺流程见图 4-10。

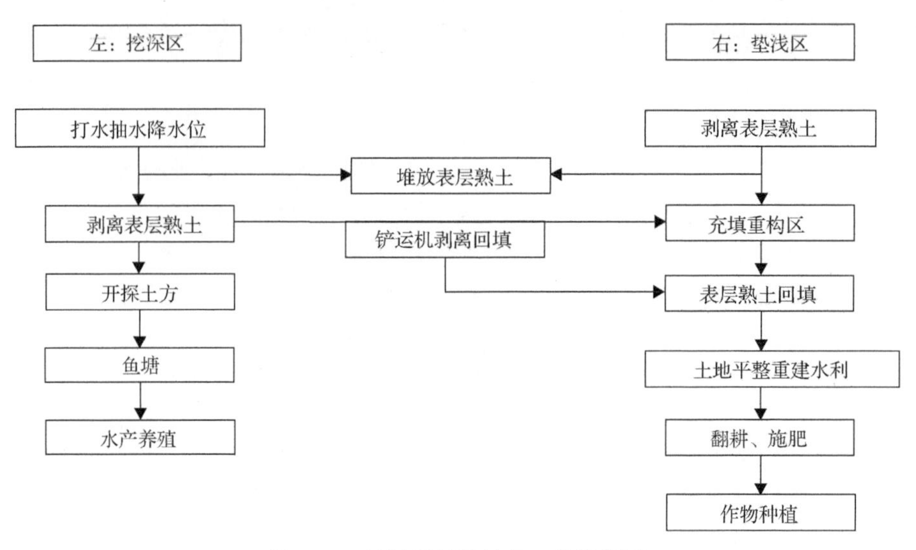

图 4-10 铲运机复垦技术工艺流程图

挖掘机复垦是用挖掘机挖去土方，并配合卡车、四轮翻斗车等运输机械以便达到复垦土地的一种工艺。其技术特点是：把“挖深区”和“垫浅区”划分成若干块段(依地形和土方量划分)，并对“垫浅区”划分的块段边界设立小土(田)埂以利于充填；将土层划分为两个层次，一是上部的表层土壤，二是下部的心土层；用分层剥离、交错回填的土壤重构方法使复垦后的土层厚度增大，使复垦土地明显优于原土地。

4. 坡面工程

坡面是水土流失的起源，治坡是治理水土流失的关键。治坡工程总的来说就是在坡面上沿等高线开沟、筑埂，修成不同形式的台阶，用于截短坡长、减缓坡度、改变小地形，起到蓄水保土的作用。在矿业废弃地复垦中根据修筑形式、适应条件及使用材料的不同一般分为坡地梯田工程、鱼鳞坑与水簸箕工程。

1)坡地梯田工程

坡度在 25°以下时，一般应修梯田，包括水平梯田、隔坡梯田和坡式梯田。对坡地上土层深厚，当地劳力充裕的地区，尽可能一次性修成水平梯田；对坡地土层较薄或当地劳力较少的地区，可以先修筑坡式梯田，经逐年向下方翻耕，减缓田面坡度，逐渐变成水平梯田；在地多人少、劳力缺乏，同时年降水量较少，耕地坡度在 15°～20°的地方，可以采用复式梯田，平台部分种庄稼，斜坡部分种牧草。

对于塌陷区原有地形坡度较大的区域，可以进行坡改梯，修建梯田恢复为耕地，具体设计及断面要素见图 4-11，各要素间关系如下式所示：

$$\begin{cases} H = B_x \sin\theta \\ B_x = H\cos\theta \\ b = H\cot\alpha \\ B_m = H\cot\theta \\ B = B_m - b = H(\cot\theta - \cot\alpha) \end{cases} \tag{4-32}$$

式中，H 为田坎高度，m；B_m 为田面毛宽，m；B_x 为原坡面斜宽，m；θ 为原地面坡度；b 为田坎占地宽，m；α 为梯田田坎坡度；B 为田面净宽，m。

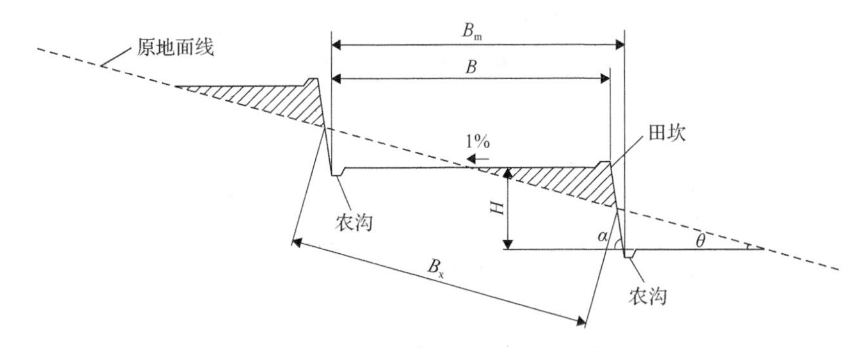

图 4-11 梯田横断面设计示意图

坡改梯工程的实施步骤为：①施工放线。应用测量放线方法在现场放出每个地块的开挖零线、开挖边线、填方边线和坝顶高程。②田面分开推平。按照设计要求和该区的复垦方向进行平整土地。铲车、推土机和运输车辆相配合，分区按照设计要求和复垦利用方向进行土地平整，按标桩指示高度挖高填低。③筑坝排棱。按设计要求修筑梯田地坎，筑坝时的土壤以手捏成土团自由落地碎开为排棱的最佳土壤湿度。通过排棱，力求使距棱坝外侧 40～60cm 的土壤干容重达到 1.4g/cm^3 以上。④修整田面。因梯田外侧填方部位一般会有一定沉陷，同时也考虑梯田的盖水保肥要求，应将推平的梯田面修整为外高里低的内倾式逆坡，坡度为 1°～3°；并于棱坎顶部筑一拦水埂，其顶宽 25cm 左右，埂高 20cm 左右。⑤深翻保墒。应用机械推平后的梯田挖、填部位的土体的松紧不一，故整地之后应进行深翻，以达到保墒的要求。深翻深度为 50cm 左右。

2) 鱼鳞坑与水簸箕工程

其主要配置在大于 25°的坡地上部。在坡面较陡、地形支离破碎的地方，一般沿等高线自上而下挖月形鱼鳞坑，呈“品”字形配置。挖坑时将表土放在上方，底土放在下方，围成半圆形土埂，埂高 0.15～0.25m，并在坑的上方左右角上各斜开一道小沟，以便引蓄雨水。在地面较缓的坡地、集水凹地，一般设置水簸箕，应根据集水面积、地面坡度等确定其间距和大小。

5. 土壤培肥

土壤培肥是指通过各种农艺措施，使土壤的耕性不断改善、肥力不断提高的过程。具体来讲，工矿区的土壤培肥就是通过人为措施加速岩石风化和生土熟化的过程，从而使土壤的颗粒、物理、化学、生物等性状逐渐趋于正常化。

复垦与生态修复工程完成后，可以通过有机肥、无机肥相结合的方式快速提升土壤肥力。有机肥包括农家肥和商品有机肥。应根据土壤养分状况确定氮磷钾等无机肥料施用量。

通过持续开展土壤培肥改良等措施，重点针对复垦耕地，从耕地质量等级提升、环境质量提升和耕地长效管护等三个方面开展复垦后耕地的长效管护与质量提升工作，实现“复垦—管护—提升”的良性互动与有效衔接，有力地保护复垦耕地资源，不断提升耕地质量等级，提高耕地产能。管护期内的土壤培肥可以采取增施有机肥、种植绿肥、秸秆还田等方式。大力发展种植绿肥，实行绿肥压青回填。推广秸秆还田，秸秆粉碎翻压入田作为基肥。秸秆还田方式多样，可因地制宜。合理种植，用地养地结合，根据复垦地块质量情况，因地制宜地选择一些作物种植，如针对含氮量较低的复垦耕地，可以种植豆科作物。

1）增施有机肥

有机肥种类繁多，合成有机肥的原料也多种多样，目前主要为以秸秆、粪便为原料制作的有机肥。秸秆是作物收获后的副产品，秸秆的种类和数量丰富，是宝贵的有机质资源之一。利用秸秆制作有机肥料，可以变废为宝。秸秆制作成有机肥料后施入土壤，可以归还作物从土壤中吸收的养分，有利于平衡土壤养分。粪便是人和畜禽的排泄物，粪便还田作为肥料，是我国农村处理粪便的传统做法，在改良土壤、提高农业产量方面取得了很好的效果。除了粪便、秸秆类有机肥外，还有污泥、粉煤灰、糠醛渣等工业、农业原料制作的有机肥，下面简单介绍几类有机肥的特性。

A. 秸秆类有机肥

秸秆是重要的有机肥源，含有大量的氮、磷、钾、钙、镁、硫等大、中、微量元素，是宝贵的可再生资源。秸秆还田可以改善土壤的物理、化学和生物性状，提高土壤肥力，增加作物产量，合理、充分利用秸秆的养分资源对提高肥料利用率及保护生态环境都具有十分重要的意义。秸秆类有机肥有机质含量普遍较高，C/N 显著高于 25，需要添加额外的氮素才能制作出良好的有机肥。

秸秆制作有机肥就是指秸秆在微生物的作用下被充分分解的过程，要生产加工出符合要求的有机肥，必须控制与调节秸秆分解过程中微生物活动所需要的条件，重点掌握好以下因素：水分含量一般控制在 60%～75%，水分是微生物生存的必要前提，秸秆吸水后有机质易于被分解，通过水来调节秸秆堆肥中的通气情况；通风状况直接影响秸秆分解过程中微生物的活动，分解前期保持通风状态，分解后期减少通风，以嫌气条件为主；温度控制在 25～65℃，通常采用接种纤维分解菌提高温度；碳氮比保持在 25∶1 左右最为适宜，微生物体成分有一定的碳氮比，一般为 5∶1，微生物同化一份氮平均需要 4 份碳被氧化所提供的能量；中性或弱碱是微生物活动的适宜条件，秸秆在分解过程中会产生大量有机酸，不利于微生物活动，可加入少量石灰或草木灰调节秸秆堆肥的酸度。

北方干旱地区多利用秸秆堆置有机肥，根据堆置温度的高低，堆置有机肥通常有普通和高温堆肥两种形式。普通堆肥是指堆体温度不超过 50℃，在自然状态下缓慢堆置的过程；高温堆肥一般采用接种高温纤维分解菌，并设置通气装置的方式来提高堆体温度，该方法腐熟较快，还可以杀灭病菌、虫卵、草籽等有害物质。我国南方地区多采用沤肥的方式处理秸秆，其是在嫌气条件下作物秸秆的腐解，要求堆置材料粉碎，表面保持浅水层，与堆肥相比，沤制过程中养分损失少，肥料质量高。

秸秆腐熟菌剂是采用现代化学、生物技术，经过特殊的生产工艺生产的微生物菌剂，是利用秸秆加工有机肥料的重要原料之一，秸秆腐熟菌剂由能够强烈分解纤维素、半纤维素及木质素的嗜热、耐热的细菌、真菌和放线菌组成。目前秸秆腐熟菌剂执行国家标准，对菌数、纤维素酶活都有具体要求。秸秆腐熟菌剂在适宜的条件下，微生物能迅速将秸秆堆料中的碳、氮、磷、钾、硫等分解矿化，形成简单有机物，从而进一步分解为作物可吸收的营养成分。同时，秸秆在发酵过程中产生的热量可以消除秸秆堆料中的病虫害、杂草种子等有害物质。秸秆腐熟菌剂无污染，其中含有的一些功能性微生物兼有生物菌肥的功能，对作物生长十分有利。

B. 粪便类有机肥

粪便是人和畜禽的排泄物，粪便还田作为肥料，是我国农村处理粪便的传统做法，在改良土壤、提高农业产量方面取得了良好的效果。世界各国处理粪便的最常用的方法还是用作肥料，国外经济发达国家和地区，甚至通过立法规定了饲养场的家畜最大饲养量、粪便施用量限额及排污标准等，以迫使畜牧场对家畜粪便处理，让粪便还田作肥料是形成农牧良性循环、维持生态平衡的有效措施。粪便还田不仅改良了土壤，提高了耕地质量，同时使农牧系统形成良性循环，有效地维持了生态平衡，在消纳废弃物的同时，促进了作物增产。

粪便有机肥主要有以下几种方式：①制作圈肥。根据养殖情况又分为固体圈肥和液体圈肥，圈肥具有可操作性强、可大面积示范推广等特点。在畜禽养殖的圈舍内，加入强吸附性的物质，吸附粪便中的液体和挥发性物质，不仅可改变圈舍的卫生状况，还可以减少粪肥中养分的损失。在规模化养殖场，采用新技术的圈肥制作方法是在畜禽进圈前，铺一层垫料，再向垫料上撒微生物制剂，粪便被垫料吸附后自然发酵而分解，可以使一年至一年半棚内不清粪。②腐熟加工制作有机肥。通过“原料堆置—微生物接种—通气增氧”等操作流程对粪便进行腐熟处理，以达到杀灭大部分病原菌、杂草种子，以及大量活化养分的效果。一般有卧式翻抛、条垛式、发酵床、管理鼓气等有机肥发酵工艺。

C. 垃圾类有机肥

随着国民经济的发展和城市建设的加快，城市废弃物与日俱增，在一些地方已成为环境的污染源。但不少废弃物中含有农作物可利用的营养物质，如有机肥、氮、磷、钾、钙、镁、硫、硅等，它们既可以用来制成有机肥料，为作物提供养分，培肥地力，又可以防止有机废弃物污染环境。垃圾是人们日常生活中的废弃物，主要由炉灰、碎砖瓦、废纸、动植物残体等组成，生活垃圾主要分布在各大、中城市，按城市人均日产垃圾 0.84kg 计，城市每年垃圾产生数量达 9100 万 t，而全国城市垃圾以每年 10%的速度增加。城市垃圾含有一定的养分，一般以鲜重计算，全氮 0.28%、全磷 0.12%、全钾 1.07%，同时还含有大量中、微量元素。

垃圾由于含有一定的重金属、微生物病菌等成分，一般需要使用分选机、粉碎机等进行预处理，之后再进行堆置发酵腐熟等工艺。预处理就是把垃圾中的大量碎砖瓦、塑料制品、橡胶、金属、玻璃等物品分离出来，除去各种粗大杂物，通常使用干燥性密度风选机、多级密度分选机、半湿式分选破碎机、磁选机、铝选机等设备进行预处理。经过预处理的垃圾进行腐熟堆置，堆置是将垃圾变为有机肥料的一种手段，即通过微生物活动使垃圾有机物稳定化、无害化、减量化，垃圾堆置方式可分为好气堆置和厌氧堆置，好气堆置由于腐熟周期短，无害化效果好，被广泛采用。

利用垃圾堆肥的基本腐熟条件如下：堆置材料中易降解有机物含量占50%以上，使微生物活动有充足的能源，为此，在堆置之前需要去除垃圾中的杂物和部分灰渣。堆置物料的全碳和全氮之比尽量接近 25∶1。堆肥需要保持足够的水分，以促使物质溶解和移动，有利于微生物的生命活动，提供充足的蒸发水，调节湿度，维持堆体中的适当孔隙度，最大含水量控制在60%～80%。堆体中保持适当的空气含量，有利于微生物活动，一般认为10%是一个临界值。在实践中促进气体交换和补氧的手段，除了翻堆、强制通风外，还可以调节紧实度、埋设通气管等。

D. 污泥类有机肥

污泥是指混入城市生活污水或工矿废水中的泥沙、纤维、动植物残体、其他固体颗粒机器凝结的絮状物，各种胶体、有机质、微生物、病菌等综合固体物质。此外，经过污水渠道、库塘、湖泊，河流的停流、储存过程而沉淀于底部的淤泥也称作污泥。污泥不仅含有大量的有机物和多重养分，也含有比污水更多的有害成分。在未经脱水干燥处理前均呈浊液，养分以干物质计算，氮、磷、钾含量一般在 4.17%、1.20%、0.45%左右。污泥中的氮以有机态为主，矿化速率比猪粪要快，供肥具有缓效性和速效性的双重特点。

生活垃圾中常含有各种病原菌，在经过稳定化处理和脱水干燥后，其危害程度可大大降低，但是污染物质含量过高的污泥是不适合作为农肥施用的，为此各国都制定了各自的污染物质控制标准，对污泥本身的有害成分及土壤中有害成分的含量进行严格控制，以防农产品污染物残留超标，以及土壤性状、地下水、农田环境发生污染和不良变化。

城市污泥的处置与开发利用，污泥的减害化、无害化、资源化已经成为社会经济持续发展的重要问题。国外对污泥处置有60多年的历史，主要方法有填埋、焚烧和土地利用，一些国家也将污泥干燥后制成肥料。我国由于经济和技术上的原因，目前污泥尚无稳定合理的出路，主要以农肥形式用于农业。资料表明，采用现阶段常规污泥处理系统的大中型污水处理厂，污泥处理费用约占二级处理厂全部的40%，而运转费用占全厂总运转费的20%。根据我国目前经济状况，把巨大的资金用于污泥处理工程建设及运行维护有较大困难。全国污水处理厂中约有 90%没有污泥处理配套设施，60%以上污泥未经任何处理就直接农用，消化后的污泥也未进行无害化处理而不符合污泥农用卫生标准。一些地方，由于不合理使用污泥造成重金属、有机物污染及病虫害等，导致严重的食品污染问题，直接危及人体健康。

我国是一个农业大国，将城市污泥作为一种肥料资源加以利用，不仅减少了污染，还具有良好的经济效益和环境效益。但由于污泥来源比较复杂，一般容易造成其中重金属超标，为了保护耕地质量，国家《土壤污染防治行动计划》明确要求污泥严禁进入农田。污泥有机肥只能用于园林绿化使用。

E. 粉煤灰类有机肥

粉煤灰是火力发电厂排放的工业废渣，目前我国每年排放粉煤灰3000万t左右。粉煤灰是一种大小不等、形状不规则的粒状体，为多孔、粒细、颗粒呈蜂窝状结构的粉状废渣，pH为8左右，干灰pH可达11。粉煤灰中碳含量在10%左右，氮磷钾含量很低，全氮0.002%～0.20%、全磷0.08%～0.17%、全钾0.96%～1.82%、水解氮15.3mg/kg、速效磷 17.5mg/kg、速效钾 173mg/kg，同时含有铁、锰、铜、锌等微量元素。我国粉煤灰用于农业已经有 20 多年的历史。不少农业科研单位做了许多工作，主要有如下几个方面：制备土壤改良剂，改良黏质土壤、盐碱土、酸性土及生土；作肥料，粉煤灰制成硅钙肥和磁化粉煤灰，用于蔬菜等作物的种植。

粉煤灰的农用具有投资少、用量大、需求平稳、潜力大等特点，是适合我国国情的重要综合利用途径。目前，我国粉煤灰在农业应用方面的研究主要为改良土壤，制作磁化肥、微生物复合肥等。粉煤灰的颗粒组成使它可用作土壤改良剂，粉煤灰中的硅酸盐矿物和碳粒具有多孔性，这是土壤本身的硅酸盐类矿物所不具备的。将粉煤灰施入土壤，能进一步改善空气和溶液在土壤内的扩散，从而调节土壤的温度和湿度，有利于植物根部加速对营养物质的吸收和分泌物的排出，不但能保证农作物的根系发育完整，而且能防止或减少因土温低、湿度大引起的病虫害。粉煤灰掺入黏质土壤，可使土壤疏松，降低土壤容重，增加透气、透水性，提高地温，缩小膨胀率；掺入盐碱土，除使土壤变得疏松外，还有改良土壤盐碱性的功能。

粉煤灰磁化复合肥是以粉煤灰为填充材料，加入适当比例的营养元素，经电磁场加工制成的，它不仅保持了化肥原有的速效养分，还添加了剩磁，二者协同作用肥效更高。利用粉煤灰制作的磁化复合肥对蔬菜和各种农作物均有显著的增产作用，经济效益良好。粉煤灰具有一定的吸附性，可与城市污泥、粪尿或作物秸秆等有机物混合后进行高温堆肥，既可显著减少病原体数量，又可降低重金属的浓度和活性，创造有利于微生物生存的条件。生产无害全营养复合肥料，既能解决我国无机化肥和微肥品种少，营养不全，造成土壤板结、碱化、营养失调及农作物变异的矛盾，又能解决有机肥肥效低和造成环境污染的突出难题。

F. 糠醛渣类有机肥

糠醛渣是以玉米穗轴经粉碎加入一定量的稀硫酸在一定温度和压力作用下，发生一系列水解化学反应提取糠醛后排出的废渣，可作有机肥料。糠醛渣是一种黑褐色的固体碎渣，细度 3～4mm，较疏松。经取样分析，以干基计，粗有机物、全氮、全磷、全钾的平均含量分别为 78.3%、0.82%、0.25%、1.03%，pH 为 3 左右，同时含有一定量的微量营养元素。

利用糠醛废渣堆制有机肥一般是将其与农业垃圾或人畜粪便混合堆置发酵，常见的堆肥方式主要有两种：①将糠醛渣和切碎的秸秆按 7∶3 的比例混合，再加入少量马粪和水，然后用土盖严，充分发酵后使用。一般用作底肥。②将糠醛渣与人粪尿、厩肥制成堆肥，堆置后用作种肥。以上两种堆肥方式一般在堆置后肥效较好，但只能用作底肥和种肥，一般不适于作为追肥，而且由于糠醛渣的 pH 较低，在无碱性废物中和其酸性的情况下，只能在北方的偏碱性土壤上使用，不能在南方酸性土壤上使用。

由于糠醛渣本身的 N、P、K 含量较低，将其与一定量的无机肥进行配比后可制成有机无机复合肥，既具有适量的肥效，又可避免单用无机肥造成土壤板结的问题。刘养清(1995)将糠醛渣与尿素按 1∶(1～6)的比例配制的复合肥，水浴 10min，反应产物的 pH 在 6.0～7.0，且含氮量高，肥效好，见效快，养地作用明显，可在各种土壤和作物上使用；将糠醛渣∶尿素∶磷酸二氢钾按照 1∶1∶(0.05～0.2)进行配比后，产物 pH 为 6.0，且 N、P、K 含量较高。黑龙江大学研制的新型水稻专用肥生产技术，将糠醛渣作为基础原料与各主、副肥料混配的复合肥混施后与对照相比，不仅新根发育快，且返青期缩短 2～3d，单株有效分蘖增加 1.4 个，增产 22%～25%，可用作底肥或种肥。屈光道等（1999）将糠醛渣、木糖、水、秸秆和速腐剂按一定比例混合，堆沤一个月左右，待木糖、糠醛渣完全分解后再加入一定量的棉饼、鸡粪、石灰，重新堆腐 60d，最后加入一定量的 N、P、K 及微量元素，经挤压成型，成为高效的颗粒状有机生物复合肥。

除了传统的将糠醛渣堆置成有机肥和有机无机复合肥外，还出现了糠醛有机复合肥联合生产技术。施用联合生产后的糠醛渣，植株长势明显比单施化肥要好。其株高、叶宽、单株显重大、根系发达、整株颜色深绿，不易倒伏，保水抗旱效果比单施无机肥效果好，需水量仅为普通化肥量的一半。刘俊峰等（2001）以稻草、麦秆等植物秸秆为原料，采用硫酸作为催化剂，同时添加过磷酸钙、重钙及其他助剂，常压水解生产糠醛，废渣 pH 近于 7，而有效磷、钾含量达到复合磷钾肥工业生产质量标准，可直接用作肥料。糠醛渣是酸性迟效性肥料，只能做底肥施用，条施、穴施均可，最好施于盐碱土、石灰性土与缺乏有机质的贫瘠地。甘肃张掖地区研究表明，每公顷施用 22.5t 糠醛渣，改土增产效果明显，耕地土壤容重降低 $0.14g/cm^3$，总孔隙度增加 4.7%，自然含水量增加 70.32g/kg，大于 0.25mm 的团聚体增加 23.14%，土壤有机质增加 0.66g/kg，磷的活性增加 1.85%；小麦、玉米产量分别增加 $1363kg/hm^2$、$3241kg/hm^2$。

2）种植绿肥

种植绿肥是在不影响主作物生长情况下，争取利用较多的水、气、热、土地资源，增加土地产出率、水肥利用率，提高农作物产量，降低生产成本，从而增加农民经济收入。粮田轮套作绿肥，主要以养地肥田及为下茬作物提供养分，相应减少下茬作物的化肥用量，降低环境风险。在绿肥翻压条件下，根据不同绿肥所含养分量的不同，在下茬作物施肥时，可相应减少化肥用量。一般情况下，绿肥翻压量越多，相应可减少的化肥量也越多，反之亦然。通常绿肥每亩翻压量 1500～2000kg/亩鲜草，可提供氮磷钾纯养分 10～14kg/亩，相应地可替代氮磷钾化肥 30kg/亩左右，节约化肥成本 45 元/亩左右，增产增效 40 元/亩左右，亩节本增效 75 元左右。不同土壤肥力、作物及绿肥品种减施化肥量应根据绿肥品种养分含量、翻压量、下茬作物需肥规律确定，最可靠的是通过大量田间试验获得具体的精准数量。同时，绿肥翻压具有一定的后效作用，在北方旱地这种后效一般可持续 2～3 年，因此，在连续翻压绿肥情况下，除第一年可减少化肥用量外，后续的 2～3 年均可相应减少化肥用量，随年限增加，减施量逐年减少。

在翻压豆科绿肥情况下，因为豆科绿肥具有固氮能力，植株中含氮量平均在 0.1%～0.5%，因此，翻压豆科绿肥后，下茬作物氮肥要相应地减少用量，具体减施量应视翻压量及下茬作物需氮量确定。

农业部印发的《农业资源与生态环境保护工程规划（2016—2020 年）》提出深入实施测土配方施肥，实施果菜茶有机肥替代化肥行动，引导农民施用有机肥、种植绿肥、沼渣沼液还田等方式减少化肥使用。在果菜茶上推行有机肥替代化肥，不但节本增效，而且可提升产品的品质，促进农业废弃资源转化利用。绿肥替代化肥，首先要种植好绿肥，依据不同品种、不同利用方式，科学有效地替代化肥，起到化肥减量，提高肥料利用率的作用。

A. 绿肥的品种选择

Ⅰ. 南方绿肥品种

a. 豆科绿肥

(1)紫云英：越年生草本，是稻田主要绿肥作物之一，优质饲料。

(2)苕子：稻田主要绿肥之一，也是优质饲料。

(3)木豆：多年生木本，粮肥兼用。

(4)毛蔓豆：多年生，匍匐生长，可作覆盖作物，肥饲兼用。

(5)决明(假绿豆)：一年生草本，肥、药兼用。

(6)蝴蝶豆(蓝花豆)：一年生蔓生草本，肥饲兼用，优良的覆盖绿肥作物。

(7)柽麻(太阳麻)：一年生草本，速生绿肥作物。

(8)大叶猪屎豆：一年生草本，有毒，不能作饲料，肥药兼用。

(9)泥豆(禾根豆)：一年生草本，种子可食，肥饲兼用。

(10)铺地木蓝：多年生匍匐性草木，优良的覆盖绿肥作物和水土保持植物。

(11)新银合欢：多年生小乔木，速生，肥饲兼用。

(12)黄花草木樨：二年生(或越年生)草本，兼作饲料，也可作水土保持植物。

(13)豌豆：一年生草本，肥、粮、菜、饲兼用。

(14)绿豆：食用兼肥用。

(15)饭豆：一年生蔓生草本，食用、饲、肥兼用。

(16)竹豆：一年生蔓生草本，食用、饲、肥兼用。

(17)田菁：一年生草本，肥饲兼用。

(18)爪哇葛藤：多年生小灌木。

(19)蚕豆：粮、菜、饲、肥兼用。

(20)印度豇豆：一年生蔓生草本，粮、饲、肥兼用。

b. 十字花科绿肥

(1)肥田萝卜(茹菜，满园花)：一年生直立草本，是冬季优良绿肥品种之一。

(2)油菜：一年生草本，种子可油用，植株饲肥兼用。

c. 菊科绿肥

(1)金光菊：多年生草本，多作夏季绿肥。

(2)小葵子：一年生草本，种子可油用。

d. 满江红科绿肥

绿萍(红萍)：水生，有固氮能力，饲肥兼用。

e. 苋科绿肥

水花生(小苋菜、革命草)：多年生宿根植物，水生或湿生，生长力很强，农田种植易成草害，饲肥兼用。

Ⅱ. 北方绿肥品种

a. 豆科绿肥

(1)毛叶苕子：是一年生或越年生草本，优质饲草。

(2) 紫花苜蓿：是世界上栽培最早的绿肥作物，是优质的饲草，寿命很长，一次种植可利用多年。

(3) 沙打旺：优质的绿肥和饲草，固氮能力强，防风固沙效果好，产量高。

(4) 白花草木樨：1 年或 2 年生春播绿肥，产量高，可压青、堆肥、饲草。

(5) 箭舌豌豆：1 年或越年生草本植物，可粮豆轮作倒茬，也可麦田套复种。

(6) 小冠花：多年生草本，产量高，可多次刈割，是反刍动物的优质饲草。

(7) 田菁：喜高温、高湿，耐盐、耐涝、耐瘠薄。麦后复种或玉米田菁间作。

b. 十字花科绿肥作物

(1) 二月兰：越年生草本植物，是北方园林、果园覆盖绿肥，也可与春玉米轮套作。

(2) 冬油菜：越年生草本植物，农田或果园覆盖，也可农田春玉米轮套作。

c. 禾本科绿肥

(1) 黑麦草：多年生黑麦草适应性强，越冬性强，覆盖作用好，适宜果园种植。

(2) 鼠茅草：多年生草本植物，枝叶柔软细长，覆盖作用强，适宜果园种植。

(3) 高丹草：多年生草本植物，根系发达，不定根发达，茎秆粗壮，叶片肥大，分蘖再生能力强。

d. 苋科绿肥

苋菜：一年生草本植物，根系发达，茎直立，适应性强，短日照植物，喜光，再生性强，可刈割青饲。

B. 绿肥的种植方式

(1) 单作绿肥，即在同一耕地上仅种植绿肥一种作物，而不同时种植其他作物，只有绿肥收获后腾出地才能种植其他作物。例如，在开荒地上先种一季或一年绿肥作物，以便增加土壤有机质，利于后作。

(2) 间种绿肥。在同一块地上，同一季节内将绿肥作物与其他作物相间种植，如在玉米行间种黄豆、小麦行间种紫云英、果园里间种赤小豆等，间种绿肥可以充分利用地力，做到用地养地。

(3) 套种绿肥，主作物播种前或收获前在其行间播种绿肥，如在麦田套种草木樨。套种除有间种的作用外，还能使绿肥充分利用生长季节，延长生长时间，提高绿肥产量。

(4) 混种绿肥。在同一块地里，同时混合播种两种以上的绿肥作物，如豆科绿肥与非豆科绿肥、蔓生与直立绿肥混种，使它们互相间能调节养分，蔓生茎可攀缘直立绿肥，使田间通风透光。混种产量较高，改良土壤的效果较好。

(5) 插种或复种绿肥。在作物收获后，利用短暂的空余生长季节种植一茬短期绿肥作物，以供下季作物作基肥。一般选用生长期短、生长迅速的绿肥品种，如绿豆、乌豇豆等。这种方式的好处在于充分利用土地及生长季，方便管理，多收一季绿肥，解决下季作物肥料来源。

C. 绿肥的栽培

(1) 品种选择。不同绿肥品种的生长期和抗逆能力，以及对土壤条件的要求不同，因此，要选择适宜当地的绿肥品种。北方地区比较适宜种植的绿肥品种有紫花苜蓿、草木樨、田菁、二月兰、黑麦草等。而南方地区多以紫云英、三叶草、苕子、乌豇豆、肥田萝卜、猪屎豆、泥豆、油菜等为主。

(2)种子处理。绿肥种子要求品质纯净、发芽率高、发芽势好，所以播前有必要进行选种，去除杂质，浸种、硬壳种子要去壳、去芒处理。豆科绿肥需要进行根瘤菌接种。

(3)选择播期。适时播种是保证绿肥作物正常生长和获得高产的基本条件。适宜播种期的确定取决于绿肥作物的种类、品种和种植地的气候条件。适宜秋播的绿肥作物播种过晚，鲜草产量低，不易安全越冬；播种过早，若遇高温影响，冬前苗生长过旺，易受冻害。确定适宜播期最可靠的办法是通过田间试验获得。

(4)播种方法。条播是最常用的播种方式，在作物行间播种，有利于中耕除草、施肥。条播行间距一般为12～15cm。撒播是在整地后把种子撒于地上，播后覆土。一般适宜单种绿肥或果园下种植绿肥，省工省时，但因覆土厚度不一，常常出苗不太整齐。点播主要用于中耕作物，人工播种或用特殊装置的播种机。播种量的多少受作物种类、种子大小、种子品质、整地质量、栽培用途、播种气候等因素影响。一般禾本科绿肥每亩用1.5～2.5kg，豆科绿肥0.5～1kg，十字花科绿肥1.5～2.0kg。

(5)施肥管理。绿肥作物也是作物，生长发育仍然需要一定的养分，营养不足也会影响产量。因此，通过适当施肥来满足绿肥作物的需要，达到“小肥养大肥”的效果。施肥以追肥为主，化肥、有机肥均可，施肥原则是根据种类和生育时期进行，不同种类绿肥对肥料的要求不同。禾本科绿肥需要的氮肥较多，豆科绿肥需要的磷肥较多。同一种绿肥作物在不同生长时期的需肥也不同，苗期需肥较少，拔节抽穗期需肥较多，到生育后期需肥又减少。根据土壤肥力进行施肥，肥力水平高可少施肥，肥力水平低的地块要多施肥；砂土保肥能力较差，以有机肥为主，速效养分少量多次。黏土肥力高，前期多施速效养分，后期防止贪青晚熟、徒长和倒伏。土壤水分充足可稍多施肥，水分不足、干旱可适当减少施肥。

(6)病虫害防治。霜霉病、褐斑病、菌核病主要侵染豆科绿肥。防治方法：选择抗病品种；盐水选种；平衡施肥；深翻土壤；合理灌溉；发病区可喷洒波尔多液或多菌灵来防治。锈病、白粉病既发生在豆科绿肥上，又发生在禾本科绿肥上。防治方法：选择抗病品种；及时摘除病叶、病株；选用敌锈钠或者托布津药液防治。夏季绿肥虫害较多，而冬季绿肥虫害较少，绿肥虫害主要有蛴螬、金针虫、蝼蛄、蝗虫、粘虫、蚜虫等。防治方法主要为化学防治，如用杀虫脒、辛硫磷等杀虫剂或者波尔多液杀菌剂防治。

D. 绿肥的利用

Ⅰ. 绿肥的利用方式

(1)直接翻耕。直接翻耕以作基肥为主，翻耕前最好将绿肥切短，然后翻耕，一般入土10～20cm，砂质土壤可深些，黏质土壤可浅些。

(2)堆沤。把绿肥作为堆沤肥材料，堆沤可增加绿肥分解，提高肥效。

(3)作饲料。先作牲畜饲料，然后利用畜禽粪便作肥料，这种过腹还田的方式是提高绿肥经济效益的有效途径。绿肥还可用于饲料储存或制成干草或干草粉。

Ⅱ. 刈割与翻压时期

多年生绿肥作物一年可以刈割几次。一年生绿肥翻压应在鲜草产量最高和养分含量最高时进行。一般豆科绿肥的适宜翻压时期为盛花期至谢花期；禾本科绿肥最好在抽穗期进行翻压；十字花科绿肥最好在上花下荚期进行翻压。间套种绿肥作物的翻压时期应与后茬作物需肥规律相吻合。

Ⅲ. 绿肥的翻埋深度

一般是先将绿肥茎叶切成 10cm 左右翻耕入土，以翻耕入土 10～20cm 较好，旱地 15cm，水田 10～15cm，盖土要严，翻后耙匀，并在后茬作物播种前 15～30d 进行。还应考虑气候、土壤、绿肥品种及其组织老嫩程度等因素，土壤水分较少，质地较轻、气温较低、植株较嫩时，翻耕宜深，反之则宜浅。

Ⅳ. 绿肥的翻压量

单作绿肥可直接全部翻压肥田；轮套种绿肥翻压的数量应考虑主作物需肥规律、翻压后腐解时间等因素，一般应控制在 1500～2000kg/亩，翻压量并不是越多越好。若翻压量过大、过深，会因为缺氧而不利于发酵，过浅则不能充分腐解而难以发挥肥效。

Ⅴ. 与其他肥料配施

绿肥所提供的养分虽然比较全面、肥效长，但在单一施用情况下，往往不能及时满足下茬作物全生育期对养分的需求，特别是生育关键期对养分的需求，并且大多数绿肥作物提供的养分以氮为主，因此，绿肥与化肥配合施用是必要的。

E. 主要绿肥栽培技术要点

Ⅰ. 二月兰

二月兰又名诸葛菜(图 4-12)，十字花科诸葛菜属，两年生草本植物。因农历二月开蓝紫色花，故称二月兰。二月兰原产于我国东部，常见于我国东北、华北地区，是我国北方土著物种。二月兰在北京地区适宜秋季播种，冬季以根越冬，来年 3 月初开始返青，4 月抽薹开花，无限花序，花期至 5 月下旬，花后结荚，6 月中旬种子成熟，完成整个生育周期。

图 4-12　二月兰田间景观

a. 生长特点

(1)适应性强。二月兰对土壤要求不严，无论是在肥沃土壤，还是在贫瘠土壤、中性、弱酸、弱碱性土壤中均能生长。

(2) 适播期较为宽泛。6～9 月均可播种，但最适宜播期为 8～9 月，“十一”后播种越冬成活率低。二月兰种子有生理后熟现象，早播时，种子萌发时间长达 1～2 个月，甚至更长时间。

(3) 抗寒能力强。在日平均气温 0℃以上二月兰能保持生长和绿色，春季日平均气温 3℃以上时即能返青。

(4) 耐阴性强。在具有一定散射光情况下，二月兰就可以正常生长开花结实，因此，在果园及园林树下都可以种植。

(5) 抗杂草能力极强。二月兰栽培管理相对粗放，播种后一般无须人工特殊管理。

(6) 具有较强的自繁能力。二月兰每年 6 月种子成熟后，荚果自然开裂，种子自然落下，遇到合适的土壤条件，就能生根发芽。

b. 栽培要点

(1) 种子选择。采收的新鲜种子有后熟生理现象，因此，最好选择当年通过休眠期的新种进行种植，精选或清除种子内的杂物，做好发芽试验，准确掌握种子的发芽率和发芽势。

(2) 播前整地。二月兰具有较强的自繁能力，自然落籽就能发芽出苗。在大面积种植情况下，可不翻耕土壤，直接撒播种子，只要种子能接触到土壤，遇到适宜的温度、湿度条件，就能保证发芽出苗。若追求种子发芽出苗率，需要精细整地，翻耕、耙平土壤，达到上虚下实、无坷垃杂草。保证土壤足够的墒情，做到足墒下种，从而保证种子萌发和出苗。

(3) 播前施肥。如果不追求鲜草产量，一般不需要灌水、施肥。若土壤肥力较低，或用于繁种田，可施部分有机肥。

(4) 播种时期。6～9 月均可播种，较适宜的播期在 8～9 月，最迟 9 月底。“十一”后播种越冬成活率较低。偏北一些的地区，应当适当提前。

(5) 播种方式。撒播和条播两种方式均可，大面积种植以撒播为主。条播行距 15～20cm，播后覆土适时镇压。

(6) 播种量。二月兰种子小，每克种子 300～400 粒，每亩播量 1.0～1.5kg，条播可比撒种减少播种量 20%～30%。整地质量好，可以相对减少播种量。农田套种可适当增加播种量，弥补作物采收时人工、机械的踩踏损失。

(7) 播种深度。二月兰种子小，以浅播为宜，在保证出苗墒情下播深 1～2cm 即可，墒情差地块播深 2～3cm。

(8) 播后管理。如不追求鲜草产量，一般可不追肥、不灌水。但追肥、灌水可以大幅度提高鲜草产量。一般不必进行除草等其他管理。

(9) 收集种子。5 月底至 6 月上中旬，在角果一半左右发黄时即可人工或机械采收。

(10) 适时翻压。做绿肥适时翻压是关键。在 4 月底至 5 月初二月兰盛花期翻压，生物量一般可达 1000kg/亩左右。用粉碎旋耕机械切割粉碎后翻入土壤。

c. 利用及替代技术

春玉米套种绿肥二月兰技术是指在春玉米收获前，即 7～9 月，将二月兰种子撒于玉米行间，或在春玉米收获后，整地播种二月兰，翌年春季二月兰返青生长，大约 4 月底 5 月初盛花期，将其进行翻压作绿肥，再进行春玉米播种，春玉米播种底肥可根据地力情况，相应减少底肥中化肥用量的 5%～15%。

此种轮套种方式(图 4-13～图 4-17)，绿肥可以充分利用秋季及早春的光热水资源生长，提高土地利用率；冬季及早春绿肥绿色体能较好地覆盖裸露土壤，起防风固沙、美化农田的作用。同时，绿肥翻压既可补充土壤养分及有机质，提高土壤肥力，又可相应减少化肥用量，降低环境风险。

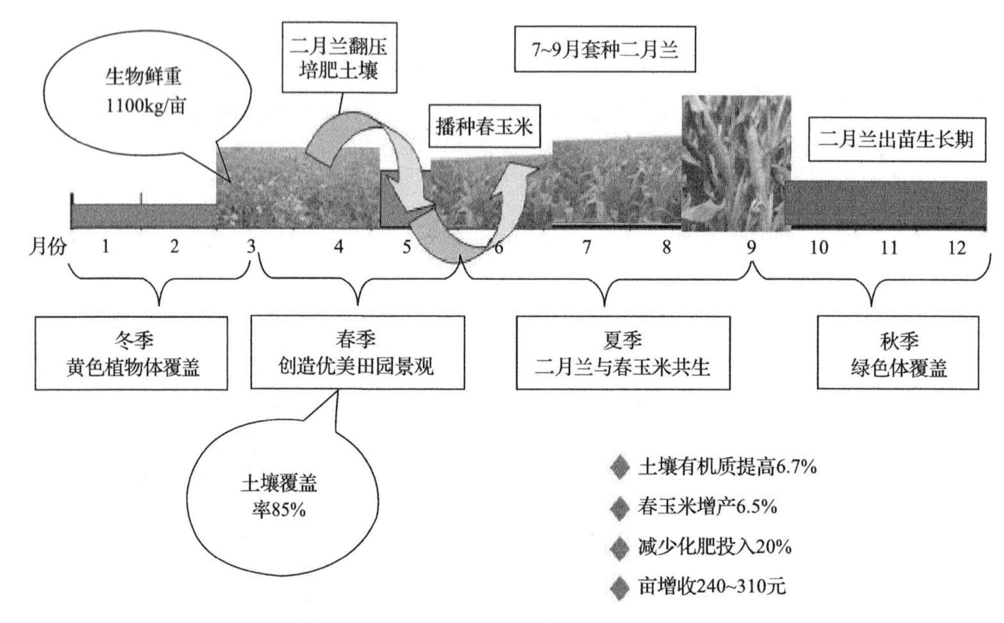

图 4-13　农田春玉米套种二月兰技术模式

图 4-14　玉米生长前期套播二月兰

图 4-15　二月兰出苗后与玉米共生

图 4-16　秋季玉米收获后的二月兰

图 4-17　翻压二月兰培肥土壤

Ⅱ. 紫花苜蓿

紫花苜蓿为豆科多年生草本植物(图 4-18)，是世界上栽培最早的豆科绿肥，在我国大部分地区均可种植。它是优质牧草，营养丰富，产草量高。又因其培肥改土效果好，又是重要的倒茬作物。株高可达 60～120cm。紫花苜蓿主根发达，入土较深，枝根也很发达，多集中在 0～40cm 土层内，根瘤较多，多集中在 5～30cm 土层内的枝根上。

图 4-18　紫花苜蓿田间生长景观

a. 生长特点

(1)适应性强。喜温暖半干旱气候，最适宜生长温度为 25℃左右，夜间高温对苜蓿生长不利，在灌溉条件下，可耐受较高温度。耐寒性很强，5～6℃即可发芽，可耐–6～5℃低温，成长植株能耐–30～–20℃的低温。对土壤要求不严，除重黏土、低湿地、强酸、强碱地外均能生长，在排水良好、土层深厚的富钙质土壤上生长最好。

(2)根系发达，抗旱力很强。在年降水量 300～800mm 的地方均能生长。

b. 栽培要点

(1)整地。紫花苜蓿种子细小，幼苗较弱，早期生长缓慢。需精细整地，灌水保墒，足墒下种。

(2)播种。华北地区可在 3～9 月播种，8 月最佳。东北春播尽量提前。每亩播量 1.5～2.0kg。可条播、撒播，以条播最好。行距 20～30cm 为宜，播深 1.5～2.0cm，干旱可播深 2.0～3.0cm，播后镇压以利于出苗。

(3)中耕除草。幼苗期和收割期是杂草危害最严重的两个时期，应及时消灭田间杂草。

c. 利用及替代技术

(1)轮作倒茬。苜蓿不仅能固氮、增加土壤肥力，同时，其发达的根系能吸收土壤深层养分，而且在土壤中纵横穿插，能改善土壤的物理性状，增加土壤有机质，其是重要的轮作倒茬养地作物。苜蓿生物量大，可刈割饲养牲畜，苜蓿茬地土壤肥沃，后作能大幅增产。因此，紫花苜蓿翻压地块或茬地，后茬作物可根据地力及作物需肥特点，相应减少化肥施用比例 10%～20%，特别是减少氮肥用量，以提高肥料利用率。

(2)套作。苜蓿不仅可以单独播种，还可以与其他作物混作，如与豌豆套作(图 4-19)，苜蓿与豌豆的生物量都很大，且都是豆科作物，蛋白质含量比较高，可刈割饲养牲畜，苜蓿与豌豆可固定大气中的氮气，提高土壤肥沃程度，达到大幅增产的作用。

图 4-19　紫花苜蓿与豌豆套作

Ⅲ. 白花草木樨

草木樨为豆科草木樨属，一年或两年生草本植物，草木樨生活力很强，到处都能生长，甚至在极其贫瘠的土地上都能存活。北方主要栽培白花草木樨(图 4-20)，其起源于亚洲西部，又名白甜三叶、金花草、白草木樨、马苜蓿和野苜蓿等。白花草木樨根系粗壮发达，根长达 1～2m，根系主要分布在 0～30cm 土层内。茎秆直立或稍弯曲，茎高 1～3m。

图 4-20　白花草木樨田间生长景观

a. 生长特点

(1) 适应性广，耐寒性强。种子发芽最低温度为 8～10℃，成长植株可耐−30℃或更低温度，能在高寒地区生长。

(2) 耐旱性强。在年降水量 400～500mm 的地方生长良好。

(3) 耐瘠薄。从重黏土到砂质土均可生长，在富钙质土壤上生长特别良好。

(4) 耐盐碱，不耐酸。在全盐量 0.56%的土壤上也能生长。在酸性土壤中生长不良。

b. 栽培要点

(1) 整地。种子小，出土力弱，根入土深，宜深耕细耙。

(2) 播种。种子播前处理可提高出苗率。宜春播或夏播，春播尽量提早。播量每亩 0.75～1.25kg，单播、间、套混种均可。单播行距 20～30cm，深度 2～3cm。

(3) 除草。草木樨生长缓慢，应及时除草。如果刈割喂养牲畜，每次刈割后应进行中耕除草、灌溉、施肥，以提高牧草产量。

c. 利用及替代技术

草木樨为豆科绿肥，在轮套作后，下茬作物可相应减少化肥用量，特别是氮肥用量，减施比例应视翻压量及下茬作物需肥量确定，通常减少 10%～20%，连续翻压草木樨地块，可提高减施比例。

(1) 粮肥轮作。3 月播种，8 月末或 9 月翻压，第二年种粮食作物。麦田间种，小麦与草木樨同时播种，小麦收获后草木樨继续生长，直到 9 月翻压。麦田套种可在小麦浇第一次水前至第二遍水前套种草木樨，9 月下旬翻压。

(2)玉米与草木樨套作。3 月下旬播种草木樨，4 月末播种玉米，6 月下旬玉米拔节前翻压草木樨(图 4-21)。

图 4-21　玉米行间种白花草木樨

Ⅳ. 毛叶苕子

毛叶苕子，别名冬苕子(图 4-22)，豆科野豌豆属，一年生或越年生草本植物。茎叶柔软，适口性好，可青饲、放牧，是理想的优良牧草和优质绿肥作物。一般每年刈割 2～3 次，亩产鲜草 2000～3000kg。

图 4-22　毛叶苕子田间生长景观

a. 生长特点

毛叶苕子具有耐寒、耐旱、耐瘠薄等特性，对土壤要求不高，一般土壤均能生长，也可适应弱碱性土壤。耐阴性较强，在具有一定散射光的情况下，就可以正常生长、开花、结实。

b. 栽培要点

(1) 品种。选择新鲜、成熟度一致、饱满的种子，如土库曼‘蒙苕一号’。

(2) 整地。播前翻耕土壤，耙耱平整，活土层深厚。

(3) 施肥。播种前每亩深施尿素 5～6kg、磷酸二铵 8～10kg、氯化钾 35kg。

(4) 播种时间。在北方，毛叶苕子以秋播为主，以 8 月中旬至 9 月上旬为宜。

(5) 播种方法。条播、撒播均可。条播行距 20～25cm，播深 2～3cm，土壤墒情差，深播 3～5cm，播后墒情不足可浇水，保证出苗。

(6) 播量。亩播量 5～7.5kg，条播可减少 10%～20%。

(7) 播后追肥。为追求较高鲜草量，可追肥一次，每亩追施磷酸二铵 10～15kg。

(8) 利用。现蕾期适时翻压；刈割收草一般也在现蕾期～初花期，留茬 10cm 左右。

c. 利用及替代技术

毛叶苕子为豆科绿肥，在轮套作后，下茬作物可相应减少化肥用量，特别是氮肥用量，减少比例应视翻压量和下茬作物需肥量确定，通常减少比例 10%～20%，以不影响主作物生长、降低产量为宜。

毛叶苕子作为越冬绿肥，需要适时早播，以利于安全越冬。华北地区宜选择 8～9 月秋播。如果茬口不合适，可选择间套作的办法来解决播期问题。花生、马铃薯收获后播种毛叶苕子，第二年春季翻耕作春作物基肥。玉米田套种一般在 8 月中旬至 9 月中旬，一般在玉米行的两侧点播或者条播(图 4-23)。小麦收获后马铃薯与毛叶苕子混播复种，混播比例为 5∶1，春季生长景观如图 4-24 所示。

图 4-23　玉米行的两侧点播或者条播

图 4-24　马铃薯间种毛叶苕子

3) 秸秆还田

A. 秸秆还田数量

秸秆还田数量基于两方面考虑：一方面是能够维持和逐步提高土壤肥力；另一方面是不影响下季作物耕种。因此，从生产实际来说，以秸秆原位还田为宜。秸秆还田对土壤环境的影响是土壤类型、气候、耕作管理等因素共同作用的结果，因此，秸秆还田量主要由当地的作物产量、气候条件、耕作方式及利用方式决定，而没有一个固定的还田量。国内研究表明，在免耕直播单季水稻上，油菜还田量在 1800～5400kg/hm^2 时，水稻产量随秸秆用量的增加而增加，但是用量达到 7200kg/hm^2 时产量不再增加。

总体来说，小麦秸秆的适宜还田量以 3000～4500kg/hm^2 为宜，玉米秸秆以 4500～6000kg/hm^2 为宜。肥力高的地块还田量可适当高些，肥力低的地块还田量可低些。每年每公顷地一次还田 3000～4500kg 秸秆可使土壤有机质含量不下降，并且有机质含量逐年提高。果、桑、茶园等则需适当增加秸秆用量。此外，施入的秸秆量和方式应随作物及其种植地区的不同而有所改变。用量多了，不仅影响秸秆腐解速度，还会产生过多的有机酸，对作物的根系有损害作用，影响下茬的播种质量及出苗。

B. 秸秆还田时间

秸秆还田时间的选择在实际生产中至关重要，秸秆还田后其在微生物作用下分解，与作物争夺氮源，同时产生大量的还原性物质，这些物质会影响下季作物的生长。农业生产者主要在秋季使秸秆还田，秋季秸秆还田后经过一个冬季的冻融，使得碳氮比降低。因此，实际生产中要注意还田时间，结合作物需水规律协调好水分管理，充分发挥秸秆的优越性和环境效益。

秸秆还田的时间多种多样，无一定式。玉米、高粱等旱地作物的还田应是边还田边翻埋，以使高水分的秸秆迅速腐解。果园则以冬闲时还田较为适宜，要避开毒害物质高峰期以减少其对作物的危害，提高还田效果。一般水田常在播前 40d 还田为宜，而旱田在播前 30d 还田为宜。

C. 秸秆还田深度

水田栽秧前 8～15d 秸秆直接还田，浸泡 3～4d 后耕翻，5～6d 后耙平、栽秧。施用深度一般以拖拉机耕翻 18～22cm 较好。稻区麦秸、油菜秸施入水田深度以 10～13cm 为宜，做到泥草相混，加速分解。玉米秸秆还田时，耕作深度应不低于 25cm，一般应埋入 10cm 以下的土层中，并耙平压实。秸秆还田后，土壤变得过松、大孔隙过多，导致跑风跑墒，土壤与种子不能紧密接触，影响种子发芽生长，使小麦扎根不牢，甚至出现吊根死苗现象，应及时镇压灌水。秸秆直接翻压还田，应注意将秸秆铺匀，深翻入土，耙平压实，以防跑风漏气，伤害幼苗。

D. 土壤的含水量

秸秆还田后，矿质化和腐质化作用，其速度快慢主要取决于温度和土壤水分条件。秸秆和土壤的含水量较大时，秸秆腐解很快，从而减弱和消除了其对作物和种子产生的不利影响。通常情况下，当温度在 27℃左右，土壤持水量 55%～75%时，秸秆腐化、分解速度最快；当温度过低，土壤持水量为 20%时，秸秆分解几乎停止。还田时秸秆含水量应不少于 35%，过干不易分解，影响还田效果。

秸秆还田的地块表层土壤容易被秸秆架空，影响秋播作物的正常生长。为塌实土壤，加速秸秆腐化，在整好地后一定要浇好塌墒水。如果怕影响秋播作物的适期播种，就在播后及时浇水。土壤水分状况是决定秸秆腐解速度的重要因素，秸秆直接翻压还田的，需把秸秆切碎后翻埋至土壤中，一定要覆土严密，防止跑墒。对土壤墒情差的，耕翻后应灌水；而墒情好的则应镇压保墒，促使土壤密实以利于秸秆吸水分解。在水田水浆管理上应采取“干湿交替、浅水勤灌”的方法，以避免出现影响出苗，甚至烧苗的现象，并适时搁田，改善土壤通气性，因为秸秆还田后，其在腐解过程中会产生许多有机酸，在水田中易累积，浓度大时会造成危害。

玉米秸秆还田时，应争取边收边耕埋，麦秸还田时应先用水浸泡 1～3d，土壤含水量也应大于 65%。小麦播种后，用石磙镇压，使土壤密实，消除大孔洞，大小孔隙比例合理，种子与土壤紧密接触，利于发芽扎根，可避免小麦吊根现象。秸秆粉碎和旋耕播种的麦田，整地质量较差，土壤疏松、通风透气，冬前要浇好冻水。

E. 肥料的搭配施用

由于秸秆中的碳氮比高，大小麦、玉米秸秆中的碳氮比为(80～100)∶1，而微生物生长繁殖要求的适宜碳氮比为 25∶1，微生物在分解作物秸秆初期，需要吸收一定量的氮素营养，造成与作物争氮的现象，结果秸秆分解缓慢，麦苗因缺氮而黄化、苗弱、生长不良。为了解决微生物与作物幼苗争夺养分的矛盾，在采用秸秆还田的同时，一般还需补充配施一定量的速效氮肥，以保证土壤全期的肥力。采用的若是覆盖法，则可在下一季作物播种前施用速效氮、磷肥。

一般 100kg 秸秆加 10kg 碳酸氢铵，把碳氮比调节至 30∶1 左右。适当增施过磷酸钙，可促进微生物的生长，也有助于加速秸秆腐解，同时提高肥效。加入一些微生物菌剂，以调节碳氮平衡，促进秸秆分解、腐化。也可在秸秆还田时，加入一定量的氨水，以减少硝酸盐的积累和氮的损失。此外，还可加入一定量的石灰氮，既调节碳氮比，同时石灰氮的强腐蚀性有利于促进秸秆快速分解。

F. 秸秆还田配套措施

为了克服秸秆还田的盲目性，提高效益，在秸秆还田时需要大量的配套措施。试验表明，秸秆翻压深度能够影响作物苗期的生长情况，麦秸翻压深度大于 20cm 时，或者耙匀于 20cm 耕层中，对玉米苗期的生长影响不大。翻压深度小于 20cm 时，对苗期生长不利。从粉碎程度上看，秸秆小于 10cm 较好，秸秆翻压后，使土壤变得疏松，大孔隙增多，导致土壤与种子不能紧密接触，影响种子发芽生长。因此，秸秆还田后应该适时灌水、镇压，减少秸秆还田对作物的影响。秸秆还田时，秸秆应均匀平铺在田间，否则秸秆过于集中，容易导致作物局部出苗不齐。

G. 秸秆还田的病虫害防治

秸秆还田由于细度不够，秸秆中留存多种病原菌和害虫的卵、幼虫、蛹等，如小麦吸浆虫、小麦纹枯病、小麦全蚀病、玉米叶斑病等病原菌，当秸秆翻入土壤中后，它们并不能随之灭亡。随着田间病残体逐年增多，土壤含菌量不断积累，呈加重发生趋势；未腐熟的秸秆有利于地下害虫取食、繁殖和生长；病虫害直接发生或者越冬来年发生，越积累越多，会增加治理难度，影响收成，降低粮食品质，增加农药使用量，农药残留势必会影响作物的品质。

为了更好地避免秸秆还田带来的病虫害，秸秆还田地块必须加强播种期病虫害的防治，播前整地时，可以用 3%辛硫磷或 3%甲基异硫磷粉粒剂（4～5kg/亩），加细土 10kg，随犁地施入土壤中，防治地下害虫。用杀菌剂加杀虫剂拌种，如苯醚甲环唑、多菌灵等杀菌剂加辛硫磷拌种，从而有效预防病虫害的发生。

6. 污染防控工程

1）污染途径阻断技术

污染途径阻断技术主要包括封顶、垂直/水平阻断。复垦修复前应开展污染源清除或隔离措施，切断或有效控制污染源，开展渣堆、赤泥、尾矿等矿业废弃物的封闭和渗出液污染控制等综合整治工程。复垦修复期间跟踪监测污染物浓度变化情况，不能出现污染物浓度递增情况。对废弃地上堆存的危化品、化工原料、废渣等，应调查分析其影响后合理处置，禁止简单深埋。有毒有害成分超过一般固废限量标准时，实施复垦之前应按照环保部门的相关标准进行处理处置。

采用生态缓冲带等方法控制污染物随水土流失或随地表径流向周边扩散。根据复垦地块坡度在田地下端设置与雨水径流垂直的缓冲带，以平沟设计为主，灌木、草地为主要种植植被，灌木间距 1m 左右。生态缓冲带应以根深植被与根浅植被、阳性植物与耐荫植物相搭配，可选用典型的豆科植物、本地优势草种，结合杨树、柳树、白榆、刺槐等进行种植，构造成不同类型的生态缓冲带。具体位置可参考《开发建设项目水土保持技术规范》（GB 50433—2008）和《土地开发整理项目规划设计规范》（TD/T 1012—2000）的相关要求执行。

2）污染修复技术

根据污染现状和污染种类（矿业废弃地主要污染物为重金属，不同矿山重金属污染的类别有所差异），采用污染土壤修复技术，消减污染风险，改善土壤质量与生态环境。矿业废弃地污染修复技术主要包括物理修复技术[土壤混合/稀释（soil blending，mixing or dilution）、填埋法]、物理化学修复技术[固化稳定化（solidification stabilization）]和生物修复技术[植物修复（phytoremediation）]。

A. 土壤混合/稀释技术

土壤混合/稀释技术是指用清洁土壤取代或者部分取代污染土壤，覆盖在土壤表层或者混匀，使污染物浓度降低到临界危害浓度以下的一种修复技术。通过混合和稀释，减少污染物与植物根系的接触，并减少进入食物链的污染物。土壤混合/稀释技术可以是单一的修复技术，也可以作为其他修复技术的一部分，如固化稳定化、氧化还原等。土壤混合/稀释技术作为其修复技术一部分的主要目的是增加添加剂(如固化/稳定化剂、氧化剂、还原剂)的传输速度，使添加剂尽量和反应剂接触。使用此技术时需根据土壤污染物浓度、范围和土壤修复目标值，计算需要混合的干净土壤的量。混合时尽量沿垂直方向混合，少沿水平方向混合，以免扩大污染面积。混合/稀释可以是原位混合，也可以是异位混合。

适用范围：土壤中的污染物不具危险特性，且含量不高(一般不超过修复目标值的2倍)。该技术适合于土壤渗流区，即含水量较低的土壤，当土壤含水量较高时，混合不均匀会影响混合效果。

B. 填埋法

填埋法(landfill cap)是将污染土壤进行掩埋覆盖，采用防渗、封顶等配套设施以防止污染物扩散的处理方法。填埋法不能降低土壤中污染物本身的毒性和体积，但可以降低污染物在地表的暴露及其迁移性。填埋法是修复技术中最常用的技术之一。在填埋的污染土壤的上方需布设阻隔层和排水层。阻隔层应是低渗透性的黏土层或者土工合成黏土层，排水层的设置可以避免地表降水入渗造成污染物的进一步扩散。通常干旱气候条件要求填埋系统简单一些，湿润气候条件不需要设计比较复杂的填埋系统。填埋法的费用通常小于其他技术。

适用范围：在填埋场合适的情况下，可以用来临时存放或者最终处置各类污染土壤。该技术通常适用于地下水位之上的污染土壤。由于填埋的顶盖只能阻挡垂向水流入渗，需要建设垂向阻隔墙以避免水平流动导致的污染扩散。填埋场需要定期进行检查和维护，确保顶盖不被破坏。

C. 固化稳定化技术

固化稳定化技术是指将污染土壤与黏结剂混合形成凝固体而达到物理封锁(如降低孔隙率等)或发生化学反应形成固体沉淀物(如形成氢氧化物或硫化物沉淀等)，从而达到降低污染物迁移性和活性目的的处理方法。主要包括以下两个概念：固化是指将污染物包裹起来，使之呈颗粒状或者大板块存在，进而使污染物处于相对稳定的状态；稳定化是指将污染物转化为不易溶解、迁移能力或毒性变小的状态和形式，即通过降低污染物的生物有效性，实现其无害化或降低其对生态系统危害性的风险。按处置位置的不同，分为原位和异位固化稳定化。在异位固化/稳定化过程中，许多物质都可以作为黏结剂，如硅酸盐水泥(portland cement)、火山灰(pozzolana)、硅酸酯(silicate)、沥青(btumen)及各种多聚物(polymer)等。硅酸盐水泥及相关的铝硅酸盐(如高炉熔渣、飞灰和火山灰等)是最常用的黏结剂。有许多因素会影响异位固化稳定化技术的实际应用和效果，如最终处理时的环境条件可能会影响污染物的长期稳定性；一些工艺可能会导致污染土壤或固化后体积显著增大；有机物质的存在可能会影响黏结剂作用的发挥等。固化稳定化方法可单独使用，也可与其他处理和处置方法结合使用。污染物的埋藏深度可能会影响、限制一些具体的应用过程。原位修复时必须控制好黏结剂的注射和混合过程，防止污染物扩散进入清洁土壤区域。

适用范围：固化稳定化技术的成本和运行费用较低，适用性较强，原位、异位处理均可使用。该技术主要应用于处理无机物污染的土壤，不适合含挥发性污染物土壤的处理。对半挥发性有机物和农药杀虫剂等污染物的处理效果有限。不过目前正在研究能有效处理有机污染物的黏结剂，可望在不久的将来有所应用。

D. 植物修复技术

植物修复主要是利用特定植物吸收、转化、清除或降解土壤中的污染物，从而实现土壤净化、生态效应恢复的治理技术。植物修复主要通过三种方式进行污染土壤的修复，包括：植物对污染物的直接吸收及对污染物的超累积作用；利用植物根部分泌的酶来降解有机污染物；根际与微生物的联合代谢作用，从而吸收、转化和降解污染物。植物修复技术与物理和化学修复技术相比具有成本低、效率高、无二次污染、不破坏植物生长所需的土壤环境等特点，非常易于就地处理污染物，操作方便。植物修复技术的中间代谢产物复杂，代谢产物的转化难以观测，有些污染物在降解的过程中会转化成有毒的代谢产物。修复植物对环境的选择性强，很难在特定的环境中利用特定的植物种；气候或季节条件会影响植物生长，减缓修复效果，延长修复期；修复技术的应用需要大的表面区域；一些有毒物质对植物生长有抑制作用，因此植物修复多用于低污染水平的区域。有毒或有害化合物可能会通过植物进入食物链，所以要控制修复后植物的利用。污染深度不能超过植物根之所及。植物修复技术较之其他修复技术，具有良好的美学效果和较低的操作成本，比较适合与其他技术结合使用。在轻微污染(超标 1 倍以内)的土壤，鼓励种植富集重金属能力较低的农作物品种或能源植物以降低农产品超标风险；在轻度污染(超标 2 倍以内)的土壤，鼓励应用可富集镉、砷、镍、铬和铜的植物，通过植物萃取技术逐步清除复垦区污染物；在中轻度污染(超标 4 倍以内)的土壤，鼓励应用降低重金属活性的钝化修复技术以减少土壤重金属对农产品和周边环境的影响；在重度污染(超标 4 倍以上)的土壤，鼓励种植非食用农作物。各复垦单元需在充分考虑污染物特征的基础上，优化物种选择、配置及种植方式。

适用范围：植物修复对于特定的重金属具有较好的效果和应用。目前植物修复大多只能针对一种或两种重金属进行处理，对几种重金属复合污染的土壤的处理效果一般。某些重金属，如铅和镉，自然界中尚未发现其超累积植物。本技术一般仅适用于浅层污染的土壤。

存在污染的区域在翻土作业时应避免扰动下层渣土，造成渣土、覆土交叉污染。重度污染区在覆土之前，应覆盖总厚度不小于 30cm 的粗粒径土、中粒径土和细粒径土，利用粗粒径削弱毛细现象，减少下层土壤对上层土壤的污染。对于强酸性、高度产酸的样点区域，在施工过程中可采取浅层隔离或多次补给改良材料的方式，在后期维护过程中也应特别注意对这些点位进行观察，避免返酸现象的发生。实际操作中，可以通过快速调节 pH、添加有机物改变氧化还原环境以抑制产酸微生物生长及添加微生物菌剂等一系列手段来改善土壤的理化性质。

(二)植被重建工程

植被重建工程为矿业废弃地复垦与生态修复工作的重要组成部分，其可以间接创造经济效益和环境效益。植被重建工程是恢复土壤肥力与生物生产能力的活动，它是实现土地复垦的关键环节。矿业废弃地复垦与生态修复中的植被重建工程主要包括：植被恢复工程、农田防护工程和土壤培肥改良等。

1. 植被恢复工程

1)植物的筛选与引种

植被恢复与重建工程大体可通过两种途径实现：其一，改地适树适草，即主要通过人为改善立地条件，使其基本适应植物的生物学特性。此法廉价、有效，常被普遍采用，只要措施得当，可速见成效。但工矿区各种限制性因素往往并非一般性措施可以完全克服，许多废弃地的理化性质本身尚处于一种变动状态，并不十分稳定，加之受区域经济水平的制约，有时立地条件改良未必能获得理想的效果，无法使其完全适应植物的生长。其二，选树选草适地或改树改草适地，即根据待复垦场地的立地条件选择或引进对各种限制因子较少的先锋植物，使其先定居，随着先锋植物的生长、繁殖，生境逐渐得以改善，同时其他植物种会逐渐侵入，如生长不受限制，最终将演替成顶极群落。

矿业废弃地复垦与生态修复中没有任何两种植物的性质所存在的问题及解决的方法是完全相同的。即使是同一工程活动中排出的废弃物有着类似的性质，也会因所处的气候带不同，而适生的植被种类也不尽相同。但根据工矿区植被重建的主要任务，即减少地表径流，涵养水源，阻挡泥沙流失，固持土壤，可以综合提出选定植物一般应具备的特性：①具有较强的适应能力。对干旱、潮湿、瘠薄、盐碱、酸害、毒害、病虫害等不良立地因子有较强的忍耐能力；对粉尘污染、烧灼、冻害、风害等不良大气因子也有一定的抵抗能力。②有固氮能力。根系具有固氮根瘤，可以缓解养分不足的问题。③根系发达，有较快的生长速度。根蘖性强，根系发达，能网络固持土壤，地上部分生长迅速，枝叶繁茂，能尽早、尽快、尽可能长时间覆盖地面，可阻止风蚀和水蚀。同时，落叶丰富，易于分解，以便形成松软的枯枝落叶层，提高土壤的保水保肥能力，如有一定的经济价值更好。④播种栽培较容易，成活率高。种源丰富，育苗方法简易，若采用播种则要求种子发芽力强，繁殖量大，苗期抗逆性强、易成活。但实际上，很难找到一种具备上述所有条件的植物。因此，必须根据各矿区植被恢复和重建场所最突出的问题，把某些条件作为选择植物的主要根据。

植物调查对植物种选择很重要。调查复垦区及周边未被损毁的自然环境中生长的植物，以及受损毁的自然环境中侵入的定居天然植物，是植物选择的重要依据。这些天然生长的乡土植物一般易适应场所的环境，并保持正常的生长发育，维持生态系统的稳定。

2)植物的配置

植被重建应遵循生态结构稳定性与功能协调性原理，目的是使整个生态系统向有利的方向发展，建立的生态系统结构具有较强的稳定性。只有这样才能使生态系统的各项功能正常运行。为此，土地复垦植被重建应遵循以下两个原则。

第一，植物与环境相互促进原则。植物的良好生长离不开对环境的依赖，而植物的生长又反作用于环境，使其得到改善与发展。为了改善土壤结构、提高土壤肥力，将一些豆科类植物作为植被重建的先锋植物，以达到种地养地、改良土壤的目的。改良后的土壤环境又能为植物的生长提供有机质、氮、磷等养分，最终使整个矿区生态系统形成良性循环。

第二，物种之间相互促进原则。任何一个物种都是生态系统中的一个组成部分，因此，只有将其与其他物种有机联系起来，才能建立稳定的生态系统结构。反映在排土场植被重建中就是要通过适宜的植被配置模式将不同层次的植物(乔木、灌木、草本植物)有机结合起来，达到互相促进生长，共同防治水土流失，共同改良土壤的目的，并在此基础上形成共同拥有的小气候或相互依存的生存环境，这种植物之间按照一定的比例关系而建立的生态结构将使生态系统的整体功能得到充分发挥。

因此，土壤复垦植物应考虑如何配置才能够保持水土，增加土壤肥力，建立稳定的生态系统。白中科等研究表明：草本植物对初期侵蚀控制是非常有效的，但由于气候干旱、土地贫瘠等，1～3 年后发生退化。灌木和乔木虽能够对地表提供一个长期或永久性的保护，但它们对排土场初期侵蚀的控制远不如草本植物的效果好。因此，排土场的植物栽植应采用草、灌、乔按一定比例配置的模式。

农作物无不良生长反应，有持续生产能力。3 年后进行复垦区跟踪监测，单位经济学产量不应低于当地中等产量水平。

3) 植物的栽植与管理

农林上常规的栽植与管理技术对复垦区新造地上的植被工程而言往往是不够完善的，必须采取特殊的种植工程，才能使受损毁的土地尽快恢复生产力。种植工程复杂程度常与复垦种植的类别有关。

根据立地条件不同，常见的种植种类有农业种植和林草种植。农业种植包括农作物、蔬菜、果树等。林草业种植包括草本(如牧草、杂草和花卉等)和木本(如乔木、灌木、藤本等)。

农业种植一般要求地面平整(坡度最大不超过 15°)、土层较厚(最少 50cm)、土质较好(土壤质地适中，N、P、K 等元素基本满足)、集约经营和长期管理。农业种植还应考虑旱作和水作之分。旱作农业应着重提高土壤就地蓄水能力，协调作物需水和土壤蓄水的关系；水作农业应做好防渗层和排水系统，既要防止盐害、酸害和重金属污染，又要防止内涝。

复垦区新造地只有在立地条件通过复垦措施(大多是林草)改善的情况下，才能进行农业复垦，所以农作物、果树的播种、栽植和管理技术大体和一般土壤是一致的。况且矿业区新造地在复垦阶段大多以林草为主，其工程技术要求比林业上绿化更为复杂。

植被栽植工程设计包括混交方式、造林方式、整地方式和整地规格、造林密度或播种量、苗木规格等。植被保护及管理包括草的田间管理、收割利用、种子采收、合理放牧利用等及幼林管护和成林管理。有关这方面的内容可参考中华人民共和国国家标准——水土保持综合治理技术规范(GB/T 16453.1～16453.6—2008)、国家林业局造林技术规范设计等。

2. 农田防护工程

1) 农田防护工程布局原则

A. 因地制宜，因害设防

农田防护工程是根据复垦区的抗灾防灾、生态建设与环境保护的要求而进行的生物与工程设施建设，因此，根据不同地区抗灾防灾的具体要求，农田防护工程也呈现出不同的特点。例如，黄土高原地区由于水土流失较为严重，主要布置水土保持林、护坡林及护坡工程等；西北干旱地区风害沙害较为严重，主要布置的是防风固沙林；东南沿海地区由于临海，台风是主要的自然灾害，应该重点布置农田防护林抵御风害；长江沿岸以抵御洪涝灾害为主要内容，重点应该布置水土保持林、护岸护滩林等。即使同一地区，由于地形、植被、土地利用等状况不同，对农田保护的要求也不一样。因此，农田防护工程应本着因地制宜、因害设防的原则，进行科学合理的布置。

B. 全面规划，综合治理

农田防护工程是对农田生态环境的改善与治理措施，因此，应该从系统的角度进行生态环境保护工程的布局。农业自然灾害并不是简单形成的，而是由种种互相作用的因素影响形成的，如某个地区的洪涝灾害可能与另一个地区的水土流失有关。因此，要从整个复垦区域的角度出发，全面地分析问题，从外到内，层层设防，做到复垦区上下游、河两岸、坡两端等防护工程统筹兼顾，综合治理。

C. 工程与生物措施结合

工程保护措施耗时短、见效快，但由于一次性投资较大，且无法从根本上消除不良因素对环境的影响，因此往往需要结合生物措施一起进行。在布置农田防护工程时，生物与工程保护措施结合，既对短期的环境改善与土地质量提高产生积极影响，也要保证环境改善的长期性与持久性。以修建护坡工程及水土保持林为例，目的都是防治水土流失，短期内防护林没有形成防护功效时，通过治坡工程措施，如修筑梯田、鱼鳞坑等，抑制水土流失；长期而言，随着防护林的形成，将消除水土流失的根源，从而达到更加理想的效果。

D. 与其他规划相协调

生态环境保护工程是农田基本建设的一个重要组成部分，它的规划应该结合其他农田基本建设的规划进行统筹安排，综合协调。在满足田、水、路、林、村综合规划要求的同时，达到“田成方、路成网、渠相连、林成行”的规划效果。例如，农田防护林布置要与各田间设施规划相互结合，一方面以林护渠、护沟、护路，另一方面方便田间生产管理与设施维护。

2) 农田防护林布局

农田防护林是布置在农田四周，以降低风速、阻滞风沙、涵养水源及改善农田生态小气候等为目的的林网或者林带。农田防护林布局的主要内容包括：林带结构的配置，林带方向、林带间距、林带宽度的确定，树种的选择与搭配等。

A. 林带结构的配置

林带结构是指田间防护林造林的类型、宽度、密度、层次和断面形状等的综合，一般采用林带的透风系数作为划分林带结构类型的标准。林带透风系数是指林带背风面林缘 1m 处带高范围内平均风速与旷野的相应高度范围内平均风速之比。根据林带透风系数可以将林带结构划分为 3 种类型：紧密型(透风系数≤0.35)、疏透型(0.35＜透风系数＜0.60)和透风型(透风系数≥0.60)。

紧密型结构由乔木、亚乔木和灌木组成，是一种多行宽林带结构，一般由三层树冠组成，上下枝叶稠密，几乎不透风。该结构相对有效防风距离较短(仅为树高的 10 倍)，且风积物易沉积于林带前和林带内，不适宜于田间防护林带采用。疏透型是由数行乔木、两侧各配置一行灌木所组成的，在乔木和灌木的树干层间有不同程度的透风空隙，林带上下透风均匀，相对有效防风距离较大(为树高的 25 倍)，防风效果较好，且不会在林带内和林缘造成风积物的沉积。因此，该结构适宜于风害较为严重地区的农田防护林带采用。透风型结构是指由乔木组成不搭配灌木的窄林带结构，一般由单层或两层林冠所组成。林冠部分适度透风，而林干部分大量透风，风害较轻的地区的防护林可以采用该种结构。

B. 林带方向的确定

田块防护林的方向一般根据项目区的主要风害(5 级以上大风，风速不低于 8m/s)方向和地形条件来决定。一般要求主林带的方向垂直于主害风方向并沿田块的长边布置，而副林带沿田块短边布置。在地形较为复杂的地区，当主林带无法与主害风方向垂直时，可与主害风方向呈 30°夹角布置，夹角最大时不应超过 45°，否则将严重削弱防风效果。

C. 林带间距的确定

林带间距的确定主要取决于林带的有效防风距离，而林带的有效防风距离与树高成正比，同时与林带结构密切相关。一般林带的防风距离为树高的 20～25 倍，最多不超过 30 倍。因此，林带间距通常以当地树种的成林高度为主要依据，结合林带结构综合确定。

D. 林带宽度的确定

林带宽度一般应在节约用地的基础上，根据当地的环境条件和防风要求加以综合分析确定。林带的防风效果最终以综合防风效能值来表示，即以有效防风距离与平均防风效率的乘积来表示。综合防风效能值越大，林带宽度越合理，防风效果也越好，反之则差，不同宽度的林带的综合防风效能值见表 4-21。

表 4-21　不同带宽综合防风效能值

林带宽度/行	有效防护距离(树高的倍数)	平均防风效率/%	综合防风效能值/%
2	20	12.9	258.0
3	25	13.8	345.0
5	25	25.3	632.5
9	25	24.7	617.5
18	15	27.3	409.5

对于一般地区而言，田间防护林带以 5～9 行树木组成的林宽为宜，具体林带宽度可

根据以下公式计算：林带宽度=(植树行数–1)×行距+田边到林缘的距离×2，式中行距一般为 1.5m，从田边到林缘的距离一般为 1～2m。

E. 树种的选择与搭配

树种的选择应该按照“适地适种”的原则，选择最适宜当地土壤、气候和地形条件，且成林速度快、枝叶繁茂、不窜根、干形端直、不易使农作物感染病虫害的树种。

树种搭配上要注意，同一林带只能选择单一的乔木树种，而不宜采用多种乔木树种进行行间和株间混交搭配，否则容易出现因某些树种生长较慢而导致参差不齐的断面形状，降低防风效果。

农田防护林是以一定的树种组成、一定的结构呈带状或网状配置在田块的四周，以抵御自然灾害(风沙、干旱、干热风、霜冻等)，改善农田小气候环境，为农作物的生长和发育创造有利条件，保证作物高产、稳产的人工林生态系统。

农田防护工程设计是土地复垦中的一项重要内容，尤其是风沙地区。它应同土地平整、农田水利和道路等项目设计同时进行，采取农田防护与农田水利、土地平整、道路建设相结合的做法，做到田、水、路、林、村的综合发展。

农田防护工程的目的主要是保护农田生态系统，使生态环境得以显著改善，同时通过降低风速，减少田间及作物的水分蒸发，节约农业用水，以改善项目区的农田小气候的方式来提高耕地质量、土地防灾抗灾的能力、作物的产量，搞好生态农业的发展。

(三)配套工程

1. 灌溉与排水工程

1)灌溉取水方式

不同的灌溉水源相应的灌溉取水方式也不相同。地下水资源丰富的地区，可以打井灌溉。以地表水为灌溉水源时，按水源条件和灌区的相对位置，可分为蓄水灌溉、引水灌溉、提水灌溉和蓄引提结合灌溉等几种方式。

A. 蓄水灌溉

蓄水灌溉是指利用蓄水设施调节河川径流灌溉农田。当河流的天然来水流量不能满足灌区的灌溉用水流量时，可以在河流的适当地点修建水库或塘堰等蓄水工程，调节河流的来水量，以解决来水与用水之间的矛盾。

塘堰是一种小型需水工程，主要拦蓄当地地面径流，一般有山塘和平塘两类。在坡地上或山冲之间筑坝蓄水所形成的塘称山塘；在平缓地带挖坑筑堤蓄水所形成的塘称平塘。塘堰工程规模小，技术简单，对地形地质条件要求较低。虽然单个的塘堰蓄水能力不大，但由于数量众多，其总的蓄水能力还是很大的。为了提高塘堰的复蓄次数及调蓄能力，可用输水管道将塘堰与其他水源工程联结起来，形成大、中、小蓄引提相结合的灌溉系统。

B. 引水灌溉

河流水量丰富，不经调蓄即能满足灌溉用水要求时，在河道的适当地点修建引水建筑物，引河水自流灌溉农田。引水灌溉包括无坝引水和有坝引水两种。

a. 无坝引水

当河流枯水期的水位和流量都能满足自流灌溉要求时，可在河岸上选择适宜地点修建进水闸，引河水自流灌溉农田。在丘陵山区，灌区位置较高，近处河流水位较低，不能满足自流灌溉要求的水位时，可在河流上游水位较高的地点引水，以取得自流灌溉要求的水位高程。无坝取水具有工程简单、投资较少、施工容易、工期较短等优点，当不能控制河流的水位和流量，枯水期引水保证率低，且取水口距离灌区较远时，要修较长的引水渠。

无坝引水的取水口应布置在河床坚固、河流凹岸中点偏下游处，以便利用弯道横向环流的作用使主流靠近取水口，以引取表层清水。无坝引水渠一般由进水闸、冲砂闸和导流堤三部分组成。

b. 有坝引水

河流流量能满足灌溉引水要求，当水位略低于渠首引水要求的水位时，可在河流上修建壅水建筑物(低坝或拦河闸)，抬高水位，以满足自流引水灌溉的要求。在灌区位置已定时，有坝引水比无坝引水增加了拦河坝(闸)工程，但却缩短了引水渠道的长度，减少了渠道工程量，而且引水可靠，利于冲砂。

有坝引水枢纽由溢流坝、进水闸、冲砂闸及防洪堤等建筑物组成。

C. 提水灌溉

河流水量丰富，而灌区位置较高，河流水位和灌溉要求水位相差较大时，修建自流引水工程困难或不经济，可在灌区附近的河流岸边修建抽水站，提水灌溉农田。

D. 蓄引提结合灌溉

为了充分利用地表水资源，最大限度地发挥各种取水工程的作用，常将蓄水、引水和提水灌溉结合使用。蓄引提结合灌溉系统主要由渠首工程、输配水渠道系统、灌区内部的大中小水库和塘堰及提水设施等几部分组成。由于渠首似根，渠道似藤，塘库似瓜，故又称此为长藤结瓜式灌溉系统。蓄引提结合灌溉系统能够充分调蓄和利用各种水源，提高渠道单位引水流量的灌溉能力，扩大灌溉面积，提高塘堰抗旱能力，是山区、丘陵地区比较理想的灌溉系统。

2) 主要水源工程布局

A. 小型水库

在我国广大丘陵山区，要满足地区农业用水需求，调节地区水量余缺，通常需要修建水库进行拦水蓄水。水库规划的主要内容包括库址选择、库容确定及水库建筑物的规划设计等。水库库址选择的基本要求是：地形要“肚大口小”。“肚大”即库内平坦广阔，“肚大”可以多蓄水、多灌田、效益大；“口小”即谷口要狭窄，这样有利于筑坝，省工省料、节约投资，并有适宜的天然凹口可选作溢洪道。水源充足，有足够的集水面积。小型水库的主要水源是当地的地面径流，集水面积过小，会造成水源不足，水库蓄不满水；过大则使洪峰流量增大，溢洪道工程量加大。如果库址附近有长流水，则应开沟引水增加水源。坝址地质基础要牢固，谷底和库区山坡不漏水。库址要尽可能接近灌区，地形比灌区地面高，这样可以减小工程量和输水损失，并能保证自流灌溉农田。水库淹没损失要小。兴修水库往往要淹没一些农田、房屋和交通设施，在规划水库时，要做好工程技术经济论证，使国家和人民财产尽可能地少受损失。此外，在规划水库时，应注意搞好水库周围的绿化和水土保持工作，防止造成严重的水库淤积；选择坝址时，坝址附近最好有黏土、石料、砂、木材等建筑材料，还要有适宜挖溢洪道的山坳。

B. 小型抽水站

小型抽水站由机电设备和水工建筑物两部分组成。机电设备包括水泵、动力设备、真空泵、配电变电设备和高低压线路等。水工建筑物包括取水枢纽、引水渠道、进水池、机房和管道等。小型抽水站按其作用分为灌溉抽水站、排涝抽水站和灌排结合抽水站；按其动力的种类不同可以分为电排灌站和机排灌站。小型抽水站规划主要包括抽水站的布设、站址选择、流量扬程的确定及机组配套与选择等内容。

根据地形条件、供电条件及行政区划和管理条件等因素的不同，灌溉抽水站和渠系布置方案一般有以下四种：①集中供水。由一个抽水站和一个干渠控制整个灌区的灌溉面积，抽水站从进水池经过压力管道，一次扬水至灌区最高点。干渠布置在灌区最高处，通过各级渠道将水从抽水站送至整个灌区。这种形式适用于高差不大的小型灌区，支渠垂直等高线布置。②分级供水。全灌区分为几个小灌区，每个小灌区由一个抽水站和一条干渠控制。若干个小抽水站，逐级由低向高供水。其特点是一级站除供本站用水外，还要经过压力管道供二级站和三级站用水。这种方式适合于布置在坡度较陡或地形上有明显台地等变化的地区。③高低渠供水。全灌区分为几个小灌区，每个小灌区均没有布置在本灌区范围内的干渠，由抽水站向整个灌区集中供水，分别由互相独立的压力水管进行输水。它们位于同一个机房内，共同使用一个进水池。在灌区沿供水方向为长条形，且水源集中时，多采用此种方式。④分散供水。全灌区分为几个小灌区，分别由几个独立的、互不联接的抽水站供水。每个小灌区有其独立的抽水灌溉系统，干渠仍布置在各个灌区的最高处。当灌区沿水源流向呈长条状，坡度较大，取水又不能集中时，常采用这种形式。

排涝抽水站的布置应根据圩区面积的大小、排水出路和行政区划等条件具体确定。当圩区面积较小，地势平坦，沟港少时，可采取一圩一站，排灌结合(指排灌装机结合，圩内灌排渠系分开)的形式；当圩区面积较大，地势平坦，沟港多时，可采取集中排涝，分片灌溉形式。如圩区地面高差大，则应分片设站，高水高排，低水低排。部分面积过大的沿江滨湖地区，局部圩心洼地必须先通过内排站将涝水排入圩内河湖，经河湖调蓄后再排入外江。

3)灌溉渠系布局

A. 灌排工程系统

灌排工程主要包括取水枢纽、输水配水系统和田间调节系统等几个部分。

(1)取水枢纽。取水枢纽是根据田间作物生长的需要，将水引入渠道的工程设施，如具有调节能力的闸坝与抽水站等，在丘陵山区的主要取水枢纽一般为塘堰工程，平原低洼地区一般是提灌站。

(2)输水配水系统。输水配水系统是从水源把水按计划输送分配到各个田块的各级渠道系统，这类渠道是常年存在的，称为固定渠道，并且各固定渠道上一般还筑有调节、控制水流的建筑物，如水闸、跌水、倒虹吸、涵洞、渡槽等来完成输水和配水任务。按照等级的不同可以将输配水的灌溉渠道分为干渠、支渠、斗渠、农渠四类渠道。其中，干渠是指直接从水源引水并向支渠输水的渠道；支渠是指从干渠引水向斗渠配水的渠道；斗渠是指从支渠引水向农渠配水的渠道；农渠是灌区内最末级的固定渠道，一般沿田块长边布置，是从斗渠取水向毛渠(临时渠道)配水的渠道。

(3)田间调节系统。田间调节工程又称为田间工程，包括毛渠、毛沟、输水垄沟、灌水沟等田间临时灌溉渠道，其主要任务是将来自农渠的灌溉用水输送至田间，以满足作物需要的水分供应，保证作物的正常生长。田间多余的水量也要通过田间调节系统排出，保证作物免受渍害，田间调节系统一般依据农业生产和机械作业的需要随时填挖。

B. 干、支渠的布局

(1)丘陵区的干、支渠布置。山区、丘陵区地形比较复杂，岗冲交错，起伏剧烈，坡度较陡，河床切割较深，比降较大，耕地分散，位置较高。一般需要从河流上游引水灌溉，输水距离较长。山区、丘陵区的干渠一般沿灌区上部边缘布置，大体上和等高线平行，支渠沿两边的分水岭布置。在丘陵区，如灌区内有岗岭横贯中部，干渠可布置在岗脊上，大体和等高线垂直，干渠比降视地面坡度而定，支渠自干渠两侧分出，控制岗岭两侧的坡地。

(2)平原区的干、支渠布置。平原区的灌区大多位于河流中下游地区的冲积平原，地形平坦开阔，耕地集中连片。这些地区的渠系布局具有类似的特点，干渠多沿等高线布置，支渠垂直等高线布置。

(3)圩垸的干、支渠布置。分布在沿江、滨湖低洼地区的圩垸区地势平坦低洼，河湖港汊密布，洪水水位高于地面，必须依靠筑堤圈圩才能保证正常的生产生活。一般没有常年自流排灌的条件，普遍采用机电排灌站进行提灌提排。灌溉干渠多沿圩堤布置，灌溉渠系通常只有干、支两级。

C. 斗、农渠的布局

斗、农渠的布局除遵循前面所讲的灌溉渠系布局原则外，还应满足下列要求：适应机械化和园田化的要求。斗、农渠力求规整顺直，沟渠之间相互平行或垂直，使耕作田块尽量方正。各斗、农渠的控制面积尽可能相等。行政区划和农业生产规划密切结合，各所有权主体最好有独立的灌溉渠道，以避免纠纷和利于运营费用的收缴。道路、林带、井网、输电线路等结合布置，以便于机械作业、田间运输和管理养护。在有控制地下水位要求的地区，农渠间距根据农沟间距确定。

2. 道路工程

道路是供车辆和行人等通行的工程设施。目前，矿业废弃地复垦区建设的道路工程等级主要属于乡村道路，即指修建在乡村、农田，主要供行人及各种农业运输工具通行的道路。由于乡村道路主要为农业生产服务，一般不列入国家公路等级标准。乡村道路按主要功能和使用特点可以分为干道、支道、田间道和生产路。田间道路的布设可参考当地的土地开发整理工程建设标准。

干道是连接土地复垦区内外各乡镇主要居民点之间的道路，以通行汽车为主，承担主要的客货运输任务，是土地复垦区内道路网络的骨干。支道是土地复垦区内外各居民点之间的联系道路，是居民点的对外联系通道，承担着生产资料的运进与农产品的运出任务。

田间道是指居民点到田间的通道，主要为货物运输、作业机械向田间转移及为机器加水、加油等生产服务的道路。生产路是指联系田块、通往田间的道路，主要起田间货物运输的作用，为人工田间作业和收获农产品服务。

1）道路工程布局原则

A. 因地制宜，讲求实效

由于道路选线受到地形地势、地质、水文等自然条件与土地用途、耕作方式等社会经济条件的影响，不同地区道路系统布局选线的要求也不一样。例如，在人多地少的南方地区，机械化程度较低，土地利用集约度高，应尽量减少占地面积，与渠道、防护林结合布局。在人少地广的北方地区，道路规划设计应充分考虑机械化作业的要求，纵坡不宜过大，道路宽度要合理，路基要达到一定的稳固性。

B. 有利生产，节约成本

道路工程的布局应力求使居民点、生产经营中心与各轮作区、轮作田区或田块之间保持便捷的交通联系，要求线路尽可能笔直且保证往返路程最短，道路面积与路网密度达到合理的水平，确保人力、畜力或者农机具能够方便地到达每一个耕作田块，促进田间生产作业效率与质量的提高。同时，道路系统的配置应该以节约建设与占地成本为目标，在确定道路面积与密度合理情况下尽量少占耕地，尽量避免或者减少道路跨越沟渠等，以最大限度地减少桥涵闸等交叉工程的投资。

C. 综合兼顾

在土地复垦区内，干道、支道、田间道、生产路相互作用、相互依赖，构成了复垦区的道路系统，同时这个系统又隶属于由道路、田块、防护林、灌排系统等构成的复垦区土地利用系统。在进行道路规划布局时，要结合当地的地貌特征、人文特征，使复垦区内的各级道路构成一个层次分明、功能有别、运行高效的道路系统，以减少迂回运输、对流运输、过远运输等不合理运输。农村道路是为农业生产服务的，要从项目区农业大系统的高度来进行布局，田间道、生产路要服从田块布局要求，与渠道、排水沟、防护林结合布局，不能为了片面追求道路的短与直，而损毁田块的规整。

D. 远近结合

由于道路系统是与人们生产生活息息相关的重要设施，随着社会经济的发展，人们对道路的需求也越来越高，等级档次也呈不断提升的态势。因此，根据需要，道路系统的布局、设计应该留有余地，即为今后的发展留有空间。如随着城市化的加快，农业人口也会相应减少，农业机械化集约经营是大势所趋，这样，在当前还使用人力、畜力的地区进行道路规划时，就应该考虑这一长远需求，布置骨干道路时尽可能宽一些，标准尽可能高一些。

2) 骨干道布局

干、支道是土地复垦区的主要运输线路，是村庄对外联系的血脉，负担着复垦区内外大量的运输任务，对复垦区的整体布局及今后的发展有着重要影响，对其他基本建设项目的布局也起着牵制作用。在许多情况下，国有公路可以作为农村干、支道使用，一般来说农村干、支道相当于国家四级公路。干、支道的布局应结合村镇规划综合考虑。

A. 平原微丘区选线

平原微丘区人口稠密，有较多的城镇、居民点、广阔的农田和耕地，以及纵横交错的灌溉渠、铁路、公路、管道等，交通量一般比较大，对道路的技术标准要求较高。弯道半径应不小于 20m，但在一般情况下最好采用较大半径，以利于车辆快速行驶。平原微丘区的线路，当通过农田时，必须慎重考虑，要从线路对国民经济的作用，对支农的效果，以及当地地形条件、工程数量等方面综合分析比较，使线路既不片面求直以致占用大片农田，也不片面强调不占某块农田，使线路弯弯曲曲，造成行车条件恶化。应充分利用渠堤、沟岸，以减少占地。通过低洼及排水不良地段时要保证填方高度最小，但需要有离地下水位 1m 以上的距离。

B. 重丘陵山区选线

重丘陵山区的地形复杂，其特点是在短距离内，山坡陡，溪流湍急，多数溪流的流量小但是落差大，冲刷力强，沟谷又很曲折。这就形成山区道路转急弯，上下坡陡，转折起伏频繁，险路多，行车危险的特点。因此，山区道路要有足够的稳定性，道路的纵断面、横断面、平面配合要适当，弯道半径不小于 20m，对翻山越岭回头弯道半径可采用 12m。纵坡应小于 8%，个别大坡地段以不超过 11%为宜，但海拔 2000m 以上或长期有冰雪的地方，其纵坡应限制在 6%以内，以保证汽车的安全行使。当连续纵坡大于 5%时，应在不大于表 4-22 中所规定的长度处设置缓和坡段，以使车辆恢复能力。此外，利用有利的地形展线，以减少工程量，降低造价。由于地形限制，一般形成沿河线、越岭线等线形。

表 4-22　纵坡长度限制

纵坡坡度	＞5°～6°	＞6°～7°	＞7°～8°	＞8°～9°
坡长限制/m	800	500	400	200

3) 田间道和生产路布局

田间道和生产路同农业生产作业过程直接联系，具有货运量大、运输距离短、季节性强、费工多等特点，其布局要有利于田间生产和劳动管理，既要考虑人畜作业的要求，又要为机械化作业创造条件，应与田、林、沟、渠结合布局。其最大纵坡宜取 6%～8%，最小纵坡在多雨区取 0.4%～0.5%，一般取 0.3%～0.4%。

A. 田间道

田间道是由居民点通往田间作业的主要道路。除用于运输外，还起到田间作业供应线的作用，应能通行农业机械，路宽一般设置为 3～4m，南方丘陵区通常采用小型农机，在此基础上，可酌情减小，北方可适当增加宽度。田间道又可分为主要田间道和横向田间道。

主要田间道是由农村居民点到各耕作田区的道路。它服务于一个或几个耕作田区，如有可能应尽量结合干、支道布置，在其旁设偏道或直接利用干、支道；如需另行配置时，应尽量设计成直线，并考虑使其能为大多数田区服务。当同其他田间道相交时，应采用正交，以方便畜力车转弯。横向田间道也可称为下地拖拉机道，供拖拉机等农机直接下地作业之用，一般应沿田块的短边布设。在旱作地区，横向田间道也可布设在作业区的中间，沿田块的长边布设，使拖拉机两边均可进入工作小区以减少空行。

B. 生产路

生产路的布局应根据生产与田间管理工作的实际情况确定。生产路一般设在田块的长边，其主要作用是为下地生产与田间管理工作服务。

旱地生产路布局：平原区旱地田块宽度一般为 400～600m，宽的可达 1000m。在这种情况下，每个田块可设一条生产路。如果田块宽度较窄，为 200～300m，可考虑每两个田块设一条生产路，以节约用地。生产路要与林带结合，充分利用林缘土地。其应设在向阳易于晒暖的方向，即在林带的南向、西南向和东南向。这样就能使道路上的雪迅速融化，使路面迅速干燥。当道路和林带南北向配置时，任意一面受阳光照射的程度大体相同，道路应配置在林带迎风的一面，使路面易于干燥。

灌溉区生产路规划：①生产路设置在农沟的外侧，与田块直接相连。在这种情况下，农民下地生产与田间管理工作和运输都很方便。一般适用于生长季节较长，田间管理工作较多，尤其以种植经济作物为主的地区。②生产路设置在农渠与农沟之间，这样可以节省土地，这是因为农沟与农渠之间有一定的间距。田块与农沟直接相连有利于排出地下水与地表径流，同时可以实现两面管理，各管理田块的一半，缩短了运输活动距离。一般适用于生产季节短，一年只有一季作物，以经营谷类为主的地区。

C. 梯田的田间道与生产路

梯田是山区、丘陵区的一种主要的水土保持措施，梯田田间道路的布局应按照具体地形，采取通梁联峁、沿沟走边的方法布设。田间道多设置在沟边、沟底或山峁的脊梁上，宽 2m，转弯半径不小于 8m。为防止流水汇集冲毁田坎，沟边的路应修成里低外高的路面，并每隔一段筑一小土埂，将流水引入梯田。生产路也应考虑通行小型农机具的要求，宽 1.5m 左右。路面纵坡一般不大于 110。纵坡为 110～160 时，连续坡长不应超过 10～20m，转弯角度不能小于 110°。如山低坡缓，路呈斜线形；如山高坡陡，路可呈“S”形、“之”字形或者螺旋形迂回上山。

3. 集雨工程

集雨工程一般包括截留沟、排水沟、蓄水池、沉砂池、水窖等工程，用于拦蓄地表径流，减缓流速，保护农田。其应与梯田及其他保水保土措施统一规划，同步实施。应进行专项总体布局，合理地布设截留沟、排水沟、蓄水池、沉砂池、水窖等。

1) 截留沟

当坡面下部是梯田或林草，上部是坡耕地或荒坡时，应在交界处布设截留沟。如为无措施坡面，且坡长很大时，应布设几道截留沟，根据地面坡度、土质和暴雨径流情况具体设计，一般截留沟的间距为 20～30m。截留沟又分为蓄水型和排水型两种，蓄水型截留沟基本沿等高线布设；排水型截留沟应与等高线取 1%～2%的比降，一端应与坡面排水沟相连，并在连接处做好防冲措施。如果截留沟不水平，应在沟中每 5～10m 修 20～30cm 的小土挡，防止冲刷。在具体设计时，截留沟应能防御 10 年一遇的连续 24h 的最大降水量。

2) 排水沟

排水沟一般布设在坡面截留沟的两端或较低的一端，用于排除截留沟不能容纳的地表径流，其终端连接蓄水池或天然排水道。当排水口的位置在坡脚时，排水沟大致与坡面等高线正交布设，当排水去处在坡面上时，排水沟可基本沿等高线或与等高线斜交布设；梯田两边的排水沟一般与坡面等高线正交布设，大致与梯田两边的道路相同。土质的排水沟应分段设置跌水，其纵断面可同梯田区的大断面一致，以每台面宽为一水平段，以每台田坎高为一跌水。各种布设应在冲刷严重的地方铺草皮或石方衬砌。

3) 蓄水池

蓄水池一般布设在坡脚或坡面局部低凹处，应尽量利用高于农田的局部低洼天然地形，以便汇集较大面积的降水径流，进行自流灌溉和自压喷灌、滴灌。蓄水池的分布与容量应根据坡面径流总量、蓄排总量和修建省工、使用方便的原则，因地制宜地确定。一个坡面的蓄排工程可集中布设一个蓄水池，也可分散布局若干蓄水池。蓄水池应选在地形有利、岩性良好(无裂缝、暗穴、砂砾层等)、蓄水容量大、工程量小、施工方便的地方，宜深不宜浅，圆形为最好。应根据当地地形和总容量，因地制宜地确定蓄水池的形状、面积、深度和周边角度。石料衬砌的蓄水池，衬砌中应专设进水口与溢洪口，土质的蓄水池进水口和溢洪口应进行石料衬砌。

4) 沉砂池

沉砂池一般布设在蓄水池进水口的上游附近，排水沟(或排水型截留沟)排出的水先进入沉砂池，泥沙沉淀后，再将清水排入池中。沉砂池可以紧靠蓄水池，也可以与蓄水池保持一定的距离。沉砂池一般为矩形，宽 1～2m，长 2～4m，深 1.5～2.0m，要求其宽度为排水沟宽度的两倍，并有适当的深度以利于水流入池后能缓流沉砂。

5) 水窖

水窖又称为旱井，是黄土地区及严重缺水的石质山地的一种蓄水措施，对抗旱、防旱及水土保持作用显著。一般布设在村旁、路旁有足够径流来源的地方。窖址应选在有深厚坚实的土层，距沟头、沟边 20m 以上，距大树根 10m 以上的地方，石质山区的水窖应修在不透水的基岩上。水窖分为井式水窖和窑式水窖，一般在来水量不大的路旁修井式水窖，单窖容量为 30～50m^3；在路旁有土质坚实的崖坎且要求蓄水量大的地方修窑式水窖，单窖容量为 100～200m^3。

第五章　矿业废弃地复垦与生态修复监测评价技术

【内容概要】本章阐述了矿业废弃地复垦与生态修复监测对象分类、方案制定原则和策略；结合当前技术发展情况，介绍了以遥感为主要手段的矿业废弃地复垦与生态修复遥感监测内容。

第一节　矿业废弃地复垦与生态修复监测方案

一、监测方案确定原则

(1)科学性原则。应综合考虑矿业废弃地复垦修复后土地这一监测对象的特征，以规范化、程序化、合理化的方式科学地制定复垦修复后土地跟踪监测方案，从而全面客观地评价复垦修复土地质量及其演变过程，为后续制定针对性的管护与质量提升措施提供科学依据和技术支撑。

(2)动态性原则。由于矿业废弃地成因复杂、变异性强，且复垦修复措施、方向，以及后续持续利用等有所不同，在自然和人为因素共同干扰下，对于不同复垦修复年限的土壤而言，其潜在环境风险源、土壤质量障碍因子等的时空特性及其他性质将发生一定的变化，即监测区域环境风险格局可能有一定的改变。在不同时段应体现监测的动态性，必须根据上一年的监测评价结果及时调整下一年的监测指标、监测内容等，尤其是重点区域，应及时优化监测方案，对动态变化进行动态分析，实现动态监测，为区域土壤环境风险动态管理提供依据。

(3)可行性原则。综合考虑当前技术水平、应用程度及实施成本等各方面因素，在监测方案制定过程中应切合实际需求，确保监测工作能够顺利进行，监测结果准确可靠。

(4)多技术耦合原则。基于 3S 技术、经典统计分析、地质统计学等，同时结合遥感，根据监测对象的特点和类型，在多技术结合的基础上，提出跟踪监测方案，为后续改善复垦土地质量提供依据。

二、监测对象分类

《土地复垦条例》中规定，“复垦为农用地的，负责组织验收的国土资源主管部门应当会同有关部门在验收合格后的 5 年内对土地复垦效果进行跟踪评价，并提出改善土地质量的建议和措施”。矿业废弃地复垦修复跟踪监测期限原则上为 5 年，具体年限以复垦质量达标为确定依据。监测频率原则上为 1 次/年。

根据复垦修复前后土地质量、数据是否齐全、是否集中连片等因素，提出了我国矿业废弃地复垦修复监测对象三级划分体系(表 5-1)。根据有无污染将矿业废弃地复垦修复监测对象分为污染复垦修复地和无污染复垦修复地两个一级类，在一级类下，根据监测对象复垦修复前后背景信息(地质背景、工矿生产历史背景、土壤-水-植物质量背景)

的完备情况，分别分成两个二级类，包括有背景信息的污染复垦修复地、无背景信息的污染复垦修复地、有背景信息的无污染复垦修复地、无背景信息的无污染复垦修复地，二级类下再分 8 个三级类。

表 5-1　矿业废弃地复垦修复监测对象分类体系

一级	二级	三级	定义与说明
污染复垦修复地		污染矿业废弃复垦修复地	已经查明存在污染，或具备潜在污染风险的
	背景信息完备	有背景信息的污染复垦修复地	监测前已开展全部或部分复垦或背景土壤质量属性的污染复垦修复地
		集中连片型污染复垦修复地	按地块之间的距离和地块大小区分集中连片和分散两类，当相邻监测地块距离小于 100m，相邻地块面积均大于 50 亩时，称作集中连片，反之，称为分散
		分散型污染复垦修复地	有背景信息支撑，地块分散，且存在污染或者潜在污染的复垦修复地
	背景信息不完备	无背景信息的污染复垦修复地	无背景信息支撑，存在污染或者潜在污染的复垦修复地
		集中连片型污染复垦修复地	无背景信息支撑，集中连片，存在污染或者潜在污染的复垦修复地
		分散型污染复垦修复地	无背景信息支撑，地块分散，存在污染或者潜在污染的复垦修复地
无污染复垦修复地		无污染矿业废弃复垦修复地	不存在污染或者潜在污染的废弃复垦修复地
	背景信息完备	有背景信息的无污染复垦修复地	具备了复垦前后土壤质量属性的无污染复垦修复地
		集中连片型无污染复垦修复地	有信息支撑，复垦地块集中连片无污染复垦修复地
		分散型无污染复垦修复地	有信息支撑，复垦地块分散无污染复垦修复地
	背景信息不完备	无背景信息无污染复垦修复地	无背景信息支撑的无污染复垦修复地
		集中连片型无污染复垦修复地	无背景信息支撑，复垦地块集中连片无污染复垦修复地
		分散型无污染复垦修复地	无背景信息支撑，复垦地块分散无污染复垦修复地

三、监测方案确定策略

矿业废弃地类型众多，成因复杂，且复垦过程中的复垦措施也是多样的，导致矿业废弃地复垦与生态修复土地监测不同于一般土地。收集整理复垦前、中、后各个阶段不同部门(国土部门、农业部门、环保部门)的有关复垦规划设计、复垦后土地验收等文字与图件资料，并以同期遥感影像对数据进行核实，对发现的错误进行纠正，形成矿业废弃地复垦与生态修复监测方案确定的基础多源数据集合。不同矿业废弃地复垦修复项目数据的完备程度不同，通常情况下，一个待监测的矿业废弃地复垦修复项目都有复垦修复单元图和验收质量等级图，而完成复垦修复设计、验收工作后，都会开展一些背景调查、复垦修复土地环境、肥力指标调查取样。基于该数据集合，借助于 3S 技术和地质统计学，提出包含监测点布设方案、监测指标最小数据集确立、监测手段选择为一体的面向土壤、地下水、地表水、农作物的矿业废弃地复垦修复监测方案制定方法。具体技术流程如图 5-1 所示。

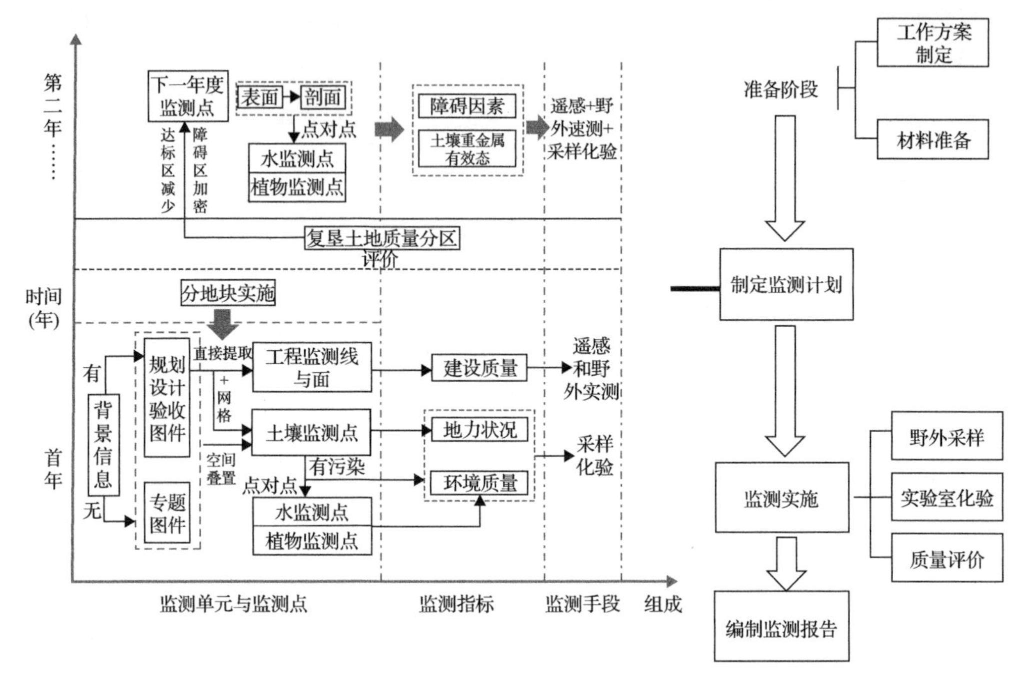

图 5-1　矿业废弃地复垦与生态修复监测技术流程

（一）监测单元划分与监测点布设

矿业废弃地复垦修复监测对象包括点线状和面状复垦地物。点线状地物将直接从核实正确的复垦修复单元中提取，全部纳入监测范围。面状地物采用将复垦修复单元图、复垦修复土地质量要素空间分布图和验收质量评定图进行空间叠置的方法，确定监测单元，并借助于 ArcGIS，以监测单元几何中心为监测点。

具体步骤如下。

(1) 图件准备。①复垦修复土地质量要素专题图件。尽可能多地收集矿业废弃地复垦后验收和相关质量调查获取的数据，剔除不合格(如不在图斑上的)或者异常值(考虑复垦修复土地的特殊性，在无特殊原因的情况下，与平均值的偏差超过 3 倍标准差的测定值即为异常值)。根据已有调查采样数据的情况，基于 SPSS，采用经典统计分析方法获取相关要素变异系数，以确定参与监测单元划分的复垦土地质量要素。采用地质统计学或其与多维分形理论相结合等方法获取质量要素分布图，并按《土壤环境质量　农用地土壤污染风险管控标准(试行)》(GB 15618—2018)、《耕地地力调查与质量评价技术规程》(NY/T 1634—2008)、《农用地质量分等规程》(GB/T 28407—2012)等，对空间分布图进行相应的等级划分，形成质量要素等级专题图。②复垦修复单元图。收集、整理矿业废弃地复垦与生态修复项目的实施方案和验收材料文字及其图件资料，基于 ArcGIS，对照同期遥感影像，分析、整合、确定复垦修复单元图，确保同一复垦修复单元内复垦修复方向、措施基本一致。③验收质量等级评定图。收集、整理验收过程中相关文字和图件资料，绘制质量等级评定的专题图，质量等级按照《农用地质量分等规程》(GB/T 28407—2012)执行。

(2)监测单元与监测点的确定。基于上述获取的图件，以复垦修复单元图为底图，叠置其他相关图件，形成初始的复垦修复监测单元，集水池、沟渠、道路等点线状地物不进行空间叠置，直接从复垦修复单元图中提取出来，作为监测类直接纳入监测范围。以复垦修复土地质量要素为筛选核心，根据参与叠置图属性的相似程度，就近将面积相对较小的细碎图斑合并到大图斑中。合并图斑面积阈值取决于监测对象的面积大小及复垦修复措施、复垦修复质量等差异性。

通过以上步骤，形成面状地物(土壤)监测点以及点状和线状监测类。在土壤环境质量评价中应该特别注意“点对点”和“同时”两个关键词，这里的“点对点”是指土壤和农产品的样品应该来自同一位点，而“同时”是指采集土壤样品同时采集生长于该样点的农产品，反之亦然。“点对点”和“同时”两采样原则是十分基础性的要求(陈怀满，2016)。参考矿山历史生产状况和复垦修复后土壤重金属含量的分布情况，在重金属含量较高且处于地势较低的土壤监测点中选择不少于5个点作为农作物和地下水监测点；若存在地表水系，则至少在地表水系下游设置1个地表水监测点。最终，形成面向土壤、地下水、地表水、农作物等包括监测点和监测类两种的监测布点方案。

采样人员携带监测点分布图、信息表和GPS实施野外采样，并核实采样点位置是否合适，对于分布不尽合理(如室内布设的点采样难度比较大)的进行微调，形成最终的监测点布设方案。

(二)监测内容和指标确定

监测内容包含复垦修复工程、土壤、水(地下水和地表水)、植物等四类，每类监测内容均有相应的依据。综合考虑障碍、易变性，选择监测指标，构建涵盖矿业废弃地复垦修复土地监测的最小指标集。在此过程中，结合相关标准，采用单项污染指数、点位超标率、变化幅度等来反映相关指标的障碍性和易变性。

监测指标多寡主要取决于监测类型有无污染和背景信息的完备程度，无污染，则镉、砷、汞等重金属全量和有效态等相关环境类监测指标可不用选择；有相关背景信息的，可以根据已有信息，分析可能进入监测指标的相关属性的易变性和障碍性，以确定最小的监测指标集。通常，最大监测指标集包括工程质量、表观质量、土壤质量、水质量和植物风险5类(表5-2)。5类下分8个亚类指标，亚类下再细化若干个指标。选择指标还应结合复垦方向，不同复垦修复方向，监测指标有所区别。

表5-2　矿业废弃地复垦修复跟踪监测指标最小数据集

对象	类	亚类	指标
复垦修复工程	工程质量	工程质量	道路工程
			灌排条件
			平整度
			砾石含量
	表观质量	表观质量	植被覆盖度
			单位面积产量

续表

对象	类	亚类	指标
土壤	土壤质量	土壤肥力	土壤有机质
			土壤全氮
			土壤速效钾
			土壤有效磷
		土壤环境	土壤重金属全量
			土壤重金属有效态
			阳离子交换量(CEC)
			pH
水	水质量	地表水	重金属有效态
		地下水	重金属有效态
植物	植物风险	作物	重金属有效态
		其他植物	重金属有效态

(三)监测手段确定

土壤、地表水、地下水和农作物样品的采集、处理和储存及测试按照《土壤检测 第 1 部分：土壤样品的采集、处理和贮存》(NY/T 1121.1—2006)、《土地质量地球化学评估技术要求(试行)》(DD 2008-06)、《地下水环境监测技术规范》(HJ/T 164—2004)和《地表水和污水监测技术规范》(HJ/T 91—2002)等进行(表 5-3)。建设情况通过遥感监测、实地调查等获知。遥感监测应按《土地利用动态遥感监测规程》(TD/T 1010—2015)执行。

表 5-3　矿业废弃地复垦修复跟踪监测指标及监测手段(方法)

对象	类	亚类	指标	监测手段
复垦修复工程	工程质量	工程质量	道路工程	实地调查结合遥感
			灌排条件	实地调查结合遥感
			平整度	实地调查结合遥感
			砾石含量	实地调查
	表观质量	表观质量	植被覆盖度	按照《林地分类》(LY/T 1812—2009)规定的方法测定
			单位面积产量	按《耕地质量监测技术规程》(NY/T 1119—2019)规定的方法测定
土壤	土壤质量	土壤肥力	土壤有机质	按 NY/T 1121. 6—2006 规定的方法测定
			土壤全氮	按《土壤全氮测定法(半微量开氏法)》(NY/T 53—1987)规定的方法测定
			土壤速效钾	按《土壤速效钾和缓效钾含量的测定》(NY/T 889—2004)规定的方法测定
			土壤有效磷	石灰性土壤按《中性、石灰性土壤铵态氮、有效磷、速效钾的测定联合浸提——比色法》(NY/T 1848—2010)规定的方法测定，酸性土壤按《土壤检测第 7 部分：土壤有效磷的测定》(NY/T 1121. 7—2014)规定的方法测定
		土壤环境	土壤重金属全量	按 HJ/T 166—2004 规定的方法测定
			土壤重金属有效态	按 HJ/T 166—2004 规定的方法测定

续表

对象	类	亚类	指标	监测手段
土壤	土壤质量	土壤环境	CEC	按照《中性土壤阳离子交换量和交换性盐基的测定》(NY/T 295—1995)和《土壤检测　第5部分：石灰性土壤阳离子交换量的测定》(NY/T 1121.5—2006)规定的方法测定
			pH	按照 NY/T 1121.2 规定的方法测定
水	水质量	地表水	重金属有效态	按 HJ/T 166—2004 规定的方法测定
		地下水	重金属有效态	按 HJ/T 166—2004 规定的方法测定
植物	植物风险	作物	重金属有效态	按 HJ/T 166—2004 规定的方法测定
		其他植物	重金属有效态	按 HJ/T 166—2004 规定的方法测定

具体指标的监测方法可进一步参考以下相关标准。

(1)工程质量类。可参考《土地利用动态遥感监测规程》(TD/T 1010—2015)进行遥感监测。

(2)土壤质量类。可参考《土壤环境质量　农用地土壤污染风险管控标准(试行)》(GB 15618—2018)、《土地复垦质量控制标准》(TD/T 1036—2013)、《土地质量地球化学评估技术要求(试行)》(DD 2008-06)、《耕地地力调查与质量评价技术规程》(NY/T 1634—2008)、《地下水环境监测技术规范》(HJ/T 164—2004)、《农用地质量分等规程》(GB/T 28407—2012)等。

(3)水(地表水和地下水)质量类。可参考《地表水和污水监测技术规范》(HJ/T 91—2002)、《地下水质量标准》(GB/T 14848—2017)和《农田灌溉水质标准》(GB 5084—2005)。

(4)植物风险类。可参考《食品中污染物限量》(GB 2762—2012)、《粮食(含谷物、豆类、薯类)及制品中铅、铬、镉、汞、硒、砷、铜、锌等八种元素限量》(NY 861—2004)、《绿色食品　稻米》(NY/T 419—2014)和《绿色食品　玉米及玉米粉》(NY/T 418—2014)。

(四)监测数据处理

如何科学准确地实现复垦修复土地质量要素由点到面的扩展，将影响复垦监测的划分和监测效果，方案将结合已有数据自身变异函数、空间特征等，选择适合不同质量要素的高精度空间预测方法。地统计学是以区域化变量理论为基础，以变异函数为主要工具，研究那些在空间分布上既有随机性又有结构性，或者空间相关和依赖性的自然现象的科学。有关地统计学的基本理论和应用已有诸多报道，具体内容可进一步参考相关文献(Coburn，2000；Mosammam，2013；Steffens，2016；Gómez-Hernández et al.，2016；Seyedmohammadi et al.，2016)。这些方法包括地统计学及基于此发展起来的相关方法。目前使用最多的空间插值方法主要为克里格法。

1. 变异函数理论

借助于变异函数理论和经典统计学相结合的方法分析复垦修复区样点尺度上土壤重金属空间结构特征。Goovaerts 描述的变异函数计算公式如下：

$$\gamma(h)=\frac{1}{2N(h)}\sum_{i=1}^{N(h)}[Z(X_i)-Z(X_i+h)]^2 \tag{5-1}$$

式中，$Z(X_i)$为在X_i位置土壤性质的测量值；$\gamma(h)$为分离距离为h时，观测值$Z(X_i)$和$Z(X_i+h)$的变异函数；$N(h)$为采样点对数。本书在相关空间分析中用到了球状模型和指数模型。球状模型计算公式如下：

$$\begin{cases}\gamma(h)=C_0+C_1\left[1.5\dfrac{h}{a}-0.5\left(\dfrac{h}{a}\right)^3\right] & 0<h\leqslant a\\ \gamma(h)=C_0+C_1 & h>a\\ \gamma(0)=0 & h=0\end{cases} \tag{5-2}$$

指数模型变异函数计算公式如下：

$$\begin{cases}\gamma(h)=C_0+C_1\left(1-e^{-\frac{b}{a}}\right) & h>0\\ \gamma(0)=0 & h=0\end{cases} \tag{5-3}$$

式中，C_0为块金值(nugget)，表示因测量误差、微尺度过程等随机部分带来的空间变异性；C_1为结构方差，也称偏基台值(partial sill)，表示由空间相关性带来的空间结构性；C_0+C_1为基台值(sill)，也可记作C。

2. 经验贝叶斯克里格法

传统线性克里格法(如普通克里格法、简单克里格法)具有较强的平滑效应，需满足空间平稳(空间均匀性)假设，这对非重构土壤属性来说是基本可以满足的，但复垦土壤属于扰动性混合土壤，其土壤属性值具有无序性和突变性。同时，复垦与生态修复工程作用具有时效性、延迟性和负面性，导致相关土壤属性不是固定不变的。因此，传统的线性克里格法不适合复垦土壤属性空间插值，本节采用经验贝叶斯克里格法(empirical Bayesian Kriging，EBK)。EBK与其他线性克里格法也有所不同，它通过估计基础半变异函数来说明所引入的误差。该法通过以输入数据模拟多个半变异函数来说明半变异函数估计的不确定性，由于考虑了变异函数估计的不确定性，预测标准误差更小。此外，经验贝叶斯克里格法还通过根据输入数据的子集构建本地模型来说明中度不稳定性。

采用交互检验方法检验三维模拟精度和模型拟合效果。均方根误差(root mean squared errors，RMSE)和标准化克里格方差(mean squared deviation ratio，MSDR)被用来衡量不同预测方法预测精度和模型拟合效果，RMSE用来评价预测的准确性，RMSE值越小，预测结果越准确；MSDR用来评价理论变异函数的拟合度，MSDR值越接近1，拟合的变异函数越准确。计算公式如下：

$$\text{RMSE}=\sqrt{\frac{1}{n}\sum_{j=1}^{n}\left[z(x_j)-\overline{z}(x_j)\right]^2} \tag{5-4}$$

$$\mathrm{MSDR}=\frac{1}{n}\sum_{j=1}^{n}\frac{\left[z(x_j)-\overline{z}(x_j)\right]^2}{\sigma^2} \tag{5-5}$$

式中，$z(x_j)$为实测值；$\overline{z}(x_j)$为模拟值；σ^2为模拟值的方差；n为样本数。

3. 地理加权回归

地理加权回归(GWR)是对最小二乘回归(OLSR)模型的一种扩展，是解释不同空间子区域上自变量和因变量之间关系的一种回归分析方法。GWR为每个位置的变量分配不同的权重，以此来估计变量之间的空间关系。其公式为

$$y(\mu)=\beta_0(\mu)x_i(\mu)+\varepsilon(\mu) \tag{5-6}$$

式中，μ为区域内不同的空间位置；$y(\mu)$为μ处因变量的值；$x_i(\mu)$为μ处的第i个自变量的值；$\beta_0(\mu)$为μ处的回归模型的截距；$\beta_i(\mu)$为μ处第i个自变量的回归系数；P为回归项的个数；$\varepsilon(\mu)$为μ处的随机误差项。关于GWR模型更多介绍参见Fotheringham等(2002)的研究。

4. 多维分形克里格法

单一克里格法具有平滑效应，无法凸显复垦土地质量要素由复垦措施的差异导致的突变性，故而，本节将分形理论与克里格法结合，采用多维分形克里格法(multifractal Krige，MKrige)进行复垦土地质量要素的空间预测，以消除其平滑效应对预测结果的影响(陈光等，2015；Yuan et al., 2012；Cheng，2015；李庆谋，2005)。MKrige是一种扩展的滑动加权平均插值方法，将对滑动加权平均值的结果乘以一个与测量尺度和奇异性指数有关的因子来作为区域化变量的估计值。

通常，空间变量的平均聚集随着测量尺度的变化而变化(陈光等，2015)。按照多维分形理论，在尺度变化的一定范围内，二维空间变量$Z(x)$在点x_0附近的平均聚集与测量尺度符合下面的幂率关系：

$$C(r)\propto r^{\alpha(x_0)-2} \tag{5-7}$$

式中，$C(r)$为空间变量$Z(x)$在测量尺度为r的范围内的平均值；$\alpha(x_0)$为点x_0处的奇异性指数。由式(5-7)可以得出

$$\alpha(x_0)=\frac{\ln C(r)}{\ln r}+2^{(\varepsilon\to 0)} \tag{5-8}$$

进而可以得到MKrige的计算公式：

$$z(x_0)=\varepsilon^{\alpha(x_0)-2}\sum_{x_i\in\Omega_{(x_0,\varepsilon)}}\lambda_i z(x_i) \tag{5-9}$$

式中，ε为观测尺度；$\Omega_{(x_0,\varepsilon)}$为插值点$x_0$的半径$\varepsilon$的邻域；式$\sum_{x_i\in\Omega_{(x_0,\varepsilon)}}\lambda_i z(x_i)$为普通克里格插值；$\lambda_i$为权重系数。

采用特异值覆盖比率和均方根误差检验空间预测精度和效果。以全样本预测结果为

对比值，比较预测值和实测值的特异值，分别从实测值和预测值中取最大(小)的 10%作为最大(小)特异值组，覆盖比率为模拟值最小(大)特异值覆盖实测值最小(大)特异值的百分比，比率越高说明空间预测效果越好(陈光等，2015；Yuan et al., 2012)。RMSE 用来评价预测的准确性，RMSE 值越小，模拟结果越准确(张世文等，2016a；Zhang et al., 2013；Zhang et al., 2012)。

5. 马尔可夫地质统计学

马尔可夫地质统计学是解决种类变量空间关系的有效方法，它的基本工具为转移概率矩阵，用 $t_{jk}(h_\varphi)$ 来表示，可定义为

$$t_{jk}(h_\varphi)=\left\{k\text{在}x+h_\varphi\text{处发生}\middle|j\text{在}x\text{处发生}\right\} \tag{5-10}$$

式中，j，k=1，2，…，K 为不同的种类变量；x 为空间位置；h_φ 为在方向 φ 上的间隔步长；$t_{jk}(h_\varphi)$ 为条件概率，即点 x 处种类 j 发生的条件下，点 $x+h_\varphi$ 的位置处种类 k 发生的概率。假设随机变量空间平稳，$t_{jk}(h_\varphi)$ 仅仅依赖于空间步长 h，而不依赖于 x 的位置。

马尔可夫地质统计学模型常用的有连续型、离散型和嵌入型。连续步长的转移概率模型可以用矩阵的指数形式来表示：

$$T(h_\varphi)=\exp[R_\varphi h_\varphi] \tag{5-11}$$

式中，$T(h_\varphi)$ 为 $K\times K$ 阶转移概率矩阵，其中，K 为种类变量的数目；R_φ 为转移强度矩阵，矩阵中的元素 $r_{jk,\varphi}$ 为在 φ 方向上从种类 j 到种类 k 每单位长度转移概率变化的强度。转移概率与转移强度的关系可用下式表示：

$$\frac{\partial t_{jk}(h\to 0)}{\partial h_\varphi}=r_{jk,\varphi} \tag{5-12}$$

离散型马尔可夫链模型可用 $T(n\Delta h_\varphi)=T^n(\Delta h_\varphi)$ 来表示，式中，n 步转移概率等于一步转移概率的 n 次幂，当 h_φ=0 时，$T(0)=I$，其中，I 为单位矩阵。嵌入型马尔可夫链模型可以用来分析评价在特定的方向上地质种类相邻于其他地质种类离散发生的条件概率。例如，垂直方向的嵌入转移概率 π_{jk} 可定义为 $\Pi_{jk,z}$=Pr{k 在 j 上发生|j 发生}，嵌入型马尔可夫链的转移概率对角线上的元素被认为是观察不到的，这是因为嵌入转移概率表示不同种类变量之间的转移概率。地质建模过程中常用的是连续型马尔可夫链模型，由于实际的限制，在应用时通常将离散型和嵌入型转换成连续型。

马尔可夫地质统计学提供了 3 个参数(分布比例、平均长度和毗邻转移趋势)来直观地描述种类变量的空间分布特征。首先，分布比例反映的是变量在实证区域所占的体积百分比。例如，实证区域有 K 种质地类型，各质地类型的分布比例记为 p_k(k=1，2，…，K)，则有 K 种质地种类的分布比例总和为 1。假设平稳，分布比例在转移概率模型中对应于模型的“基台值”，用下式表示：

$$\lim_{h\to\infty_\varphi} t_{jk}(h_\varphi)=p_k \tag{5-13}$$

其次，平均长度常用来表征变量的空间连贯性，某一变量 k 在 φ 方向上的平均长度

$\overline{L}_{k,\varphi}$ 等于其在该方向上的总长度 $L_{k,\varphi}$ 除以发生的总次数 N。实际应用中常常通过自转移概率模型过(0, 1)点的切线与横坐标的交点来得到，用下式表达：

$$\frac{\partial t_{kk}(0)}{\partial h_{\varphi}}=-\frac{1}{\overline{L}_{k,\varphi}} \tag{5-14}$$

最后，毗邻趋势表达的是在方向 φ 上种类变量之间是否具有明显的转移趋势，这种趋势可以通过嵌入转移概率矩阵来描述。精确地刻画这种毗邻转移趋势可以通过比较实测转移强度 $r_{jk,\varphi}$ 与最大无关转移强度 $\hat{r}_{jk,\varphi}$ 来得到，如下式：

$$r_{jk,\varphi}=\alpha_{jk,\varphi}(\hat{r}_{jk,\varphi}) \qquad j\neq k \tag{5-15}$$

式中，$\alpha_{jk,\varphi}$ 为变量间空间毗邻转移趋势的系数，其值越大表示在 φ 方向 j 向 k 毗邻转移的趋势越强。在得到平均长度 $\overline{L}_{k,\varphi}$ 和分布比例 p_k 后，通过式(5-16)可得到 $\hat{r}_{jk,\varphi}$：

$$\hat{r}_{jk,\varphi}=\frac{p_k}{\overline{L}_{k,\varphi}(1-p_j)} \tag{5-16}$$

实际应用时，马尔可夫地质统计学方法的具体步骤如下：①计算水平和垂直方向多种类变量之间的离散转移概率；②建立水平和垂直方向的一维连续型马尔可夫链模型，进而得到三维马尔可夫链模型；③用马尔可夫链模型代替序贯指示模拟中的变异函数模型进行条件模拟，具体过程与序贯指示模拟相同；④用退火模拟算法改进条件模拟。

6. 贝叶斯最大熵法

贝叶斯最大熵法(BME)是由 Christakos 提出的一种严格、系统的非线性现代时空地统计学方法，它以实测数据(硬数据)为基础，融入具有不确定性的“软数据”及其他先验信息等多源尺度数据来分析时空变量的变异规律。该方法从信息熵的角度以熵最大化为目标函数，将周围数据联合起来求算一个先验概率分布，同时采用贝叶斯框架保留了不确定性信息，结合软、硬数据求解出了估计值的后验概率密度函数，有效结合不确定性数据，以此获得更高的插值精度。贝叶斯最大熵法是基于贝叶斯公式由先验概率得出后验概率的一个过渡，是一个归纳推理的过程；它将预测点与现有的信息联系起来，推导建立规则网络，并根据规则给出相应的权重，再根据规则综合推导得出未知点数值。熵是信息论中的一个基本的概念，它也是“不确定性”的一种测度，也就是信息的一种测度，是用以度量信息源不确定性的唯一标准。最大熵的原理就是在所提供的有限数据或概率空间不完备的情况下，估计随机变量的概率分布时，选择出具有熵最大的一种概率分布，作为估计的结果。最大信息熵保证了将最丰富的信息融入估值过程中。贝叶斯最大熵模型通过熵最大化、不确定性最小化将周围数据联合起来直接求解待估点的概率密度函数。

硬数据是指那些测量上没有误差或者误差较小可以忽略不计的数据。软数据是指不具有定量数值的一些不确定性信息，它们在传统统计学中难以计算，然而，这些数据往往与空间插值目标变量之间存在着不同程度的相关性，它们的缺失必将丢失其中隐含的一些有用信息，因此，利用这些软数据作为辅助信息改善空间插值精度显得十分重要。

BME 中软数据的参与是提高其估值精度最有效的保证，它提供了以区间、概率、函数等表达的方式，所以任何有利的辅助信息都能转换为软数据参与进来，为其提供不同情况下的影响关系，将主变量与辅助信息之间的联系进行融合，使其结果更加真实客观，该方法也为合理利用辅助信息提供了一条新思路。

BME 基本原理如图 5-2 所示，分为 3 个阶段：先验阶段、中间阶段和后验阶段。在先验阶段通过满足期望、协方差、物理特性、经验判断等构成广义知识库(general knowledge，GK)的约束条件中，在对估计随机变量进行概率分布时，选择其中具有熵最大的概率分布(即最大熵原理)作为计算先验概率密度函数(prior-pdf)的估计结果，与中间阶段的硬数据和软数据集成为的特定知识库(specific knowledge，SK)综合后经过贝叶斯条件化，对待估变量的后验概率进行模拟估计，求算出后验概率密度函数，从而得出待估变量的均值以作为该点的数值。

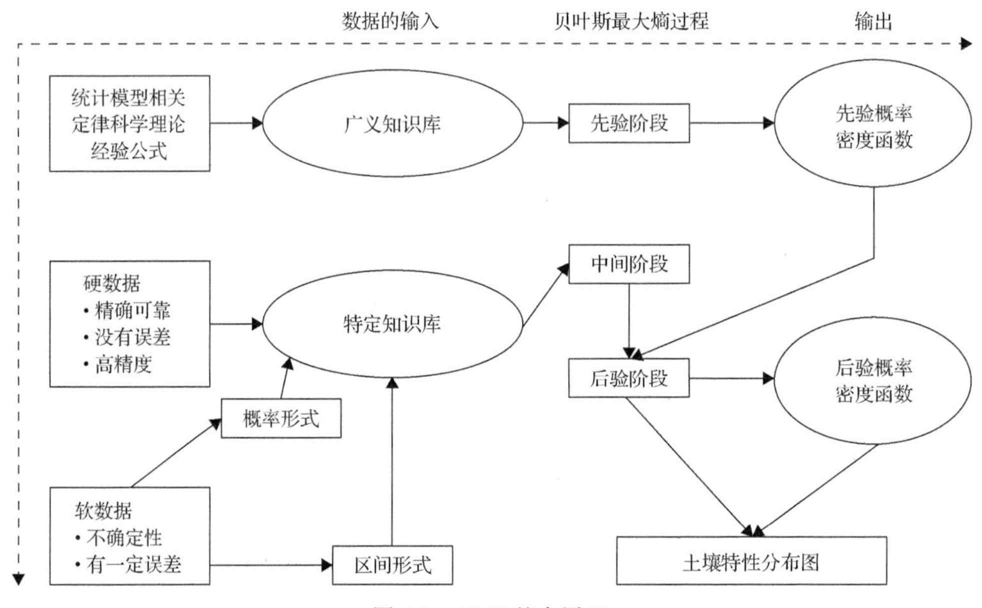

图 5-2　BME 基本原理

(1)先验阶段。

先验阶段是在满足所提供的有限数据、期望、协方差等统计矩的约束条件下得到的广义知识库 GK。在估计随机变量的概率分布时选择出具有最大信息量的一种概率分布作为估计结果，即为先验概率密度函数，该阶段可表示为式(5-17)：

$$f_G(x_{\text{map}}) = C^{-1} \exp\left[\sum_{\alpha=1}^{N_c} \mu_a g_a(x_{\text{map}})\right] \tag{5-17}$$

式中，x_{map} 为随机变量；$f_G(x_{\text{map}})$ 为随机变量 $x_{\text{map}} = [x_1, \cdots x_m, x_k]^{\mathrm{T}}$ 的先验概率密度函数；g_a 为代表随机变量 x_i 之间关系的已知函数；C 为起到正则化约束的一个常数；μ_a 为拉格朗日乘子。这个阶段以熵最大为准则，在限制的约束条件下，使用概率密度函数求出不确定性的值，熵最大化意味着此时包含的主观假设少，将熵作为不确定性的角度看，能从所有可能的概率分布中挑选出熵最大的分布，这就是最大熵原理。

约束条件可表达为

$$E[g_a]=\int g_a(x_{\text{map}})f_G(x_{\text{map}})\,\mathrm{d}x_{\text{map}} \qquad a=0,\cdots,\ N_c \tag{5-18}$$

式中，$E[g_a]$在本书中代表由实测数据统计得到的期望和协方差函数。

熵可定义为

$$\mathrm{Inf}(x_{\text{map}})=-\int f_G(x_{\text{map}})\lg f_G(x_{\text{map}})\,\mathrm{d}x_{\text{map}} \tag{5-19}$$

(2) 中间阶段。

这个阶段就是收集和组织所有可能的硬数据和软数据的过程。两者构成了特定知识库 SK。硬数据是指那些测量上没有误差或者误差较小可以忽略不计的数据，本书中即为采样点实测土壤数据；而软数据指包含了一定的不确定性或是有一定误差的信息数据。BME 框架中 x_{map} 也包含了已知点的数值与要被估计的数值，实测数据(硬数据)与以其他形式表示的数据(软数据)统称为特定知识库 SK，与广义知识库 GK 构成总知识库 K，即 K=SK∪GK。高质量收集的信息更能精确地应用在 BME 分析和制图中，所以不能忽视那些不具有定量数值却表现为类别有用信息的数据。这些数据以集合、概率或函数的形式表示，与硬数据相比，虽然不是一个具体的数值，却结合了更多的专业认知、经验知识等信息。例如，土壤中的某种元素含量在空间上的分布一定程度上会受到土地利用类型的影响，也会与所处地域的气候类型具有密切的相关性，这些有着不同程度相关性的数据隐含的丰富信息未能得到有效利用，就会造成大量的信息浪费。

(3) 后验阶段。

这个阶段将得到的先验概率密度函数与集成的特定知识库综合起来，通过贝叶斯理论求解出后验概率分布函数。该阶段可表示为

$$f_K(x_K\,|\,x_{\text{hard}},x_{\text{soft}})=\frac{\int f_G(x_{\text{map}})\,\mathrm{d}x_{\text{soft}}}{\int f_G(x_{\text{hard}},x_{\text{soft}})\,\mathrm{d}x_{\text{soft}}} \tag{5-20}$$

式中，$f_K(x_K\,|\,x_{\text{hard}},x_{\text{soft}})$为后验概率密度分布函数；$f_G(x_{\text{hard}},x_{\text{soft}})$为硬数据与软数据的联合概率密度函数。特定知识的加入使得后验概率密度函数在整体数据条件下得到最大化，基于贝叶斯条件使得先验概率密度函数由于加入了特定知识而得到更新。

基于后验概率密度函数求其均值$\overline{x}_{k/K}$，并作为变量 x_k 的估计值，即

$$\overline{x}_{k/K}=\int x_k f_K(x_k)\,\mathrm{d}x_k \tag{5-21}$$

BME 模型能够融合现有的多种数据信息，结合了具有一定误差、以某种不确定性表达方式的软数据进行插值，克服了传统地统计学插值方法中所有可用数据均是精确没有误差的这一不符合现实的缺陷，使得整个插值过程更加客观。BME 法是一种理论上较为成熟，在环境、医疗、大气、土壤等众多领域得到成功应用的优秀地统计学方法。BME

分析可借助时空地统计计算软件包 SEKSGUI 2.0 完成。SEKSGUI 2.0 是美国圣地亚哥州立大学 IKS 集团(IKS Group)开发的图形用户界面工具箱，该程序界面友好，操作方便，是贝叶斯最大熵观点的创立者 Christakos 及其学生开发的唯一应用于贝叶斯最大熵方法的软件。

7. 径向基函数神经网络法

1)径向基函数神经网络插值方法

神经元之间的连接形式可以是任意的，按照不同的形式构成的网络模型具有不同的特性。经过多年的研究发展，神经网络模型也展现其多样化，其中最为经典的网络结构类型为前馈神经网络和反馈神经网络，前馈神经网络中使用最广泛的是 BP 神经网络与径向基函数神经网络(radial basis function neural network，简称 RBF 法)。然而，BP 神经网络(back propagation neural network)由于算法本身的局限性，需要调节的参数较多，存在收敛速度较慢、容易陷入局部最小值和全局搜索能力差等缺点。而 RBF 神经网络不仅具有很强的生物学背景，而且结构更加简洁，训练方法快速易行，它可以根据具体问题确定相应的拓扑结构，对非线性函数具有一致逼近性，可以大范围地融合数据、并行高速地处理数据，总之它的逼近能力、分类能力和学习速度均优于 BP 神经网络。

RBF 法是由 D. Broomhead 和 D. Lowe 于 20 世纪 80 年代末提出的一种特殊的具有单隐层的 3 层前馈网络。其特殊之处在于隐含层节点的激活函数为径向基函数，只有输出权值需要通过训练得到，具有较快的学习速度，已经广泛应用于模式识别、数据分类、图像处理、系统建模等研究领域。RBF 神经网络一般由输入层、隐含层和输出层构成，其中采用 RBF 作为隐含层神经元的激活函数，当 RBF 的数据中心确定后，就可以将输入向量直接映射到隐含层空间，输入层到隐含层之间是直接连接的，而网络的输出是隐含层神经元输出的线性加权和，输出权向量即为网络的可调参数。因此，大大提高了网络的学习速度，并且避免了局部极小问题。

输入层起到和外界环境进行连接的作用，隐含层的作用是在输入空间与隐含层空间之间进行非线性变换，输出层神经元一般为线性激活函数，它主要为输入层的激活信号提供响应，实现系统处理结果的输出。RBF 神经网络的学习包含以下内容：①网络的结构设计，即确定网络的隐含层神经元个数；②确定网络的参数，包括 RBF 的数据中心和扩展常数；③采用有教师学习算法求解网络的输出权值，通常采用梯度下降法或最小二乘法。

2)土壤属性的 RBF 法空间插值步骤

(1)训练样本、检验样本和验证样本的形成。

按照随机抽样法先将样本集分为两组，第 1 组为建立神经网络模型的数据集，第 2 组为验证样本，因为通常假定这些点的土壤属性是未知的，需用所建立的模型进行估计，即为所谓的待估点或未知点，验证样本用以评价模型空间插值效果；再将建模数据集分为两组，随机抽取其中部分为训练样本，其余为神经网络数据的检验样本。训练样本集用来训练 RBF 网络，使它学习到系统的特性，检验样本集检验所得网络，评价该网络模型的泛化能力。

(2)样本数据进行归一化处理。

为了防止数据太大的波动影响预测精度，须对样本数据进行归一化处理，以提高网络样本的学习性能，加快其训练速度，提高其预测精度。在 Matlab 中应用归一函数 Premnmx 进行变换，使得归一化后的数据取值范围在[–1，1]。待估点预测结束后，需调用函数 Postmnmx 对前面 Premnmx 函数的归一化数据进行反归一化处理。

(3) RBF 神经网络的训练。

神经网络的训练就是通过对输入的样本反复学习，由其内部的自适应方式不断调整神经元之间互连的权值，使得神经网络的权值分布收敛在一个稳定的方位内，并以矩阵的方式存储起来，当新建立起来的神经网络接受到特定的输入信息时，就能给出它的 1 个特定解。人工神经网络训练准则的选取会极大地影响神经网络模型的估值精度。为避免神经网络因“记忆效应”(或称过度训练)而陷入局部最优，降低其泛化能力，以“检验样本的估计方差最小”为训练准则，此时网络的泛化能力达到最大。获得最小检验样本估计方差的过程实际是优化 RBF 神经网络的两个调节参数(即扩展常数 Spread 和隐层的最大神经元个数 MN)的过程，这一步利用“试错法”完成。

(4) RBF 神经网络的仿真预测。

仿真就是把待估点的输入变量输入已经训练好的网络(即神经网络模型)中，从而得到网络的输出值。网络的仿真函数为 Sim 函数。仿真结果用反归一化处理后即为该点的估计值。RBF 神经网络模型估计土壤变量空间分布的流程见图 5-3。

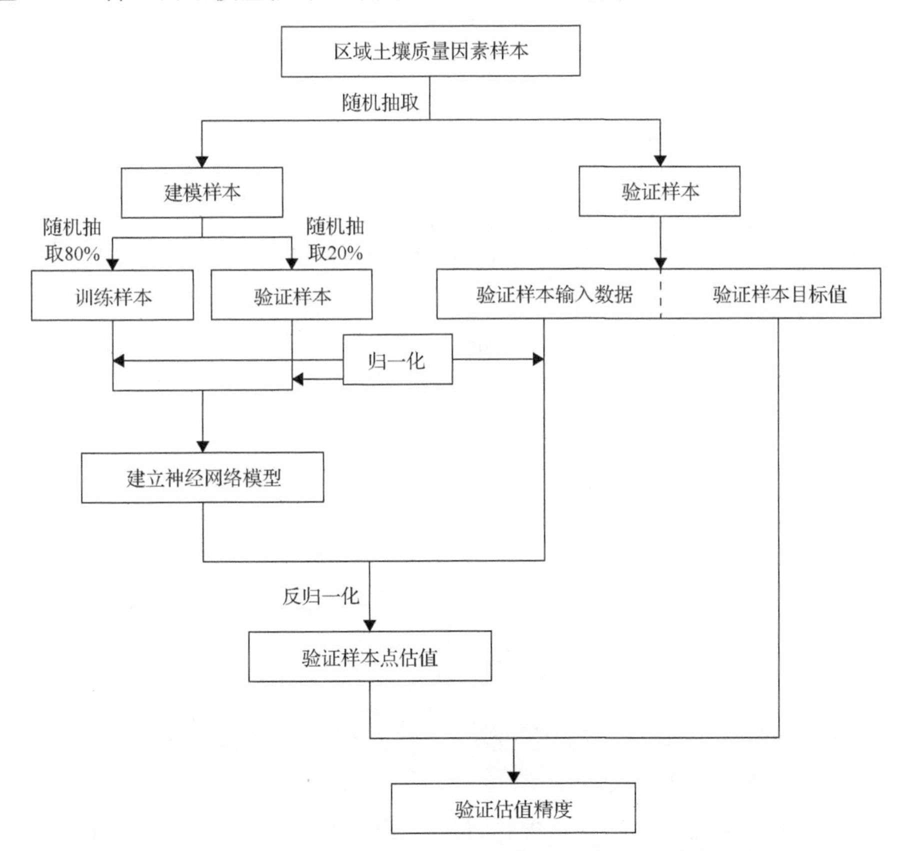

图 5-3　RBF 神经网络模型估计土壤变量空间分布的流程图

(五)方案验证评价

经过障碍性和易变性分析后进入最小数据集的监测指标一般均具有较强的代表性，可不进行验证评价，本节将仅从监测点布设方案(监测点布设数量、空间布局)量化验证评价监测方案及其制定方法的可行性和科学性，并为下一年度复垦监测提供科学依据。采用变异系数和相对偏差计算样点数据来进行监测点数量的验证评价；采用地统计学中变异函数的变程(range)衡量监测点间距(Coburn，2000)，采用全局莫兰指数进行空间布局的验证评价(李庆谋，2005；张世文等，2016a；Zhang et al., 2013)。

1. 监测点数量验证

参考《土壤环境监测技术规范》(HJ/T 166—2004)，采用变异系数和相对偏差计算样本数，实现监测点数量的验证评价。其计算公式如下：

$$N = t^2 C_v / m^2 \tag{5-22}$$

式中，N为样品数；t为选定置信水平(土壤监测一般选定为95%)一定自由度下的t值；C_v为变异系数，%，应根据采集的数据分析获取；m为可接受的相对偏差，%，按要求土壤监测一般限定为20%～30%。

2. 监测点空间布局的合理性评价

(1)监测点间距评价。变异函数的变程表示在某种观测尺度下，空间相关性的作用范围，其大小受观测尺度影响，表示研究变量空间自相关变异的尺度范围(Coburn，2000)。在变程范围内，样点间的距离越小，其相似性，即空间相关性越大。超出变程范围将增加采样点数量。基于GS+10.0，获取不同监测指标最优的变异函数中变程，对比变程与实际取样的样点间距，在满足邻域搜索周边2～5个监测点的情况下，取样间距小于变程，表明符合要求，无须加密补充采样。

(2)监测点空间布局验证评价。以全局性莫兰指数(Moran's index, Moran's I)为基础，验证监测点布设方案的空间布局是否合理(史舟和李艳，2006；李子良等，2010)。Moran's I是用来衡量集聚特征的一个综合性评价统计特征参数。

全局性Moran's I一般过程为

$$I = \frac{n\sum_{i=1}^{n}\sum_{j=1}^{n} w_{ij}(x_i - \bar{x})(x_j - \bar{x})}{\left(\sum_{i=1}^{n}\sum_{j=1}^{n} w_{ij}\right)\sum_{i=1}^{n}(x_i - \bar{x})^2} \tag{5-23}$$

式中，n为空间数据的个数；x_i和x_j分别为i区和j区的空间要素的属性值；$\bar{x}$为所有空间数据的平均值；w_{ij}为空间权重矩阵的元素，空间权重矩阵一般为对称矩阵，且w_{ij}=0。

对于全局Moran's I，一般使用标准化统计量$Z(I)$来检验空间要素空间自相关性的显著性水平，其公式为

$$Z(I)=\frac{I-E(I)}{\sqrt{\mathrm{Var}(I)}} \tag{5-24}$$

式中，Var(I)为 Moran's I 的理论方差；$E(I)=-1/(n-1)$，为 Moran's I 的理论期望值。

Moran's $I>0$ 表示空间正相关性，其值越大，空间相关性越明显；Moran's $I<0$ 表示空间负相关性，其值越小，空间差异越大；Moran's $I=0$ 表示空间呈随机性（Anselin，1995）。通过计算，聚集特征显著则说明制定的布点方案各个方向过于密集，监测点或单元需要进一步合并；分散（dispersed）特征明显则说明制定的布点方案各个方向过于分散，监测点或单元需要进一步细分。若 Moran's I 具有空间相关性，且显著性不明显（0.05 水平），样点空间聚集特征处于随机（random）或介于集聚（clustered）与随机之间，则就空间布局而言，监测布点方案比较理想。

第二节　复垦与生态修复后效果快速监测

目前，国内外有关土地信息监测的研究主要集中于非重构土壤采样点布设的合理确定方法上，常用的方法主要有主观判断采样、规则网格采样与混合采样等。在环境因素监测中，常采用网格法，这种方法工作量大，主观因素对结果的影响也大，分析效率低，不能够准确、全面地掌握土壤信息。土壤特征的变化并非完全随机，不同尺度上土壤特征均呈现出相应的空间结构，具有明显的空间相关性。这种空间相关性的发现表明基于土壤特征随机变异假设的传统土壤采样布点方法具有较大的缺陷，往往难以避免采样区域局部样点冗余和局部样点密度无法满足精度要求的情况。遥感技术经过几十年的发展，逐渐被应用于矿区复垦土地监测领域（张嵩等，2017）。遥感技术具有高效、便捷、节约成本的特点，可以为解决传统方法的弊端提供一个崭新的研究方向。

高光谱技术开始于 20 世纪 80 年代，随着光谱仪器设备的小型化和化学计量学的应用，至 90 年代土壤近地传感理论的提出（Kemper and Sommer，2002），加之光谱技术的研究经验和成果的积累，使近红外高光谱分析技术快速发展，并逐渐成为一门独特的学科，已经被应用到土壤、环境、地质、水文等多个领域（Kemper and Sommer，2002；Gupta，2011；Bendor and Banin，1995）。经过不断的发展，高光谱数据已能够准确地反映地物光谱的细微特征，变换后的光谱曲线在消除噪声影响、放大提取光谱特征等方面具有较好的效果，对充分准确地挖掘光谱信息，构建精度高、稳健性好、泛化能力强的模型具有重要作用（Dematte and Garcia，1999）。

一、复垦修复土壤质量指标高光谱遥感概述

（一）土壤营养元素

有机质是土壤中的常量物质，在土壤肥力、碳平衡、生态循环和可持续发展等方面有重要的作用。20 世纪 60 年代，光谱技术逐渐被应用到土壤有机质检测当中，Bowers 和 Hanks（1965）利用分光光度计测定的数据表明，土壤有机质的氧化会增加被测样品的反射率。Kirshnan 等（1980）采用逐步多元线性回归方法对土壤的反射率数据进行了分析，

确定了预测土壤有机质含量的最佳波长。已有的研究结果表明土壤有机质含量越高，土壤光谱反射率越低。Kooistra 等(2001)利用光谱特征波段估算了土壤有机质和黏土矿物的含量，探明了土壤有机质的光谱特征及其影响作用。史舟等(2014)结合偏最小二乘(partial least squares regression，PLSR)回归法建立了土壤有机质的光谱分类-局部预测模型。陈红艳等(2011)利用 Bior 离散小波变换技术，得到了基于 9 层分解特征光谱曲线的有机质含量最佳估算模型。Pietrzykowski 和 Chodak(2014)采用近红外光谱估算了矿区绿化土壤的化学特性和有机质含量。

土壤营养元素是植物生长发育所必需的化学元素。根据植物对不同营养元素吸收量的差异，可以将它们划分为：大量营养元素，包括 N、P、K；中量营养元素，包括 Ca、Mg、S 等；微量营养元素，包括 Fe、Mn、B、Zn、Cl 等。Dalal 和 Henry(1986)研究发现近红外土壤光谱与氮元素之间的关系较为密切，已有的很多研究采用近红外反射光谱对土壤中的营养元素 P、K、N 等进行估算。徐永明等(2006)采用 PLSR 对 4 种光谱指标与土壤营养元素建立了经验模型，研究表明高光谱具有快速估算土壤中营养元素含量的潜力。Confalonieri 等(2001)认为采用中红外光谱能精确预测土壤 pH、有机碳、土壤颗粒组成，而近红外光谱更适合预测可交换阳离子 Al 和 K。郑光辉(2010)利用一阶导数光谱估算了土壤全氮、速效钾、速效氮等，研究结果表明人工神经网络方法优于 PLSR，而且不同地区样本预测的效果可能会出现较大的差异。张娟娟等(2009)利用高光谱和近红外(NIR)光谱对土壤中的部分营养元素采用 PLS-BPNN 模型进行了预测，结果表明高光谱对土壤养分的估算是完全可行的。

(二) 土壤水分

水分是土壤的重要组成成分，并在一定程度上参与到土壤物质循环和化合物的形成过程中，是植物吸收水分的重要来源。已有的研究结果表明，土壤水分的光谱特性主要是由于水分子中的羟基团振动产生的，光谱反射率会随着水分的增加而降低。Haubrock 等(2008)利用遥感高分辨率光谱测定地表土壤水分，分析了土壤水分指数(NSMI)对航空高光谱的适用性。王晓(2012)探究了不同含水量的土壤的光谱特性，发现当含水量小于10%时，1350～1400nm 波段的光谱特性较为敏感；含水量大于 10%时 1880～1920nm 波段更敏感，并得出采用包络线法利用 1920nm 波段建立的土壤含水量光谱预测模型精度最优。徐驰等(2014)利用高光谱数据对土壤耕层含水量进行反演，并将反演结果作为协同克里金差值的协变量。结果表明，采用协同克里金与高光谱结合的方法可更为有效地提高预测结果的精度。Fabio 等(2015)探究了水分含量对黏土光谱特性的影响，认为土壤水分阻碍了光谱数据对黏土含量的估算。彭翔等(2016)基于外部参数正交化-偏最小二乘(EPO-PLS)回归模型反演了盐渍化土壤含水率，结合 EPO 偏最小二乘模型效果得到了明显的提升，有效地消除土壤盐分的影响。

(三) 土壤重金属

1. 可行性分析

通常采用相关分析，探究双变量间的相关关系。当双变量均符合正态分布时称为

Pearson 相关；当双变量不符合或某一个变量不符合正态分布时称为 Spearman 相关。一般来说，当双变量满足 Pearson 相关时统计效能最高，因此在进行相关分析时首先应对数据进行正态检验(高湘昀等，2012；褚小立等，2008；Cho et al., 2017)。双变量间正态分布的概率密度为

$$f(x,y)=\frac{1}{2\pi\sigma_x\sigma_y\sqrt{1-r^2}}\cdot\exp\left\{-\left[\frac{(x-\mu_x)^2}{\sigma_x^2}-\frac{2\rho(x-\mu_x)(y-\mu_y)}{\sigma_x\sigma_y}+\frac{(y-\mu_y)}{\sigma_y^2}\right]/2(1-r^2)\right\} \tag{5-25}$$

式中，μ_x 和 μ_y 分别为变量 x 和 y 的平均值；σ_x 和 σ_y 为方差；r 为相关系数。

变量间的相关程度一般用相关系数 r 表示，取值范围为[−1，1]，计算公式为

$$r=\frac{\sum_{i=1}^{n}(x_i-\overline{x})(y_i-\overline{y})}{\sqrt{\sum_{i=1}^{n}(x_i-\overline{x})^2\sum_{i=1}^{n}(y_i-\overline{y})^2}} \tag{5-26}$$

土壤光谱反射率与重金属含量间是否存在某种相关关系，是决定高光谱技术在土壤重金属反演方面应用的重要前提。相关分析一方面可以从统计学的角度上探究土壤光谱反射率与重金属含量间的相关程度，为建模反演的可行性提供统计学依据；另一方面能反映重金属在土壤中的存在形式和吸附聚集关系(徐彬彬和戴昌达，1980；王秀珍等，2003)。国内外众多学者已经论证了高光谱技术在土壤重金属反演中的可行性，不同文献中光谱反射率与重金属含量间的相关性存在一定的差异，但对于大多数重金属而言，相关系数可以达到 0.8 以上，部分重金属元素如铅、铬等相关系数可以达到 0.9 以上(Pandit et al., 2010)，这说明了利用土壤光谱反射率数据来反演重金属含量是可行的(Pietrzykowski and Chodak, 2014)。研究思路基本上是相同的：土壤光谱反射率，特别是某些光谱吸收波段的光谱反射率是否与土壤中的重金属，或是其他影响重金属的因素存在某种关联，进而建立土壤重金属含量转换函数或反演模型(Demetriades-Shah et al., 1990；Naidu et al., 1998；童庆禧等，2006)。以上原理是实现土壤重金属高光谱定量反演的理论基础，为该领域的研究提供了可行性和广阔的前景。

目前，高分辨率的可见光-近红外(400～2500nm)(Vis-NIR)光谱已经被广泛地应用到土壤重金属定量化反演研究中。从光谱数据的获取方式上就可明显地看出其优越性，与常规检测手段相比，该方法几乎不会对样本造成任何的消耗或损毁，不会产生任何对环境有害的污染物，同时，大大提高了检测效率，节约了经济成本。所以在土壤理化性质检测方面，高光谱技术是一项潜力巨大的技术(李伟等，2007；Chang and Laird, 2002)。

2. 光谱数据的获取

获取高质量的土壤重金属光谱波段信息对后续的研究是至关重要的。光谱波段检测范围一般在 350～2500nm，包含了部分紫外区域(<400nm)，全部的可见光区域(400～700nm)，近红外区域(700～2500nm)，光谱分辨率通常在 3～9nm(表 5-4)(Liu et al., 2011；Kooistra et al., 2001；王璐等，2007)。

表 5-4　主要土壤光谱检测仪概况

设备	FieldSpec 4	GER 1500	HR-1024	NIRQuest 256-2.5
波段范围/nm	350～2500	350～2500	350～2500	900～2500
光谱分辨率/nm	3 @700 8.5 @1400 6.5 @2100	1.5	≤3.5, 3500～1000 ≤8.5, 1000～1850 ≤6.5, 1850～2500	9.5, W/25μm

以使用频率较高的 FieldSpec 4 便携式地物光谱仪为例，光谱数据获取可以选择在野外或实验室进行，野外检测影响因素较多，如光照、温度等(Gholizadeh and Kopackova, 2019；夏军，2014)。在进行实验室检测前，所有的土壤样本需放在通风背光处阴干，并需要过筛研磨，以避免土壤含水量和颗粒大小对光谱数据采集的影响(Fabio et al., 2015；鲍一丹等，2007)。实验室检测需在无光的暗室中进行，光源通常选择 50W 的卤素灯，但样品摆放位置、光源位置、光纤探头位置无明确的规范和要求(陈元鹏等，2019；Wang et al., 2005)。为确保光谱数据的准确性，一般需要多次测量选择平均值(姚云军等，2008；陈红艳等，2011)。

3. 土壤重金属光谱特性及其影响因素

已有的研究结果表明，土壤反射光谱吸收波段的特性与土壤中某些特定的属性有关，如 400～1000nm 主要为土壤中的 Fe^{2+}、Fe^{3+}、Mn^{2+}等金属离子电子发生能级跃迁造成的；1000～3000nm 主要为碳酸盐、硅酸盐等矿物的分子团化学键伸展造成的(Bendor，2002；Shi et al., 2006；王乾龙等，2014)。

采用实验室获取光谱反射率数据的主要影响因素包括两类：光谱数据获取条件和土壤理化性质。光谱数据获取条件主要包括光源、设备运行情况等，稳定的光源和设备平稳运行对获取优质的光谱数据是至关重要的，否则会增大光谱噪声，为后续工作带来难度。土壤理化性质主要包括土壤类型、含水量、有机质含量、氧化铁含量等。大量的研究结果表明，这些性质会对土壤光谱曲线的特性和重金属吸附聚集形态产生重要的影响。如有机质的含量会影响全波段的光谱反射率，有机质含量减少会导致光谱反射率的增加。氧化铁作为主要的着色剂，会改变土壤颜色，并在 300～580nm 处形成一段铁谱带，同时会取代土壤中 Al^{3+}、Mg^{2+}光谱吸收带的位置(甘甫平等，2003；Bowers and Hanks，1965；彭杰等，2013；Pietrzykowski and Chodak，2014)。此外，不同重金属之间也会相互影响，很难做到单独分离出某一个或某几个重金属元素独立的光谱特性。同时，大多数重金属很难以单质或独立的离子形态存在，它们多以化合物的形式与土壤中的其他物质发生吸附和聚集(Dijkstra，1998；Meharg，2010)。

但是，目前该领域的研究无法大面积地应用到实际中。其原因是多方面的，首先，Vis-NIR 波段光谱倍频和合频吸收信号弱，谱带重叠，解析复杂；传统的光谱分析手段灵敏度低，抗干扰能力较差。其次，土壤是一种复杂的混合物，受自然环境和人为因素的影响，具备复杂性和不确定性，其理化性质对重金属的光谱特性和定量化反演都存在不同程度的影响(郭颖等，2018；Wang et al.，2018；Coleman and Montgomery，1987；付馨等，2013)。目前，针对不同的土壤，其光谱主要的影响因素、机理和程度研究还存在较大差异(Gao et al., 2017；季耿善和徐彬彬，1987)。如有的研究结果表明，有机质是影响土壤重金属光谱反射率最主要的因素，有机质含量越高，土壤光谱反射率越低(蒋建军等，2009)。当有机质含量大于2%时，会导致重金属光谱响应降低(Baumgardner et al., 1969)。对于矿业复垦土壤、盐渍化土壤等研究对象而言，铁锰氧化物、黏土矿物的影响则更为重要(彭翔等，2016；赵小敏和杨梅花，2018)。

4. 光谱数据预处理与优化

20世纪80年代，高光谱技术发展曾有过一段时间的停滞期，至90年代随着计算机技术的发展，化学计量学应用到解决光谱信息提取和噪声干扰等方面，才使人们重新关注光谱技术在分析检测方面的应用(Harnisch et al., 1997；Dalal and Henry，1986)。光谱数据优化与特征波段提取是提取光谱信息，分离平行背景值和平行谱带，消除噪声的重要手段(吕群波等，2008)。随着计算机技术的发展，应用的方法逐渐增多，效果逐渐提高。

光谱反射率曲线中包括表达土壤物质特征的细节信息(吸收峰、吸收谷、阶跃等)，尽管光谱数据获取过程中采取了一定的规避信号干扰的措施，但光谱信息还是不可避免地会受到实验环境和仪器设备的影响，这些影响使得信息表达不是十分明显。因此，往往需要采用某些变化方法增强这些细节信息(张娟娟等，2009)。在同一组土壤样品光谱数据获取中，实验条件和外部环境是相同的，因此，光谱噪声出现的位置应是一致的，随机选取一条光谱曲线分析其噪声分布，如图5-4所示。

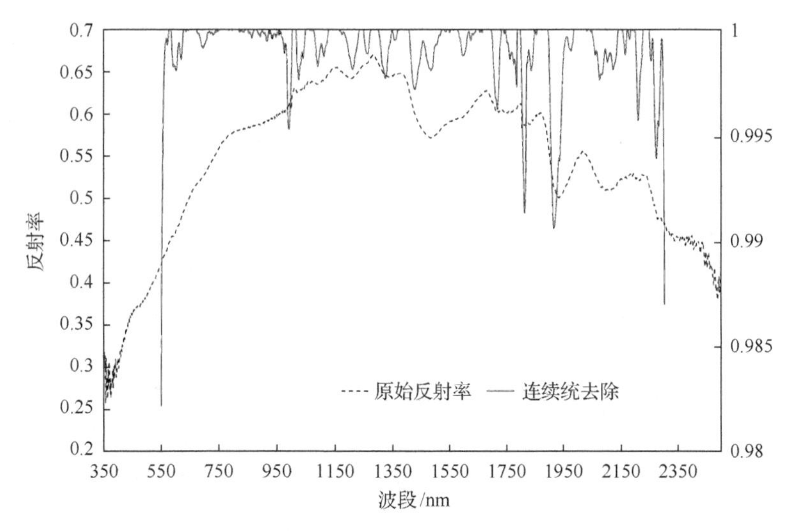

图5-4 土壤光谱反射率曲线

从图5-4可以看出光谱曲线在350～400nm和2200～2500nm处的抖动十分剧烈，这部分的误差通常属于边缘误差，在实际数据处理过程中通常被去除。从400～2200nm波段可以看出光谱曲线的大体走向，但存在许多明显的“小锯齿”，这说明存在一定噪声。噪声产生了很多小的光谱吸收峰，会对后续的分析和利用产生干扰。连续统去除

(continuum removal，CR)法可以放大噪声，利于噪声的识别。

5. 光谱平滑

常见的光谱平滑方法实质上是一种“滤波器”，通过设置大小不同的窗口，对窗口内的光谱曲线采用傅里叶变换、最小二乘拟合等方式加权平均，最后利用平均值代替窗口的中心值。主要有 Savitzky-Golay 卷积平滑法、小波分析、中值滤波、高斯滤波等。不同光谱平滑方法对比分析见表 5-5。

表 5-5　不同光谱平滑方法对比分析

方法	特点	适用范围	参考文献
Savitzky-Golay 卷积平滑法	采用多项式对平滑窗口内的数据进行多项式最小二乘拟合	不受数据样本限制，适用于多种数据平滑	郑光辉，2010；王璨等，2018；Gorry，1990
中值滤波	将数字图像或序列内的一点的值用邻域内各点的中值代替	消除高、低频次脉冲噪声	Perreault 和 Hebert，2007；Lukac，2003；赵高长等，2011；张丽等，2004
高斯滤波	一种时频窗口面积最小的零相移滤波方法，利用高斯核函数对原始数据进行卷积处理	消除高斯噪声	李惠芬等，2004；王跃跃等，2019；庄洪春和宋详，1998；Wüthrich 等，2016；Kong 等，2013
小波分析	一种时频分析方法，具有多分辨率、去相关性、灵活等特点	分析突变信息和非平稳信息	毕卫红等，2006；Milne 等，2005；Peng 等，2012

实际应用过程中需要结合数据情况进行适当的调试，如平滑窗口的宽度、高斯函数的标准差等，进而控制平滑的程度。调试是决定平滑效果的关键，平滑程度过低，无法去除噪声，达不到平滑效果；反之，平滑程度过高，会使数据失真，滤掉某些微弱的光谱信息。通常，去噪效果的评价标准是：曲线光谱特征是否发生改变，包括曲线形状、吸收峰谷、阶跃的位置和反射率数值等。通过目测的方式评价光谱去噪效果带有很大的主观性，为此需要引入定量化指标以评价去噪效果。

其中，信噪比(signal to noise ratio，SNR)是表示信号中有效成分与噪声成分的比例关系的参数，在光谱数据优化中主要指实测光谱的信噪比，与具体实际工作有关，因此无固定的计算方法。光谱数据获取过程中采用多次测量选取平均值的方式，也是为了减小实测光谱的信噪比，但相应地延长了检测时间(刘建成等，2007；陈秋林和薛永祺，2000)。波形相似系数(normalied correlation coefficient，NCC)反映了两个波段的相似程度，一般用两波段间的相关系数表示(代荡荡等，2016)。平滑指数(smoothness index，SI)反映了光谱曲线的平滑程度。光谱吸收波段(吸收峰谷、阶跃等)在平滑过程中会发生纵向(光谱反射率)和横向(光谱波段)的偏移，这一现象称为基线漂移，光谱特征保持能力与基线漂移对应分为两类：横向特征保持指数(horizontal features resistance index，HFRI)和纵向特征保持指数(vertical features resistance index，VFRI)(黄明祥等，2009；Bourennane and Fossati, 2015)。SI、HFRI 和 VFRI 的计算公式分别为

$$\mathrm{SI} = \sum_{i=350}^{2500} (\lambda'_{i+1} - \lambda'_i)^2 \Big/ \sum_{i=350}^{2500} (\lambda_{i+1} - \lambda_i)^2 \tag{5-27}$$

$$\mathrm{HFRI} = \left\{ \sum_{n=1}^{n=m} (|j_n - i_n|) \right\} \| \left\{ \mathrm{Search}\left\{ j_n, j_n \in (i_n - k, i_n + k) |_{\mathrm{satisfy}(\min(\lambda'_{j_n}, \lambda_{j_n}))} \right\} \right\} \tag{5-28}$$

$$\mathrm{VFRI}=\sum_{n=1}^{n=m}\sum_{i=1}^{i=b}(|\lambda'_{i_n}-\lambda_{i_n}|) \tag{5-29}$$

式中，i 为波段数；λ 为原始光谱曲线；λ'为平滑去噪后的光谱曲线。

光谱平滑效果主要表现在光谱横向保持能力和纵向保持能力上。史舟(2014)比较了几种常见的去噪方法的效果(表 5-6)，认为从平滑效果上来看，小波(WD)和中值(MV)最好；从特征保持能力上来看，移动平均(MA)和低通滤波(LP)最好。

表 5-6　不同滤波方法得到的 SI、HFRI 和 VFRI 指数比较

评价指标	MA	MV	Savitzky-Golay	LP	Gaussian 滤波	WD
SI	0.63	0.42	0.45	0.79	0.55	0.42
HFRI	7	14	23	7	29	19
VFRI	0.76	3.42	5.36	1.73	13.98	4.79

6. 光谱变换

高光谱数据分辨率高，获取的土壤信息全面，但会造成光谱信号重叠、光谱特征不明显等问题，而且原始波段往往与土壤重金属间的相关性较弱。为分离平行背景值，进一步突出光谱特性信息，通常需要对光谱反射率进行变换，常见的光谱变换方法有光谱微分变换、倒数对数法(inverse logarithms，IL)、连续统去除法等(图 5-5)。

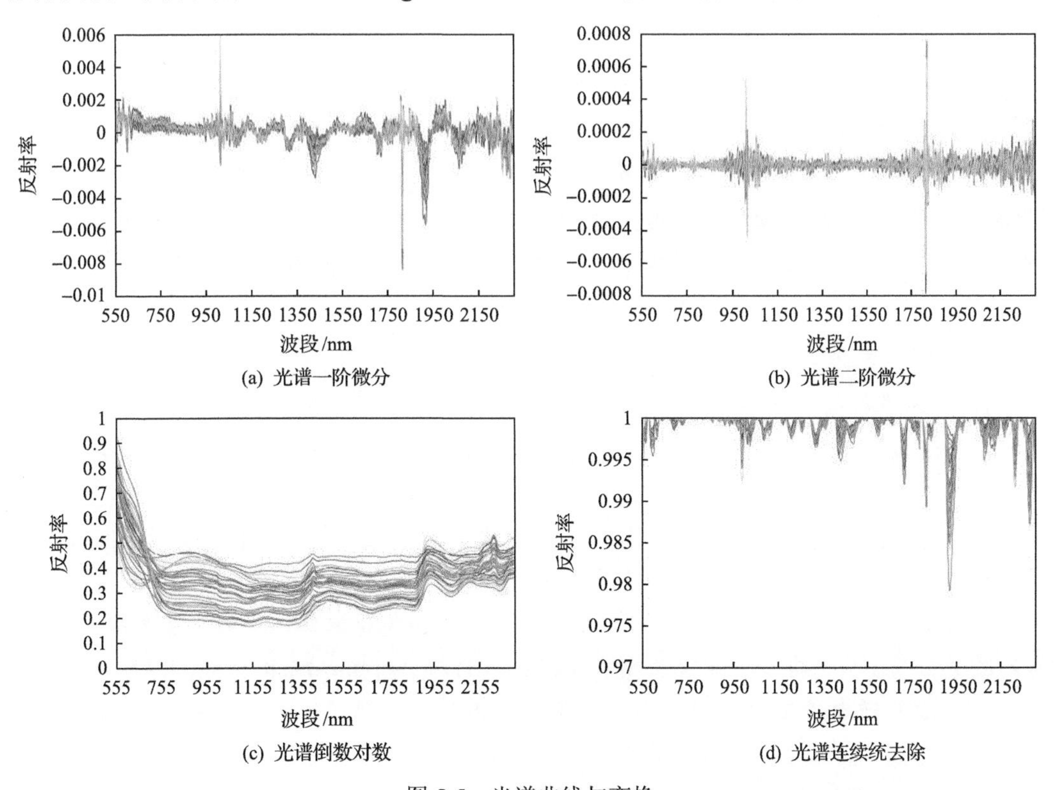

(a) 光谱一阶微分　　(b) 光谱二阶微分

(c) 光谱倒数对数　　(d) 光谱连续统去除

图 5-5　光谱曲线与变换

光谱微分变换可以有效地提取光谱曲线极值、拐点的位置信息和增强光谱曲线在坡度上的细微变化，这种变换通常与重金属的化学吸收特性有关，进而提高光谱辨识度，常见的形式有一阶微分(first order differential reflectance，FDR)和二阶微分(second order differential reflectance，SDR)等，已经被广泛地应用于植被、水质、土壤等数据处理中(Goward et al., 2002；Haubrock et al., 2008；彭建等，2018；史舟等，2014；Reeves et al., 1999)。连续统去除法又称包络线法，其实质是将光谱曲线归一化在 0～1，从而实现了特征波段输出扩大的效果(Kokaly and Clark, 1999; Huang et al., 2004; Gomez et al., 2008)。光谱倒数对数可以避免光线的亮度变化和土壤表面凹凸不平的影响。

已有的研究通常采用多种光谱变换方法对比的方式选择最优方法，如王菲等(2017)利用光谱变换技术对原始光谱提取了一阶微分、二阶微分和去包络线三种光谱指标，建立了光谱数据与铬含量间的定量关系。结果表明，基于一阶微分数据模型的预测精度最高，其次为二阶微分、原始光谱和去包络线方法。张秋霞等(2017)以基本农田建设区为研究对象，探究了五种重金属元素(Cr、Cd、Zn、Cu、Pb)在光谱变换方式选择上的差异，并构建了不同重金属最优反演模型。Lin 等(2019)利用平方根、对数、倒数、分数阶微分的四种变换方法结合地理加权回归，消除了数据的冗余和共线性，建立了土壤锌含量高光谱反演模型。部分学者采用改进方法和多种变换方法结合的方式，也取得了较好的效果。向红英等(2016)采用连续统去除法结合一阶微分实现了对南疆土壤有机质含量的预测，结果表明，经过连续统去除法处理后，有机质的吸收特性得到了明显的扩大，连续统去除结合一阶微分模型的决定系数可达到 0.91。李淑敏等(2011)采用包络线对光谱数据进行了压缩，探究了压缩后光谱一阶微分、二阶微分与土壤重金属间的相关关系。廖钦洪等(2012)利用连续小波变换确定了潮土有机质估算的敏感波段。

光谱变换是土壤重金属高光谱反演的重要环节，可以分离重叠的光谱信息，突出光谱特征波段，提高反演模型的精度；建立土壤重金属光谱数据库，可更加全面地反映土壤光谱特性差异。在实际应用过程中，应针对不同土壤、不同重金属，采用不同的光谱变换和预处理方法。

7. 土壤重金属高光谱反演

(1)样本选择与模型精度评价。

在反演模型建立之前通常需要对样本数据进行划分，一般来说主要分为两类：建模集与预测集。建模集也称校正集，用于推演模型，求解未知参数；预测集也称验证集，用于检验模型的精度和反演效果。选择合适的建模集和预测集对光谱反演模型的开发与性能预测是十分重要的，建模集样本应保证包含研究区所有可知和某些未知的变化，如重金属含量的差异等。预测集样本需要保证独立性，避免对模型预测效果非客观的评估。样本的数量与研究区面积、土壤类型和复杂程度有关(Soriano-Disla et al., 2014)。

当可用的样本较少时通常采用交叉验证的方式，即从给定的样本中，选取大部分样本进行建模，另一小部分作为预测集对建立的模型进行评价(表 5-7)。通常预测集样本量为总样本量的三分之一(刘智超等，2008)，常采用的方法有含量梯度法(Rank)和

Kennard-Stone (KS)法。含量梯度法是按照重金属含量排序，不同含量均匀选择预测集。KS法的基本思想是：首先，计算两两样本之间的距离，选择距离最大的两个样品。然后，分别计算剩余的样本与已选择的两个样本之间的距离。对于每个剩余样本而言，其与已选样品之间的最短距离被选择，再选择这些最短距离中相对最长的距离所对应的样本，作为第三个样品。重复上述步骤直到选择出指导数目的样本(Claeys et al., 2010)。样本选择方法对模型预测精度是有影响的，如陈颂超等(2016)认为含量梯度法与SK结合的样本选择方法效果更好。但采用交叉验证方法得到的模型预测效果通常优于实际情况。

表5-7　可见-近红外、中红外和可见-近红外-中红外区域有机质预测精度比较

校正样本选择方法	建模波段	校正集			验证集		
		LV[a]	R^2_{CV}	$RMSE_{CV}$	R^2_P	$RMSE_P$	RPD
Rank	VNIR	10	0.88	4.85	0.88	5.56	2.43
	MIR	8	0.89	4.46	0.92	3.87	3.49
	VNIR- MIR	9	0.91	4.23	0.90	4.36	3.10
KS	VNIR	10	0.84	5.88	0.90	4.80	2.84
	MIR	8	0.90	4.89	0.93	3.52	3.88
	VNIR- MIR	9	0.91	4.95	0.93	3.62	3.77
Rank-KS	VNIR	11	0.82	5.81	0.94	3.52	3.92
	MIR	8	0.94	4.29	0.95	3.25	4.24
	VNIR- MIR	10	0.91	4.26	0.94	3.39	4.07

大型的光谱数据库可以用于校验模型的精度，通常认为理想状态下的光谱库包含广泛的土壤光谱信息。这些样本通常来自不同的地区，其气候、成土条件、理化性质等均存在较大差异，可以与未知光谱相匹配，提高模型的稳定性和普遍适应性(Gogé et al., 2012)。但是，在实际情况中由于不同地域的土壤差异性较大，仍然存在光谱数据库信息量小、部分土壤信息不匹配等问题，因此，还需要不断丰富现有的光谱数据库(Rossel et al., 2008)。

常见的模型精度评价指标包括决定系数(R^2)、RMSE和相对分析误差(residual predictive deviation，RPD)等。其中，R^2反映模型的拟合程度和稳定程度，R^2越接近于1，模型稳定性越高。RMSE表示模型的估算能力，数据越小，估算能力越强。RPD表示模型的预测能力，RPD＜1.4时，模型无法对样本预测；1.4≤RPD＜2时，模型的预测效果一般；RPD＞2时，模型的预测效果极好，通常建模集评价指标优于预测集(Zhang et al., 2019)。此处也可与地统计方法结合，从空间角度分析模型的预测效果(图5-6)(徐驰等，2014；Shen et al., 2019)。

(2)反演模型建立。

光谱建模常用的方法有逐步回归、偏最小二乘、神经网络模型等。按照类型可大致分为两类，见表5-8：线性模型，通常用于建立光谱数据与待测物间具有线性关系的模型；非线性模型，通常用于建立光谱数据与待测物间具有非线性关系的模型。

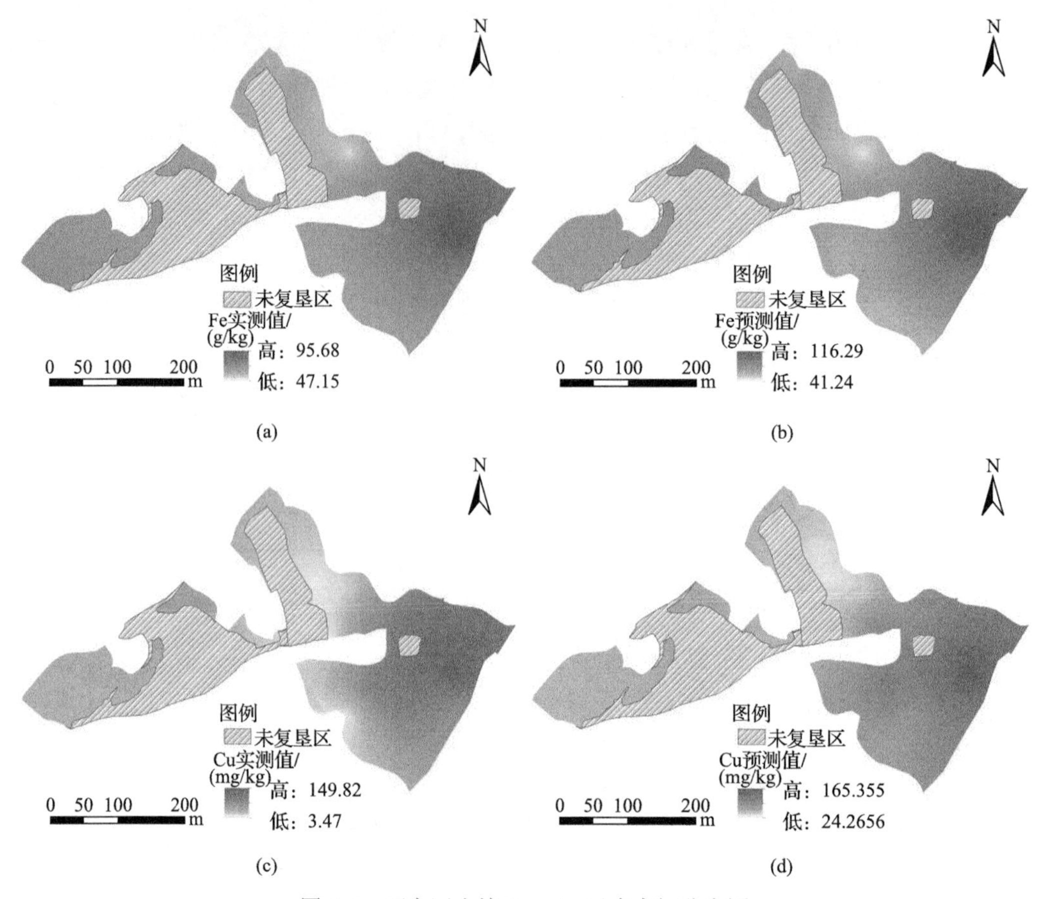

图 5-6 研究区土壤 Fe、Cu 元素空间分布图

表 5-8 常见的光谱建模方法对比

建模方法	类型	特点	参考文献
逐步回归	线性	只保留重要的解释变量，无严重共线性	邱立春等，1997
偏最小二乘	线性	可以明显减小光谱数据计算量，应用范围广	Hu 等，2015
神经网络	非线性	具有自我学习能力，模型拟合程度高，适用于大样本数据处理	纪良波，2015
支持向量机	非线性	可以很好地解决小样本、高维模式识别问题	张建华等，2014

二、复垦与生态修复遥感监测方法

(一)光谱曲线预处理方法

1. 卷积平滑法

卷积平滑法(savitzky-golay，SG)是基于最小二乘原理提出的平滑法，是对移动平滑法的改进，其与移动平滑法相比，可以在滤除高频噪声的同时保留对信号分析有用的信息。平滑的主要目的是使处理后的波形更加接近原始波形，达到平滑原始数据的效果。设总体 x_n 的一组数据为 x_i，构造一个 p 阶多项式 f_i 拟合 x_i：

$$f_i = a_0 + a_1 i + a_2 i^2 + \cdots + a_p i^p = \sum_{k=0}^{p} a_k i^k \quad p \leqslant 2M \tag{5-30}$$

曲线在拟合时会产生误差，误差的平方和公式如下：

$$\varepsilon = \sum_{i=-M}^{M} [f_i - x(i)]^2 = \sum_{i=-M}^{M} \left[\sum_{k=0}^{p} a_k i^k - x(i) \right]^2 \tag{5-31}$$

要保证拟合曲线的精确性，应保证最小，所以ε各处的从偏导数必须为0：

$$\frac{\partial \varepsilon}{\partial a_k} = \sum_{i=-M}^{M} 2i^k \left[\sum_{k=0}^{p} a_k i^k - x(i) \right] = 0 \tag{5-32}$$

只要给定区间参数M、多项式系数p和数据x_i，就可以实现数据的平滑。

2. 光谱微分法

微分法是光谱数据处理的常用方法，可以有效消除由于光照、仪器等因素产生的噪声。光谱一阶微分的计算公式为

$$R'(\lambda_i) = \frac{[R(\lambda_{i+1}) - R(\lambda_{i-1})]}{2\Delta\lambda} \tag{5-33}$$

式中，λ_i为光谱波长值；$R(\lambda_i)$为对应光谱波段的反射率；$\Delta\lambda$为λ_i+1与λ_i之间的差值。

光谱二阶微分的计算公式为

$$R''(\lambda_i) = \frac{[R'(\lambda_{i+1}) - R'(\lambda_{i-1})]}{2\Delta\lambda} = \frac{[R(\lambda_{i+2}) - 2R(\lambda_i) + R(\lambda_{i-2})]}{4(\Delta\lambda)^2} \tag{5-34}$$

式中，λ_i为光谱波长值；$R(\lambda_i)$为对应光谱波段的反射率；$R(\lambda_i)$为对应光谱波段反射率的一阶微分值；$\Delta\lambda$为λ_{i+1}与λ_i之间的差值。

3. 倒数对数法

光线的亮度变化和土壤表面凹凸不平也会对实验结果产生影响，利用取光谱反射率倒数对数的方法，可以避免这方面的影响。倒数对数的计算公式为

$$\lg\left(\frac{1}{R(\lambda_i)}\right) = \lg\frac{1}{R(\lambda_i)} \tag{5-35}$$

式中，λ_i为光谱波长值；$R(\lambda_i)$为对应光谱波段的反射率。

4. 连续统去除法

连续统去除法又称包络线法，可以起到消除背景值和提取特征波段的作用。连续统指的是分离光谱特征的一种数学函数，定义是将光谱曲线上各点峰值用光滑的曲线连接起来，连接部分表示不同物质的平均光路长度和吸收过程。

$$e^{-(\bar{k},\bar{t})}=\exp\left[-\sum_{i=1}^{i}k_i t_i\right] \tag{5-36}$$

式中，$\bar{k}$ 和 $\bar{t}$ 分别为等值吸收系数和表面光子的平均光谱长度；k_i 和 t_i 分别为第 i 个样本吸收系数和该样本的表面光子的平均光谱长度。

5. 连续小波变换

小波变换(wavelet transform)是 1984 年法国物理学家 J. Morlet 在影像地震学的研究中发现的，是一种以傅里叶变换为基础的线性变换方法。经过几十年的发展，小波变换在信号压缩去噪、遥感图像解译、光谱数据分析等方面都有广泛的应用，被称为“数学显微镜”。小波就是一种特殊的长度有限、平均值为 0 的波形。小波变换可以分为两类：离散小波变换(discrete wavelet transform，DWT)、连续小波变换(continuous wavelet transform，CWT)，其中连续小波变换是通过小波基函数将光谱数据通过不同尺度分解为小波系数。

设 $\psi(t)\in L^2(R)$ 为一平方可积函数，若其傅里叶变换 $\hat{\psi}$ 满足：

$$C_\psi=\int_R\frac{|\hat{\psi}(\omega)|^2}{|\omega|}\mathrm{d}\omega<\infty \tag{5-37}$$

则称 $\psi(t)$ 为基础小波或小波母函数，上式称为小波函数的可容许条件。

小波母函数可进行伸缩评议，得到小波基函数 $\psi_{a\tau}(t)$。

6. 多元散射校正

多元散射校正(multiple scattering correction，MSC)是常用的一种光谱数据预处理方法。通过 MSC 可以有效消除光谱散射带来的影响，增强与相关成分含量的光谱吸收信息。张秋霞等(2017)利用 MSC 和 SG 对获取的光谱进行平滑，结合一阶、二阶微分和最小二乘(least squares regression，PLR)法模型对基本农田建设区域土壤重金属含量进行了有效预测；戴小也等(2018)对光谱数据进行标准正态变换，结合多元散射校正处理和傅里叶变换降维后，建立了基于支持向量机(support vector machines，SVM)的分类模型，对不同品质猪肉样本进行了有效分类。MSC 主要原理为首先建立待测样品的“理想光谱”，由于实际应用中“理想光谱”不易获取，用所有样品的平均光谱作为标准光谱，通过标准光谱对剩余光谱数据进行基线平移和偏移校正。计算公式如下：

$$\overline{A}_{i,j}=\frac{\sum_{i=1}^{n}A_{i,j}}{n} \tag{5-38}$$

$$A_i=m_i\overline{A}+b_i \tag{5-39}$$

$$A_{i(\mathrm{MSC})}=\frac{(A_i-b_i)}{m_i} \tag{5-40}$$

式中，A 为光谱数据矩阵；n 为样本数量；$\overline{A_i}$ 为平均光谱；m_i 和 b_i 分别为样本和平均光谱 A 进行一元线性回归得到的相对偏移系数和平移量。

(二)反演模型建立方法

1. 偏最小二乘法

偏最小二乘法是一种新型的多元数据统计分析方法，它集中了主成分分析和线性回归模型的优点，更有利于辨别光谱信息和噪声，与传统的线性模型相比，其最大的特点是采用了数据降维和信息综合筛选技术，可以对具有多重相关性的自变量进行建模，同时可以保证在样本点个数少于变量个数的条件下建立模型。模型建立的基本原理如下。

设置 X 为 n 行 m 列的光谱矩阵，Y 为 n 行 1 列的重金属浓度矩阵，n 为样本数，m 为波段数，1 为组分，将两个矩阵进行分解：

$$X = T \times P + E \tag{5-41}$$

$$Y = U \times Q + F \tag{5-42}$$

式中，T 和 U 为隐变量矩阵；P 和 Q 为载荷矩阵；E 和 F 为残差矩阵。

将隐变量矩阵 U 作线性回归，并用对角矩阵 B 进行关联：

$$U = T \times B \tag{5-43}$$

2. 支持向量机

支持向量机作为一种内核统计模型，是一种监督类的学习方法，它依据定义的核函数寻找一个满足分类的超平面来实现分类决策，可用下式来表示：

$$f(x) = \sum_{i=1}^{n} a_i y_i K(x_i, x) - b \qquad 0 \leqslant a_i \leqslant C \tag{5-44}$$

式中，a_i 为拉格朗日乘子法引入的一个系数矩阵；y_i 为输出向量；$K(x_i, x)$ 为核函数；x_i 为输入向量；x 为对应的高维特征空间数据项；n 为样本数量；b 为残差；C 为正则化参数。常用的核函数主要包括线性函数、多项式函数、高斯径向基函数；在可调参数中[式(5-45)～式(5-47)]，c 为常数项，k 为斜率，d 为多项式次数，σ 为高斯核带宽；模型相关参数可通过穷举法、交叉验证、梯度下降法、网格搜索法、遗传算法及粒子群算法等方法确定。

$$K(x_i, x) = \langle x_i, x \rangle + c \tag{5-45}$$

$$K(x_i, x) = (k\langle x_i, x \rangle + c)^d \tag{5-46}$$

$$K(x_i, x) = \exp\left(\frac{-\| x_i - x \|^2}{2\sigma^2}\right) \tag{5-47}$$

3. BP 神经网络

BP 神经网络是由 Rumelhart 和 McCelland 为首的科学家小组提出的，是一种按误差逆传播算法训练的多层前馈网络，是目前应用最广泛的神经网络模型之一。BP 是一种模拟人脑神经思维方式而建立的数学模型，模型采用反向传输算法，网络分为三层：输入层、隐含层和输出层，建模基本思想为：在利用已有的权重和阈值正向传输得不到结果时，采用反向传输，通过不断地修改权重和阈值，进行多次迭代运算，最终达到代价函数最小，实现输入层和输出层之间的确定的映射。

本节中输出层的节点为 1，隐含层节点 n 由经验公式确定：

$$n=\sqrt{n_i+n_0+a} \tag{5-48}$$

式中，n_i 为输入节点数；n_0 为输出节点；a 为 1～10 的常数。

4. 组合模型

目前对于土壤理化指标的快速估计方法较多，但大多局限于单一预测模型的应用，单一预测模型往往都是按照某种假设进行的，无法全面地反映出土壤理化指标含量与土壤光谱反射率之间的信息，而信息的丢失将影响预测模型的精度。赵小敏和杨梅花(2018)利用模型对庐山森林土壤有效铁进行了较好的预测；冯海宽等(2018)利用最优权重组合模型实现了苹果叶片全磷含量的高光谱估算；薛彬等(2004)采用改进的线性混合模型有效克服了传统线性模型的不足，提高了计算精度。组合模型能够综合单个预测模型的结果，有效减少单个模型中随机因素带来的影响，增强模型的稳定性。组合模型的核心问题就是如何确定单个预测模型的权重系数。信息论中的熵可用作某事件不确定度的量度，信息量越大，熵越小。由于预测模型中预测值与实测值之间的残差具有不确定性，熵值法在组合模型中具有很好的适用性。其计算公式为

$$e_{it}=\begin{cases}1, & \left|\dfrac{x_t-x_{it}}{x_t}\right|\geqslant 1\\ \left|\dfrac{x_t-x_{it}}{x_t}\right|, & 0\leqslant\left|\dfrac{x_t-x_{it}}{x_t}\right|<1\end{cases} \tag{5-49}$$

$$p_{it}=\frac{e_{it}}{\sum\limits_{t=1}^{n}e_{it}} \tag{5-50}$$

$$h_i=-k\sum_{t=1}^{n}p_{it}\ln p_{it} \tag{5-51}$$

$$d_i=1-h_i \tag{5-52}$$

$$l_i = \frac{1}{m-1}\left(1-\frac{d_i}{\sum_{i=1}^{m} d_i}\right) \tag{5-53}$$

式中，x_t 与 x_{it} 分别为建模集第 t 个样本的实测值和第 i 种模型对应的预测值；e_{it} 为归一化序列；在第 i 种模型中，p_{it} 为第 t 个样本预测值与实测值相对误差的比重；h_i 为相对误差的熵值；d_i 为变异程度系数；l_i 为各种模型的加权系数，且 $\sum_{i=1}^{m} l_i = 1$。

第三节　矿业废弃地复垦与生态修复后评价

修复后评价一般包括生产力、环境质量和综合质量评价等。评价可参考《食品安全国家标准 食品中污染物限量》(GB 2762—2017)、《地表水环境质量标准》(GB 3838—2002)、《农田灌溉水质标准》(GB 5084—2005)、《生活饮用水卫生标准》(GB 5749—2006)、《土壤环境质量 农用地土壤污染风险管控标准(试行)》(GB 15618—2018)、《富硒稻谷》(GB/T 22499—2008)和《农用地质量分等规程》(GB/T 28407—2012)等。

一、生产力评价

生产力评价方法包括权重确定方法和评价方法。目前，国际上比较常用的定量评价方法包括指数法、时空动态监测评价方法、生命周期评价法、GIS 和数学模型结合评价方法等。下面以层次分析法确定权重，综合指数法进行生产力评价为例，阐明矿业废弃地复垦修复后的生产力评价过程。

(一)确定各指标权重

1. 建立层次结构模型

按照层次分析法，建立目标层、准则层和指标层层次结构，用框图形式说明层次的递阶结构与因素的从属关系。当某个层次包含的因素较多时(如超过 9 个)，可将该层次进一步划分为若干子层次。

2. 构造判断矩阵

判断矩阵表示针对上一层次的某因素，本层次与之有关因子之间相对重要性的比较。假定 A 层因素中 a_k 与下一层次中 B_1，B_2，…，B_n 有联系，构造的判断矩阵一般形式见表 5-9。

表 5-9　判断矩阵形式

a_k	B_1	B_2	…	B_n
B_1	b_{11}	b_{12}	…	b_{1n}
B_2	b_{21}	b_{22}	…	b_{2n}
⋮	⋮	⋮		⋮
B_n	b_{n1}	b_{n2}	…	b_{nn}

判断矩阵元素的值反映了人们对各因素相对重要性(或优劣、偏好、强度等)的认识，一般采用 1～9 及其倒数的标度方法。当相互比较因素的重要性能够用具有实际意义的比值说明时，判断矩阵相应元素的值则可以取这个比值。判断矩阵的元素标度及其含义见表 5-10。

表 5-10　判断矩阵标度及其标度含义

标度	含义
1	表示两个因素相比，具有同样重要性
3	表示两个因素相比，一个因素比另一个因素稍微重要
5	表示两个因素相比，一个因素比另一个因素明显重要
7	表示两个因素相比，一个因素比另一个因素强烈重要
9	表示两个因素相比，一个因素比另一个因素极端重要
2,4,6,8	上述两相邻判断的中值
倒数	因素 i 与 j 比较得判断 b_{ij}，则因素 j 与 i 比较的判断 $b_{ji}=1/b_{ij}$

3. 层次单排序及其一致性检验

建立比较矩阵后，就可以求出各个因素的权值。采取的方法是用和积法计算出各矩阵的最大特征根及其对应的特征向量 W，并用检验系数(CR，CR=CI/RI)进行一致性检验。计算方法如下：按式(5-54)将比较矩阵每一列规一化(以矩阵 B 为例)：

$$\hat{b}_{ij}=\frac{b_{ij}}{\sum_{i=1}^{n}b_{ij}} \tag{5-54}$$

按式(5-55)和式(5-56)将每一列经规一化后的比较矩阵按行相加：

$$\overline{W}_i=\sum_{j=1}^{n}\hat{b}_{ij} \tag{5-55}$$

$$\overline{W}=[\overline{W}_1,\overline{W}_2,\cdots,\overline{W}_n] \tag{5-56}$$

按式(5-57)规一化：

$$W_i=\frac{\overline{W}_i}{\sum_{i=1}^{n}\overline{W}_i}\qquad i=1,2,3,\cdots,n \tag{5-57}$$

所得到的 $W=[W_1,W_2,\cdots,W_n]^{\mathrm{T}}$ 即为所求特征向量，也就是各个因素的权重值。

按式(5-58)计算比较矩阵最大特征根：

$$\lambda_{max} = \sum_{i=1}^{n} \frac{BW_i}{nW_i}, i = 1, 2, \cdots, n \tag{5-58}$$

式中，BW_i 为向量 BW 的第 i 个元素。一致性检验：首先按式(5-59)计算一致性 CI：

$$CI = \frac{\lambda_{max} - n}{n-1} \tag{5-59}$$

式中，n 为比较矩阵的阶，即因素的个数。

然后根据表 5-11 查找出随机一致性指标 RI，由式(5-60)计算一致性比率 CR：

$$CR = \frac{CI}{RI} \tag{5-60}$$

表 5-11　随机一致性指标 RI 的值

n	1	2	3	4	5	6	7	8	9	10	11
RI	0	0	0.58	0.90	1.12	1.24	1.32	1.41	1.45	1.49	1.51

当 CR＜0.1 时就认为比较矩阵的不一致程度在容许范围内，否则应重新调整矩阵。

4. 层次总排序

计算同一层次所有因素对于最高层(总目标)相对重要性的排序权值，称为层次总排序。这一过程是从最高层次到最低层次逐层进行的。若上一层次 A 包含 m 个因素 A_1，A_2，…，A_m，其层次总排序权值分别为 a_1，a_2，…，a_m，下一层次 B 包含 n 个因素 B_1，B_2，…，B_n，它们对于因素 A_j 的层次单排序权值分别为 b_{1j}，b_{2j}，…，b_{nj}，当 B_k 与 A_j 无联系时，$b_{kj}=0$，此时 B 层次总排序权值由表 5-12 给出。

表 5-12　层次总排序的权值计算

层次 B	层次 A				B 层次总排序权值
	A_1	A_2	…	A_m	
	a_1	a_2	…	a_m	
B_1	b_{11}	b_{12}	…	b_{1m}	$\sum_{i=1}^{m} a_1 b_{1i}$
B_2	b_{21}	b_{22}	…	b_{2m}	$\sum_{j=1}^{m} a_1 b_j$
⋮	⋮	⋮			⋮
B_n	b_{n1}	b_{n2}	…	b_{nm}	$\sum_{j=1}^{m} a_j b_{nj}$

5. 层次总排序的一致性检验

这一步骤也是从高到低逐层进行的。如果 B 层次某些因素对于 A_j 单排序的一致性指标为 CI_j，相应的平均随机一致性指标为 CR_j，则 B 层次总排序随机一致性比率用式(5-61)计算：

$$\mathrm{CR} = \frac{\sum_{j=1}^{m} a_j \mathrm{CI}_j}{\sum_{i=1}^{m} a_j \mathrm{RI}_j} \tag{5-61}$$

类似地，当 CR＜0.1 时，认为层次总排序结果具有满意的一致性，否则需要重新调整判断矩阵的元素取值。

(二)计算各指标隶属度

根据模糊数学的理论，将选定的评价指标与耕地质量之间的关系分为戒上型函数、戒下型函数、峰型函数、直线型函数及概念型指标 5 种类型的隶属函数。

1. 戒上型函数模型

适合这种函数模型的评价因子，其数值越大，相应的耕地质量水平越高，但到了某一临界值后，其对耕地质量的正贡献效果也趋于恒定(如有效土层厚度、有机质含量等)：

$$y_i = \begin{cases} 0 & u_i \leqslant u_t \\ 1/[1+a_i(u_i-c_i)^2] & u_t < u_i < c_i \quad (i=1,2,\cdots,m) \\ 1 & c_i \leqslant u_i \end{cases} \tag{5-62}$$

式中，y_i 为第 i 个因子的隶属度；u_i 为样品实测值；c_i 为标准指标；a_i 为系数；u_t 为指标下限值。

2. 戒下型函数模型

适合这种函数模型的评价因子，其数值越大，相应的耕地质量水平越低，但到了某一临界值后，其对耕地质量的负贡献效果也趋于恒定：

$$y_i = \begin{cases} 0 & u_t \leqslant u_i \\ 1/[1+a_i(u_i-c_i)^2] & c_i < u_i < u_t \quad (i=1,2,\cdots,m) \\ 1 & u_i \leqslant c_i \end{cases} \tag{5-63}$$

式中，u_t 为指标下限值；其余字母含义同式(5-62)。

3. 峰型函数

适合这种函数模型的评价因子，其数值离一特定的范围距离越近，相应的耕地质量水平越高(如土壤 pH 等)，如式(5-64)所示：

$$y_i = \begin{cases} 0 & u_i > u_{t1} \text{或} u_i < u_{t2} \\ 1/[1+a_i(u_i-c_i)^2] & u_{t1} < u_i < u_{t2} \\ 1 & u_i \leqslant c_i \end{cases} \tag{5-64}$$

4. 直线型函数模型

适合这种函数模型的评价因子，其数值的大小与耕地质量水平呈直线关系(如田面坡度、灌溉能力等)：

$$y_i = a_i u_i + b \tag{5-65}$$

式中，a_i为系数；b为截距。

5. 概念型指标

这类指标其性状是定性的、非数值性的，与耕地质量之间是一种非线性的关系(如地形部位、质地构型、质地等)。这类因子不需要建立隶属函数模型。

6. 隶属度的计算

对于数值型评价因子而言，用德尔菲法对一组实测值评估出相应的一组隶属度，并根据这两组数据拟合隶属函数；也可以根据唯一差异原则，用田间试验的方法获得测试值与耕地质量的一组数据，用这组数据直接拟合隶属函数，求得隶属函数中各参数值。再将各评价因子的实测值代入隶属函数计算，即可得到各评价因子的隶属度。鉴于质地对耕地某些指标的影响，有机质应按不同质地类型分别拟合隶属函数。对于概念型评价因子而言，可采用德尔菲法直接给出隶属度。

(三)计算综合指数

采用累加法计算耕地质量综合指数(integrated fertility index)：

$$P = \sum (C_i \times F_i) \tag{5-66}$$

式中，P为耕地质量综合指数；C_i为第i个评价指标的组合权重；F_i为第i个评价指标的隶属度。

二、土壤环境质量评价

(一)单因子与综合污染指数

土壤环境质量评价包括砷、镉、铜、铅、铬、汞、镍等指标，参考《土壤环境质量 农用地土壤污染风险管控标准(试行)》(GB 15618—2018)。采用单项污染指数法进行单项污染状况评价，内梅罗法进行土壤环境质量评价。按照下面的公式，计算土壤污染物的单项污染指数P_i：

$$P_i = \frac{C_i}{S_i} \tag{5-67}$$

式中，C_i为土壤中i指标实测浓度；S_i为污染物i在《土壤环境质量 农用地土壤污染风险管控标准(试行)》(GB 15618—2018)中给出的农用地土壤污染风险筛选值。内梅罗污染指数计算公式如下：

$$P_n = \sqrt{\mathrm{PI}_{\mathrm{mean}}^2 + \mathrm{PI}_{\mathrm{max}}^2} \tag{5-68}$$

式中，$\mathrm{PI}_{\mathrm{mean}}$和$\mathrm{PI}_{\mathrm{max}}$分别为平均单项污染指数和最大单项污染指数。内梅罗指数反映了各污染物对土壤的综合作用，同时突出了高浓度污染物对土壤环境质量的影响，可按内梅罗污染指数划定污染等级。

（二）生物有效性评价方法

生物有效性系数是重金属有效态含量占总量的比例，较总量和有效态更能反映出土壤环境污染程度。其方程表达式如下：

$$\mathrm{BC} = C_{\mathrm{available}} / C_{\mathrm{total}} \tag{5-69}$$

式中，BC 为复垦土壤生物有效性系数；$C_{\mathrm{available}}$ 为重金属有效态含量；C_{total} 为重金属全量。

（三）健康风险评价

为了对该研究区居民玉米摄入进行健康风险评价，将农产品摄入引起的重金属平均日摄入量模型运用到本书中，具体计算方法如下：

$$D_{\mathrm{Ad}} = \frac{C_i \times R_I \times D_E \times F_E}{W_B \times T_A} \tag{5-70}$$

$$Q_H = \frac{D_{\mathrm{Ad}}}{D_{\mathrm{Rf}}} \tag{5-71}$$

$$I_H = Q_{H_1} + Q_{H_2} + \cdots + Q_{H_n} \tag{5-72}$$

式中，D_{Ad} 为玉米摄入的平均日摄取量，mg/(kg·d)；C_i 为玉米中重金属的含量，mg/kg；R_I 为玉米摄入速率，kg/d；D_E 为暴露时间，a；F_E 为暴露频率，d/a；W_B 为当地居民平均体重，kg；T_A 为平均接触时间，a；D_{Rf} 为重金属暴露参考剂量，mg/(kg·d)；Q_H 为单一重金属健康风险指数，其中，$Q_H>1$ 时，表明单一重金属可引起人体健康风险；I_H 为多种重金属对人体健康的综合风险，如果 $I_H \leqslant 1$，表明没有明显的健康风险，当 I_H 在 1～10 时，表明对人体健康产生风险的可能性大，$I_H>10$，表明存在慢性毒性。

不同类型污染物通过饮食途径进入人体后所引起的健康风险评价模型包括致癌物所致健康危害的风险模型和非致癌物所致健康危害的风险模型。

致癌物所致健康危害的风险模型为

$$R_{ig}^{C} = \frac{1 - \exp(-D_{ig} \times Q_{ig})}{70} \tag{5-73}$$

式中，R_{ig}^{C} 为致癌物 i 经饮食途径产生的平均个人致癌年风险，a^{-1}；D_{ig} 为致癌物 i 经饮食途径的单位体重日均暴露剂量，mg/(kg·d)；Q_{ig} 为致癌物 i 经饮食途径的致癌强度系数，kg·d/mg；70 为人均寿命，a。

非致癌物所致健康危害的风险模型为

$$R_{ig}^{n} = \frac{D_{ig} \times 10^{-6}}{\mathrm{PAD}_{ig} \times 70} \tag{5-74}$$

$$\mathrm{PAD}_{ig}=\frac{R_{ig}}{A} \tag{5-75}$$

式中，R_{ig}^{n} 为非致癌物 i 经饮食途径所致健康危害的个人平均年风险，a^{-1}；PAD_{ig} 为非致癌物 i 经饮食途径的单位体重日均暴露剂量，mg/(kg·d)；R_{ig} 为非致癌污染物 i 的饮食途径参考剂量，mg/(kg·d)；70 为人均寿命，a；A 为安全因子，在本书中取值为 10。

（四）风险评价编码法

风险评价编码法(risk assessment coding method，RAC)主要关注 F_1 弱酸提取态，其计算公式如下：

$$\mathrm{RAC}=\frac{C_{F_1}}{C_{\mathrm{T}}}\times 100\% \tag{5-76}$$

式中，RAC 为 F_1(弱酸提取态)占总量的百分比，%；C_{F_1} 为 F_1(弱酸提取态)含量，mg/kg；C_{T} 为 BCR 四种形态含量之和，mg/kg。

（五）次生相与原生相分布比值法

次生相与原生相分布比值法(ratio of secondary phase and primary phase，RSP)将土壤分为原生相和次生相，通过计算次生相(原生矿物的风化产物和外来次生物质)与原生相(原生矿物)的比值评价重金属对土壤环境的污染程度。其计算公式如下：

$$\mathrm{RSP}=\frac{M_{\mathrm{sec}}}{M_{\mathrm{prim}}} \tag{5-77}$$

式中，RSP 为次生相与原生相的比值；M_{sec} 为次生相中重金属含量，本章以 BCR 前三态含量之和为次生相重金属含量，mg/kg；M_{prim} 为残渣态(原生相)含量，mg/kg。RAC 与 RSP 的评价标准见表 5-13。

表 5-13　评价方法等级划分标准

风险评价编码法(RAC)/%	风险程度	次生相与原生相分布比值法(RSP)	污染程度
＜1	无风险	＜1	无污染
1～＜10	低风险	1～＜2	轻度污染
10～＜30	中等风险	2～＜3	中度污染
30～＜50	高风险	≥3	重度污染
≥50	极高风险	—	—

三、综合质量评价

根据生产力与土壤环境质量评价结果，对复垦修复后土地质量进行综合评估。暴露、毒性评估技术可参考《污染场地风险评估技术导则》(HJ 25.3—2014)。

第六章　矿业废弃地复垦与生态修复工程和研究实践

【内容概要】本章介绍了矿业废弃地复垦与生态修复工程实践，包括国内外典型矿业废弃地复垦与生态修复模式和关键技术；基于前几章介绍的技术和方法，开展典型矿业废弃地复垦与生态修复的相关研究。

第一节　国内外矿业废弃地复垦与生态修复模式和关键技术

一、国外主要生态修复模式与关键技术

(一)德国诺德斯顿公园——生态休闲公园模式

占地面积为160hm^2，公园前身为北星煤矿场。土地利用、地形地貌重塑方面主要是被污染土壤表层的修复治理，利用废渣及飞灰对矿区地貌地形塑造、重构及植被绿化修复，保留500m^{2}被污染土壤地块展现矿区工业历史；景观设计方面主要是维修和保护具有纪念价值的建筑与设备等，以作为矿区历史延续的标志性景观，如50m高的采掘塔被改造成木质的登高瞭望塔，将煤炭混合车间、储煤仓及连接二者170m的输送桥改造为“声音艺术屋”；在公共设施建设方面，开展场地改造建设及新修公共设施，如新修自行车道和游步道，增加居住区和工作区联系，在煤矿场的两条河流上修建了由红色金属管和钢木混合结构构成的形态各异的3座桥，打造城市地标建筑物建设，加强城区间连接(图6-1)。

图6-1　德国诺德斯顿公园——生态休闲公园

(二)捷克Lazy——休闲场地模式

Lazy煤矿因井工开采造成大量采煤塌陷地。对于采煤塌陷地积水区域，对水域的边坡进行简单的修整、加固，作为休闲娱乐的场所，当地居民可在水面上划船、游玩；煤矸石铺路，煤矸石用作路基，压实后覆土减少了煤矸石的堆积；塌陷地建成休闲场地，煤矸石充填、压实平整后建造休闲娱乐场地(图6-2)。

图 6-2　Lazy 煤矿生态修复效果图

二、国内主要生态修复模式与关键技术

(一)四川古蔺硫磺矿废弃地复垦与生态修复

矿区复垦前状况：古蔺县石屏磺厂(简称古蔺磺厂)始建于 1958 年，主要从事硫矿开采和冶炼。1994 年转产更名为地方国营古蔺煤矿，2004 年县政府根据当时企业的情况进行破产改制，改制后交由石屏乡政府管理。经过 40 余年的矿产开采及冶炼制硫磺，排放的废弃物(磺渣)堆积如山，整个矿区土地污染严重。

已有的研究资料表明，土壤污染主要表现为：矿山堆置的磺渣含有的重金属锰、铁、类金属砷等元素在雨季，尤其是在大暴雨冲刷下，有害物质随雨水汇聚而下，导致石亮河、古蔺河周边良田土壤中污染物含量增加，土壤肥力降低，粮食严重减产或者土壤已不能作为农田使用。此外，该地区的环境污染还表现为原磺厂在冶炼过程中导致周边土壤呈现酸性及地表水的污染。挖损破坏主要表现为在矿山开采过程中进行较大规模开挖，从而造成矿区的土层结构大多遭到严重的破坏，表土被翻起、植被被破坏，从而导致严重的水土流失。

矿区复垦情况：古蔺磺厂矿业废弃地一、二、三、四、五区复垦工程试点工作于 2013 年 6 月开工，于 2013 年 10 月竣工，通过近 6 个月的努力，施工单位全面完成项目施工设计确定的土地平整工程、农田水利工程、田间道路工程及其他工程内容。古蔺磺厂矿业废弃地复垦区一、二、三、四、五区(图 6-3)位于古蔺县石屏乡向顶村，地理位置介于 105°59′54″E～106°01′57″E，28°01′13″N～28°02′51″N，东西宽 3.4km，南北长 2.8km，土地总面积 4451.89 亩，合 2.968 km^2。其中，建设规模 4050.90 亩，新增耕地 2958.60 亩。复垦地块共 36 块，复垦面积 2968.56 亩，其中，土壤污染治理区 1656.66 亩，挖损区 1402.90 亩。

1. 农业用地模式(复垦方向为耕地)

1)土壤重构工程

(1)土地平整(田面平整、田坎修筑)、土壤剥覆工程(客土)。对矿业废弃地内的矿渣进行整治，将矿渣堆压占地进行挖高填低，坡度降低到 5°以下，场地周围修建排水沟，降低矿渣堆压占地的地下水位。铺设 50cm 的煤矸石作为隔离层，防止硫铁矿废渣污染表层土壤。客土回填，将城区建设用地占地的表土运回，回填厚度为 50cm，能够满足农作物耕种要求。复垦为耕地的其覆土厚度不小于 60cm，其中耕作层不得低于 30cm。此外土壤污染区经治理后，为满足农业生产需要，部分区域也需要覆耕层土 30cm。造地前后对比如图 6-4 所示。

图 6-3　古蔺磺厂矿业废弃复垦区范围图

图 6-4　造地前后对比

⑵坡面工程(梯田、护坡)。通过固坡以保持水土，对于小于 15°的边坡，采用坡改梯方式改造为梯田。同时为防止边坡冲刷，在坡面上进行铺砌和栽植。

(3)生物化学工程(土壤酸化治理)。大规模开采硫磺矿导致矿区土壤大面积酸化，土壤养分大量流失，土壤肥力急剧降低。因此，该项目区土壤重构的重点在于破解土壤酸化难题。对于酸性土壤的处理，采取施石灰粉的方式，同时秸秆覆盖可还田，种植豆科植物，如图 6-5 所示。

大规模的“三废”排放，造成土壤养分大量流失，肥力大大降低且大面积酸化

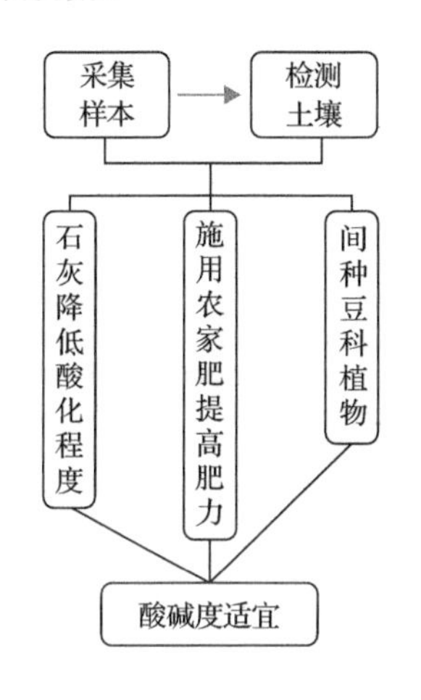

农业技术人员采集土壤样本

科研人员检测土壤pH

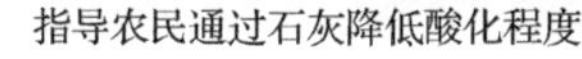

指导农民通过石灰降低酸化程度

种植豆科植物培肥地力

图 6-5　土壤酸化治理

2)植被重建工程——农田防护工程

通过植树种草的方法对损毁土地进行植被恢复，对复垦后的土地进行合理利用，种植农作物(图 6-6)。

图 6-6　复垦后的玉米种植地

3)配套设施工程

(1)水工工程(排水沟、蓄水池等)。为调节农田水分状况及改变和调节地区水情，以消除水旱灾害，合理而科学地利用水资源，在复垦为耕地的区域整治排水沟若干条，同时新建蓄水池及相应的配套涵管等(图 6-7)。

修筑前

修筑中

修筑后

图 6-7 蓄水池修筑

(2) 道路工程(田间道、生产路等)。在项目区内整治 3.5m 宽 C30 砼路面田间道，整治 3.0m 宽 C30 砼路面田间道条，新建错车道若干处，新建 1.5m 宽生产路多条及其他一些道路工程等(图 6-8)。

修整前

修整中

修整后

图 6-8 道路修整

2. 生态用地模式(复垦方向为林地、草地)

1) 土壤重构工程

(1) 土地平整工程(场地平整)。林地复垦区采取“V”形整地、穴状种植等复垦措施，草地区进行土地平整并覆土。复垦为林地和草地时，其有效土层厚度应大于 30cm，对于高陡、硬质边坡可减少覆土厚度，土源缺乏时可只在种植坑内覆土。

(2) 坡面工程(护坡)。对于大于 15°小于 40°的边坡，则采用边坡格构化处理，种植红椿等适应性强的树木，这既稳固土层，又能产生经济效益。对于 40°以上的边坡，针对具体情况，采用三维网护坡综合土工网和植被护坡技术，可提高边坡的整体和局部稳定性，在降低工程造价的同时，提高了施工安全性(图 6-9)。

2) 植被重建工程

林草恢复工程(植树、种草)：通过植树种草的方法对复垦土地进行植被恢复，栽植乔灌木和撒播草籽，如图 6-10 所示。

(二) 湖北大冶矿业废弃地复垦与生态修复

矿区复垦前状况：大冶市作为一个工矿城市，矿业占有很重要的地位。由于大冶矿产资源丰富，各类矿山众多，形成了大量的独立工矿用地。这些独立工矿用地主要分布在几个矿业较发达的城镇，如金湖、陈贵、灵乡、还地桥、金山店镇、大箕铺镇等，除

图 6-9　边坡前后对比

图 6-10　复垦后种植为林地和草地

去部分大型国有矿山外，其余多均为地方和村办企业，加上大量砖瓦窑用地，独立工矿用地在农村建设用地总量中所占的比例较大。大量独立工矿用地必然会形成大量的矿业废弃地，形成原因有多种，主要包括：许多矿山因矿产资源枯竭而停产、倒闭；受经济利益的驱使，已查明的矿产资源大部分被众多的小型矿山占有，受技术、资金、储量及管理和生态环境的影响，一些小型矿山企业近期已闭矿。由于历史上没有形成“谁损毁、谁复垦”的机制，矿山废弃地复垦责任难以落实到位。即使明确责任，但由于责任单位资金欠缺，也无力复垦。加之，部分矿山生产规模小，复垦不能连片，无法形成矿山废弃地复垦规模效应。

金湖泉塘复垦区位于大冶市金湖街道办事处泉塘村，该块建设规模 30.5683hm^2，地类为工矿用地。土地权属为集体，权属界线清楚无争议。该片块受地表开采、地面压占等影响，损毁严重，地表部分区域出现坍塌、压占、污染等情况，严重破坏了土地耕作层和地表植被，对当地的生产生活条件构成破坏。加之无序开采，造成大量土地植被资源破坏，其对土地植被资源破坏的表现形式主要有堆矿场地、废弃工业场地、大量厂矿垃圾堆积和其他工业场地侵占土地造成地表变形破坏，对土地植被资源的影响也加大了水土流失的强度。

矿区复垦情况：复垦项目区内地块分散，设计复垦利用的矿业废弃地总面积为33.4190hm²，项目区范围见图 6-11。其中，张家会地块复垦面积为 8.2108hm²，占复垦总面积的 24.57%；下余铁矿地块复垦面积为 5.5689hm²，占复垦总面积的 16.66%；铁门坎铁矿地块复垦面积为 10.6992hm²，占复垦总面积的 32.02%；螺丝山铁矿地块复垦面积为

图 6-11　大冶矿业废弃地复垦区范围

4.4902hm^2，占复垦总面积的13.44%；蜡烛山选厂地块复垦面积为2.2711hm^2，占复垦总面积的6.79%；何夕地块复垦面积为2.1788hm^2，占复垦总面积的6.52%。

按照“宜耕则耕、宜林则林、宜建则建”的原则，在对大冶市待复垦地块进行适宜性评价的基础上，结合各地块的实际现状，确定每一个地块的具体的利用方向。凡在规划建设用地区外较平坦的矿业废弃地，经基础稳固处理和防渗、防毒处理后，按照耕地优先原则，凡适于农作物耕种的，全部复垦治理为耕地。其中，凡属于受采矿活动影响而形成的采矿塌陷区废弃的草地、裸地和污染地等，经充填注浆、防渗防污染等工程，化学、生物措施处理后，均通过治理复垦为耕地；凡属高陡边坡、高差大、重金属污染、土层薄和不能保水保肥的采矿用地，均通过治理恢复为林地、园地、草地等。

1. 农业用地模式(复垦方向为耕地)

1)土壤重构工程

(1)平整工程(田面平整、田坎修筑)、土壤剥覆工程(表土剥离、客土)。该项工程包括场地清理、表土剥离与回填、土石方开挖、土石方回填、土石方运输、平整土地(包括取土坑回填)等，将平整多余的土运往低洼处回填，尽量使田块内部挖填方平衡。土地平整以耕作田块为基本平整单元，地面坡度与斗渠灌溉方向一致，单元内部高程在原则上要求一致，允许有一定高差。用作旱地的地面坡度一般不超过5°，用作水田时坡度一般不超过2°～3°，使综合整治后的耕地平整、方正，适合机械化作业。

要对表层碎石、废渣进行清理，尽量深翻土层，加强土壤改良的综合治理，普施有机肥料。用作耕地时覆土厚度达50cm以上，其中，耕作层厚度达到30 cm以上，保证耕作层土壤pH为5.5～8.5，含盐量不大于0.3%，容重为1.2～1.3g/cm^3，土质能够满足红薯、油菜、芝麻、小麦、豆类、水稻耕种的需要。

田块长度一般为100m左右，田块内部采用格田形式，大小和方向主要取决于沟(渠)的布局，以南北布局为宜，长度为农沟(渠)之间的间距。根据地形、地貌等自然特点，旱地格田长度为50～60m，宽度为20～40m，坡度一般应小于5°，边角地带随地形布局为不规则田块，两层梯地之间高差应控制在1m以内。水田格田内部高差小于3cm，以田埂格方，一端邻灌溉农渠，一端邻排水农沟，形成格田，灌排两用，循环水系对田间进行灌排，排水时田面水流入灌排两用渠。梯田间修筑田埂，田埂应沿等高线布设，确保田埂等高、田面水平，在地形复杂地区，田埂基线可以按照“大弯就势、小弯取直、高切低垫、以切为主、分段求平”原则确定。

(2)生物化学工程。土壤改良措施：大冶市待复垦矿业用地区域内土地损毁程度严重，复垦后初期，场地较为贫瘠，通过客土法进行土壤改良。在实施土壤改良措施后，应根据当地的土地利用类型、气候、水文条件并结合各复垦地块的实际情况，实施生态恢复方案，包括植被的筛选、植被的种植和植被的管理措施等，具体措施根据复垦地块的具体情况而定。

2)植被重建工程

农田防护工程：为减少风害、改善农田生态环境、防治水土流失，各复垦地块沿主要田间道、沟渠布置防护林带。根据气候、土壤等条件，结合当地实际，防护林带以选用地方常植树种为主，防护林布置在田间道两旁。

3）配套设施工程

（1）水工工程（斗沟、农沟、水窖等）。通过水利工程建设，建立并完善项目区复垦地块灌溉排涝设施，提高耕地质量与产出率。复垦地块排灌工程全部采用“U”形槽硬化，除对规划保留的现状沟渠进行清淤外，局部新修斗沟和农沟。农沟垂直于斗沟布置，确保灌排系统畅通。沟渠与道路相交处设置过路涵管，为了调节水位而根据地势在相应位置设置跌水。

（2）道路工程（田间道、生产路、错车道等）。项目区复垦地块的田间道路在原有的基础上建设田间道、生产路、错车道和下田道。田间道配合斗沟，并与田块协调，沿田块短边平直布置，贯穿整个项目区，路面高出田面 30cm，宽 3m，铺设 15cm 的碎石。生产路结合农沟布置，以满足下田耕作为主，每条生产路间隔 200～300m，路面高出田面 10～30cm，宽 1.2m，均采用素土夯实。内容信息如图 6-12 所示。

图 6-12　复垦地块中相关配套设施

2. 生态用地模式（复垦方向为林地）

1）土壤重构工程

（1）平整工程（场地平整）。对确实不能复垦为耕地的地块，应通过综合整治恢复为其他农用地。用消除地质灾害隐患与绿化相结合的综合治理技术和方法，通过对危岩、危石进行削（清）方和坡面整形，达到消除隐患和减载降坡的效果，削方后的碎石以不外运为原则，就地堆放，以挡土墙支护，掌子面较高的可形成 2～3 级坡段，选择不同的复垦技术与方法。

对施工过程中产生的弃石、弃土优先就地回填于采场内，减少外运量。回填顺序是先将削方、清方产生的块石回填于采场底部，其回填块径由大到小，上部回填弃渣、弃土，分层回填，分层碾压，密实度不小于 95%，坡角不得大于 28°。在回填后采场内及整形后的废渣堆坡面进行覆土绿化，覆土厚度 50cm，按照当地植物生长习性，采用坑植法种植乔木和灌木，乔木树种为泡桐和刺槐等。用作林地时覆土厚度 30cm 以上，采取穴栽方式(图 6-13)，对场地顶部和边坡进行整治与绿化以确保稳固，控制水土流失。

图 6-13　复垦地块为林地

(2) 坡面工程(护坡)。挡土墙至现状坡脚之间堆放削方后的碎石废土后，一般坡角在 45°以下的，可覆土绿化，种植乔木或风景树；坡角在 45°～65°的，采用挂网客土喷播法进行治理；坡角在 65°以上的采用混凝土格栅进行治理；对坡角较陡、岩石较为破碎，且施工场地狭窄的边坡采用主动柔性防护网进行治理；对相对高差较大的边坡采用客土喷播与“飘台、燕巢”进行综合治理。

2) 植被重建工程

林草恢复工程：综合气候、海拔、坡向、坡度、坡型、地表物质性状等环境因素，常绿与落叶、阳性与阴性、深根与浅根、固氮与非固氮等植物生态习性等，进行不同立地类型植物配置、栽植及管护。

(三) 安徽淮北矿业废弃地复垦与生态修复

根据第二次全国土地调查成果，淮北全市矿业废弃地总面积 3634.15hm^2，三区及濉溪县均有分布，其中，杜集区矿业废弃地面积 1582.20hm^2，烈山区矿业废弃地面积 625.09hm^2，相山区矿业废弃地面积 328.46hm^2，濉溪县矿业废弃地面积 1098.40hm^2。

根据实际情况，复垦区域细化为浅型塌陷平整区、挖深填浅恢复区、精养鱼塘区和粗放养殖区。在项目实施过程中，严格按照项目施工设计，将地表塌陷深度在 0.5m 以内的区域确定为浅型塌陷平整区，通过推高填低、增挖排水沟、修建道路的方式进行综合整治，平整土地，完善农业生产配套，恢复土地的生产能力。将地表塌陷深度在 0.5～2m 的区域确定为挖深填浅恢复区，通过挖深填浅的方法，从塌陷深度超过 2m 的区域挖土进行填充，然后复原表土，增加耕地面积。将地表塌陷深度 2～3m 的区域确定为精养鱼塘区，通过修建塘坝分割水面，建成一块块长方形的鱼塘，用于发展综合水产养殖，充分发挥水域的功能。将地表塌陷深度在 3m 以上的区域确定为粗放养殖区，主要进行塘坝修建、植树植草，增强蓄水功能，用于养鱼、家禽养殖等一般水产养殖和菱角、茭白等水生作物种植，提高水面的经济利用价值。淮北市通过实施矿业废弃地复垦项目，新增耕地面积 11579 亩。复垦后的项目区土地，农田集中连片，配套设施齐全，布局优化，整体农业生产条件明显改善，防洪、排涝、抗旱能力均得到加强，既有利于机械化作业和规模化生产，又为农民长远生计提供了优质耕地保障。

1. 农业养殖复合型模式

1）土壤重构工程

（1）平整工程、挖深垫浅工程。通过挖深填浅的方式来进行整治，确定把塌陷深度 2.0m 以内的区域复垦为耕地，把塌陷深度大于 2.0m 的区域复垦为养殖水面，塌陷区复垦利用规划为浅型塌陷平整区、挖深填浅恢复区、精养鱼塘区、粗放养殖区等 4 个区域。通过土地平整及农田水利、道路工程的配套来恢复土地生产能力。

挖深填浅恢复区：塌陷深度在 0.5～2.0m 的区域利用挖深填浅的方法填高，复垦后的土地完善农田灌排设施。精养鱼塘区：塌陷深度为 2.0～3.0m 的区域规划为精养鱼塘区，通过修建塘坝分隔水面，每个鱼塘面积约为 200m×200m，充分发挥水域功能。粗放养殖区：塌陷深度在 3.0m 以上的区域规划用于粗放养殖区，采用黏土修建塘坝，将水面分隔为 400m×400m 左右的小水面。

（2）生物化学工程。利用生物措施恢复土壤有机肥力及生物生产能力的技术措施进行土壤培肥，包括利用微生物活化剂或微生物与有机物的混合剂，对复垦后的贫瘠土地进行熟化，以恢复和增加土地的肥力和活性，以便用于农业生产。

2）植被重建工程

农田防护工程：在田间道及主干沟渠两侧种植林木，改善农田小气候。

3）配套设施工程

本着充分利用原有设施、全面规划、统筹安排的原则，妥善处理好项目区内、外的关系，做到田、水、路、林、渠统筹安排。废弃交通、窑厂、村庄主要复垦为旱地，设计时以农用机井和农沟为主，机井采用内径 300mm，管深 25m，农沟采用梯形土沟，断面尺寸为 4m×1.2m（底宽×沟深）。道路工程包括田间道和生产路，田间道路面宽 4m，生产路面宽 2m。

2. 生态（林业用地）型模式

地基清理工程：地基清理主要指对矿业废弃地场地建筑垃圾进行清运，使地表土壤裸露。地基清理垃圾可用作道路路基填充或外运。

土地平整工程：地基清理工程结束后，原有土层被整理破坏，为满足要求，进行表土层回填，回填结束后对表土层进行土地平整。

植被恢复措施：复垦后种植林木，加强地表植被覆盖，防治水土流失。

（四）粤北南岭大宝山矿复垦与生态修复

1. 粤北南岭大宝山矿流域山水林田湖草修复阻力与优先级分析

生态系统的稳定不仅是社会经济可持续发展的前提，也是人类赖以生存的基础。长期以来自然资源的过度开发，对我国生态系统的平衡造成了巨大的破坏，部分关系国家发展前景的核心地区的生态系统已经出现了不同程度的退化(张惠远等，2017；Singh A N and Singh J S, 2006；高云峰等，2018)。粤北南岭是国家生态文明建设和生态环境保护相关重要规划和试点区，生态退化将影响“粤港澳大湾区”和“一带一路”等国家区域发展目标的实现。山水林田湖草是一个生命共同体，具有相互联系、相互依存、相互制约的特点，单要素治理往往顾此失彼，不仅达不到很好的效果，还会导致生态系统稳定性的破坏。因此，生态系统的保护和修复需要综合治理(刘威尔和宇振英，2016)，需要将过去单一的要素保护转变为以多要素构成的生命系统共治共管、统一保护和修复。

大宝山矿区流域属于广东粤北南岭山区山水林田湖草生态保护修复试点中矿山及土壤生态修复区重点区域。大宝山矿位于研究区西北部，是以铁、铜、硫、钼为主的大型多金属矿山，历史上私挖乱采活动频繁，且老旧矿山较多，部分矿产资源至今仍然保持着粗放开发方式，技术设施落后，地表裸露严重，严重影响了当地的生态环境。研究区地形总体为北高南低，以丘陵为主，流经矿区的河流流向大致为由北向南，沿地势从东南部流出(图 6-14)。

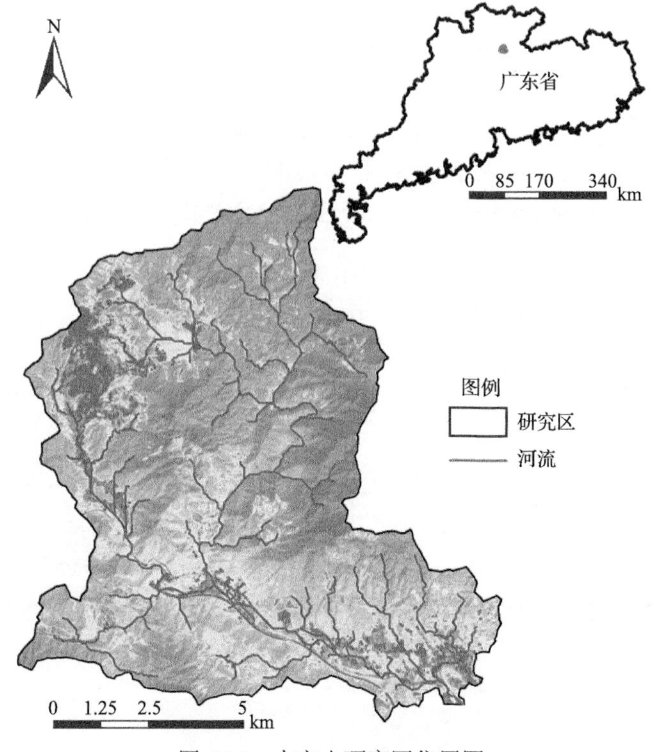

图 6-14　大宝山研究区位置图

1）生态修复阻力分析模型

结合研究区生态问题和矿业开采情况，按山水林田湖草全要素系统理论，建立涵盖生态修复 5 个要素类型、5 个阻力类型和 8 个指标的生态阻力评价体系（表 6-1）。

表 6-1　研究区阻力评价指标

要素类型	阻力类型	指标名称	数据来源
山	地质灾害	土壤可蚀性	世界土壤数据库
		坡度	地理国情监测云平台
水	地表水质	地表水综合污染指数	
林	植被覆盖状况	植被覆盖度	2014～2018 年 Landsat 8 陆地成像仪（OLI）影像
田	土壤污染	土壤重金属综合污染指数	
		pH	世界土壤数据库
修复可行性	工程难度	土地损毁程度	OLI 影像和材料收集分析
		工程难易程度	OLI 影像和材料收集分析

基于 ArcGIS 和 ENVI 软件完成数据统计与分析。数据栅格大小全部为 30m，实地采样调查于 2017 年、2018 年完成，测试方法按《地表水环境质量标准》（GB 3838—2002）和《土壤环境质量 农用地土壤污染风险管控标准（试行）》（GB 15618—2018）执行。综合遥感影像、矿区复垦、实地调查采样等材料，获取研究区用地类型分布、土地损毁程度、工程难易程度、地表水质、土壤重金属含量。综合考虑空间预测精度和不确定性，基于经验贝叶斯方法获取土壤重金属综合污染指数和地表水综合污染指数的空间分布格局。

A. 土壤可蚀性

土壤可蚀性是指土壤对侵蚀的敏感性，是反映地质灾害程度的重要指标，是土壤对侵蚀抵抗力的倒数，一般用 K 表示（张科利等，2007；梁音和史学正，1999）。采用 Williams 等建立的 EPIC（erosion productivity impact calculator）公式进行计算（Spencer et al., 2002）：

$$K=\left\{0.2+0.3\exp\left[-0.025\mathrm{san}\left(1-\frac{\mathrm{sil}}{100}\right)\right]\right\}\times\left[\frac{\mathrm{sil}}{\mathrm{cla}+\mathrm{sil}}\right]^{0.3}\times\left[1-0.025\frac{c}{c+\exp(3.72-2.95c)}\right]\times\left[1-0.7\frac{\mathrm{snl}}{\mathrm{snl}+\exp(22.9\mathrm{snl}-5.51)}\right] \tag{6-1}$$

式中，san、sil、cla 和 c 分别为土壤中砂粒、粉粒、黏粒和有机碳的含量，%，snl=1–san/100。

B. 植被覆盖度

为消除部分辐射误差，利用多光谱遥感影像提取归一化植被指数（normalized difference vegetation index, NDVI）（陈朝晖等，2004；王福民等，2007）：

$$\mathrm{NDVI}=\frac{\mathrm{NIR}-R}{\mathrm{NIR}+R} \tag{6-2}$$

式中，NIR 为红外光谱反射值；R 为红光反射值。

利用归一化植被指数，采用像元二分模型估算植被覆盖度(vegetation fraction coverage, VFC)(程红芳等，2008；张世文等，2016b)：

$$\mathrm{VFC}=\frac{\mathrm{NDVI}-\mathrm{NDVI}_{\mathrm{soil}}}{\mathrm{NDVI}_{\mathrm{veg}}-\mathrm{NDVI}_{\mathrm{soil}}} \tag{6-3}$$

$$\mathrm{NDVI}_{\mathrm{soil}}=\frac{\mathrm{VFC}_{\max}\cdot\mathrm{NDVI}_{\min}-\mathrm{VFC}_{\min}\cdot\mathrm{NDVI}_{\max}}{\mathrm{VFC}_{\max}-\mathrm{VFC}_{\min}} \tag{6-4}$$

$$\mathrm{NDVI}_{\mathrm{veg}}=\frac{(1-\mathrm{VFC}_{\min})\cdot\mathrm{NDVI}_{\max}-(1-\mathrm{VFC}_{\max})\cdot\mathrm{NDVI}_{\min}}{\mathrm{VFC}_{\max}-\mathrm{VFC}_{\min}} \tag{6-5}$$

式中，$\mathrm{NDVI}_{\mathrm{soil}}$和$\mathrm{NDVI}_{\mathrm{veg}}$分别为裸地或无植被覆盖和完全植被覆盖的NDVI值；$\mathrm{VFC}_{\max}$和$\mathrm{VFC}_{\min}$分别为在一定置信范围内的最大值和最小值。

C. 土壤重金属综合污染指数

参考《土壤环境质量 农用地土壤污染风险管控标准(试行)》(GB 15618—2018)和《土壤环境监测技术规范》(HJ/T 166—2004)，采用内梅罗法计算土壤重金属综合污染指数。详见第五章第三节中“土壤环境质量评价”。

D. 地表水综合污染指数

按照《地表水环境质量标准》(GB 3838—2002)进行各单项组分评价，对各项指标分别按地表水单项组分评分值赋值F_i，并代入公式计算综合评价分值F。单项组分评分值赋值分为五级(Ⅰ、Ⅱ、Ⅲ、Ⅳ、Ⅴ)，对应的F_i值分别为0、1、3、6和10。

$$F=\sqrt{\frac{\overline{F}^2+F_{\max}^2}{2}} \tag{6-6}$$

$$\overline{F}=\frac{1}{n}\sum_{n=1}^{n}F_i \tag{6-7}$$

式中，F为综合评价分数；$\overline{F}$为各单项组分评分值F_i的平均值；$F_{\max}$为单项组分评价分值F_i中的最大值；n为参加单项评价项数。

E. 生态阻力模型的建立

在一定流域内的生态环境问题中，对区域生态环境安全造成威胁的景观称为“风险源”。针对风险源，研究区的各指标因素之间存在着不同程度的连接，多个连接共同产生影响，进而产生生态风险，而这些由连接产生的生态风险是需要通过克服阻力实现的。本节以流域内的大宝山矿区为风险源。

最小累计阻力模型(MCR)是耗费距离模型的衍生应用，最初用来反映物种从源到目的地运动过程中所需耗费的最小代价(钟式玉等，2012；程迎轩等，2016)，后来被广泛应用于生态领域，如物种保护、景观格局分析等方面。该模型考虑源、空间距离和阻力基面3方面因素，表达式为

$$MCR = f\min\sum_{j=n}^{i=m}(D_{ij}\cdot R_i) \tag{6-8}$$

式中，MCR 为最小累积阻力；f 为一未知负函数，表示最小累积阻力与生态适宜性的负相关关系；min 为某景观单元对不同源取累积阻力最小值；D_{ij} 为从源 j 到景观单元 i 的空间距离；R_i 为景观单元 i 对运动过程的阻力系数。f 函数是未知的，但 $D_{ij}\cdot R_i$ 的累积值被认为是从源到空间某一点路径的相对易达性的衡量，其中从所有源到某点阻力的最小值被用来衡量该点的易达性。采用 Jenks 自然断点法划分阻力级别(表 6-2)。

表 6-2　阻力分级

分级	一级	二级	三级	四级	五级
土壤可蚀性	<0.28	0.28～0.29	0.29～0.30	0.30～0.31	>0.31
坡度/(°)	<7.8	7.8～15.1	15.1～22.3	22.3～30.3	>30.3
地表水综合污染指数	<4	4～6	6～8	8～9	>9
植被覆盖度	<0.2	0.2～0.5	0.5～0.7	0.7～0.9	>0.9
土壤重金属综合污染指数	<3	3～7	7～9	9～10	>10
pH	<4.5	4.5～4.7	4.7～4.9	4.9～5.2	>5.2
土地损毁程度	无	轻度	中度	重度	—
工程难易程度	易	中	难	—	—

2)不同指标阻力分级

基于 ArcGIS 和 ENVI 软件，按照表 6-2，构建各指标的阻力系数分级图，并计算研究区综合阻力系数值(图 6-15)。

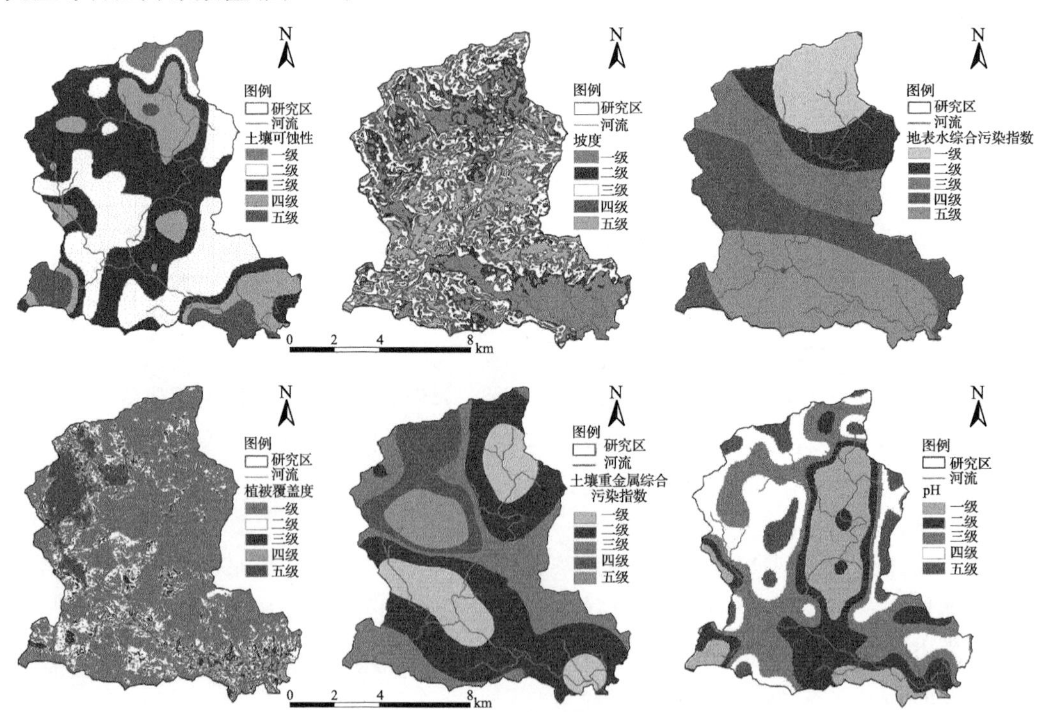

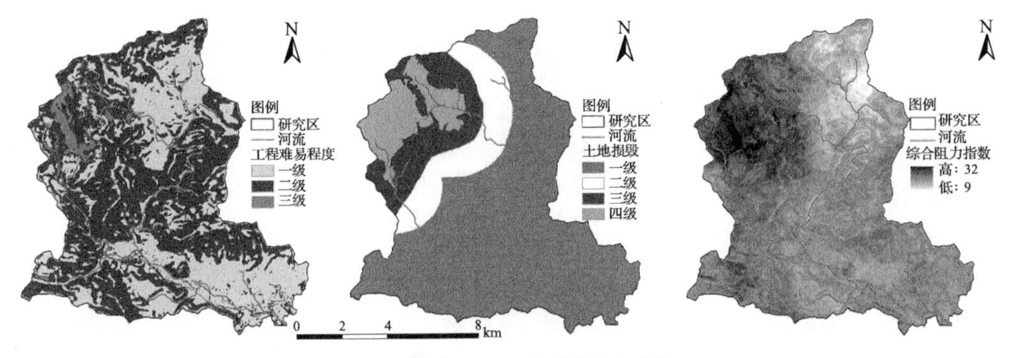

图 6-15　阻力系数分级图

由图 6-15 可以看出，除地表水综合污染指数外，其他评价指标阻力系数空间分布格局具有一定的相似性，均表现为西北部高于东南部。研究区土壤可蚀性值变化范围不大，处于 0.25～0.32。土壤可蚀性阻力系数三级以下占总面积的 77.32%，五级以上分布较少，仅占总面积的 6.28%。研究区近 75%的区域植被覆盖度达到了 70%以上，研究区西北部和东南部植被覆盖度普遍低于 50%。植被覆盖度以一级为主，占总面积的比例为 64.97%，三级和五级分别集中在研究区东南部和西北部，其所占比例依次为 7.92%和 7.56%。矿区由于长期开采，土壤重金属严重超标，矿区土壤重金属综合污染指数阻力系数为五级，占总面积的 6.91%，周边受其影响阻力系数为四级，其余区域阻力系数均在三级以下，合占总面积的 81.20%。研究区地势北高南低，矿区排放的污染物经雨水冲刷渗入土壤并流入河流，大部分地区土壤 pH 明显低于韶关平均值(5.8)，研究区西部土壤 pH 和南部地表水综合污染指数较低，阻力系数均以四级和五级为主，其中五级分别占总面积的 7.39%和 32.52%。土地损毁程度四级主要集中在研究区西北部矿区，占研究区总面积的 9.61%，矿区周边受到开采和排污影响，损毁系数分别为二级和三级，均占总面积的 12.49%。从坡度阻力和工程难易程度来看，其一级分布区域较为相似，主要集中在研究区东南部和东北部，坡度阻力五级和工程难易程度三级分布较少，分别占总面积的 9.49%和 3.75%。研究区综合阻力系数处于 9～32，西北部高，东南部低。

3) 不同评价指标阻力面特征

利用最小累计阻力模型计算出单项指标的生态阻力值。其中，生态阻力值越高，区域生态环境的稳定性越高，安全水平越高，生态修复阻力越小(图 6-16)。

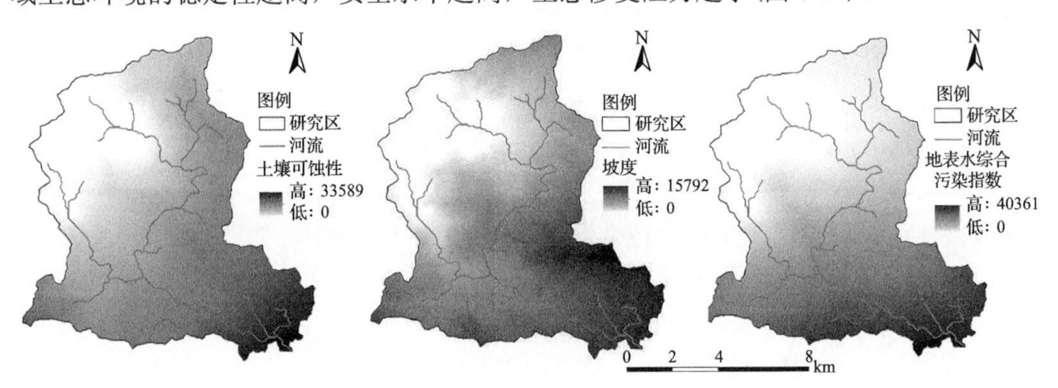

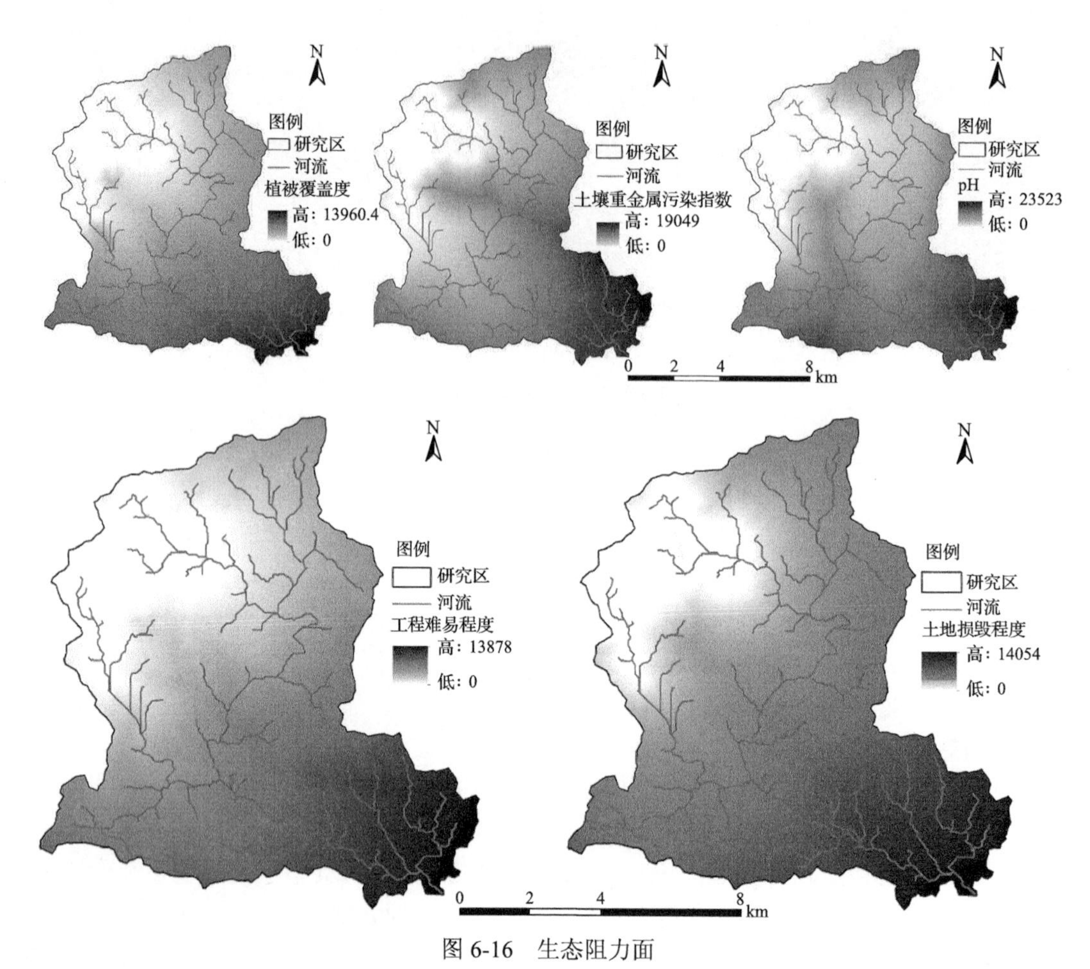

图 6-16　生态阻力面

由图 6-16 可知，不同评价指标阻力值均呈现出东南部大，西北部小的空间格局。研究区土壤可蚀性阻力值位于 0～33589，矿区及周边地区较低。土壤可蚀性反映了土壤受侵蚀的速度和能力，土壤可蚀性越低，生态阻力值越大。研究区地表水综合污染指数阻力值位于 0～40361，表现为上游阻力值低，下游阻力值高。地表水综合污染指数阻力主要取决于高程和距离矿山的远近，水分汇聚到地势较低的地区，不容易产生分流，风险源的扩散能力降低，阻力值增大。研究区植被覆盖度阻力值位于 0～13960.4，呈现矿区内及其下游河流沿岸相对较低，其他区域较高的空间格局。植被覆盖度在一定程度上反映了研究区环境恶化程度和生态治理恢复情况，植被覆盖度越高，生态阻力值越大，生态修复阻力越小。大宝山矿有近 70 年的开创历史，且位于研究区上游，大量污染物渗透到土壤、水体、大气中并迁移到研究区中下游的其他地区，造成了一系列重金属污染和土壤酸化等问题。土壤重金属综合污染指数阻力值位于 0～19049，重金属污染指数越低，阻力值越大。pH 阻力值位于 0～23523，研究区 pH 明显低于区域自然背景值(巫宝花等，2014)，pH 越高，阻力越大。研究区土地损毁程度阻力值位于 0～14054，与矿业开采区域的空间分布格局一致，常年采矿形成大面积的尾矿库和排土场，破坏了流域范围内的地质环境，土地损毁程度越小，生态阻力越大，修复阻力越小。研究区工程难易程度阻力值位于 0～13878，呈现矿区内及上游河流沿岸相对较低，其他区域较高的空间格局，工程难易程度越低，生态阻力越大。研究区坡度阻力值位于 0～15792，研究区主要以丘陵为主，地表起伏大，西北部坡度阻力值低，东南部坡度阻力值高。坡度越低，生态阻力值越大。

4) 优先级分区分析

叠加各单项生态阻力值，计算综合阻力值，并利用 Jenks 自然断点法将研究区进行修复实施的优先级分区(图 6-17)。

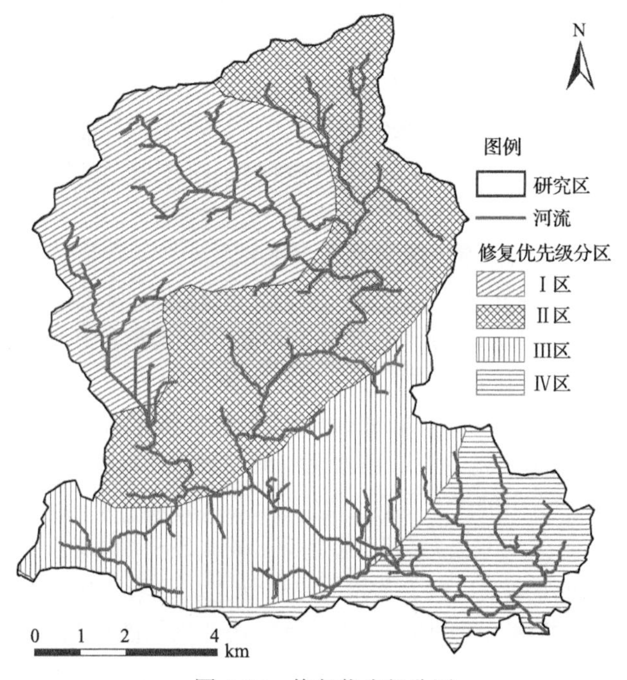

图 6-17　修复优先级分区

整个流域共分成 4 个区，由图 6-17 可知，Ⅰ～Ⅳ区分别占整个研究区面积的 27.36%、33.63%、25.05%、13.96%。Ⅰ区位于研究区的西北部矿区，为整个流域的风险源，采矿活动导致植被覆盖度下降，地表破坏，土地损毁和污染严重。植被覆盖度、重金属含量、土地损毁是其主导阻力因素。Ⅱ～Ⅳ区位于流域中下游，依次远离大宝山矿区，矿山生产，特别是早期的私挖乱采活动导致大量污水排放和矿渣侵渗，顺着地表径流污染了下游的水质和土壤，造成了区域重金属超标、土壤酸化、土地破坏等问题，致使研究区生态系统服务功能遭到破坏、生态环境退化。Ⅱ～Ⅳ区的主要影响因素是重金属含量和水质。

阻力值越低，生态修复越具有紧迫性和优先性。研究区修复优先性依次为Ⅰ区＞Ⅱ区＞Ⅲ区＞Ⅳ区。这也与广东省山水林田湖草生态保护修复试点工程强调源头控制、末端治理的理念相一致。山水林田湖草生态保护修复试点框架下的项目选择应首先治理Ⅰ区。

5) 分区治理重点与对策

根据不同分区主导阻力因素，制定有针对性的分区治理对策。

(1) Ⅰ区为矿区集中区，也是流域的源头，植被覆盖度低、重金属含量高、土地损毁严重是其主导的修复障碍，治水、降低重金属含量和恢复植被是生态修复的核心内容。①治水。采用清污分流措施(设置截洪沟、排洪隧洞、排洪竖井等)、拦水渠技术，从根本上治理酸性与重金属超标矿水外排的问题。②提高 pH，降低重金属有效态含量。采取生物或化学措施对矿区土地进行基质改良，如施加化学肥料($150\sim400kg/hm^2$)、石灰($10\sim20t/hm^2$)、有机肥($10\sim30t/hm^2$)等材料，培肥地力，中和土壤酸度，降低土壤重金属的生物有效性，以保证良好的植被重建效果。③恢复植被。选择耐贫瘠、耐干旱的重金属耐性植物种类，如泡桐、桉树、苎麻、类芦、高羊茅和狗牙根等，在群落结构配置上以草灌植物为主，适当客土移植耐性较强的乔木。乔木、灌木和草本的配置面积比例分别是 10%～20%、20%～30%和 50%～70%。为了提高植物的成活率，植物采用营养袋繁殖，将营养袋直接放置到植穴或种植带中，草种采用撒播、条播或点播法，然后盖一层稻草以保证种子顺利萌发。

(2) Ⅱ区核心制约因素为水质，阻力值在该区域较小，其次是酸碱度和土壤重金属污染。①河流治理。建设矿区外排水处理厂，实现污染减排的目的；继续加大实施拦泥库清淤工程力度，增强拦泥库的废水调节能力，同时加大河道清理和河堤工程建设等。②治土。根据污染程度对矿区周边耕地进行分类污染治理。对于污染严重的农田，宜采用植物稳定技术，如能源作物麻疯树+土壤改良(0.5%石灰石和 2%粉煤灰)组合。对于污染程度中等的农田土壤，适宜采用植物提取技术进行修复，即通过种植重金属超富集植物(东南景天、籽粒苋)，将土壤中的重金属含量逐步降低。可采用东南景天+低累积玉米套种+土壤改良(0.2%石灰石)或刈割处理籽粒苋模式，来恢复土壤的农业使用用途。

(3) Ⅲ、Ⅳ区为轻度污染农田区，其核心在于治土。采用植物阻隔技术进行修复。低积累玉米、低积累水稻、豆角、花生等作物均适合在适当的改良基础上(轻度污染旱地为白云石，轻度污染水田为粉煤灰)，作为植物阻隔技术的实施材料，在逐步改善土壤条件的同时，又可为农民带来经济收益。

2. 排土场生态修复模式的关键技术

粤北南岭山区大宝山矿区在 30 多年的矿产开采过程中，由于长期的非法民采、民选活动形成了废土堆、采矿坑等，严重地破坏了地形地貌景观，滑坡、水土流失等地质灾害问题严重；同时还导致了矿产资源无法综合利用、植被消失、生态破坏、地下水含水层被破坏与污染等环境问题；裸露废土堆场金属硫化物通过长期的氧化作用产生大量的重金属及高浓度的硫酸盐，给周边地区造成严重的环境污染。广东省山水林田湖草生态保护修复试点工程强调从源头控制，重点在于水。采用清污分流措施、拦水渠技术(图 6-18)，从根本上解决酸性与重金属超标矿水外排的问题。生态保护修复试点工程的难点是废土堆，粤北南岭山区的废土堆是历史上民采活动导致的，是大宝山矿区最重要的污染源地，土壤侵蚀的过程复杂、部位集中、类型多样、强度剧烈(Wong, 2003)。废土堆中弃渣弃土堆放，其颗粒大小不均，结构松散，在强降雨、大风或重力作用下，容易发生沉陷、滑坡、泥石流等地质灾害，严重威胁生命财产安全。此外，废土堆往往含有硫、重金属等污染物，在降水条件下硫容易氧化并产生酸性水，导致重金属不断溶出。废土堆由于水分条件差、土壤贫瘠、生物活性低，其生态恢复一直是矿区生态修复的重点和难点(刘云浪和刘先国，2018)。

图 6-18　基于三维径流场及水系的清污分流和拦水渠设计图

遵循“‘依山就势’重塑地形、‘因势利导’疏导水流、‘柔性防护’稳定边坡”的山水林田湖草系统共治原则，开展粤北南岭山区废土堆生态修复工程设计。根据粤北南岭山区新山片区历史遗留矿山生态恢复治理示范区中废土堆的特征，确定其修复技术模式为原状基质改良-直接立体植被配置。综合考虑平台、排水沟及施工需要，对示范区域进行分区，最终获得 6 个区。根据示范需求和研发的技术类型，结合不同分区 pH，以及实际工程施工和原状情况，分区采取不同的修复技术模式和参数。通过生态修复达到以下标准：建立免维护、不退化的植被系统，植被覆盖率达到 90%以上、植物品种达到 7 种以上；严控土壤酸化，减少土壤中铅、镉等主要重金属污染排放，土壤中重金属有效态含量降低 50%。

1) 场地平整

根据区域水文、地质、气候环境条件，结合边坡地形地貌特点、排水沟设置，原位整地。在确保施工安全的前提下，不大动土方，结合施工道路修建及场地排水沟设置需要，进行适当的地形整理；对于边坡而言，适当地进行削坡降级，构筑缓冲平台；边坡修整优先采用人工“之”字道路及放射状条沟作业，辅助修坡，坡面修整只要能满足人工种植操作的需要即可，尽量降低机械施工对坡体的负荷压力(陈波，2017)。

无系统的截排水系统，受降水及周围山水等因素影响，导致坡面部分区域出现冲沟，结合场地整理对沟谷进行就近挖方填方，适当回填并机械碾压；大型泥石流冲沟就地取土填充生态袋安息角 40°垒砌叠坎，采用生态袋就近填充坡面形成的松散土体来构筑沟谷两侧生态袋墙，柔性拦截坡面冲刷体，模拟自然山体、自然沟壑进行修整，并设置生态袋拦挡坝来防止松散土体冲刷至下部区域，保持边坡稳定性，以消除滑坡或泥石流地质灾害隐患。

2) 清污分流

根据地形地貌、地质结构合理修筑截洪沟，将地表径流合理有序地导出；对泥石流的水源进行调节和分流，对形成泥石流的固体物源进行稳固，对泥石流在冲沟中的运动进行控制和消能。采用清污分流措施，在平台处修建清污分流排水沟，并提出三种排水沟设计。素混凝土水沟伸缩缝最大间距为10m，缝宽为20mm，缝内填塞涂沥青木丝板；水沟下部土方均须压实，防止雨水渗流导致水底沟被掏空，造成水沟破坏；可以根据现场地形，适当调整梯形沟侧壁的斜坡率。

3) 土壤改良

根据土壤检测分析结果适时适地选择配方。对于强酸性、高度产酸的样点区域，在施工过程中可采取浅层隔离或多次补给改良材料的方式，在后期维护过程中也应特别注意对这些点位进行观察，避免返酸现象的发生。实际操作中，可以通过快速调节pH、添加有机物改变氧化还原环境抑制产酸微生物的生长，以及添加微生物菌剂等一系列手段来改善土壤的理化性质(向慧昌等，2013)。

对废土堆进行简单修整，无须覆土，既能避免二次环境损毁，又可减少成本。修整后施加无机肥、微生物肥、土壤调理剂、零价铁负载生物炭(固化、稳定)和生石灰等，进行原状土壤基质的改良，具体常规施量如下：无机肥700kg/亩；微生物肥150kg/亩；土壤调理剂(天然的石灰石、白云石、含钾页岩)5g/m^2；零价铁负载生物炭 2～3g/100g土；生石灰4000kg/亩；土壤改良基质8000kg/亩。

4) 边坡生态袋植生

生态袋是一种由聚丙烯为原材料制成的袋子，近些年主要运用于边坡防护绿化，如荒山矿山修复、高速公路边坡绿化、河岸护坡等，其主要特点为耐腐蚀性强、微生物难分解、易于植物生长、抗紫外线、使用寿命长(孙小杰等，2018)。生态袋植生步骤依次是坡面初步改良、生态袋准备与安装、铺草皮、挖穴种植营养袋植物、覆盖土壤种子库、撒播草种、覆盖遮阴等。

(1) 坡面修整、清理。破碎的边坡应做加固处理；做到坡面整洁，坡面的松石、不稳定的土体要固定或清除；锐角物体要磨成钝角以免划破生态袋表面；坡面如有涌泉和浸水，则要做好导水盲沟。除了要保留的植被外，其他的植物要连根清理干净；坡顶要考虑截水沟，中间平台、坡角设排水沟。

(2) 生态袋准备与安装。在生态袋铺设前，将区域内废弃土及混合改良基质、保水剂、生长剂等一些微生物菌剂、谷壳锯末等植物纤维材料掺合料转运至坡顶平台，混合堆沤成植生土。生态袋安装时应首先挂线，按设计距离0.8m纵横挂线，纵横线之间的交点即为所有锚杆钻孔点(注意：锚杆一般都是梅花形布置，沿竖向钻孔应严格按设计间距进行)。顺边坡放下未装植生土的生态袋，然后在边坡顶部填装植生土，当填充土至锚孔附近时，根据锚孔位置进行锚杆锚固，锚杆在边坡外保留一定长度，继续填充植生土，填充完生态袋后，锚杆打入设计的深度。对土质边坡而言，可待生态袋填充布设好后再按设计间距和位置直接钉入锚杆锚固。生态袋应填充饱满(厚度为23～25cm)，填充安装后的袋体厚度、宽度应大体一致，大面平整、线形顺直、连接紧固(图6-19)。

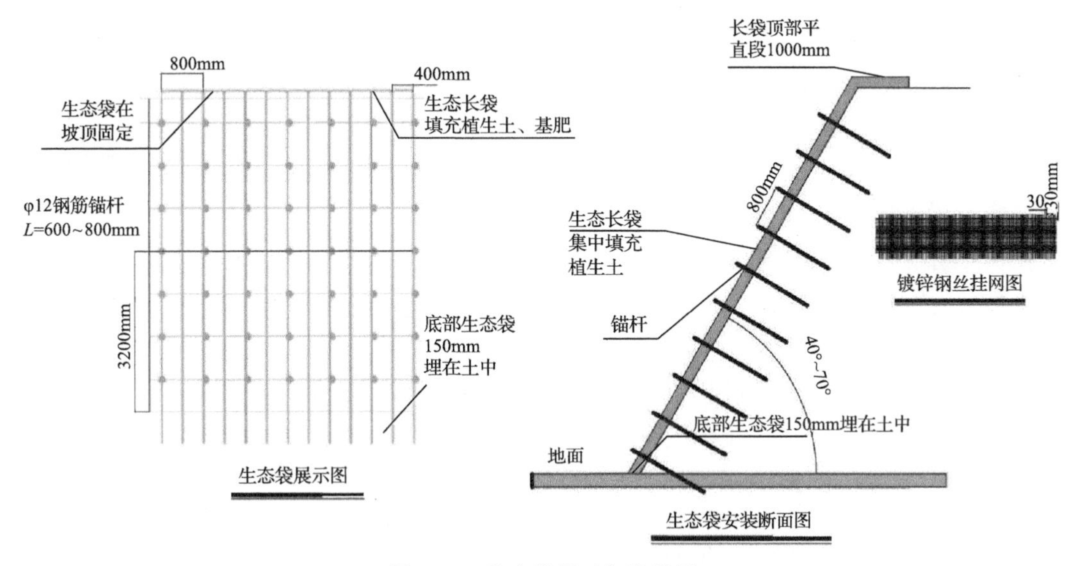

图 6-19　生态袋展示与设计图

5) 立体植被配置

矿区废土堆植被的自然恢复相当缓慢。矿区植被恢复与重建工程可通过以下途径实现：第一，主要通过人为改善立地条件，使废土堆基本适应植物生长。第二，根据立地条件，选择的引种应对各种限制因子有耐力、能固土、固氮、根系发达、根蘖性强、枝叶繁茂、能长时间覆盖地面，有效地阻止风蚀和水蚀。第三，优先选择乡土品种，播种栽培较容易、种子发芽力强、苗期抗逆性强、易成活的植物(谭文雄，2008；曾辉，2013)。物种选择的依据：①具有优良的水土保持作用；②具有较强的适应脆弱环境和抗逆境的能力；③生活能力强，有固氮能力，能形成稳定的植被群落；④根系发达，能形成网状根固持土壤；⑤播种或栽培较容易，成活率高并兼顾森林景观价值。植物种植方案主要采取种、播相结合，营养袋苗种植+撒播种子的方法，形成“先锋植物、长期定居植物、短期植物、四季植物更替”的人工群落系统。实行草灌相结合，尽快形成能够覆盖表层土壤的植物群落(谷金锋等，2004；Izquierdo et al., 2005；陈影等，2014)。分期分阶段进行植被恢复施工，第一阶段以速生先锋植物为主，选择耐阳性植物，迅速固土蓄水、遮阴防晒、改良土壤；第二阶段补播其他耐性植物，选择耐荫性植物形成稳定的植被，实现短期植被与长期植被自然演替。

根据上述物种选择原则，结合当地的气象气候条件，以及《造林技术规程》(GB/T 15776—2016)、《生态公益林建设技术规程》(GB/T 18337.3—2001)，选择的造林树种主要为马尾松、胡枝子、盐肤木、紫穗槐；草种以豆科草类为主，目的是利用豆科作物的固氮能力，改良土壤，主要选择大叶草、狗牙根。废土堆采用“乔-灌-草”立体配置模式，乔灌木栽植密度约为 2 株/m^2，乔木、灌木、草本比例为 1∶3∶1，草种播种标准为 50g/m^2。植被类型选择马尾松、樟树、大叶女贞、泡桐、苎麻、红麻、狗牙根等。在具体施工时，按照不同植物地上地下部分的分层布局，充分利用多层次空间生态位，保证整个植被体系的稳定性。种植植物时沿坡面等高线方向挖种植条沟，条沟间距为 60cm，条沟规格为 30cm(底宽)×(30～40)cm(沟深)，一行草本植物，一行灌木植物，一行乔木植物，每三行一个循环。

(五)其他

1. 内蒙古苏尼特金曦金矿废弃采场生态用地模式

内蒙古苏尼特金曦金矿采用露天开采的方式，采选规模3000t/d，矿区周边发育的地带性植被有干草原、荒漠草原和草原化荒漠。地处草原向荒漠的过渡带，发育非地带性植被，有隐形的盐生草甸和沙地植被，而林业资源十分缺乏，森林覆盖率低。露天采场包括废弃Ⅰ矿带露天采场和Ⅱ矿带露天采场，其中，Ⅰ矿带露天采场已复垦。露天采场复垦存在采坑坡度大，基岩裸露、持水保水差，当地气候干旱，复垦土源及水源没有保障等问题。矿山进行露天采场复垦，采坑先进行回填，将Ⅱ矿带露天采场产生的废石和基建建筑垃圾回填到Ⅰ矿带废弃采坑，回填标高与当地自然地形标高相当，回填土石方量累计约为 18 万 m^3；对已回填的露天采坑进行土地平整，再覆土，覆土厚度 50cm，土源为扩建工程尾矿库剥离的表土。复垦植被为沙打旺、苜蓿、臭蒿、红眼沙蓬等草本植物，栽播柠条、沙枣等灌木。废弃Ⅰ矿带露天采场占地约 6.5hm^2，植被覆盖率为 50%，与当地平均自然植被覆盖率(约 40%)相当，土地复垦率为 100%。

2. 德兴铜矿废石场生态用地模式

德兴铜矿废石场为酸性废石场，废石场淋滤水为酸性水，酸性强，复垦难度大。相关人员对矿山进行了多种复垦方法研究工作，如酸性废石场石灰改良复垦方法研究、耐酸物种的筛选研究、酸性废石场边坡喷播复垦研究、酸性废石场边坡带状整地客土复垦研究等。主要的复垦工程措施包括：①废石场平台复垦工程措施。通过撒石灰进行酸性土壤改良，石灰量约 200kg/亩，再覆土，覆土厚度为 80～100cm，土源为采场剥离表土。②边坡等高线整地复垦工程措施。沿边坡等高线开挖带状沟槽，槽内覆土，土源为采场剥离表土。③边坡鱼鳞坑整地复垦工程措施。沿边坡按行间距 2m、列间距 1.5m 挖鱼鳞坑，鱼鳞坑直径 50cm，深 50cm，坑内覆土，土源为采场剥离表土。④边坡喷播复垦工程措施。通过人工开挖平台将坡面分割成小区，起到分割坡面、稳定后期喷播基材的作用，在坡顶设置截排水沟，可以防止自然降水而形成的山体上部坡面汇水径流对坡面上植生基材层的冲刷，保证坡面基材层的长期稳定，同时可以减少坡面汇水大量深入坡体内部而形成基材(岩层)滑动的可能；采用植被毯+生态棒+挂网厚层基材喷播，挂网厚层基材喷播，排水板+挂网厚层基材喷播。目前，水龙山废石场复垦面积约为 27.40hm^2；杨桃钨废石场复垦面积为 29.69hm^2；西源沟废石场边坡和部分平台已复垦，复垦面积约为 30hm^2。复垦后种植松树等树木约 50 万株，各类灌木、草地覆盖度约为 70%。

3. 山东夏甸金矿尾矿库生态用地模式

山东夏甸金矿为地下开采矿山，生产规模达 4000t/d。矿山目前有 3 个尾矿库，分别为老尾矿库、2 号尾矿库和道士沟尾矿库，其中，老尾矿库和 2 号尾矿库已闭库，矿山针对 3 个尾矿库的不同情况开展了尾矿库土地复垦研究。首先对新建尾矿库的表土进行了单独剥离、单独堆存，并将其作为闭库尾矿库复垦和新建尾矿库后续复垦的土源。老尾矿库从2001年起开始闭库复垦，复垦方向为有林地，采用全面覆土复垦技术，对尾矿库坝坡、库面进行平整后覆土50cm，土源为2号尾矿库剥离表土。坝坡栽植大叶黄杨、胡枝子、小龙柏等灌木；库面栽植雪松、杨树、梧桐等乔木，库面植被形成了草、灌、乔相结合有林地，植被覆盖率约达到了100%，成活率达到90%以上。2号尾矿库从2011年起开始闭库复垦，土源为道士沟尾矿库剥离表土，采用全面覆土复垦技术进行复垦，库面复垦为耕地，进行农业复垦试验，农作物长势良好。道士沟尾矿库从2012年起开始复垦，主要针对已形成的坝坡进行复垦，复垦方向为草地，选用植被为高羊茅、羊胡子草、狗尾巴草等草本植物。

第二节　复垦修复效果监测方案实证研究

一、数据收集整理

收集整理项目所在地区地质环境、工矿生产的历史状况，复垦修复工作规划、设计、实施、调查及不同阶段的遥感影像等文字、图件等资料。借助于遥感影像，对相关资料进行分析纠正，特别是复垦修复单元资料。实证区于2013～2014年完成主要复垦修复工程工作，国土资源、农业、环境保护等不同部门在复垦修复土地上已陆续开展了调查采样工作。2012年，环境保护部门按照《土壤环境监测技术规范》(HJ/T 166—2004)、《农田土壤环境质量监测技术规范》(NY/T 395—2000)、《土壤环境质量标准》(GB 15618—2008)等规范，完成实证区所在流域的矿山迹地环境影响评估，其中有21个样点位于本实证区内；2014年农业部门按照《土壤环境质量标准》(GB 15618—2008)和《补充耕地质量验收评定技术规范(试行)》的规范，完成实证区复垦修复耕地质量评定，其中有16个样点位于本实证区；2015年国土资源部门按照《土地质量地球化学评价规范》(报批稿)、《土壤环境质量标准》(GB 15618—2008)的规范，完成实证区复垦修复耕地地球化学评价。综合不同部门的多源数据，考虑采样测试方法、采样时间、样点位置等，本书共获取表层土壤样品138个。以上采样测试的内容包括环境指标砷(As，mg/kg)、镉(Cd，mg/kg)、铬(Cr，mg/kg)、铜(Cu，mg/kg)、汞(Hg，mg/kg)、镍(Ni，mg/kg)、铅(Pb，mg/kg)、pH、硒(Se，mg/kg)、锌(Zn，mg/kg)及肥力指标全氮(total nitrogen, TN，mg/kg)、土壤有机质(soil organic matter，SOM，%)、全钾(total potassium，TK，mg/kg)、全磷(total phosphorus，TP，mg/kg)。剔除不合格或者异常值，获取有效采样点数量为129个。由于数据多源，来自不同部门，测试的内容也不尽相同，为最大限度地利用已有的数据，确保分析结果的可靠性，不同类型质量指标样本数可以有所不同，所以环境指标样本数为129个，肥力指标样本数为113个。

二、监测单元划分

利用SPSS20.0计算已有复垦修复土地质量指标的统计特征值(表6-3)。参照《土壤环境监测技术规范》(HJ/T 166—2004)，根据实证区质量指标的变异系数大小的分布状况，选取变异系数大于40%的元素参与专题图制作。

表 6-3　已有复垦修复土地质量要素的统计特征值

指标	As	Cd	Cr	Cu	Hg	TN	Ni	Pb	Se	Zn	SOM	TK	TP	pH
	mg/kg										%	mg/kg		
最大值	4.3	0.25	111	31	0.06	767	39	14.1	0.22	64.2	0.81	0.31	319	4.41
最小值	27.6	3.54	465	161	0.47	2492	142	55.1	1.45	211	6.2	2.49	1517	8.52
均值	15.43	0.95	182.46	83.27	0.24	1513.57	73.46	33.11	0.68	127.27	2.7	1.14	810.94	6.68
标准差	5.53	0.62	73	30.09	0.09	387.86	20.34	9.02	0.19	25.36	1.09	0.46	255.09	1.1
变异系数 C_v/%	35.85	65.23	40.01	36.14	37.39	25.63	27.68	27.25	28.33	19.92	40.35	40.82	31.46	16.5

按照一般对变异系数(C_v)值的评价，当 C_v<10%时，称弱变异性，10%<C_v<100%为中等变异性，均呈中等空间变异，C_v值越大，变异程度越高。表 6-3 表明，Cd、Cr、SOM 和 TK 四个要素变异函数超过 40%。采用 MKrige 法进行空间预测，并采用特异值覆盖比率和 RMSE 检验空间预测精度和效果。参考《土壤环境质量标准》(GB 15618—2008)、《耕地地力调查与质量评价技术规程》(NY/T 1634—2008)、《农用地质量分等规程》(GB/T 28407—2012)等进行等级划分。按本章提出的监测方案，获取复垦修复土地质量要素专题、复垦修复单元和质量等级评定图(图 6-20)。

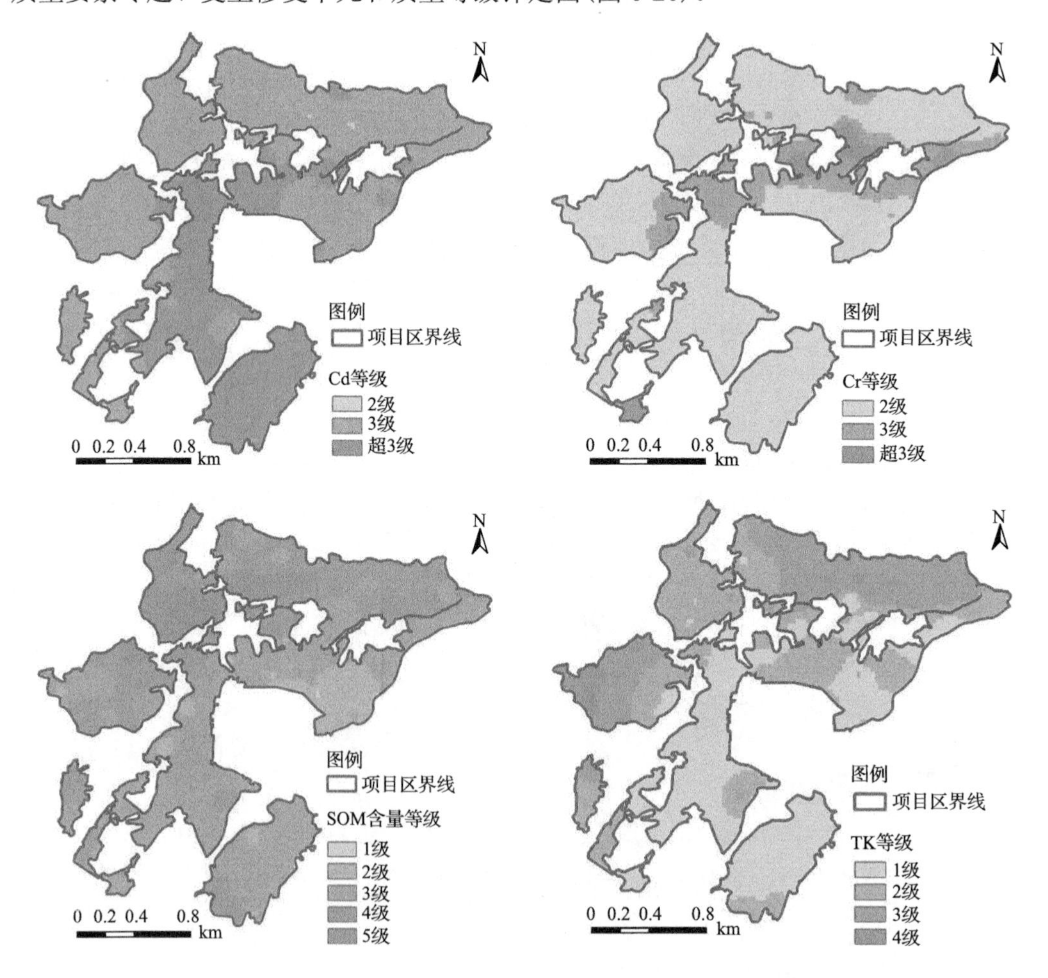

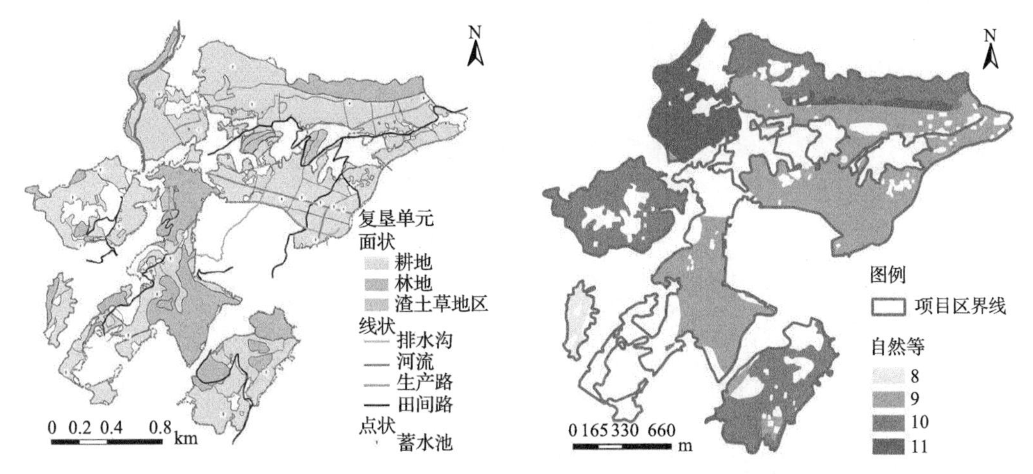

图 6-20 复垦修复土地质量要素专题、复垦修复单元和质量等级评定图

通过计算，Cd、Cr、SOM 和 TK 的特异值覆盖比率分别为 89.13%、92.75%、88.19% 和 76.32%，均能较好地反映原始数据的差异性，消除了由于方法导致的平滑性对空间预测结果的影响。四者的 RMSE 分别为 1.76、1.43、1.98 和 1.32，均比较接近 1，表明空间预测模型拟合效果较好。根据不同措施及其参数的差异，整个实证区复垦修复土地共包括 123 个面状复垦修复单元、4 类线状单元(生产路、田间路、排水沟和河流)和 1 类点状单元(集水池)。复垦修复土地质量等级主要以 9 等、10 等为主。以复垦修复单元图为底图，进行空间叠置，生成 1339 个图斑的监测单元，根据参与叠置图属性的相似程度，按 5 亩合并阈值，就近将相对较小的图斑合并到大图斑中，最终获取 53 个监测单元。

基于 ArcGIS10.0 获取监测单元几何中心，并以几何中心作为监测点。根据复垦修复单元图，直接提取监测类，包括线状监测 4 类、点状 1 类。采样人员携带监测点分布图、信息表和 GPS，实现野外采样并进行局部微调。除了就近微调 2 个采样点位置外，其他均未改变。

最终共获取土壤监测点 53 个、线状监测 4 类，点状 1 类(图 6-21)。按照本章提出的监测方案，布设与土壤“点对点”的农作物、地下水监测点 5 个；在地表水系下游布设 1 个地表水监测点(图 6-21)。由于生成监测点过程中已经综合考虑了土地复垦修复措施、复垦修复后验收质量、调查采样等状况，监测点分布具有很强的代表性。

三、监测指标最小数据集与监测手段

根据已有的调查采样数据，基于地质统计学、经典统计学方法，结合《土壤环境质量标准》(GB 15618—2008)、《耕地地力调查与质量评价技术规程》(NY/T 1634—2008)、《农用地质量分等规程》(GB/T 28407—2012)等，分析研究复垦修复土地中障碍或潜在障碍因素。通过计算变化幅度来表征监测指标的易变性(表 6-4)。采用平均值、单项污染指数或等级、点位超标率来反映指标障碍性。点位超标率将结合点位 pH 来确定该点是否超标。

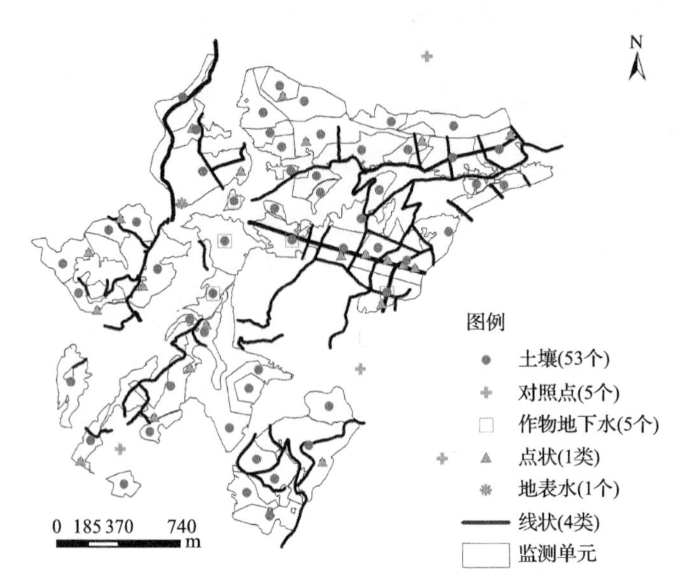

图 6-21　复垦修复监测单元和监测点方案图

表 6-4　已有指标障碍与易变性分析

指标		平均值	污染指数或丰富程度	点位超标率/%	变化幅度/%*	是否监测
As	mg/kg	15.43	0.51	0.00	–24.33	否
Cd		0.95	3.17	92.25	93.88	是
Cr		182.46	0.91	38.76	54.48	是
Cu		83.27	0.83	36.47	5.38	否
Hg		0.24	0.48	7.75	20.00	否
Ni		73.46	1.47	93.02	–12.76	是
Pb		33.11	0.11	0.00		否
TN		1513.57	较丰富			否
SOM	%	2.7	较丰富			否
TK	mg/kg	1.14	缺乏			是
TP		810.94	丰富			否
Se		0.68	丰富			是
Zn		127.27	0.51			否
pH		6.68	偏酸		8.79	是

* 以 2013 年为基准年。

参照《耕地地力调查与质量评价技术规程》(NY/T 1634—2008)、《农用地质量分等规程》(GB/T 28407—2012)等，划分土壤肥力指标丰富程度及 pH 等级。

通过综合考虑各指标平均值、单项污染指数或等级、点位超标率和易变性(变化幅度)来确定纳入监测的最小数据集。表 6-4 表明，环境指标中 Cd、Cr、Cu 和 Ni 单项污染指数高于或者接近 1，依次为 3.17、0.91、0.83、1.47，这四个指标的点位超标率也均在 30%

以上，其中Cd、Ni分别达到92.25%、93.02%。就变化幅度而言，As、Ni呈现下降趋势，Cd、Cr、Cu、Hg四个指标呈现上升趋势，且Cd反弹明显。综合考虑各项因素，将Cd、Cr和Ni纳入监测最小数据集。由于复垦修复区计划发展富硒农产品，虽然Se含量丰富，但也将其纳入监测指标。

土壤肥力指标中除了TK外，其他均表现较为丰富或较丰富，钾素严重缺少，但由于有效态钾更能反映土壤肥力状况，本方案以速效钾(available potassium, AK，mg/kg)作为监测最小数据集中的一个指标。复垦修复区为历史上“土法炼磺”的废弃地，酸化严重，在复垦修复过程中使用大量的生石灰中和其酸性，但由于生石灰的作用具有一定时效性，且pH的大小直接影响到环境指标的污染状况，因此，将pH作为监测指标。以上指标连同建设质量指标，构成了该硫磺矿采选废弃地复垦修复多层次监测指标最小数据集(表6-5)。

表6-5　某硫磺矿采选废弃地复垦修复项目监测内容与手段

监测指标体系			监测手段
建设质量指标	道路工程		实测和遥感结合
	灌溉设施		实测和遥感结合
	排水设施		实测和遥感结合
	平整度		实测和遥感结合
	有效土层厚度	cm	实测
	砾石含量	%	按照NY/T 1121.3—2006规定的方法测定
	植被覆盖度	%	按照LY/T 1812—2009规定的方法测定
	单位面积产量		按NY/T 1119—2006规定的方法测定
环境指标	Cd	mg/kg	按HJ/T 166—2004规定的方法测定
	Cr	mg/kg	按HJ/T 166—2004规定的方法测定
	Ni	mg/kg	按HJ/T 166—2004规定的方法测定
	Se	mg/kg	按HJ/T 166—2004规定的方法测定
	pH		按照NY/T 1121.2—2006规定的方法测定
土壤地力指标	SOM	g/kg	按NY/ T 1121.6—2006规定的方法测定
	AK	mg/kg	按NY/ T 889—2004规定的方法测定

四、方案验证

1. 监测点数量验证

通过获取最新采样调查数据的分析，所有监测指标的平均变异系数为85.24%；可接受的相对偏差m取最低限值20%。复垦修复区内约布设51个监测点。与按监测方案制定方法布设的53个比较接近。

2. 监测点空间分布格局的合理性评价

采用GS+ 10.0，确保残差和(residual sum of squares，RSS)最小，拟合各监测指标对

应的最优化变异函数，进而获取各指标准确的变程值(张世文等，2013)。Cd、Cr、As、Ni、Se、pH、SOM、AK 的变程分别是 521.78m、484.36m、1694.31m、646.96m、651.39m、519.75m、1335.29m、546.29m，多数指标的变程在 500 以上，过大或过小的较少。通过对布设的监测点测距，按周边 5 个监测点邻域范围估算，相互之间的间距均不超过 500m，平均为 456m。所有的监测指标 Range 均大于该值，表明所有指标总体上均为超过其空间相关性范围，无须细化监测单元或监测点，即按本章提出的方法制定的某硫磺矿采选废弃地复垦修复监测方案是符合要求的。

借助于 GeoDA 和 ArcGIS10.0，计算不同监测指标的全局性 Moran's I 和标准统计量 $Z(I)$。GeoDA 空间自相关分析可进一步参考相关文献(Anselin，2004；Anselin and Rey, 2014)。

从图 6-22 可以看出，Cr、Cd、Se、pH、SOM、AK、Ni 的莫兰指数(I)分别为 0.09、0.16、0.13、0.18、0.01、0.03、0.21，所有监测指标的莫兰指数均为正值，表明监测点之间呈现正相关，且具有一定的相似性，这也进一步验证了有关变程的分析结果。Cr、Cd、Se、pH、SOM、AK、Ni 标准化统计量分别为 1.05、1.64、1.33、1.73、0.28、0.05、2.04，对照图 6-22 中显著性水平与标准化统计量之间的对应关系可知，除了 Ni 在 0.1 水平下呈现相关性外，在 0.05 水平下，所有监测指标均不呈现显著相关性。从空间布局特征来看，除了 Ni 处于聚集(clustered)与随机(random)之间外，其他监测指标样点间均呈随机状态。以上表明，Moran's I 具有空间相关性，且显著性不明显(0.05 水平)，监测指标空间分布特征处于随机或介于聚集与随机之间，监测点布局比较理想。

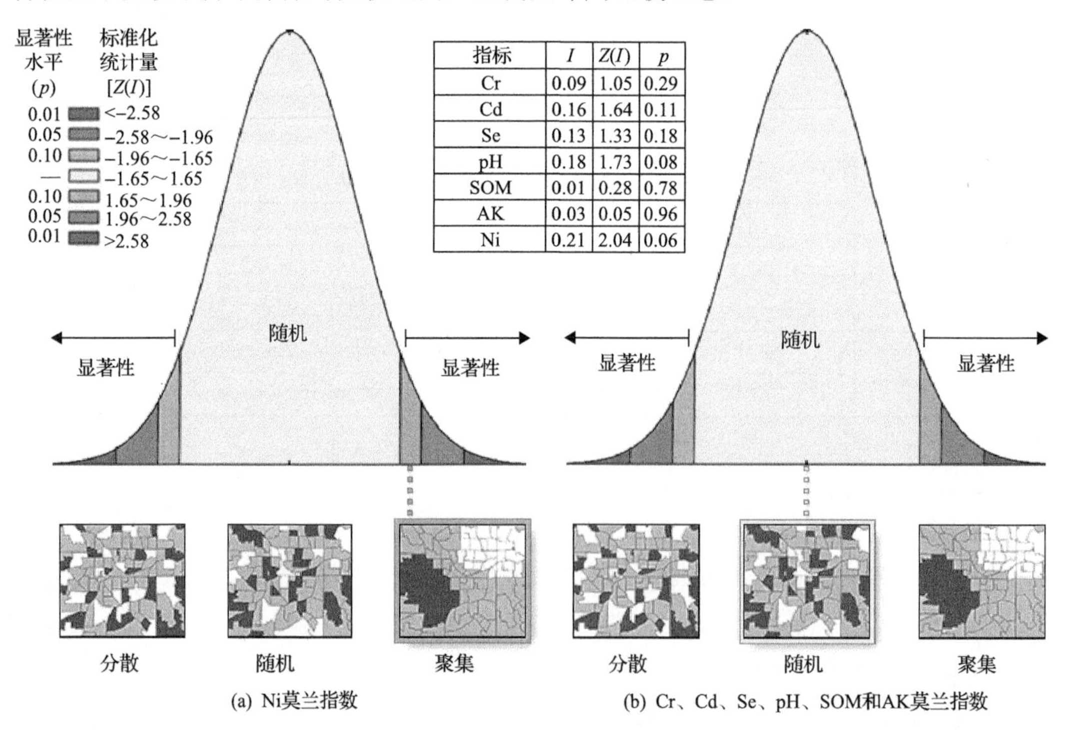

指标	I	$Z(I)$	p
Cr	0.09	1.05	0.29
Cd	0.16	1.64	0.11
Se	0.13	1.33	0.18
pH	0.18	1.73	0.08
SOM	0.01	0.28	0.78
AK	0.03	0.05	0.96
Ni	0.21	2.04	0.06

(a) Ni莫兰指数　　(b) Cr、Cd、Se、pH、SOM和AK莫兰指数

图 6-22　不同监测指标的莫兰指数分析图

综合考虑监测点数量和空间布局，按照本节提出的监测方案制定方法，该硫磺矿采选废弃地复垦修复项目监测点布设53个，符合数量要求；监测点间距没有超过空间相关性变程范围，且监测点的空间分布处于随机或介于聚集与随机之间的状态，所布设的监测点符合空间布局要求。通过检验评价，某硫磺矿采选废弃地复垦修复项目监测点布设方案可行，且具有一定的科学性。

第三节　矿业废弃地复垦土壤高光谱反演实证研究

一、土壤高光谱数据获取

在电磁波中，可见光与近红外波段(300～2500nm)是地表反射的主要波段，多数遥感使用这一光谱区间。土壤光谱测量的作用有三个方面：光谱波段选择、处理、评价的依据；建立土壤各个理化性质与光谱数据间的关系；分析物质光谱特性并建立相应的反演模型。

土壤地物光谱检测设备的种类很多，操作步骤大同小异，以FieldSpec 4光谱仪为例，光谱检测范围为350～2500nm，选用12V、50W的卤素灯为光源，裸光纤探头视野范围25°。在仪器使用前预热0.5h，将土壤样本放置在直径100mm、高1.5mm的盛样皿中，以黑色天鹅绒布为背景，光线探头位于土样垂直正上方7cm处，光源天顶角为45°，与土样的直线距离为60cm。使用前先进行白板校正，待仪器稳定后再进行实验，实验过程中每检测5个样本，需要重新优化一次。每份样本采样间隔为1nm，共采集10次，选取其平均值作为样本的光谱反射率。

本节选取四川古蔺和湖北黄石两处典型矿业废弃复垦地为研究区，分析土壤光谱特性，并建立重金属、有机质高光谱反演模型。其中，光谱数据处理与建模方法详见第五章第二节。

二、土壤重金属、有机质高光谱反演

(一)基于单一模型的四川古蔺土壤重金属高光谱反演

1. 土壤重金属光谱特性

图6-23为不同重金属含量的土壤样品光谱反射率，X轴为光谱波段(550～2300nm)，Y轴为重金属含量(mg/kg)，Z轴为光谱反射率数值。从原始光谱曲线可以看出，所有光谱曲线的变化趋势大致相同，随着重金属含量的变化，反射率数值有所区别。在可见光波段光谱反射率呈上升趋势，近红外波段逐渐趋于平稳且随着光谱波段的变化上下起伏，可以看出光谱特征波段主要位于：590～633nm、810～830nm、970～1025nm、1389～1417nm、1613～1641nm、1725～1753nm、1921～1949nm、2229～2257nm。光谱吸收带出现的位置大致相同，吸收带位置、光谱反射率数值的变化与土壤的化学组成有关。通常认为在可见光和部分近红外区域是有机质和Fe^{2+}、Fe^{3+}、Cu^{2+}等金属离子游离和跳跃引起的，如600nm左右是有机质的反射峰，815nm是有机质的次吸收峰。900nm以外的近

红外部分的吸收峰是由金属元素与氢氧根形成的基团分子如 Fe—OH、Al—OH、Mg—OH 等，弯曲振动而产生的倍频和谐频造成的。光谱在 1000nm 左右有一个明显的吸收峰，这是 Fe^{3+}的氢氧化物的吸收带；1400nm、1750nm、1900nm 左右是土壤硅酸盐矿物中水分子羟基伸缩振动和 Al—OH 弯曲振动的合频谱带；2455nm 附近的吸收峰则是土壤碳酸盐中 CO_3^{2-}基团振动产生的谱带。

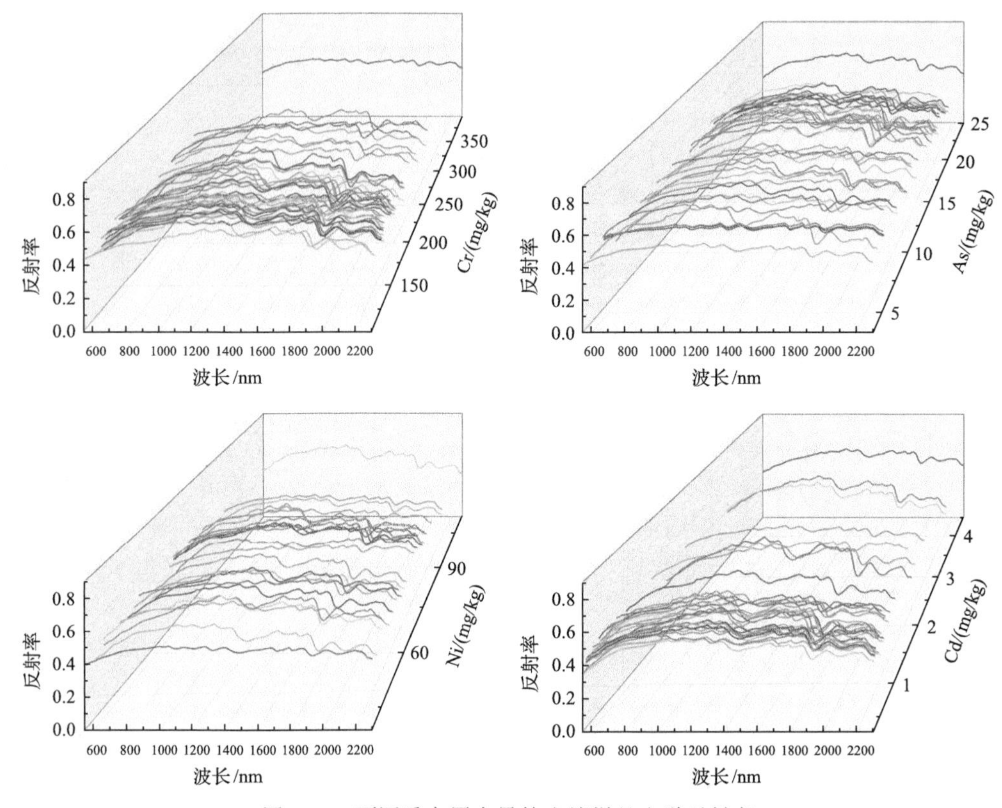

图 6-23　不同重金属含量的土壤样品光谱反射率

将经过光谱变换的光谱反射率与土壤重金属含量做相关分析，相关性程度用皮尔逊系数 R 表示。图 6-24 分别为光谱一阶微分(a)、二阶微分(b)、连续统去除法(c)、原始波段(d)的 R 值变化曲线。

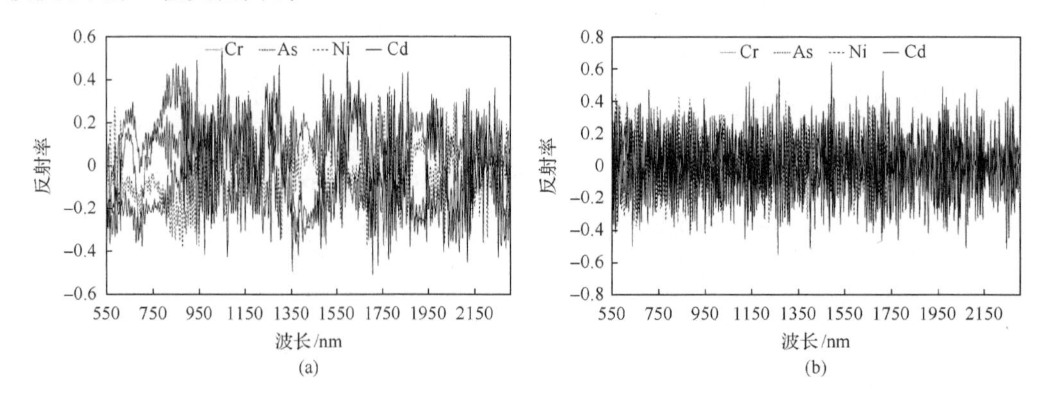

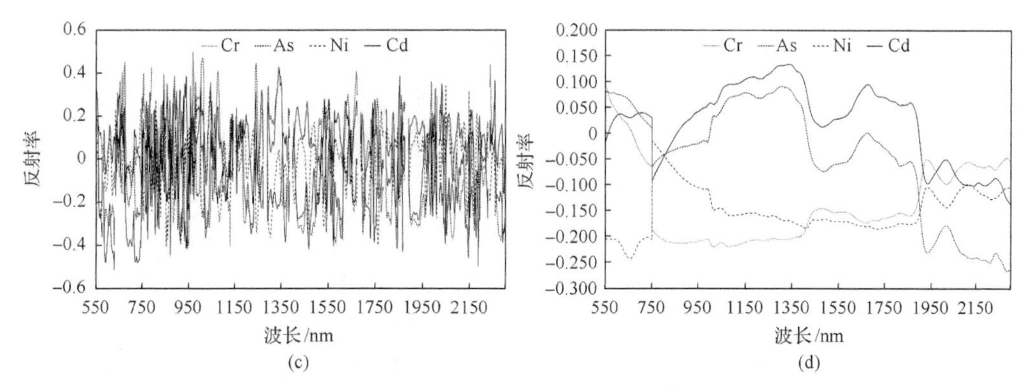

图 6-24　土壤重金属含量与光谱反射率相关性系数

从图 6-24 可以看出，原始光谱的相关性系数变化幅度较小，曲线较为平滑，但数值不高且全部小于 0.3。光谱变换后的相关性系数变化幅度较大，呈剧烈的上下起伏状，与原始波段相比 R 值提高了 0.3 左右；4 种重金属元素与光谱曲线的相关性系数总体偏低，几乎全部小于 0.6，但大部分都达到了在 0.05 水平上显著相关，部分波段达到了 0.01 水平上显著相关，相关性系数的临界值分别为 0.330、0.409；不同重金属元素的相关性系数和峰值出现的位置都有所不同。其中，重金属 As、Cd 总体的相关性最好，Cd 与原始光谱的相关性不大，经过二阶微分处理后，相关性明显增加，在 1490nm 处达到最大值，为 0.633，与硅酸盐物质的吸收波段位置基本相同。As 相关性系数的数值在不同光谱变换下无明显差异，但极值出现的波段和显著性相关的波段的位置有所差异，其中极大值出现的位置分别为：一阶微分光谱 1598nm，相关系数为 0.497；二阶微分光谱 2238nm，相关系数为–0.518；连续统去除法光谱 968nm，相关系数为 0.497。Cr 与原始光谱的相关性也不大，经过二阶微分处理后在 636nm、1137nm、1260nm、1265nm 处达到了较高的相关性系数水平，相关性系数分别为–0.503、0.512、–0.557、0.535。Ni 含量与光谱反射率的相关性较弱，相关性系数普遍低于 0.4。经二阶微分处理后在一定程度上突出了光谱特征波段和光谱相关性。在 2066nm 处出现最高值，为–0.512，在 560nm、850nm、1660nm、2065nm 的相邻波段位置出现了九处极显著水平，极值分别为–0.512、0.409，表明二阶微分可能有利于提取含量稀少成分的信息。

以 Gaussian4 函数为小波基函数，分解尺度为 2^1、2^2、2^3、…、2^9、2^{10}，共 10 个尺度，对原始光谱反射率做连续小波变换，对小波系数进行相关性分析，相关性程度用决定系数 R^2 表示(图 6-25)。

从总体上来看，不同小波分解尺度下 R^2 差异较大，随着小波分解尺度的增大，R^2 值逐渐趋于平稳；从 R^2 数值大小来看，1～4 分解尺度的效果明显好于其他尺度；重金属 As、Cd 的决定系数较大值出现的位置较为连续，从图中可以看到较明显的红色区域，Cr、Ni 则较为分散，在图中表示不是十分明显。通过分析可以得出，Cr 的 R^2 较大($R^2>0.37$)的波段位置分别为 1、2 两个分解尺度，R^2 分别为 817nm、818nm、913nm、914nm、915nm、1267nm、1740nm、2044nm；629nm、912nm、913nm、914nm、1047nm。As 的 R^2 较大($R^2>0.36$)的波段位置较为连续，分别位于 1、2、3、4 四个分解尺度，R^2 区间分别为 1039～1042nm；1078～1080nm、1339～1341nm、1575～1578nm；1336～

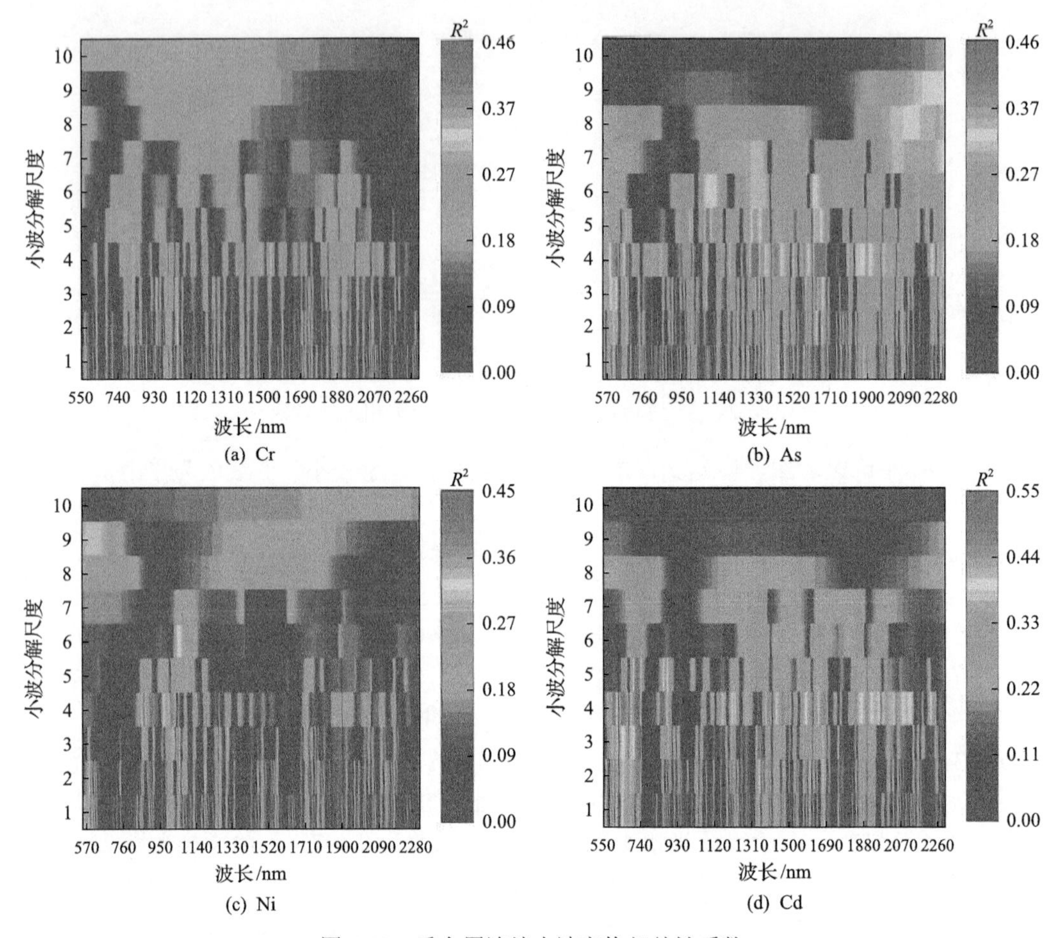

图 6-25　重金属连续小波变换相关性系数

1341nm、1576～1578nm；622～625nm、1312～1342nm、1636～1659nm。Ni 的 R^2 较大(R^2>0.36)的波段分别位于 1、2、3、4 四个分解尺度，R^2 区间分别为 1306～1308nm；1041～1045nm、1304～1308nm、2168～2170nm；1041～1045nm；861～873nm、1005～1021nm。Cd 的 R^2 较大(R^2>0.44)的波段分别位于 1、2、3、4、5 五个分解尺度，R^2 区间分别为 591～598nm、731～745nm、1469～1500nm；591～599nm、721～739nm；718～743nm、1338～1351nm；638～670nm、1392～1402nm、1493～1503nm、1670～1688nm；650～670nm。

2. 土壤重金属含量反演

(1) 偏最小二乘模型。

PLSR 模型是通过选择光谱转换的谱带建立的，以 0.01 水平显著性作为自变量，土壤重金属含量作为因变量进行检验(表 6-6)。

从表 6-6 可以看出，不同重金属模型的预测结果存在一定的差异。所有模型的 R^2 均大于 0.5，RMSE 均小于 10，但 RPD 大多小于 2，这说明该模型对重金属含量的估计能力较差。通过对不同光谱变换方法的分析和比较，表明与其他方法相比，该模型的精度有

表 6-6　重金属 PLSR 模型参数

元素	光谱变换	建模数据		预测数据		
		R^2	RMSE	R^2	RMSE	RPD
Cr	FDR	0.63	7.43	0.61	7.65	1.57
	SDR	0.71	6.55	0.65	7.01	1.77
	CR	0.60	7.65	0.58	7.95	1.49
	CWT	0.83	3.79	0.75	5.93	1.91
As	FDR	0.75	5.95	0.67	6.99	1.81
	SDR	0.77	5.74	0.70	6.62	1.87
	CR	0.70	6.57	0.66	7.01	1.73
	CWT	0.84	3.73	0.74	6.11	2.08
Ni	FDR	0.65	7.03	0.61	7.71	1.69
	SDR	0.63	7.27	0.53	8.62	1.41
	CR	0.62	8.41	0.60	7.85	1.68
	CWT	0.75	5.88	0.70	7.52	1.83
Cd	FDR	0.73	6.36	0.66	6.98	1.79
	SDR	0.77	5.74	0.72	6.44	1.92
	CR	0.78	5.87	0.70	6.28	1.79
	CWT	0.83	3.89	0.81	4.15	2.03

明显提高。As 和 Cd 的预测效果最好，RPD 达到 2 以上。Cr 元素模型数据较好，但预测数据效果较差，模型的稳定性和泛化能力较差，只能粗略估计 Cr 元素的含量。

(2)神经网络模型。

利用经典聚类算法建立 RBF 模型(表 6-7)，将变换后的光谱反射数据作为输入层神经元，土壤中重金属浓度为单输出神经元。在建立模型时，采用 k 均值算法确定 RBF 网络隐函数层的中心误差。隐藏层设为 5 级，训练误差目标值设为 0.015，训练次数为 2000 次。

表 6-7　重金属 RBF 模型参数

元素	光谱变换	建模数据		预测数据		
		R^2	RMSE	R^2	RMSE	RPD
Cr	FDR	0.81	3.94	0.73	6.37	1.67
	SDR	0.84	3.67	0.76	5.83	1.92
	CR	0.82	3.85	0.75	5.94	1.89
	CWT	0.91	1.98	0.86	2.59	2.41
As	FDR	0.83	3.83	0.74	5.96	1.80
	SDR	0.83	3.81	0.76	5.81	1.87
	CR	0.87	3.54	0.79	4.53	2.07
	CWT	0.92	2.03	0.88	2.41	3.91

续表

元素	光谱变换	建模数据		预测数据		
		R^2	RMSE	R^2	RMSE	RPD
Ni	FDR	0.76	5.90	0.74	5.97	1.85
	SDR	0.81	3.95	0.75	5.85	1.89
	CR	0.71	6.55	0.68	6.94	1.73
	CWT	0.89	2.56	0.80	4.02	2.12
Cd	FDR	0.87	3.55	0.79	4.71	1.98
	SDR	0.89	2.81	0.81	3.89	2.33
	CR	0.93	2.55	0.84	2.91	3.82
	CWT	0.95	2.03	0.88	2.45	3.96

从表 6-7 可以看出，与 PLSR 模型相比，RBF 模型的精度明显提高，R^2 提高了 0.2，RMSE 降低了 2.0，大多数模型的 RPD 都在 2 以上。结果表明，CWT-RBF 方法是重金属反演的最佳方法，模型的稳定性和预测能力均优于其他方法。R^2、RMSE 和 RPD 的最佳值分别为 0.88、2.41 和 3.96。

(二)基于组合模型的四川古蔺土壤重金属高光谱反演

有时单模型自身存在一定的局限性，单一预测模型往往不能全面地反映事物的信息，信息的缺失又将会导致预测的偏差。选取研究区部分样点数据，在单一预测模型的基础上探讨较优模型组合方式在土壤重金属含量高光谱估算中应用的可行性。

1. 光谱数据预处理与相关分析

原始光谱数据受到噪声、样本背景和其他无关成分等干扰，选用合适的预处理方法能够消除噪声，提升模型预测能力。因此，在重金属定量反演模型建立中，光谱数据预处理显得十分重要。对原始光谱进行 SG 平滑处理，光谱波段范围为 350～2500nm，由于在采样过程中光谱波段两端产生较大的噪声，剔除了 350～449nm 和 2451～2500nm 的波段数据，共采集了 2000 组波段数据，图 6-26 为不同预处理的结果，依次为 FDR、DS、MSC 和 CR(图 6-26)。

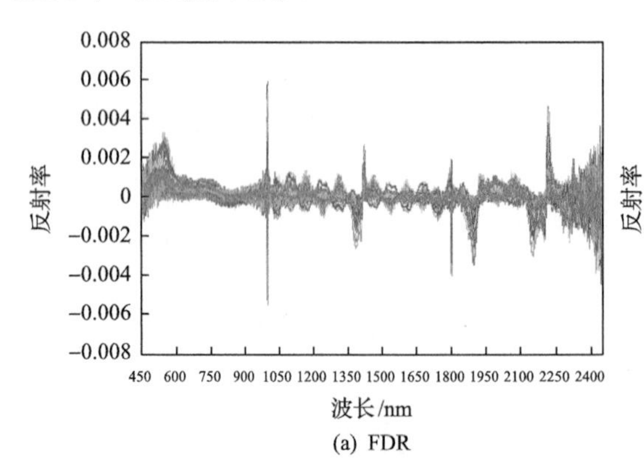

(a) FDR

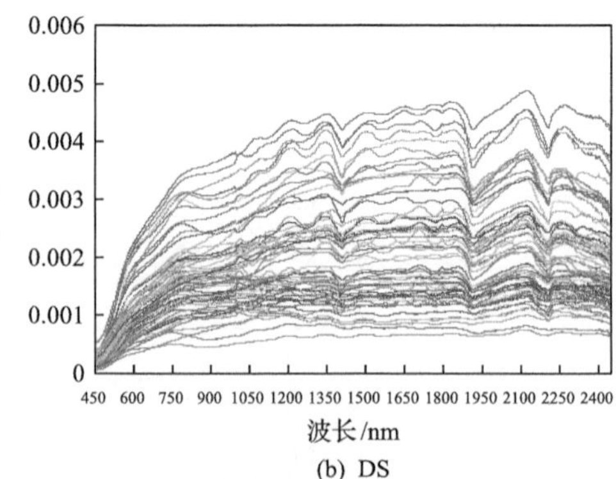

(b) DS

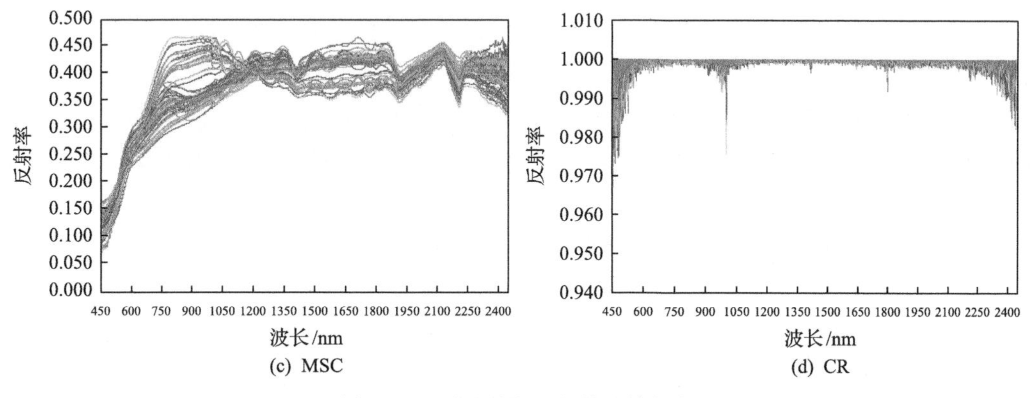

图 6-26　不同预处理光谱反射曲线

图 6-27 分别为一阶微分(a)、离差标准化(b)、多元散射校正(c)和连续统去除法(d)的相关系数曲线图。

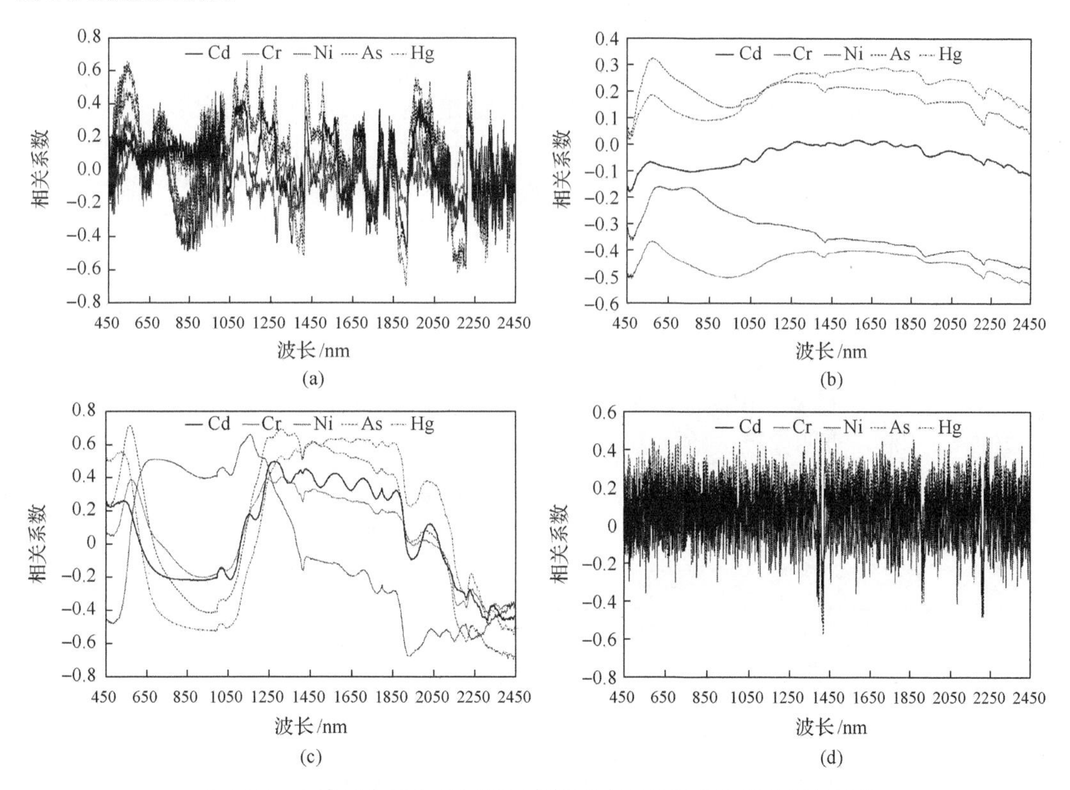

图 6-27　土壤重金属含量与不同变换形式下光谱反射率的相关系数

从图 6-27 可以看出，经不同的预处理，不同重金属相关性幅度变化较大，但都有不同程度的提升。经一阶微分变换后，Cd、Cr、Ni、As、Hg 相关性较原始光谱相关性均有所提高，对 Cd 和 Cr 相关性的提高最为明显，在 1910nm、2206nm 处绝对值分别达到 0.475 和 0.532，Hg 相关性在 1910nm 处达到极小值，为–0.706；5 种重金属与光谱曲线的相关性系数基本都低于 0.6，但大部分波段达到了水平为 0.05 上的显著相关，部分波段达到水平为 0.01 上的极显著相关。经离差标准化变换，5 种重金属相关系数没有一阶微分提升得明显，但多种重金属相关性整体提高，以 Cr 和 Ni 最为明显，Cr 波段相关性绝对值整体位于 0.4 以上，Ni 为 0.3 以上；对于 Cd、As 和 Hg 而言，效果不明显，其中 Cd 效果最不理想。经连续统去除法变换后，Cd、Cr、Ni、As 和 Hg 在 1394nm、2208nm、2212nm、1418nm 和 1415nm 处达到极小值，分别为–0.398、–0.484、–0.481、–0.577 和–0.513，相关性虽说有所提升，但并不是最佳的。经多元散射校正变换后，Ni 和 As 相关性极好，相关系数分别在 1929nm 和 568nm 处达到极小值和极大值，为–0.679 和 0.715，整体波段也表现出较高的相关性；Hg 相关性在 1600nm 处达到极大值 0.636，虽没有一阶微分达到的极大值高，但整体波段达到了很好的相关性，有一半波段相关性绝对值位于 0.5 以上；Cd 在 1279nm 处达到极大值 0.498，较其他三种预处理方式，多元散射校正效果达到最佳；Cr 在 2316nm 处达到极大值–0.423，提升效果不明显。总体来说，经多元散射变换后，多种重金属达到极高的相关性，这表明多元散射校正能够有效去除噪声及由散射带来的基线漂移等干扰，增强与样品成品相关的光谱信息。

2. 单一模型建立与分析

利用 K-S 算法将样本划分为建模集和验证集(建模样本 50 个，验证样本 15 个)，对样本进行交叉验证。通过对不同的预处理的光谱数据做相关性分析，选择相关性较大和显著性波段分别用于 PLSR、人工神经网络模型(ANN)和随机森林模型(RF)的建模。采用决定系数、均方根误差和相对分析误差指标对模型进行精度评定。其中，决定系数作为数据拟合程度的一个评定，它越接近于 1，效果越好；均方根误差反映预测数据的精密度，用来衡量预测值与真值之间的偏差，RMSE 越小，表明预测精度越高；相对分析误差指预测偏差，它是标准差与均方根误差的比值，RPD 的高低反映模型的预测能力，当 RPD＞2.0 时，模型的预测能力很好；当 2.0＞RPD＞1.5 时，模型的预测能力一般；当 RPD＜1.5 时，表明建模失败。表 6-8～表 6-10 依次为 PLSR、ANN 和 RF 建模结果。

表 6-8　PLSR 建模结果

元素	光谱变换	建模集		预测集		
		R^2	RMSE	R^2	RMSE	RPD
Cd	FDR	0.47	0.72	0.35	0.91	0.42
	DS	0.52	0.68	0.48	0.70	1.15
	MSC	0.58	0.61	0.55	0.76	0.69
	CR	0.50	0.71	0.40	0.97	1.06
Cr	FDR	0.74	17.73	0.69	20.87	1.9
	DS	0.83	14.45	0.79	16.96	2.27
	MSC	0.72	18.86	0.69	20.15	2.00
	CR	0.70	19.66	0.66	21.30	1.74
Ni	FDR	0.62	10.13	0.45	11.31	0.94
	DS	0.86	5.98	0.75	6.37	1.98
	MSC	0.83	6.30	0.76	6.88	2.09
	CR	0.75	9.19	0.68	10.76	2.61

续表

元素	光谱变换	建模集		预测集		
		R^2	RMSE	R^2	RMSE	RPD
As	FDR	0.83	1.89	0.80	1.79	2.06
	DS	0.65	3.34	0.59	3.92	1.29
	MSC	0.87	1.81	0.82	2.49	2.14
	CR	0.79	2.31	0.74	3.03	1.90
Hg	FDR	0.79	0.04	0.74	0.04	1.89
	DS	0.83	0.03	0.78	0.04	2.15
	MSC	0.80	0.04	0.74	0.04	1.80
	CR	0.82	0.04	0.76	0.04	2.24

注：FDR 表示一阶微分；DS 表示离差标准化；MSC 表示多元散射变换；CR 表示连续统去除，下同。

表 6-9　ANN 建模结果

元素	光谱变换	建模集		预测集		
		R^2	RMSE	R^2	RMSE	RPD
Cd	FDR	0.71	0.33	0.68	0.37	1.32
	DS	0.44	0.70	0.31	0.71	0.35
	MSC	0.86	0.16	0.79	0.17	1.72
	CR	0.59	0.61	0.54	0.66	1.11
Cr	FDR	0.81	15.54	0.76	17.84	2.12
	DS	0.88	11.77	0.83	15.66	2.19
	MSC	0.77	17.48	0.66	22.04	1.71
	CR	0.74	18.47	0.69	21.41	1.95
Ni	FDR	0.67	10.42	0.59	12.85	1.34
	DS	0.87	4.96	0.82	5.26	2.8
	MSC	0.79	8.07	0.74	8.34	1.72
	CR	0.80	7.88	0.75	8.03	1.95
As	FDR	0.85	1.73	0.79	2.42	2.06
	DS	0.81	2.16	0.70	2.95	0.95
	MSC	0.80	2.04	0.75	3.46	1.49
	CR	0.78	2.14	0.73	3.16	1.31
Hg	FDR	0.73	0.04	0.67	0.04	1.84
	DS	0.85	0.03	0.82	0.03	1.85
	MSC	0.79	0.04	0.77	0.04	2.44
	CR	0.62	0.05	0.41	0.06	1.50

表 6-10　RF 建模结果

元素	光谱变换	建模集		预测集		
		R^2	RMSE	R^2	RMSE	RPD
Cd	FDR	0.79	0.21	0.70	0.25	1.01
	DS	0.72	0.28	0.63	0.36	1.32
	MSC	0.86	0.15	0.83	0.18	1.76
	CR	0.43	0.63	0.22	0.93	0.22
Cr	FDR	0.76	23.16	0.74	18.85	1.45
	DS	0.80	17.84	0.76	18.61	1.38
	MSC	0.78	18.88	0.74	19.03	1.13
	CR	0.74	24.32	0.73	20.33	1.35
Ni	FDR	0.74	8.77	0.67	10.56	1.09
	DS	0.66	10.71	0.56	13.32	0.73
	MSC	0.86	4.47	0.83	4.78	2.72
	CR	0.42	16.85	0.34	18.47	0.38
As	FDR	0.90	1.68	0.86	1.79	2.27
	DS	0.61	3.59	0.50	3.9	0.83
	MSC	0.91	1.44	0.89	2.00	2.77
	CR	0.67	3.16	0.60	4.04	0.65
Hg	FDR	0.89	0.02	0.85	0.03	2.30
	DS	0.75	0.04	0.68	0.04	1.20
	MSC	0.88	0.02	0.84	0.03	2.52
	CR	0.67	0.05	0.58	0.05	0.80

从表 6-8～表 6-10 可以看出，不同的预处理对三种建模方法来说差异较大，从验证集的 R^2、RMSE 和 RPD 来看，多元散射结合 RF，R^2 与 RPD 普遍达到了 0.80 和 2.0 以上。PLSR 预测效果一般，其中，As 经 MSC 后效果最好，R^2 与 RPD 分别为 0.82 和 2.14。DS 结合 ANN 对于含量相对较高的 Cr、Ni 的预测效果较好，R^2 和 RPD 分别为 0.83、2.19 和 0.82、2.8，表明在进行重金属高光谱含量估算中需要考虑重金属含量对建模反演效果的影响。比较前两种建模方式，RF 表现了优异的估测能力，经多元散射变换多种重金属的 R^2 和 RPD 有明显提升，其中，As 效果最好，R^2、RMSE 和 RPD 分别达到 0.89、2.00 和 2.77，其次是 Hg、Ni 和 Cd，R^2 均达到 0.80 以上，Cr 较其他三种预处理变换效果无明显差异。

根据以上分析可知，结合 MSC 和 RF 的优势，相比其他预处理，MSC-RF 模型整体来说要略胜一筹，其次，DS-ANN 对重金属含量相对偏高的元素也表现出了较好的预测能力。总体来说，采用 MSC 结合 RF 建立的重金属反演模型效果最好。

3. 组合模型与验证

组合模型能够“取长补短”，发挥多种模型的优势；组合模型的关键问题在于单一预测模型的选取及相应权重系数的确定，针对不同重金属，分别选取两种较优单一模型，利用熵值法确定模型权重系数。

熵值法能够根据单种预测模型预测误差序列的变异程度来确定组合模型的权重系

数，且计算简单，提供了一种客观赋权的方法。利用熵值法进行模型组合，从表 6-11 中土壤重金属含量的预测结果可以看出，验证集精度相比传统单一模型验证集精度有了显著性提高，其中，As 的 R^2 值达到最高，相比其最优模型 R^2 由 0.89 提高至 0.91，RMSE 由 2.00 降低至 1.85；Cd、Cr 和 As 线性和非线性模型的组合表现出了优异的估测能力，尤其对于 Cd，R^2 和 RPD 分别由最优单一预测模型的 0.83 和 1.76 提升至 0.85 和 2.39，RMSE 由 0.18 减少至 0.16，表明利用熵值法确定的组合模型估算土壤重金属含量是可行的。图 6-28 为土壤重金属含量较优模型与组合模型预测散点图比较，散点越接近于 1∶1 对角线，效果越好，从图中可以看出，组合模型散点较多集中在对角线附近，且散点趋势线与对角线之间的角度差很小，表明结合多种模型能够对重金属含量的预测起到一个很好的效果。由于土壤为矿物质、有机质和水分等物质组成的复杂有机整体，各成分之间相互影响、相互作用，土壤光谱易受区域性和地域性影响，因此不同区域内的土壤光谱有所差异。

表 6-11 组合模型参数

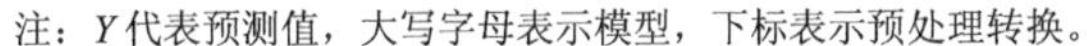

元素	组合模型	R^2	RMSE	RPD
Cd	Y=0.511×RF_{MSC}+0.489×ANN_{MSC}	0.85	0.16	2.39
Cr	Y=0.501×ANN_{DS}+0.499×$PLSR_{DS}$	0.86	14.16	2.57
Ni	Y=0.506×ANN_{DS}+0.494×RF_{MSC}	0.87	5.09	2.61
As	Y=0.534×RF_{MSC}+0.466×$PLSR_{FDR}$	0.91	1.85	2.62
Hg	Y=0.502×RF_{MSC}+0.498×RF_{FDR}	0.89	0.025	2.96

注：Y 代表预测值，大写字母表示模型，下标表示预处理转换。

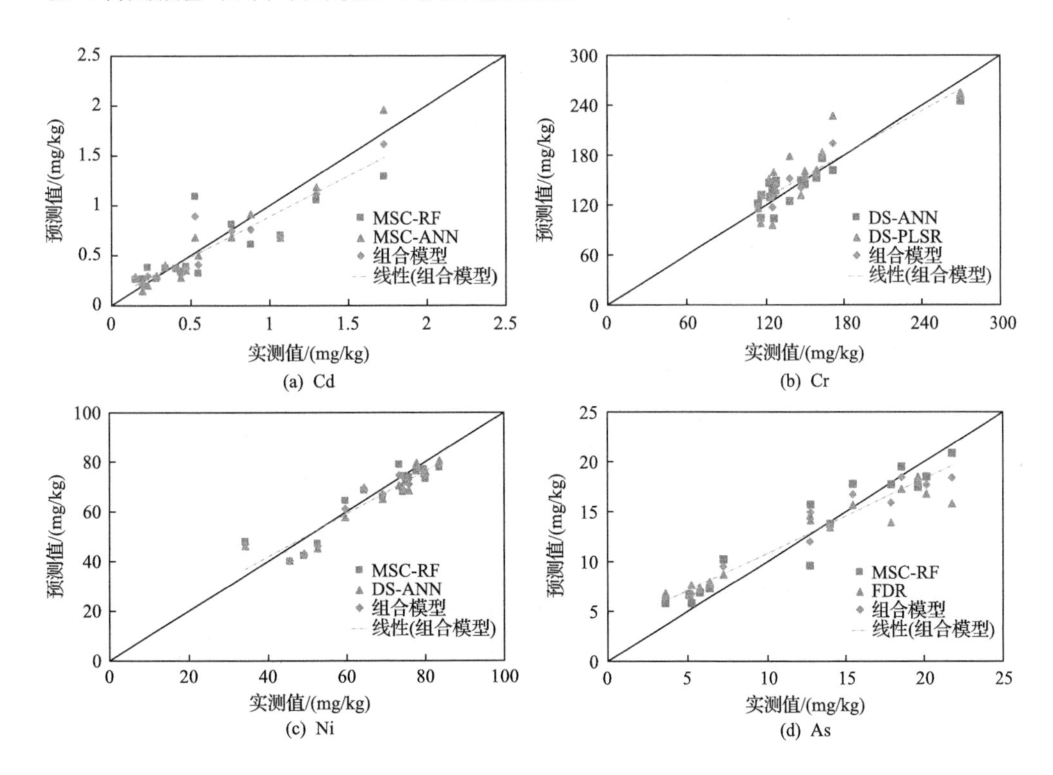

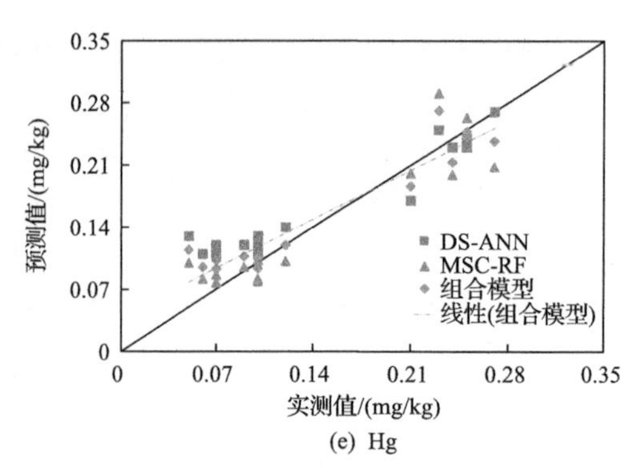

(e) Hg

图 6-28 土壤重金属含量较优模型与组合模型预测散点图比较

(三)复垦土壤有机质高光谱反演(以湖北黄石为例)

1. 土壤有机质光谱特性

根据不同的有机质含量绘制土壤有机质原始光谱反射率曲线图。为提取原始波段中不易被发现的光谱信息，突出光谱特征波段、分离平行背景值，对平滑后的土壤原始光谱反射率曲线进行一阶微分、二阶微分、倒数对数三种光谱变换。

从图 6-29 可以看出，不同样本的土壤光谱反射率值不同，但土壤光谱曲线整体变化趋势一致。在不同分级标准下有机质曲线分布均匀，土壤有机质含量与土壤光谱反射率数值之间无明显的相关关系，这说明对于研究区土壤而言，有机质含量并不是影响光谱反射率数值大小的主要因素。近红外范围(700～2240nm)内反射曲线较为稳定，在一定范围内上下波动，曲线间的离散程度加大，在 1000nm、1400nm、1800nm、1900nm、2200nm 等位置可以看到明显的光谱吸收谷，其中，1400nm、1900nm、2200nm 位置都是明显的水分吸收谷。经过变换后的光谱信息得到了明显的加强，光谱波段，特别是可见光波段的灵敏度提高了。FDR 和 SDR 曲线的数值在正负值之间上下起伏，所反映出的光谱信息十分丰富，数值变化范围分别为–0.004～0.005 和–0.008～0.012。其中，曲线变化幅度较大的区间有 500～800nm、1300～1500nm、1860～1920nm、2020～2040nm。LR 曲线

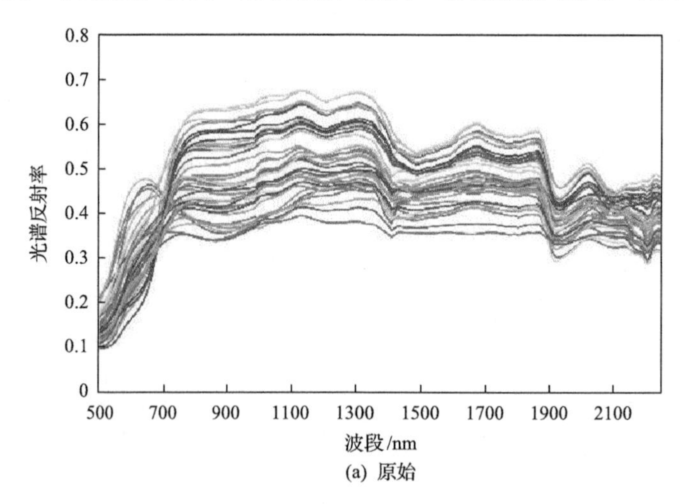

(a) 原始

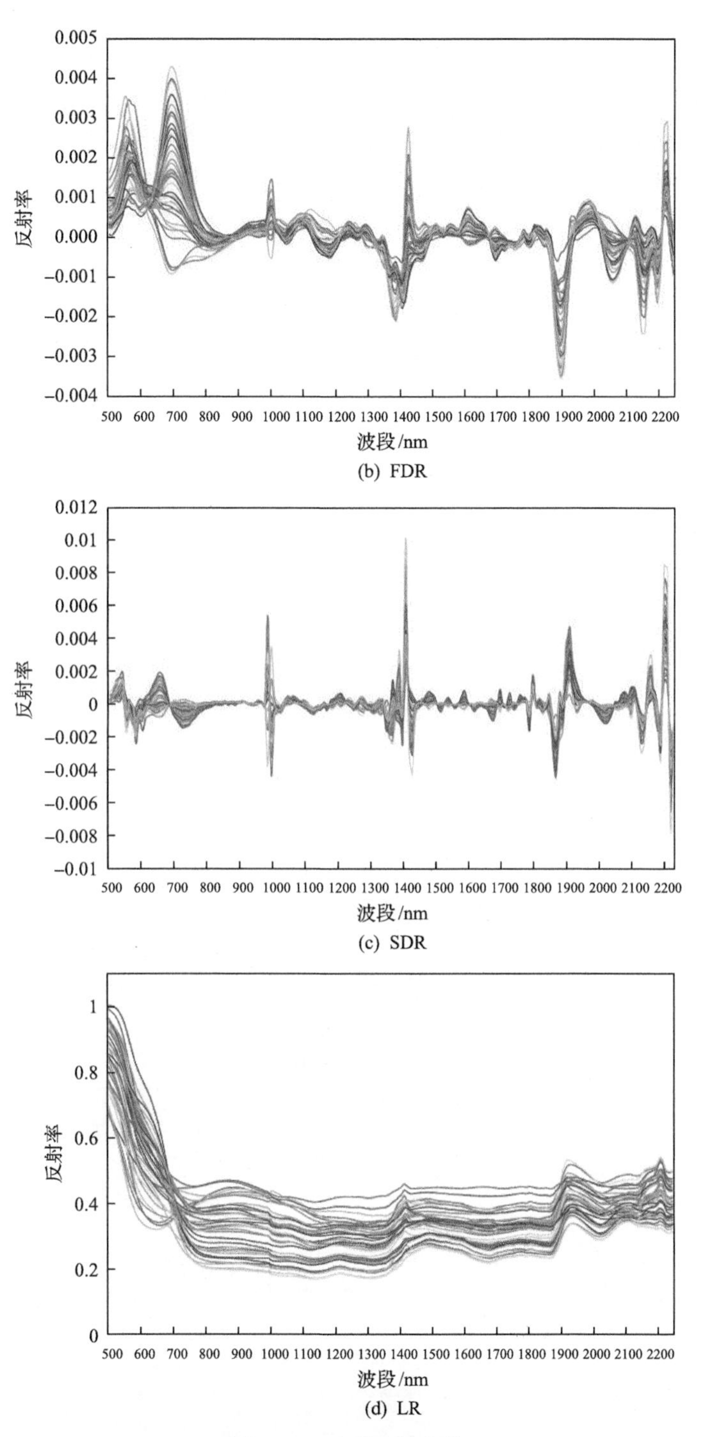

(b) FDR

(c) SDR

(d) LR

图 6-29　光谱变换曲线

数值范围为 0～1，曲线整体较为平滑，形状类似于原始曲线的倒置，吸收峰出现的位置与原始波段大体相同。

为进一步论证利用高光谱反演土壤有机质的可行性，探究有机质含量与土壤光谱反射率曲线间特别是光谱吸收波段的相关关系，采用相关系数 r 描述相关性。从总体上来看，与原始光谱曲线相比，经过光谱变换后的全波段的光谱相关性都得到了明显的加强，部分波段的相关系数提升了 0.5 以上。对曲线进行显著性检验，部分波段可以达到 0.05 显著性水平，一小部分达到 0.01 极显著水平。不同相关系数曲线达到 0.05 显著性水平的波段位置分别为 OR，500～560nm；FDR，640～870nm、1150～1250nm、1550～1795nm、1940～2200nm；SDR，540～640nm、830～930nm、1860～1910nm；LR，500～670nm。从相关系数来看，SDR 变换的效果最好，最高相关波段为 2170nm（R=−0.83）（图 6-30）。

2. 土壤有机质高光谱反演

按照全样本 3∶1 的比例和有机质含量均匀选择建模样本（28）和预测样本（10）。根据 FDR、SDR、LR 三种光谱变换方法，选择达到 0.05 显著性水平以上的波段为特征波段，建立多元逐步回归模型（SMLR），采用 RBF 为核函数建立 SVM 模型，并利用决定系数和均方根误差对模型预测集进行精度评价（表 6-12 和图 6-31）。模型的建立采用 Matlab 2016b 软件实现。

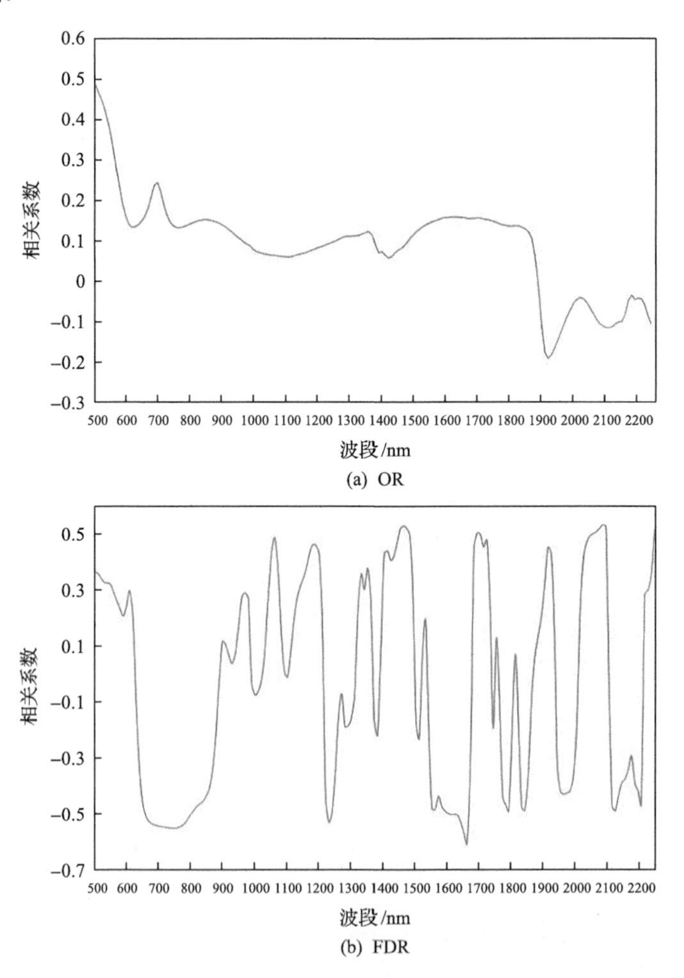

(a) OR

(b) FDR

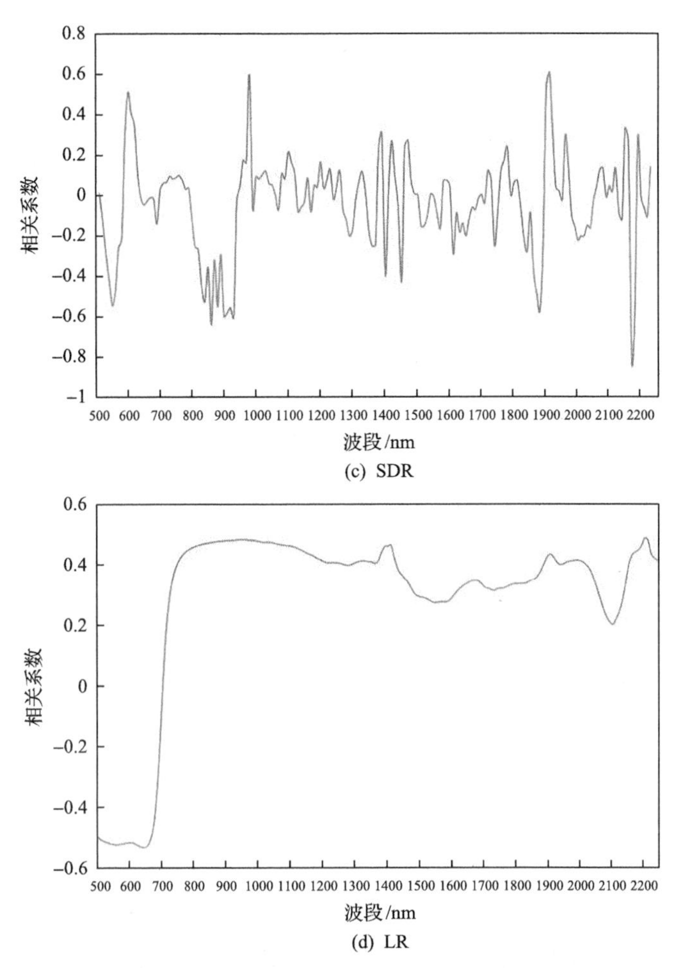

(c) SDR

(d) LR

图 6-30 土壤有机质含量与 OR、FDR、SDR、LR 间的相关分析

决定系数(R^2)反映了模型的稳定性，RMSE 反映了模型的预测能力，经分析可以看出 SMLR 模型中基于 FDR 的 SMLR 模型的反演效果最优，R^2=0.80，RMSE=3.18；SVM 模型中基于 SDR 的 SVM 模型的反演效果最优，R^2=0.89，RMSE=1.73。总体上来看，SVM 模型的预测效果明显优于 SMLR 模型，与 SMLR 模型相比，R^2 普遍提高了 0.1 左右，RMSE 降低了 1.5 左右。研究表明，基于 SDR 的 SVM 模型对研究区土壤有机质的实

表 6-12 土壤有机质含量预测模型

模型	光谱变换	R^2	RMSE
SMLR	FDR	0.80	3.18
	SDR	0.73	2.69
	LR	0.69	5.09
SVM	FDR	0.83	2.14
	SDR	0.89	1.73
	LR	0.74	3.95

注：R^2 为图 6-31 中四舍五入保留两位小数结果。

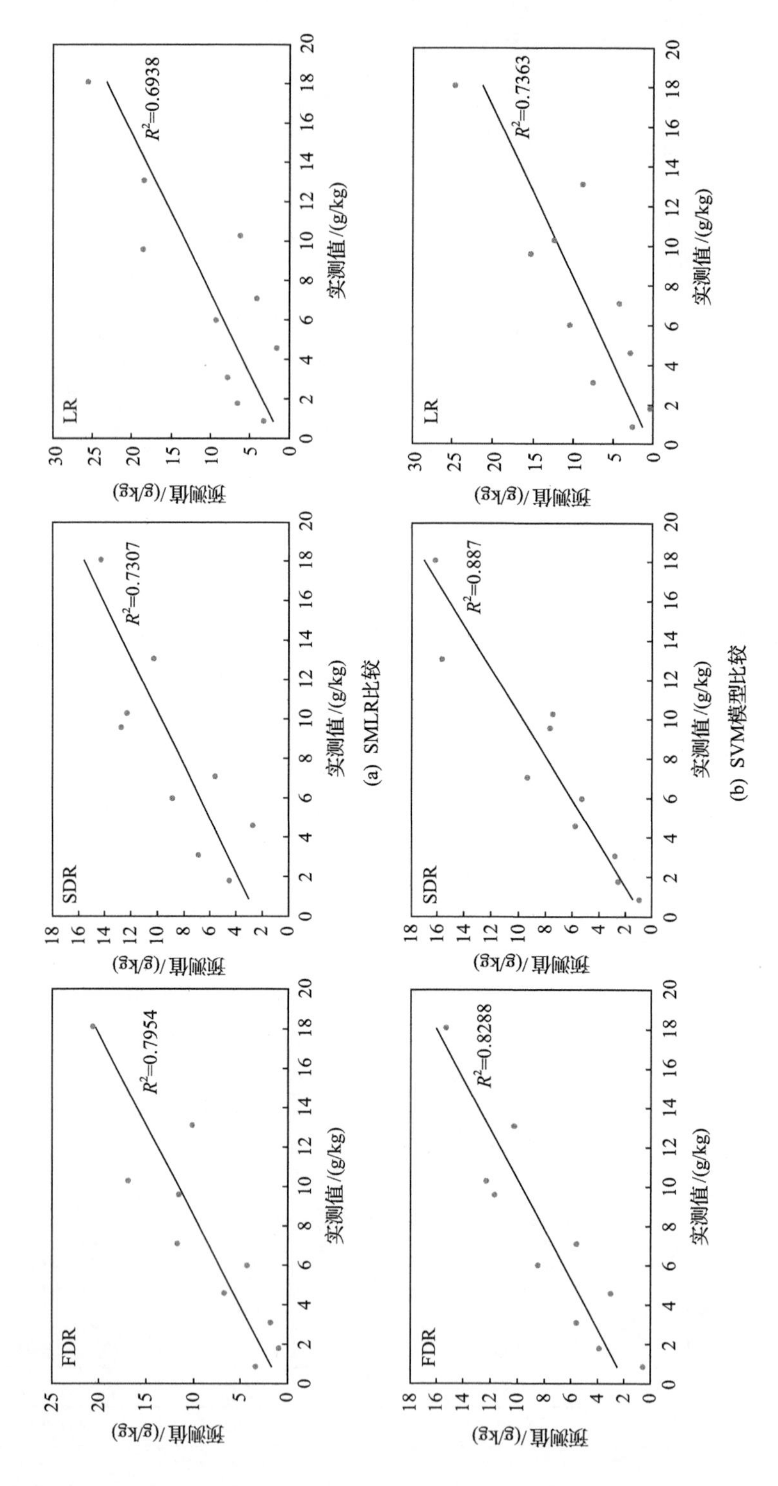

图6-31　土壤有机质含量模型实测值与预测值比较

测值与预测值之间的差异性较小，模型能够较为精确地实现研究区土壤有机质含量的预测(沈强等，2019a)。

(四)复垦土壤重金属高光谱反演(以湖北黄石为例)

1. 土壤重金属光谱特性

选取部分光谱曲线，对比原始反射率曲线和连续统去除反射率曲线(图 6-32)。

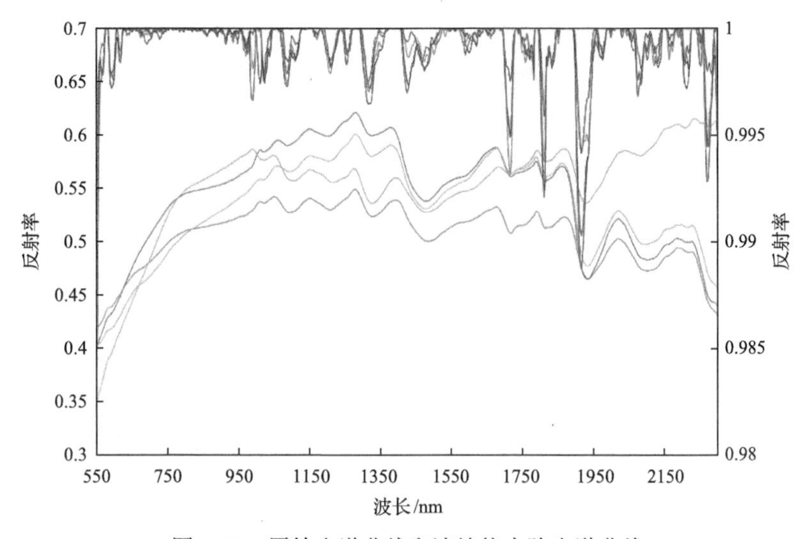

图 6-32 原始光谱曲线和连续统去除光谱曲线

从图 6-32 可以看出，光谱反射率在可见光(550～760nm)波段呈明显的上升趋势，在近红外波段(760～2300nm)逐渐趋于平稳。4 条光谱曲线的反射率差异较大，但总体变化趋势相同，可以看到在 760nm、1270nm、1680nm 和 2000nm 附近有明显的光谱反射峰，1465nm 和 1950nm 附近有明显的光谱吸收谷。经过连续统去除以后，光谱反射率数值被归一化到 0.98～1，1300nm、1720nm 和 1810nm 等在原始光谱曲线上变化较小的吸收谷都被明显扩大了，这表明连续统去除法可以明显扩大光谱吸收波段，使土壤的光谱吸收值更加突出。

2. 土壤重金属高光谱反演

通过对比相关系数的大小，选取与重金属相关性大的光谱波段，利用逐步回归分析的方法，对不同重金属元素和不同的处理方法进行分析(表 6-13)。

表 6-13 土壤重金属含量逐步回归模型

重金属	光谱变换	逐步回归模型	R^2
As	一阶微分	$y=49.073-151814.853x_{1935}-29689.826x_{2165}$	0.53
	倒数对数	$y=-112.284+171.872x_{495}$	0.43
	连续统去除	$y=-1411.765-623.979x_{545}+1190.941x_{2165}+890.652x_{1935}$	0.53
Zn	一阶微分	$y=229.517-425014x_{2205}-176495x_{495}+861366x_{2355}-191415x_{2165}$	0.81
	倒数对数	$y=-262.896+462.119x_{495}$	0.27
	连续统去除	$y=-14479.646+10870.576x_{1425}+4033.162x_{1935}$	0.32

续表

重金属	光谱变换	逐步回归模型	R^2
Cr	一阶微分	$y = 130.614 - 53468.004x_{495} - 83254.344x_{2165} - 151436.621x_{1505} + 132960.97x_{2205}$	0.81
	倒数对数	$y = -133.742 + 243.235x_{495}$	0.60
	连续统去除	$y = 1304.685 - 1289.395x_{545}$	0.56

可以看出，三种光谱变换方法(一阶微分、倒数对数、连续统去除)不同重金属逐步回归模型 R^2 值多数大于 0.5，说明土壤中的重金属含量与对应的光谱反射率之间有较好的线性关系，模型与李巨宝等(2005)、徐良骥等(2017)的研究结果相似，根据回归系数和显著性检验的结果，选择 R^2 值最大的模型为重金属各自的最优逐步回归模型，其中，Zn、Cr 两种元素反演效果最好，R^2 值可以达到 0.8 以上(沈强等，2019b)。

将之前选出的 10 组测试的采样点数据代入最优逐步回归模型中，将重金属含量的预测值与实测值进行比较，可得到如图 6-33 所示的散点图。

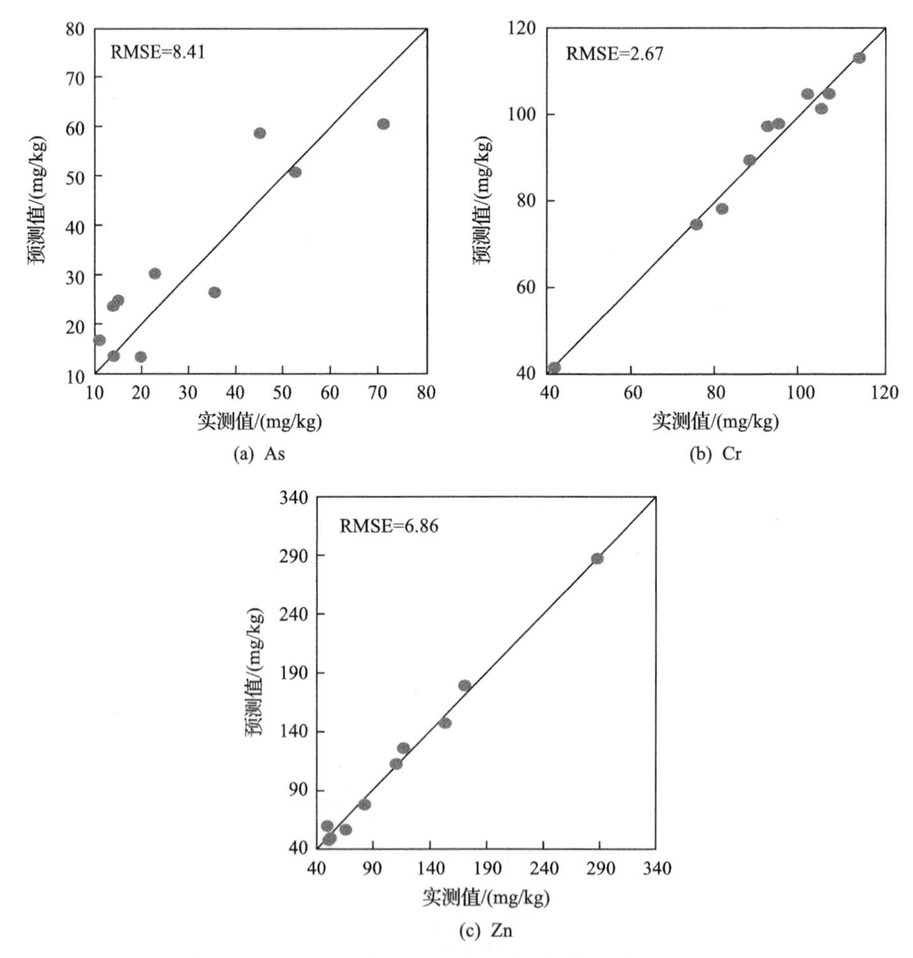

图 6-33　土壤重金属含量实测值与预测值散点图

散点图的中分线为 $y=x$ 的直线，测试点距离直线越近，模型预测精度越高。从总体上来看，测试点大部分位于中分线附近，建立的最优模型与土壤中重金属含量之间存在较好的相关性。Cr 元素的预测效果最好，均方根误差为 2.67，其次是 Zn、As，均方根误差分别为 6.86、8.41。

(五)复垦土壤 Cu 元素高光谱间接反演(以湖北黄石为例)

结合(四)的研究成果，进一步开展土壤 Fe、Cu 元素高光谱间接反演研究。

1. 土壤 Fe 高光谱反演

根据相关系数和显著性检验的结果，将样本按照 3∶1 的比例进行划分(建模集 15，验证集 5)，选择 0.05 显著性水平以上的波段作为光谱特征波段，采用 PLSR、SVM、BP 建立土壤 Fe 含量高光谱反演模型，并利用 R^2 和 RMSR 对模型验证集的精度进行检验(表 6-14)。从表 6-14 可以看出，PLSR 明显优于其他两种算法，采用 FDR-PLSR 建立的模型反演效果最好，R^2 和 RMSR 的值分别为 0.88 和 0.53。

表 6-14　土壤 Fe 含量反演模型精度评价

模型	光谱变换	R^2	RMSE
PLSR	FDR	0.88	0.53
	SDR	0.79	0.71
	CR	0.63	10.2
SVM	FDR	0.74	1.26
	SDR	0.63	9.52
	CR	0.58	13.31
BP	FDR	0.71	2.78
	SDR	0.44	1.97
	CR	0.31	17.59

2. 土壤 Cu 元素高光谱间接反演

从土壤 Fe 含量高光谱反演效果来看，选择 FDR-PLSR 模型作为土壤 Fe 含量最优反演模型，将全部样本点代入模型中，计算样本土壤 Fe 含量的预测值。选择与 Fe 相关性最高且超出国家标准风险筛选值的 Cu 元素作为间接反演的目标。选择线性回归模型和 BP 神经网络模型对比直接反演法和间接法的模型反演效果(表 6-15 和图 6-34)。

表 6-15　土壤 Cu 含量预测模型对比

模型	直接法		间接法	
	R^2	RMSR	R^2	RMSR
线性回归	0.61	0.81	0.79	0.71
BP 神经网络	0.65	0.77	0.82	0.62

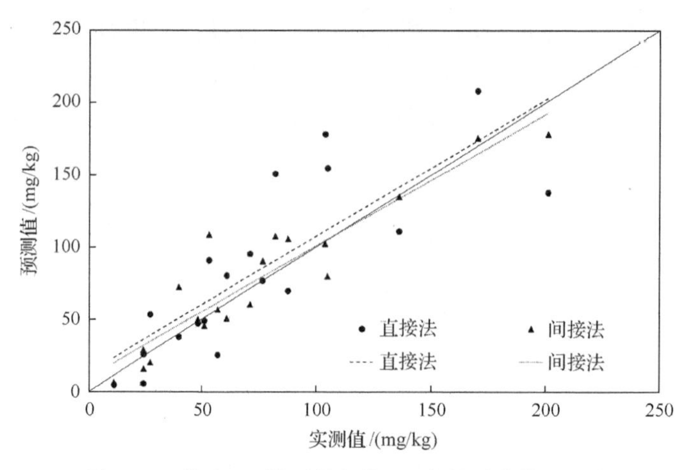

图 6-34　基于 BP 模型的土壤 Cu 含量反演效果对比

可以看出，基于 BP 神经网络建立土壤 Fe 对重金属 Cu 的预测模型反演效果最好，R^2 为 0.82，RMSE 为 0.62。比较直接反演法和间接反演法可以看出，采用间接法反演 Cu 的效果优于直接法，R^2 提升了约 0.2，RMSE 下降了约 0.1。

第四节　矿业废弃地复垦修复效果时空评价

选取典型矿业废弃复垦地(四川古蔺、湖北黄石)为研究区，对其复垦后的土壤作物质量进行评价，为矿业废弃地的后续治理和质量提升提供理论指导和技术支撑。

一、采样与分析

综合考虑复垦前损毁类型与程度、复垦工程与单元，四川古蔺共获得采样点 58 个，其中 40 个点有玉米采集，野外采样于 2016 年 7 月底完成，采样深度为 0～20cm。综合考虑各因素的影响，采用 ArcGIS 软件进行 60m×60m 网格布点并分层抽样。湖北黄石最终采集研究区土壤样点 20 个，研究区东部为重点监测区域，土地利用方式主要为旱地，种植农作物，因此样点采集主要集中在东部区域。采集表层 0～20cm 的土壤样品，在采样、样品保存和样品处理过程中均采用非金属容器，避免样品污染，采样时用 GPS 定位样点坐标，同时详细记录土壤有效土层厚度、砾石含量、土地利用方式等信息。采样时间为 2017 年 9 月。

二、复垦效果监测评价

(一)复垦土地质量现状评价

1. 复垦土壤重金属空间分布特征

(1)基于变异函数理论和样点的复垦土壤重金属空间结构分析。

基于 ArcGIS10.2 分析复垦土壤重金属全局趋势，空间趋势反映了空间物体在空间区域上变化的主体特征(图 6-35)。趋势分析图中的每根竖棒代表一个数据点的值(高度)和位置。这些点被投影到一个东西向和南北向的正交平面上。通过投影点可以作出一条最佳拟合线，并用它来模拟特定方向存在的趋势。

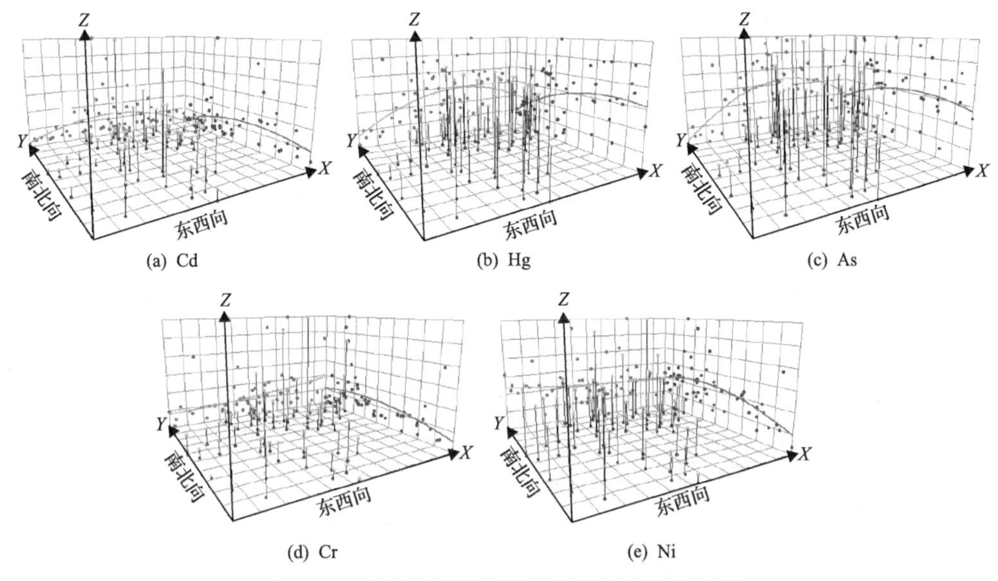

图 6-35　历史遗留废弃地土壤重金属趋势分析

图 6-35 显示，不同复垦土壤重金属在全局空间上具有一定的相似性，投影点均较为分散，趋势线(绿色和蓝色)在南北向均呈现出两头低和中间高的趋势，呈倒“U”字形(三阶趋势)。而在东西向，除了 Cr 和 Ni 元素外，其他复垦土壤重金属也表现出与南北向相似的特征。研究区复垦土壤重金属含量总体中部高、四周相对较低的格局是采矿、复垦等人为活动和地形地貌等自然要素共同作用的结果，开采损毁和复垦活动是其主要影响因素，中部地区为磺渣堆场主要分布区域，磺渣堆场污染严重，且其复垦方向主要为林地，复垦过程中并没有采取相关污染治理措施。同时，研究区中部为山间谷地，地势较低，南、北、东部地势高(张世文等，2017)。

块基比[$C_0/(C_0+C_1)$]表示随机部分引起的空间异质性在系统总变异中所占的比例，通常可以用它来衡量变量的空间相关性，比值越小，说明空间相关性越强：若比值小于 25%，则表明变量具有强烈的空间相关性；比值介于 25%～75%，则为中等程度空间相关性；比值大于 75%时，为弱空间相关性(Cambardella et al., 1994；张世文等，2011)。结构性因素为气候、地形、土壤类型等，随机因素包括施肥、耕作措施、种植制度等各种人为活动。表 6-16 显示，除了 Cd 元素呈球状模型外，其他均符合指数模型。复垦土壤重金属 Cd、Hg、As、Cr 和 Ni 的 $C_0/(C_0+C_1)$分别为 50.32%、47.15%、63.88%、66.29%和 65.06%，比较接近 75%，呈现中等程度空间自相关性。从 C_0、C_1 和 $C_0/(C_0+C_1)$可以看出，除了 Hg 外，代表测量误差、微尺度过程等随机部分带来的空间变异性(C_0)均大于结构方差，即 $C_0/(C_0+C_1)$均大于 50%，随机因素占主导，复垦土壤具有扰动和易变性，历史遗留矿业废弃地复垦土壤重金属空间变异性主要源自覆土、土壤培肥、土壤 pH 调节措施等随机因素，这与自然土壤受气候、地质、地形、土壤类型等结构因素影响不同。各向异性比(k)为长轴与短轴的比，表示在长轴方向上距离为 h 的两点间的平均变异程度与在短轴方向上距离为 $k \cdot h$ 的两点间的平均变异程度相同（苑小勇等，2008）。各向异性比均大于 1，且部分大于 2，表明代表南北方向的长轴均大于代表东西方向的短轴，即南北方向的空间变异性的程度大于东西方向，这也进一步验证了趋势分析的结果。

表 6-16　历史遗留矿业废弃地复垦土壤重金属变异函数及其特征值

元素	模型	变程/km		k	方向角/(°)	C_0	C_1	$C_0/(C_0+C_1)$/%
		长轴	短轴					
Cd	球状	1143.64	659.04	1.74	118.3	0.79	0.78	50.32
Hg	指数	3651.38	1739.3	2.10	50.45	0.0058	0.0065	47.15
As	指数	2293.84	1113.38	2.06	20.74	45.05	25.47	63.88
Cr	指数	677.01	343.74	1.97	93.33	7016.64	3568.19	66.29
Ni	指数	683.54	407.75	1.68	93.86	550.03	295.45	65.06

(2) 基于经验贝叶斯克里格法的区域复垦土壤重金属空间分布特征分析。

采用经验贝叶斯克里格法进行历史遗留矿业废弃地复垦土壤重金属的空间预测。通过不同参数下的预测精度比较，选择预测精度最优的参数，子集大小为 100，重叠因子为 1，模拟次数为 300，输出栅格大小为 10m×10m（图 6-36）。采用 RMSE、MSDR 分别来衡量各复垦土壤重金属的空间预测精度和模型模拟效果。

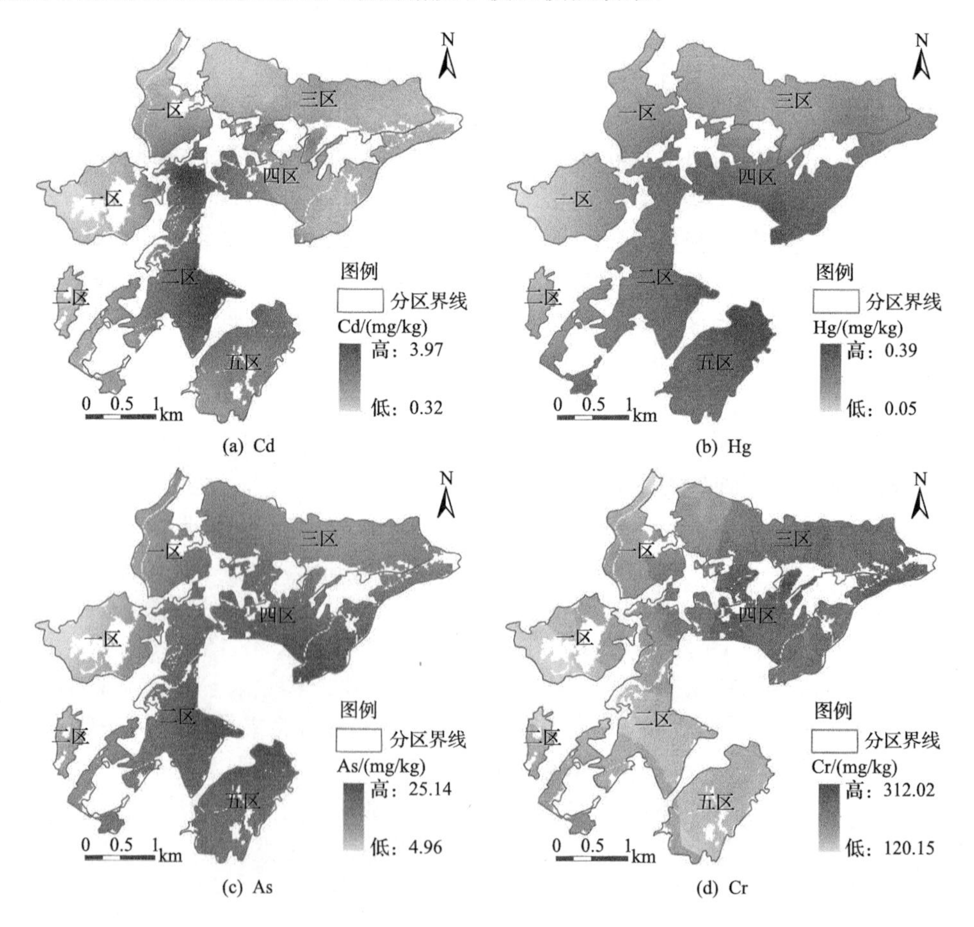

(a) Cd　　(b) Hg

(c) As　　(d) Cr

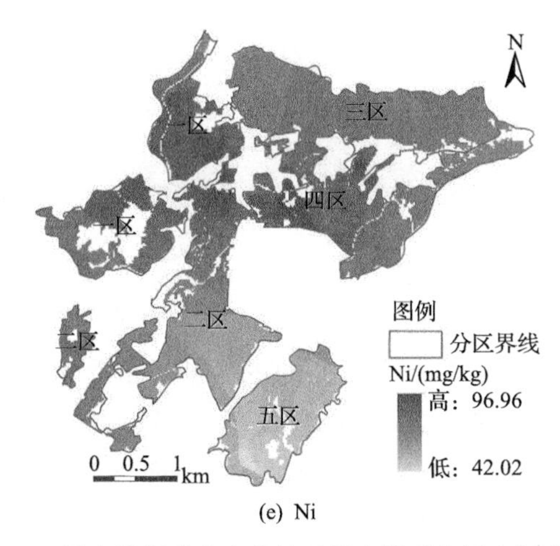

(e) Ni

图 6-36 历史遗留矿业废弃地复垦土壤重金属空间分布图

由图 6-36 可知，无论是何种重金属，一区东部、二区北部、四区西部均呈现较高的含量，一区和二区西部、三区北部地区含量相对较低。土壤重金属含量较高的区域内现在或曾经分布有众多磺渣堆场，且地势相对较低。从不同分区的含量大小来看，四区总体重金属含量较高；一区复垦前主要为服务于矿山生产的辅助建设用地，且地势极高，远离冶炼制硫磺污染源，且复垦过程中也进行了适当覆土，因此，一区总体重金属含量较低。从空间分布的局部特征来看，无论何种重金属，空间分布格局都较为混乱，平滑效应不明显，并非呈规则平滑的带状或者同心圆分布的特征。就各土壤重金属元素而言，Cd 元素的经验贝叶斯克里格法预测值处于 0.32～3.97mg/kg，在整个研究区内均呈现高含量水平分布，平均含量在 1.16mg/kg，二区平均含量最高，其次是五区、四区、一区，三区平均含量最低。Hg、As 空间分布格局整体具有一定的相似性，呈现二区、四区和五区较高，其他区域相对较低的格局。Hg 元素的经验贝叶斯克里格法预测值处于 0.05～0.39mg/kg，平均含量在 0.20mg/kg，As 元素的经验贝叶斯克里格法预测值处于 4.96～25.14mg/kg，平均含量在 16.67mg/kg。Cr、Ni 空间分布格局较为相似，整体呈现北部高、南部低的格局，但在东西方向上却正好相反，Cr 元素呈现西低东高的格局，Ni 元素却呈现西高东低的格局，这和图 6-35 趋势分析的结果也是一致的。Cr 元素的经验贝叶斯克里格法预测值处在 120.15～312.02mg/kg，平均含量在 189.31mg/kg，Ni 元素的经验贝叶斯克里格法预测值处于 42.02～96.96mg/kg，平均含量在 75.57mg/kg。

历史遗留矿业废弃地复垦土壤重金属 Cd、Hg、As、Cr 和 Ni 的 RMSE 分别为 0.1343、0.0108、0.9127、1.6219 和 2.0331，复垦土壤重金属 EBK 预测的 RMSE 整体偏小，但不同复垦土壤重金属预测精度有所差异，EBK 法对 Cd、Hg 和 As 元素的预测精度较高；历史遗留矿业废弃地复垦土壤重金属 Cd、Hg、As、Cr 和 Ni 的 MSDR 值分别为 0.595、1.264、3.0519、2.313、1.874、1.4928，MSDR 总体比较接近 1，模型拟合效果较好。综合考虑 RMSE 和 MSRD，EBK 对 Hg 的预测效果最好。EBK 法可准确预测一般程度上不稳定的数据；对于小型数据集，比其他克里金法更准确。从均值和极差可看出，预测值与实测值的均值较为接近，在一定程度上能够体现复垦土壤重金属的突变性和异常值。

2. 作物重金属空间分布特征

研究区玉米中 As 和 Hg 并不超标，全区玉米籽粒中 As 含量均小于 0.050mg/kg；除了一个样点值低于 0.001mg/kg 之外，97.5%的 Hg 含量均在 0.001～0.010mg/kg。与国家食品卫生标准相比，玉米籽粒中 As 和 Hg 的浓度显著偏低，安全性好。而对 Cr、Ni 和 Cd 来说，出现了局部超标现象。由图 6-37 可知，一区东部、三区西部和四区西部重金属呈现较高含量，二区中部和五区重金属含量相对较低。采集的玉米样品中有 1 个样点存在 Cr 超标现象(1.910mg/kg)，出现在三区西部；Ni 在所有样点中，也只有两个点位出现超标现象，分布在三区西北部和二区北部；Cd 超标出现在一区东部、三区中部和四区西北部，最大值出现在四区西北部(0.710mg/kg)。

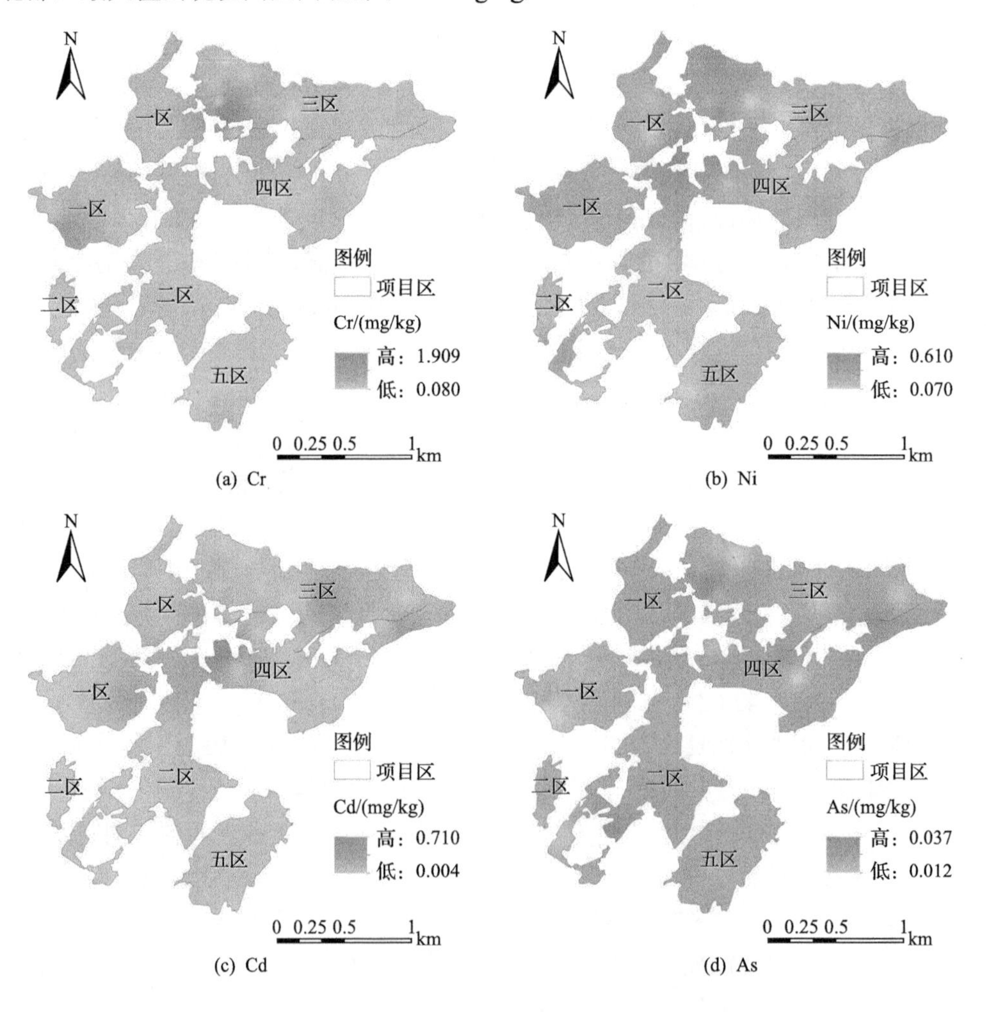

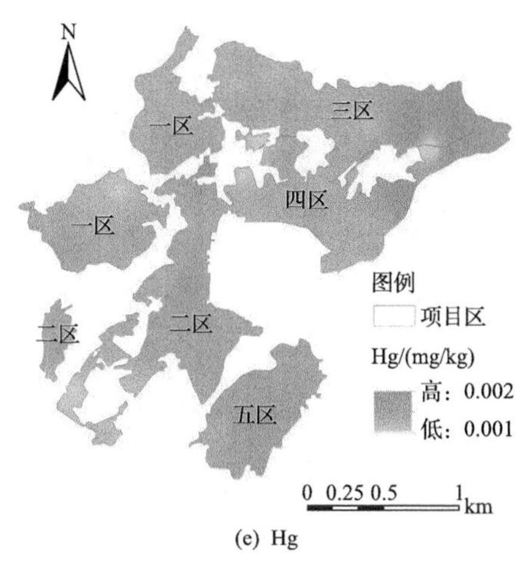

(e) Hg

图 6-37　玉米籽粒重金属含量空间分布图

3. 土壤重金属质量评价

对四川古蔺研究区基于样点，结合单因子与综合污染指数，进行土壤环境质量评价。Cd 单因子指数为 2.33，在研究区内为主要限制因子，属于中度污染，极大值达到 10.47，属于重度污染，其超标率达到 76%，Cd 超标严重。其次为 Cr 和 Ni，单因子污染指数分别为 0.83 和 0.74，为尚清洁，二者超标率相同，均为 24%。As 和 Hg 单因子污染指数分别为 0.39 和 0.09，属于清洁水平，无样点超标。综合来看，P_n 为 1.81，研究区内属于轻度污染(表 6-17)。

表 6-17　复垦区土壤重金属污染程度评价结果表

重金属	P_i 极小值	P_i 极大值	P_i 均值	P_n	超标率/%
Cd	0.20	10.47	2.33	1.81	76.00
Cr	0.41	1.74	0.83		24.00
Ni	0.19	1.71	0.74		24.00
As	0.08	0.84	0.39		0
Hg	0.02	0.24	0.09		0

对 5 种重金属元素污染程度进行单因子评价和综合评价，详见图 6-38。

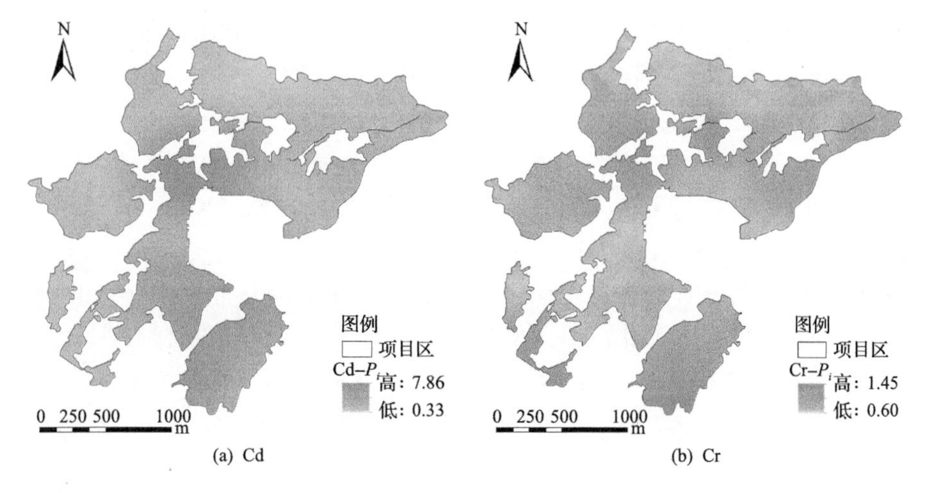

(a) Cd　　(b) Cr

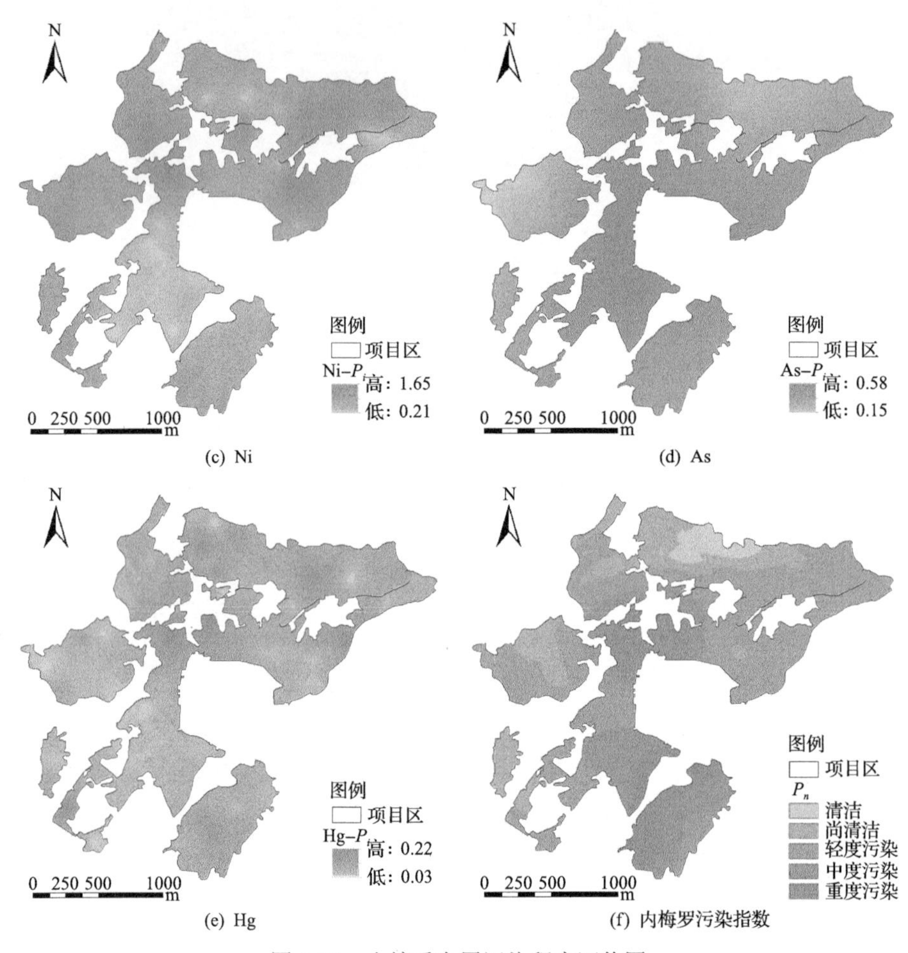

(c) Ni　(d) As

(e) Hg　(f) 内梅罗污染指数

图 6-38　土壤重金属污染程度评价图

从图 6-38 可以看出，土壤 Cd 单因子污染指数为 0.33～7.86，土壤 Cd 污染较重的地区主要为二区的北部和四区西部，三区和一区污染相对较轻。全部区域土壤 Cr 污染指数为 0.60～1.45，部分区域为轻度污染，主要分布在五区南部。全部区域土壤 Ni 污染指数为 0.21～1.65，其为轻度污染，主要分布在一区西南部、二区北部、四区东部和三区中部。土壤 As 和 Hg 单因子污染指数都小于 0.7，均达到清洁状态。

综合来看，内梅罗污染指数达到重度污染程度的区域主要分布在二区的东南部和北部、四区西部、五区。达到中度污染程度的区域主要分布在二区和四区的少数区域。轻度污染主要分布在一区、三区、四区中部和五区少数区域。整体来看，研究区主要以轻度和重度污染为主。

对湖北黄石市大冶研究区复垦结束后开展了跟踪监测与评价工作，并制定了监测方案，完成了采样测试工作，对监测结果进行了评价。基于采样和实验室化验测试数据，采用单项污染指数和内梅罗综合指数对跟踪监测项目复垦土地质量进行评价(图 6-39)。

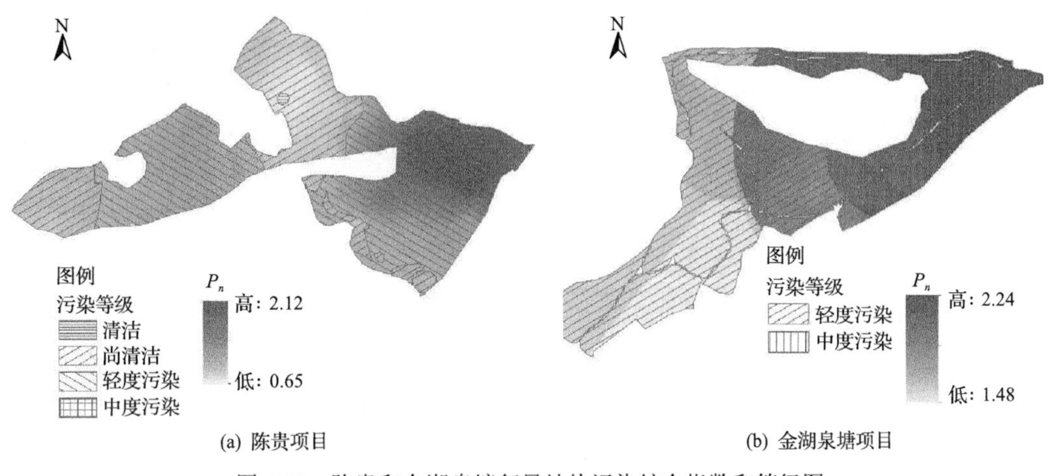

(a) 陈贵项目　(b) 金湖泉塘项目

图 6-39　陈贵和金湖泉塘复垦地块污染综合指数和等级图

陈贵复垦地块土壤环境质量等级以二级和三级为主，66.09%的区域为轻度污染，Cu 点位超标率高。金湖泉塘复垦地块土壤环境质量污染等级为三级和四级，66.7%区域为轻度污染，33.3%为中度污染，As、Cu 点位超标率高。

陈贵复垦地块污染相对较轻，总体上为轻度污染和尚清洁。金湖泉塘复垦地块污染相对严重，为中、轻度污染。As、Cu、Cd 是主要的重金属污染类型。历史背景(陈贵复垦地块原堆放铁矿废渣废岩，在后期修路时进行过清理；金湖泉塘一直堆放铜矿尾砂，两个尾砂对照的内梅罗污染指数在 11 以上)、复垦措施(陈贵复垦地块覆土厚，金湖泉塘覆土薄)、复垦时间等不同导致了两个复垦地块的污染差异。尾砂 P_n 达到 11 以上，随着时间的推移，下层尾砂势必影响土层的重金属含量。

4. 作物重金属质量评价

分别采用单因子污染指数法和综合污染指数法对玉米籽粒中五种重金属进行质量评价，玉米籽粒中各重金属元素的单因子污染指数和综合污染指数计算结果见表 6-18。

表 6-18　玉米籽粒重金属单因子污染指数和综合污染指数

作物类型	统计值	P_i					$P_{综}$
		Cr	Ni	Cd	As	Hg	
玉米	最大值	1.910	1.530	7.053	0.073	0.093	5.122
	最小值	0.080	0.170	0.039	0.024	0.043	0.133
	均值	0.180	0.470	0.444	0.038	0.068	0.588

由表 6-18 可知，玉米籽粒中五种重金属的单因子指数均值均小于 1，其均值从大到小排序为 Ni＞Cd＞Cr＞Hg＞As，但部分 Cr、Cd 和 Ni 的单因子污染指数大于 1，其中 Cd 尤为突出，达到 7.053。总体上看，所有样点综合污染指数均值为 0.588，根据农作物质量分级标准可知，该研究区玉米籽粒整体上处于安全等级，污染水平为清洁。综合污染指数为 0.133～5.122，最大值为 5.122，超过 3.0，属于重度污染，其空间分布在四区

的西部(图 6-40)。由于四区复垦前长期堆放废弃的磺渣，土壤重金属含量总体偏高，会对玉米生长产生一定影响。从图 6-40 可看出，其中，玉米籽粒处于安全等级的占 82.5%，有 5.0%处于警戒线内，另外轻度污染占 10.0%，2.5%的玉米属于重度污染，无中度污染等级。

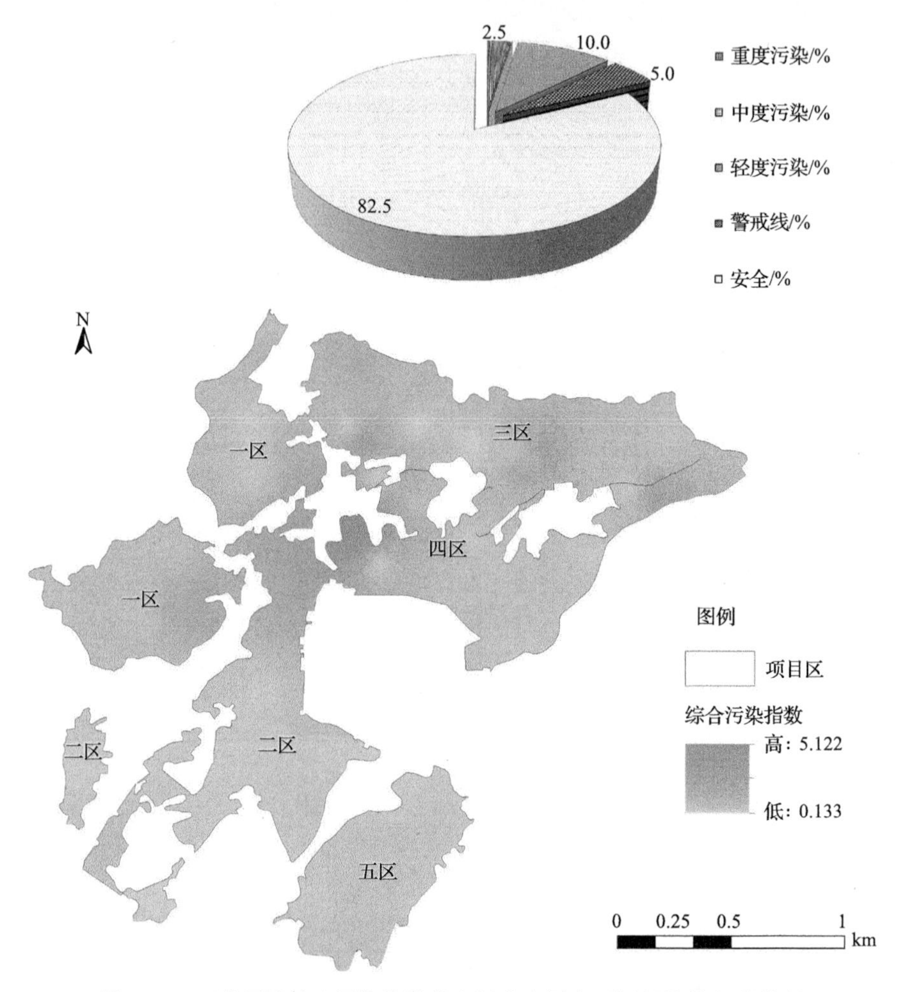

图 6-40　玉米籽粒综合污染指数的空间分布图和不同污染等级的比例

5. 土壤重金属生物有效性评价

重金属的生物有效性系数表示重金属有效态含量占全量的比例，能够较全量和有效态更清楚地解释环境污染对土壤的冲击。由图 6-41 可知，表层土壤(0～25cm)中，Cd 的生物有效性最高，达到 27.63%，其次为 As，Cr 的有效性最低，可见在该复垦土壤中，Cd 对环境的影响最大，生物活性较强，易于被植物吸收。这可能是由于在外源因素影响下，Cd 主要以交换态存在于复垦土壤中，易于被植物吸收利用转化，从而对生态环境、人类健康造成威胁，在研究区内，Cd 是主要的风险因子(刘慧琳等，2018)。

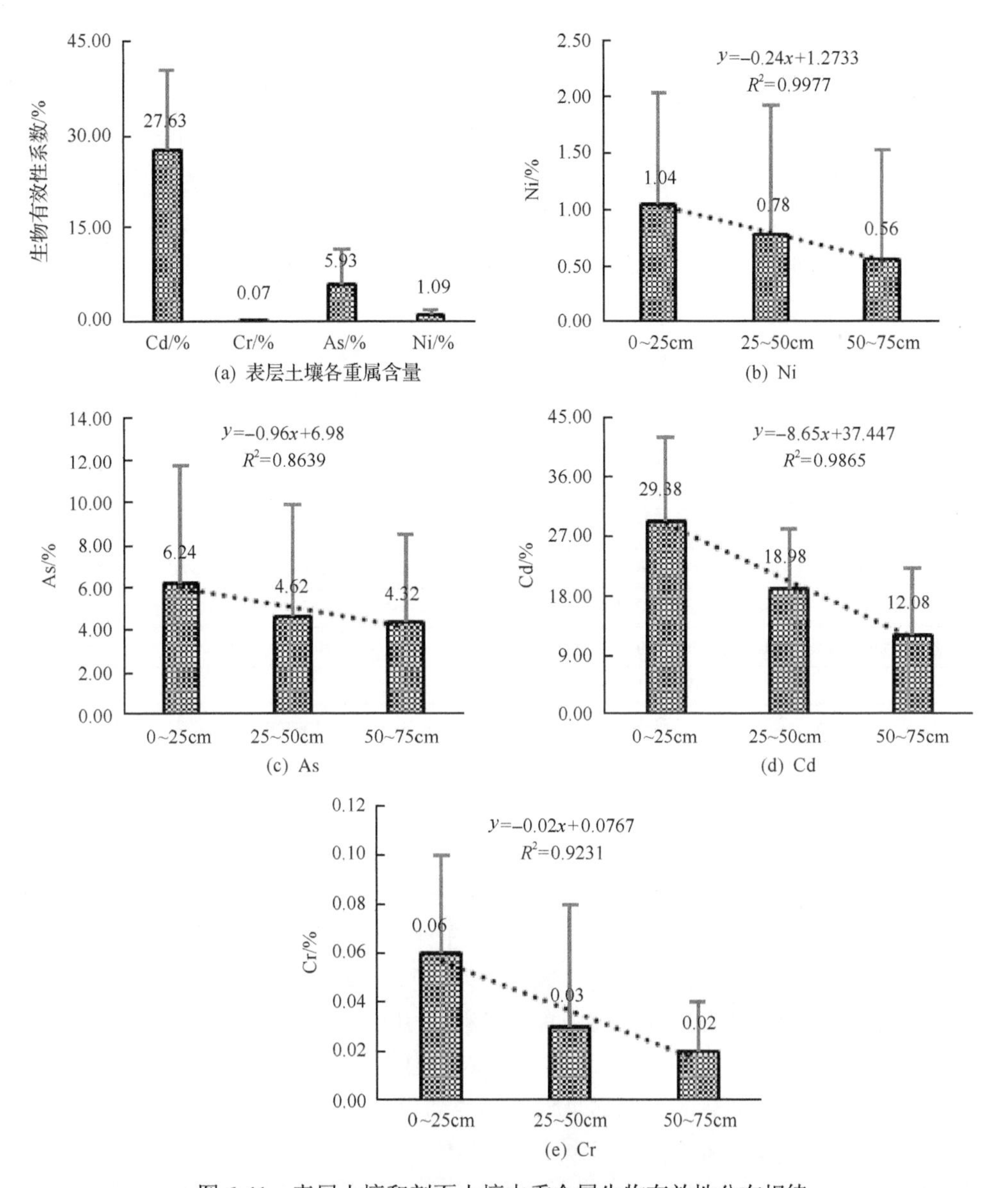

图 6-41　表层土壤和剖面土壤中重金属生物有效性分布规律

为直观反映土壤重金属生物有效性系数在不同土壤深度下的变化趋势，以土层深度 0～25cm、20～50cm、50～75cm 分别取 1、2、3 为横坐标 x，相应生物有效性系数为纵坐标 y，拟合方程，该方程仅反映二者之间的趋势

由图 6-41 可知，土壤重金属有效态含量随着剖面深度的增加逐渐减小，表层土壤重金属含量显著高于下层，同时可知，复垦土壤重金属生物有效性均有一致的规律，即随着土壤深度的增加，有效性系数也逐渐降低。上层系数大于下层，表层土壤生物有效性系数最高，这也充分表明了复垦土壤的性质特点，表层土壤对重金属存在明显的富集作用，随着时间的推移，除了受复垦措施等影响外，还受耕作措施、种植制度、人工施肥等农业活动影响，使得表层土壤重金属生物有效性影响较大。深层土壤受随机因素影响小，生物有效性低于表层。

6. 作物健康风险评价

四川古蔺研究区土壤中的重金属可通过作物根系吸收进入农作物体内，并在植物不同器官和组织中累积，如果玉米可食用部分重金属含量过高，则会通过食物链传递到人体中，对人体产生严重影响。本书通过健康风险评价估算玉米籽粒中重金属通过饮食摄入对人体发生不良影响的概率，表征重金属对人体健康危害程度，可以为环境风险管理和风险决策提供依据(刘蕊等，2014)。根据暴露因子手册和玉米摄入引起的重金属平均日摄入量模型计算 Q_H 和 I_H，结果见表 6-19。

表 6-19　玉米籽粒重金属健康风险评价结果

重金属	D_{Ad}/[μg/(kg·d)]		Q_H		D_{Rf}/[μg/(kg·d)]	Q_{ig}/R_{ig}	平均年健康风险/a^{-1}	
	成人	儿童	成人	儿童			成人	儿童
Cr	0.470	1.119	0.157	0.373	3.0	41	2.727×10^{-4}	6.406×10^{-4}
Ni	0.494	1.176	0.025	0.059	20	2.0×10^{-2}	3.539×10^{-9}	8.400×10^{-9}
Cd	0.116	0.277	0.116	0.277	1.0	6.1	1.010×10^{-5}	2.412×10^{-5}
As	0.050	0.119	0.167	0.397	0.3	15	1.071×10^{-5}	2.548×10^{-5}
Hg	0.003	0.006	0.030	0.060	0.1	1×10^{-4}	4.285×10^{-10}	8.571×10^{-10}
I_H			0.495	1.166				

注：D_{Ad} 表示作物日均摄取值，取值参照文献中的标准限值(吴迪等，2013；Barraza et al., 2018；侯胜男等，2018)；D_{Rf} 表示暴露参考剂量；Q_{ig}/R_{ig} 取值参考文献(李剑等，2009；林曼利等，2014；高继军等，2004)。

从表 6-19 可知，对成人来说，玉米籽粒中单一重金属 Cr、Ni、Cd、As 和 Hg 的 Q_H 均小于 1，其多种重金属综合风险 I_H 为 0.495，小于 1，说明食用该地区种植的玉米对成人的健康不会有风险；而对儿童来说，虽单一重金属元素 Q_H 都小于 1，但复合重金属的综合风险 I_H 为 1.166，大于 1，表明该地区种植的玉米对儿童的健康产生风险的可能性大，这可能与儿童各器官组织发育不完全，抵抗力差，特别是对重金属污染的解毒能力弱等方面有关。值得注意的是，儿童通过摄食玉米籽粒引发的重金属健康风险均大于成人，这与前人研究的结果一致(Huang et al., 2015；朱宇恩等，2011)。相对于成人，儿童更具有健康风险，所以对儿童食品应更加重视。总体而言，无论是成人还是儿童，玉米摄入对人体造成的健康风险顺序均为 As＞Cr＞Cd＞Hg＞Ni。

根据国际癌症研究机构(IARC)和世界卫生组织(WHO)通过全面评价化学物质致癌性可靠程度而编制的分类系统可知，其中，Cr、Cd 和 As 为化学致癌物，Ni 和 Hg 为非化学致癌物(李剑等，2009；林曼利等，2014；高继军等，2004；胡青青等，2019)。从表 6-19 可以看出，致癌物对当地居民健康危害的风险值远远超过非致癌物的风险值，其风险水平相差 4～5 个数量级。其中，致癌物 Cr 所致的健康风险最大，成人和儿童风险值分别为 $2.727\times10^{-4}a^{-1}$ 和 $6.406\times10^{-4}\ a^{-1}$，儿童大于成人，且儿童超过美国国家环境保护局(USEPA)最大可接受风险($1.0\times10^{-4}\ a^{-1}$)，故应该作为优先污染物进行监测与控制；其次是 Cd 和 As，两者较为接近，数量级均在 $10^{-5}\ a^{-1}$，低于国际辐射防护委员会(ICRP)推荐的最大可接受风险($5\times10^{-5}\ a^{-1}$)，属于安全水平。三者致癌风险顺序为 Cr＞As＞Cd。对于非致癌物 Ni 和 Hg 来说，数量级在 10^{-9}～$10^{-10}a^{-1}$，几乎达到可忽略的程度，不会对当地居民构成明显的伤害。

(二)矿业废弃地复垦耕地多目标质量评价

以复垦耕地为对象，提出复垦耕地质量多目标评价原则，构建多目标评价指标和方法体系，并以湖北省某废弃金属矿山复垦耕地为例进行案例分析。研究结果将为矿业废弃地的复垦耕地质量监管和提升提供参考。

1. 多目标评价体系的构建

1)评价原则

矿业废弃地复垦耕地是一类由人为扰动所形成的特殊的国土空间，在时间、空间上都具有显著的差异，且不同因素对耕地质量的影响程度不一，评价因子选取的合适与否往往直接影响评价结果的合理性、科学性。因此，评价指标因子的选取主要遵循以下原则：①主导性原则，②稳定性原则，③区域性原则，④现实性原则，⑤针对性原则。

2)评价目标和指标

复垦耕地质量的评价应包含两个目标，即生产力评价(分目标 1)和安全利用评价(分目标 2)。而根据矿业废弃地的历史遗留特征及复垦前的资料收集，可以判定复垦耕地是否存在环境安全问题。对于存在潜在环境问题的复垦耕地，评价其质量时应同时对其生产力和环境安全状况进行评价，并综合二者得到其综合质量评价。对于无潜在环境问题的复垦耕地，可以仅开展生产力的评价。具体指标选取如表 6-20 所示。

表 6-20　复垦耕地质量多目标评价指标

<table>
<tr><th colspan="2">目标层</th><th>准则层</th><th>指标层</th><th>数据说明</th><th>备注</th></tr>
<tr><td rowspan="17">综合质量评价
(总目标)</td><td rowspan="10">生产力评价
(分目标 1)</td><td rowspan="3">土壤物理特性</td><td>覆土层厚度</td><td>根据复垦规划设计，结合实地调查</td><td>必选</td></tr>
<tr><td>粉黏比</td><td rowspan="2">实验室测试</td><td>必选</td></tr>
<tr><td>土壤容重</td><td>可选</td></tr>
<tr><td rowspan="5">土壤肥力状况</td><td>土壤有机质
(SOM)</td><td rowspan="5">参照相关农业土壤行业标准，
实验室测试</td><td>必选</td></tr>
<tr><td>速效钾(AK)</td><td>必选</td></tr>
<tr><td>速效磷(AP)</td><td>必选</td></tr>
<tr><td>全氮(TN)</td><td>可选</td></tr>
<tr><td>土壤硫、钼、铁等
微量元素</td><td>可选</td></tr>
<tr><td rowspan="2">农田配套设施</td><td>灌溉保证率</td><td rowspan="2">根据复垦规划设计，结合实地调查</td><td>必选</td></tr>
<tr><td>道路通达度</td><td>可选</td></tr>
<tr><td rowspan="7">安全利用
评价
(分目标 2)</td><td rowspan="7">重金属元素</td><td>镉(Cd)</td><td rowspan="7">参照《土壤环境质量 农用地土壤污染风险管控标准》(GB 15618—2018)，
实验室测试</td><td rowspan="7">依据矿种的不同及其伴生矿的实际情况进行选取</td></tr>
<tr><td>汞(Hg)</td></tr>
<tr><td>铜(Cu)</td></tr>
<tr><td>铅(Pb)</td></tr>
<tr><td>铬(Cr)</td></tr>
<tr><td>砷(As)</td></tr>
<tr><td>锌(Zn)</td></tr>
</table>

3）复垦耕地质量评价方法

A. 生产力评价

采用土壤生产力指数（productivity index，PI）对复垦耕地的生产力状况进行评价，其数值越大则复垦耕地的生产力越好，计算见式（6-9），并按照等间距法将复垦耕地的生产力划分为 5 个等级，见表 6-21。

$$PI = \sum W_i \cdot N_i \tag{6-9}$$

式中，W_i 为第 i 项生产力指标的权重；N_i 为第 i 项生产力指标的隶属度。

表 6-21　复垦耕地的生产力指数分级标准

PI 值	生产力水平	生产力等级
≥0.8	优	Ⅰ
0.6～<0.8	良好	Ⅱ
0.4～<0.6	中等	Ⅲ
0.2～<0.4	较差	Ⅳ
<0.2	差	Ⅴ

为保证权重系数的准确性与客观性，本章采用变异指数法确定权重，利用各指标的变异系数占总变异系数的比例作为权重系数，计算公式如下：

$$W_i = V_i / \sum_{i=1}^{n} V_i \tag{6-10}$$

式中，V_i 为第 i 项生产力指标的变异系数。

对于概念型指标如灌溉条件、道路通达度等，可直接用德尔菲法给出隶属度（齐力，2012；李德胜等，2012）。对于定量化的指标，可依照其对于生产力的效应采取“S”形隶属度函数或抛物线型隶属度函数得到隶属度。

（1）S 型隶属度函数。此类函数参评因子指标值越高，作物生长效果越好，但是达到一定临界值后效用趋于稳定，SOM、AP、AK 都符合此类函数，表达式为

$$f(x) = \begin{cases} 1.0 & x > x_2 \\ 0.9\dfrac{(x - x_1)}{(x_2 - x_1)} + 0.1 & x_1 \leqslant x \leqslant x_2 \\ 0.1 & x < x_1 \end{cases} \tag{6-11}$$

（2）抛物线型隶属度函数。此类函数参评因子指标值在一定范围内对作物的生长效应最好，但是超出一定范围后效用变差，覆土层厚度、粉黏比都符合此类函数，表达式为

$$f(x)\begin{cases}1.0-0.9\dfrac{(x-x_3)}{(x_4-x_3)} & x_3\leqslant x\leqslant x_4\\ 1.0 & x_2\leqslant x<x_3\\ 0.9\dfrac{(x-x_1)}{(x_2-x_1)}+0.1 & x_1\leqslant x<x_2\\ 0.1 & x<x_1\text{或}x>x_4\end{cases} \tag{6-12}$$

B. 安全利用评价

本章采用常见的单因子指数法和内梅罗综合污染指数法对复垦耕地的重金属污染状况进行评价，计算公式见第五章第三节。以《土壤环境质量 农用地土壤污染风险管控标准》(GB 15618—2018)为依据。

C. 综合质量评价

对于可能有潜在环境安全问题的复垦耕地，应该综合考虑生产力和安全生产两方面对耕地质量的影响。为了更加充分地考虑各影响因素的交互作用，本章采取灰色关联法将其与参比耕地进行比较。灰色关联度值越接近 1，其综合质量越好。其计算公式为 $X_0=\{X_0(k)|k=1,2,\cdots,n\}$（为参比数列），$X_i=\{X_i(k)|k=1,2,\cdots,n\}(i=1,2,\cdots,m)$（为比较数列）。

对比较数列进行均值化处理，消除量纲的影响，如下式：

$$X_i'(k)=\frac{X_i(k)}{\dfrac{1}{n}\sum_{k=1}^{n}X(k)} \tag{6-13}$$

则 $X_0(k)$ 和 $X_i'(k)$ 的关联系数为

$$\xi_i(k)=\frac{\min\limits_i\min\limits_k|X_0(k)-X_i'(k)|+\rho\max\limits_i\max\limits_k|X_0(k)-X_i'(k)|}{|X_0(k)-X_i'(k)|+\rho\max\limits_i\max\limits_k|X_0(k)-X_i'(k)|} \tag{6-14}$$

式中，$\xi_i(k)$ 为关联系数；$X_0(k)-X_i'(k)$ 为比较数列与参比数列各对应点的绝对差值；$\min\limits_i\min\limits_k|X_0(k)-X_i'(k)|$ 和 $\max\limits_i\max\limits_k|X_0(k)-X_i'(k)|$ 分别为两级极小差和两级极大差；ρ 为分辨系数，一般取 0.5（唐菲菲等，2016；张连金等，2016；孙宇等，2014）。

耕地综合质量受各指标的影响程度不同，因此通过变异指数法[式(6-10)]确定权重。则关联度 r_i 计算公式如下：

$$r_i=\sum_{k=1}^{N}\xi_i(k)\cdot W_i \tag{6-15}$$

式中，r_i 为比较数列 X_i 对参比数列 X_0 的灰色关联度；W_i 为指标的权重。

依据《土壤环境质量 农用地土壤污染风险管控标准》(GB 15618—2018)及全国第二次土壤普查分级标准，结合相关文献（邓燕红等，2015；夏权等，2015；吕焕哲等，2016），对参比耕地相应指标赋值。

2. 基于构建多目标评价体系的案例研究

1) 研究区数据获取

研究区为湖北省某废弃金属矿山复垦耕地，复垦工作完成于 2014 年。采用网格和随机布点相结合的采样方法，共获得采样点 16 个。参考《土壤环境质量 农用地土壤污染风险管控标准》(GB 15618—2018) 和农业土壤行业标准 (NY/T 1121—2006) 测试样品的重金属含量及土壤理化性质。

2) 评价指标选取与相关参数的确定

(1) 评价指标选取。除表 6-20 中的必选指标外，综合考虑案例区在复垦前所属矿种、其伴生矿的实际情况及复垦的相关措施，本章将可选指标中的道路通达度、灌溉保证率、Cd、Cu、Pb、As、Zn 也一并纳入评价过程，以确保评价的准确性和全面性。

(2) 转折点确定。对于 SOM、AP、AK，选择 "S" 形隶属度函数；对于覆土厚度、粉黏比，选择抛物线型隶属度函数，同时参照现有相关研究结果 (张金婷等，2016；王倩倩，2016；戴士祥等，2018) 与全国第二次土壤普查分级标准，确定隶属度函数中各转折点的相应取值，如表 6-22 所示。

表 6-22　指标转折点

转折点	SOM/(mg/kg)	AP/(mg/kg)	AK/(mg/kg)	覆土厚度/cm	粉黏比
x_1	6	3	30	20	0.7
x_2	40	40	200	60	1.2
x_3	—	—	—	—	2.5
x_4	—	—	—	—	3.5

3) 评价结果

(1) 生产力评价。

利用 SPSS 24.0 软件对各项生产力指标进行描述性统计，结果如表 6-23 所示。变异系数可以用于表征耕地生产力性质的变异程度。从变异系数上来看，SOM、AP 的变异系数大于 40%，均为中等变异，其中 AP 的变异系数最大，为 92.22%，远高于其他生产力指标。这是由于磷在土壤中的迁移性小且在复垦过程中磷的施入情况不同，因而其空间分布不均。参照全国第二次土壤普查养分分级标准，AK 含量处于中等水平，SOM 和 AP 含量处于较低水平。

平均隶属度越大，所反映的单一指标的生产力水平越高 (叶回春等，2013)。从表 6-23 可以看出，SOM 的平均隶属度最小，仅为 0.1；AP、AK 次之，均不足 0.5；而灌溉保证率、粉黏比、覆土厚度的平均隶属度均大于 0.5，这表明复垦工作完成后，相关的农田配套设施在长时间内都可以满足生产需要，而土壤理化性质则会由于缺少人为的监管逐渐低于生产的要求，因此在复垦结束后的利用过程中应该注意土壤理化性质的监测和改善。

表 6-23　复垦耕地生产力指标描述性统计

指标	最小值	最大值	均值	标准差	变异系数/%	平均隶属度	土壤生产力指标权重
SOM/(g/kg)	0.88	7.5	2.99	2.11	70.54	0.10	0.25
AP/(mg/kg)	0.04	9.28	3.15	2.91	92.22	0.13	0.33
AK/(mg/kg)	42.50	110.00	69.16	18.75	27.11	0.30	0.10
粉黏比	0.84	2.45	1.77	0.49	27.58	1.00	0.10
覆土厚度/cm	30	80	42.63	15.48	36.32	0.96	0.12
灌溉保证率	0.40	1.00	0.82	0.24	29.34	0.82	0.10

结合复垦耕地的生产力指数分级标准(表 6-21)，采用普通克里格插值法绘制出案例区复垦耕地生产力空间分布图(图 6-42)。整体来看，案例区耕地生产力处于中等水平，16 个采样点的耕地生产力指数属较差、中等的比例分别为 25%、75%。其中，属较低的采样点存在 AP 偏小或 SOM 偏小的问题，从而制约了案例区耕地的生产力。以西南至东南方向的连线为界，界线以北地区的耕地生产力总体上高于界线以南地区，这种分布趋势主要与采样点距储水区的距离有关。且该趋势与 SOM 与 AK 的分布趋势较为一致，说明灌溉保证率、SOM 与 AK 对案例区耕地生产力的影响较大；从局部来看，耕地生产力指数最高的区域主要分布在南部及西北部。南部的耕地生产力指数较高主要与该地区 SOM 含量较高有关，其贡献率平均在 0.15 以上。西北部的耕地生产力指数则主要与 AK 和粉黏比较大有关，其二者贡献率之和最大可达到 0.31。

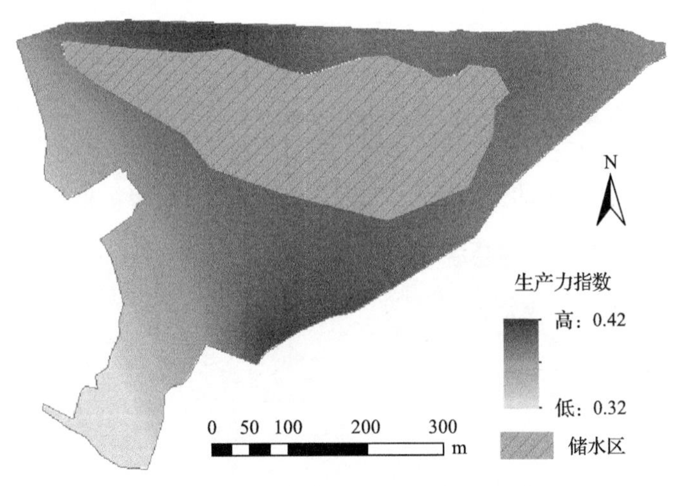

图 6-42　复垦耕地生产力空间分布图

(2)安全利用评价。

利用 SPSS24.0 软件对各项安全利用指标进行描述性统计分析，各重金属的 P_i 和 $P_{综}$ 评价结果见表 6-24。从变异系数来看，案例区耕地中各重金属的变异系数均已超过 15%，其中，Hg、Cd、Cu、As 的变异系数集中在 40%，为中等变异，耕地重金属变异系数表现出的整体特征在一定程度上说明了历史遗留矿业废弃地复垦耕地的突变性。其原因主要是案例区内不同复垦地块受采矿活动影响而受损程度不同，另外，复垦过程中所采用的复垦措施也有所差异。

块基比 $C_0/(C_0+C_1)$，即块金值与基台值的比值，一般可以衡量变量的空间相关性，比值越大，则空间相关性越弱。从 $C_0/(C_0+C_1)$ 可看出，除 Cr 以外，其余重金属的块基比均大于 75%，为弱空间相关性，表明矿业废弃地复垦耕地重金属的空间变异性主要是人为因素引起的(张世文等，2017)，进一步说明了对矿业废弃地复垦耕地的质量评价应该综合覆土厚度等复垦措施。从 P_i 来看，As 的污染最为严重，P_i 值为 2.15，是该案例区的主要污染因子。其余重金属的 P_i 值均小于 1，未对案例区造成明显污染，但其中的 Cu 和 Zn 的 P_i 值已超过 0.8。案例区的平均 $P_{综}$ 为 1.64，属于轻度污染。为了实现长期安全生产的目的，可以在案例区内种植一些超富集植物对 As、Cu、Zn 的污染进行控制。

表 6-24　耕地重金属含量描述性统计

重金属元素	最大值/(mg/kg)	最小值/(mg/kg)	块基比/%	标准差/(mg/kg)	平均值/(mg/kg)	变异系数/%	环境质量标准值/(mg/kg)	P_i	$P_{综}$
As	137.00	37.00	90.03	25.30	64.45	39.26	30	2.15	1.64
Cd	0.46	0.13	97.09	0.08	0.19	41.72	0.3	0.63	
Cr	125.00	73.50	18.09	15.72	100.79	15.59	200	0.50	
Cu	199.00	62.00	78.94	36.14	89.81	40.24	100	0.90	
Hg	0.42	0.10	60.43	0.09	0.20	44.33	2.4	0.08	
Zn	404.00	116.00	61.85	78.42	218.63	35.87	250	0.87	

结合复垦耕地污染分级标准，通过 ArcGIS 软件绘制出耕地重金属空间分布图，如图 6-43 所示。整体来看，案例区耕地重金属污染处于轻度污染水平，16 个采样点的 $P_{综}$ 中属于轻度污染的占 75%。以储水区为界，界线以南区域的重金属污染程度总体上小于界线以北地区。从空间分布的局部特征来看，西北角的重金属污染最为严重，东北区域

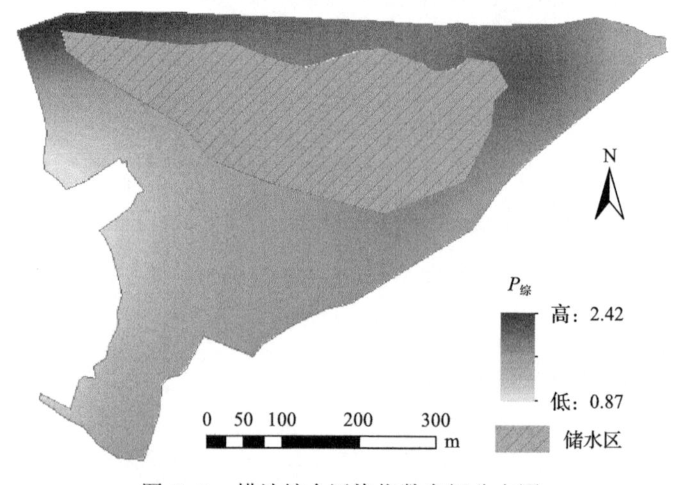

图 6-43　耕地综合污染指数空间分布图

的污染次之，这与耕地中 As、Cd 和 Cu 含量的分布趋势一致，表明案例区复垦耕地的重金属污染主要是由这三种重金属造成的。

(3) 耕地综合质量评价。

灰色关联度可以比较真实、客观地反映被评价的耕地与参比耕地之间的差异，从而解决难以充分考虑各指标的交互作用对综合质量的影响这一问题。其值越接近 1，表明被评价复垦耕地与参比耕地的相似程度越高，反之越低。利用 SPSS 24.0 软件，由式(6-10)计算得到各指标的权重(表 6-25)，并由式(6-13)～式(6-15)得到各采样点的关联度，通过 ArcGIS 软件对其进行普通克里格插值得到空间分布图。如图 6-44 所示。

表 6-25 耕地综合质量评价指标权重

指标	As	Cd	Cr	Cu	Hg	Zn	SOM	AK	AP	覆土厚度	粉黏比	灌溉保证率
权重	0.08	0.08	0.03	0.08	0.09	0.07	0.14	0.05	0.18	0.07	0.06	0.06

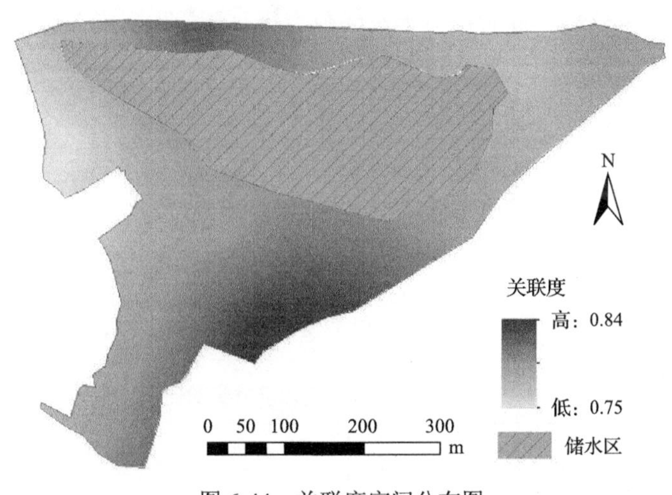

图 6-44 关联度空间分布图

由图 6-44 可知，案例区复垦耕地与参比耕地的关联度值均大于 0.75，平均关联度值为 0.82，与参比耕地质量差异较小。其中，西南部区域相似度最高，其次为西北与东南部，最后为东北部。案例区关联度仅在 0.75～0.84 波动，区内耕地质量差异无明显差异。关联度空间分布格局与耕地生产力呈空间正相关，与安全利用呈空间负相关。基于与参比耕地的灰色关联度分析可以很好地反映耕地综合质量状况(龚媛等，2016；罗梦娇等，2017；郭绍英等，2017)。

(4) 结论。

本节针对废弃复垦耕地，建立多目标质量评价体系，并以湖北省某废弃铜矿的复垦耕地为案例区，实现案例区的复垦耕地质量评价。

在考虑矿业废弃地的实际情况下，从复垦耕地的生产力、安全生产两个目标出发，多方法相结合，构建了矿业废弃地复垦耕地的质量评价体系，实现了废弃地复垦耕地质量多目标评价。案例区耕地生产力总体呈中等水平，生产力水平相对较好的地块主要分布在区域的南部和北部，水平较差的地块主要集中在西南区域，SOM 和 AP 的含量是主要的制约因素，今后应增施有机肥和磷肥以维持生产力。该案例区的安全利用状况在全区范围内差异较小，As 是制约安全生产的主要因素，可额外种植超富集植物对其进行控制；从案例区耕地综合质量与参比耕地质量的关联度来看，平均关联度为 0.82，与参比耕地较为接近，且关联度与生产力的空间格局具有一致性，表明耕地生产力对耕地质量的影响较大。

本节考虑了不同目标下复垦耕地的土壤质量，并利用灰色关联法对复垦耕地的质量进行了综合评价，丰富和完善了当前的复垦土地质量评价体系和评价方法。但本节仅以湖北某废弃铜矿复垦项目作为案例进行研究，后续需要进一步结合其他地区的复垦耕地进行验证评价，以表明该评价体系的普适性；在评价复垦耕地质量时，只进行了现状分析，缺少各时间段土壤质量的对比分析研究，建议收集相关地区多年土壤数据，进一步评价土壤质量的发展趋势。同时，为了更好地评价复垦耕地质量，可以从能量效率角度和热动力学角度出发，以能量效率和熵作为指标，使评价体系更加全面、科学。

（三）复垦质量时间演变规律

1. 不同复垦年份监测点位土壤重金属值

四川古蔺研究区多年的监测结果，揭示了复垦土壤质量演变规律，进而表明随着时间的推移土壤质量的变化特征，结果见表 6-26。基于长期定位监测点，反映不同年份土壤重金属变化情况，如图 6-45 所示。

表 6-26　复垦前后土壤环境质量对比表

<table>
<tr><th colspan="3">环境元素</th><th>Cd/(mg/kg)</th><th>Cr/(mg/kg)</th><th>As/(mg/kg)</th><th>Ni/(mg/kg)</th><th>pH</th></tr>
<tr><td colspan="2" rowspan="2">复垦前背景值</td><td>范围</td><td>1.22～2.70</td><td>145～1023.08</td><td>8.93～117</td><td>54.5～167.4</td><td>5.4～6.8</td></tr>
<tr><td>平均</td><td>1.75</td><td>184.65</td><td>19.76</td><td>84.2</td><td>5.8</td></tr>
<tr><td rowspan="10">复垦后监测年份</td><td rowspan="2">2013 年(首年)</td><td>范围</td><td>0.138～1.698</td><td>12.2～241.17</td><td>3.83～36.5</td><td>—</td><td>5.21-6.59</td></tr>
<tr><td>平均</td><td>0.49</td><td>118.11</td><td>20.39</td><td>—</td><td>6.14</td></tr>
<tr><td rowspan="2">2015 年</td><td>范围</td><td>0.25～3.54</td><td>111～465</td><td>4.3～27.6</td><td>39～142</td><td>4.41～8.52</td></tr>
<tr><td>均值</td><td>0.95</td><td>182</td><td>15.43</td><td>73</td><td>6.68</td></tr>
<tr><td rowspan="2">2016 年</td><td>范围</td><td>0.27～6.29</td><td>95.26～556.53</td><td>4.18～32.92</td><td>29.63～166.89</td><td>3.21～8.33</td></tr>
<tr><td>均值</td><td>1.13</td><td>181.88</td><td>17.61</td><td>69.73</td><td>6.38</td></tr>
<tr><td rowspan="2">2017 年</td><td>范围</td><td>0.15～4.51</td><td>71.30～397</td><td>3.45～29.19</td><td>28.6～156</td><td>4.49～8.47</td></tr>
<tr><td>均值</td><td>1.02</td><td>162.01</td><td>12.58</td><td>63.01</td><td>6.22</td></tr>
<tr><td rowspan="2">2018 年</td><td>范围</td><td>0.6～3.14</td><td>82.80～310.40</td><td>3.26～27.75</td><td>14.90～102.60</td><td>3.04～8.28</td></tr>
<tr><td>均值</td><td>0.8</td><td>151.19</td><td>12.27</td><td>62.86</td><td>6.32</td></tr>
</table>

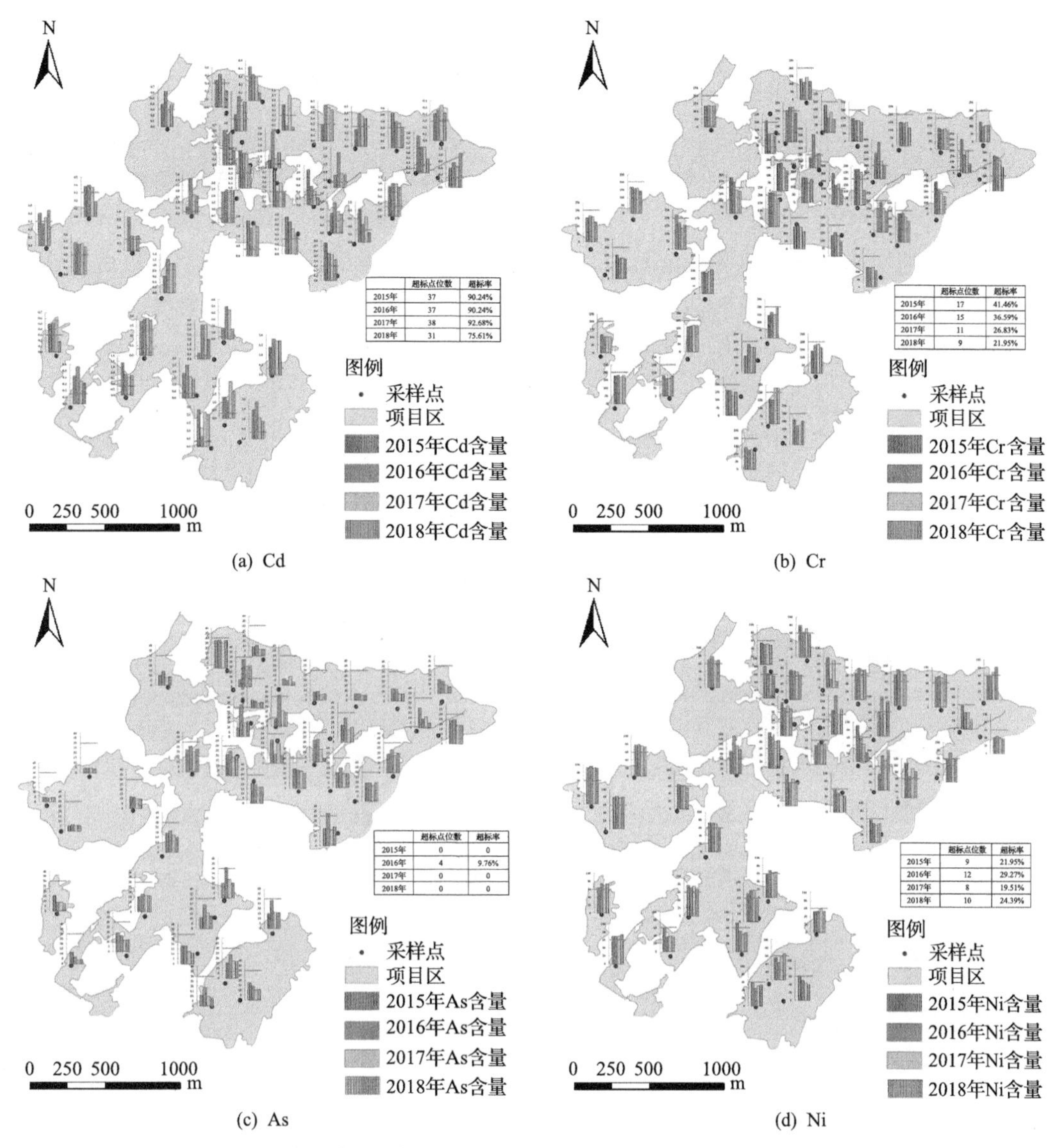

图 6-45　不同复垦年份监测点位土壤重金属值及变化情况

结果显示，与复垦前相比，Cd、Cr、As、Ni 四个指标在复垦后均有不同程度的降低。与复垦首年相比，复垦土壤重金属 Cd 和 Cr 含量有较大幅度的提高，监测和必要的管护措施是必需的。复垦区内土壤 pH 偏酸性，通过复垦实施系列措施后，土壤 pH 有一定的改善，但随着时间的推移，受矿区本身性质的影响，土壤 pH 反酸化现象明显。

基于长期定位监测点，反映不同年份土壤重金属变化情况，从图 6-45 可以看出，土壤重金属 Cd 的点位超标率呈现先上升后下降的趋势，27 个监测点四年均超标，占总监测点位数的 65.85%；土壤重金属 Cr 的点位超标率呈现下降趋势，四年中监测点位均超标的个数仅为 2 个，占总监测点位数的 4.88%；土壤重金属 Ni 的点位超标率呈现先上升后下降再上升的趋势，其中，2016 年 Ni 的点位超标率最大，为 29.27%，有 2 个监测点四年均超标，占总监测点位数的 4.88%；土壤重金属 As 的点位超标率呈现先上升后下降的趋势，除了 2016 年有 9.76%超标外，其他监测年份内不超标。

2. 不同复垦年份土壤重金属空间变化规律

采用经验贝叶斯克里格插值法，分别对 2015 年和 2017 年表层土壤重金属含量进行空间插值，并在此基础上通过 ArcGIS 软件中的空间分析工具对 2015 年和 2017 年的表层土壤重金属含量空间预测进行数学分析，从而进一步分析土壤重金属空间演变特征。根据 2015～2017 年表层土壤重金属含量在空间格局上发生不同程度的变化，若土壤重金属含量变化值为正，表示 2015～2017 年重金属含量增加，反之则为降低。每种重金属含量的空间演变格局如图 6-46 所示，复垦区内土壤重金属含量增加或减少面积占比统计情况如图 6-47 所示。

从整个研究区来看，土壤 As 含量的增加范围主要在 0～7.99mg/kg，减少的范围在–10.53～0mg/kg，四区、五区和三区西部重金属含量减少得多，土壤 As 减少区域面积占比为 65.94%。Ni 含量的减少范围在–58.21～0mg/kg，增加的范围在 0～8.53mg/kg，从整体上看，Ni 以含量减少为主，减少区域占整个研究区的 88.64%，仅有二区中部和一区中

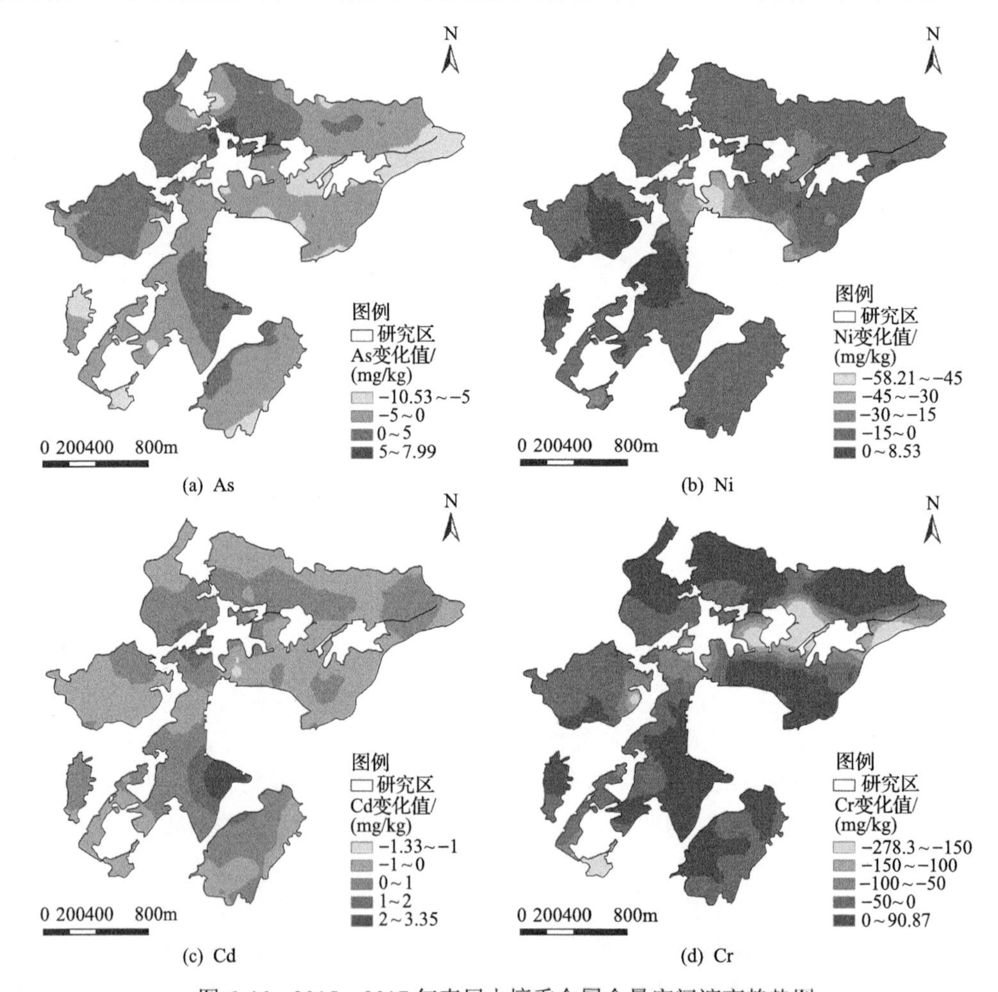

图 6-46　2015～2017 年表层土壤重金属含量空间演变趋势图

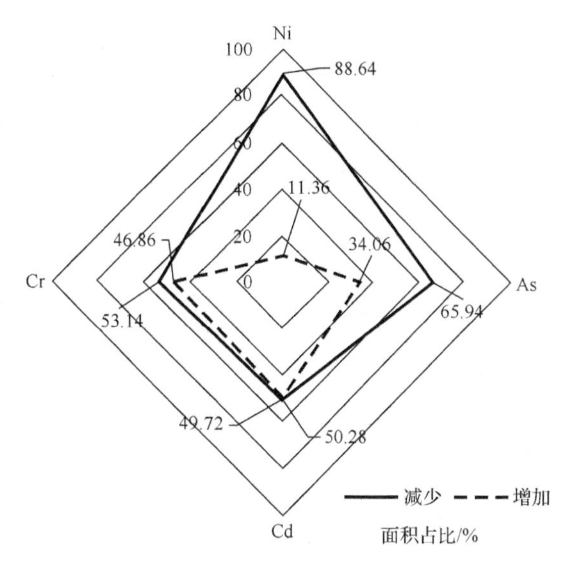

图 6-47　2015～2017 年土壤重金属含量变化面积占比图

部有小部分地区含量增加。而土壤重金属 Cd 含量的增加范围在 0～3.35mg/kg，减少范围在–1.33～0mg/kg，Cd 的空间变化格局整体上较为混乱，Cd 增加区域面积占比为 49.72%，减少面积占比为 50.28%。土壤 Cr 含量的增加范围在 0～90.87mg/kg，减少范围在–278.3～0mg/kg，且减少区域面积占比为 53.14%。

整体来看，2015～2017 年，土壤 As、Cd、Cr 和 Ni 在空间分布格局上发生了一定程度的变化，某些区域含量增加，某些区域含量较少，但综合比较几种元素，2015～2017 年，研究区表层土壤重金属含量减少面积占大部分。废弃地复垦土壤属重构土壤，与正常土壤相比，其性质更是存在较多的不稳定性，易随外界环境的改变而发生变化，原本进行土地复垦时不同地块采取的复垦措施有所差异，进而重构土壤所表现出来的特征也具有较大差异，因此，在空间和时间上均表现出复杂的相关性和变异性。研究区内不同复垦地块所受外界的影响不同，其矿山开采时造成的损毁类型、损毁程度不同，不同复垦地块采取的工程措施也有差异，同时部分磺渣、矿渣仍存在于复垦区内，复垦工作往往注重工程实施，忽视后期生态环境管护，随着复垦年限的不断增加，受随机性因素(耕作方式、农业活动、土壤培肥)和结构性因素(母质、地形、气候)等综合影响，土壤重金属区域突变规律较强。

三、复垦土壤重金属与复垦措施的响应机制

(一) 重金属全量与复垦措施量化响应

1. 复垦方向与重金属全量响应关系

只有综合考虑待复垦对象损毁情况、复垦措施的可行性等才能合理确定复垦方向，不同复垦方向的复垦措施及其复垦标准也不相同，复垦方向为复合型指标，是众多复垦措施的综合体现。研究区复垦方向包括耕地、林地和草地 3 类，对应的样本数为 41 个、

8 个和 9 个。为定量分析不同复垦方向间重金属含量差异是否显著，对不同复垦方向组间的 Cd、Hg、As、Cr、Ni 平均含量进行了方差分析。Levine's 方差奇次性检验表明，3 组数据满足方差奇性($p<0.05$)，故采用最小显著性差异(least-significant difference，LSD)方法进行两两比较(图 6-48)。

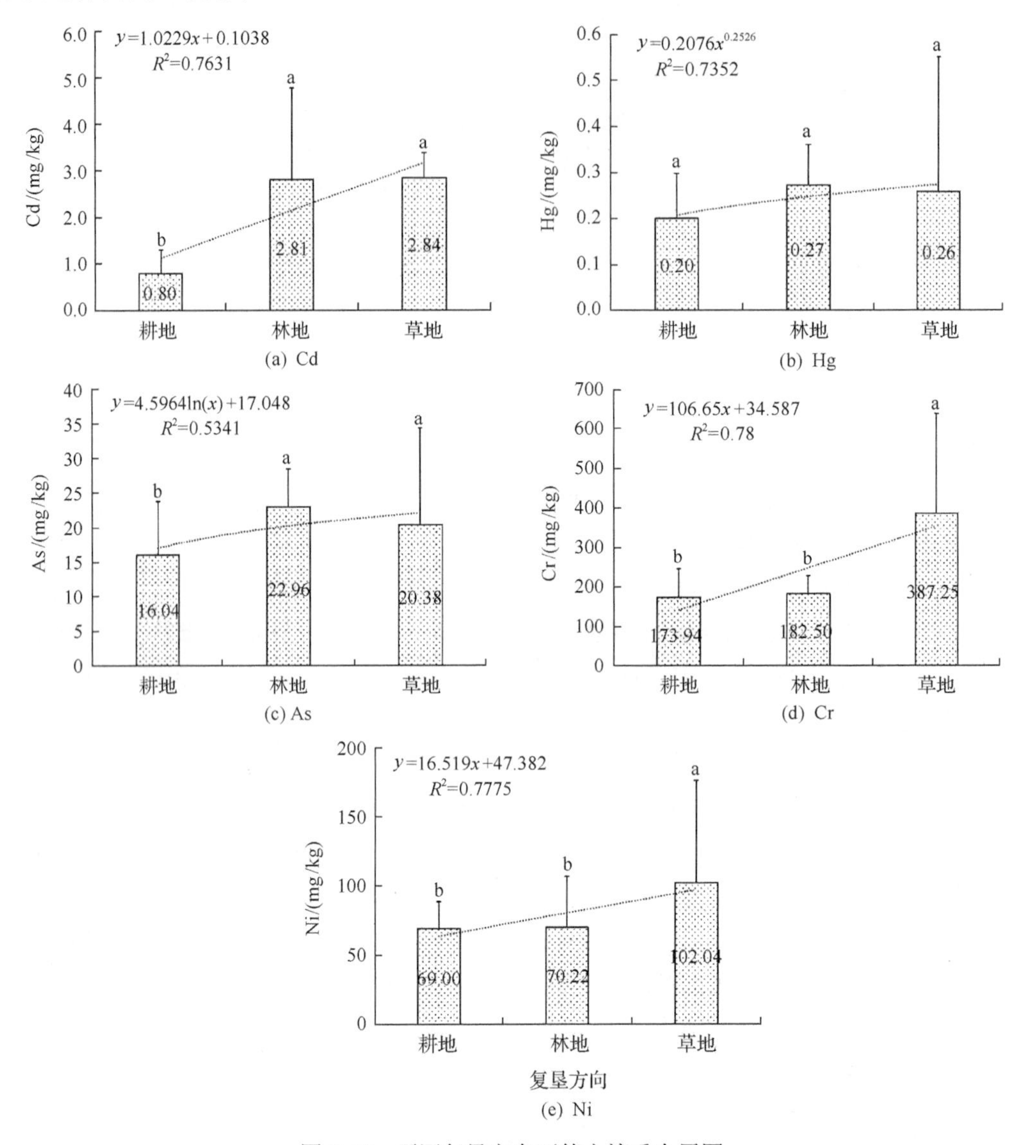

图 6-48　不同复垦方向下的土壤重金属图

不同字母表示在 0.05 水平下的显著性差异；为直观反映重金属含量在不同复垦方向间的关系，以耕地、林地、草地分别取 1、2、3 为横坐标(x)，相应重金属为纵坐标(y，mg/kg)拟合方程，该方程仅反映二者之间的趋势

由图 6-48 可知，林地和草地复垦方向的土壤重金属 Cd、Hg、As、Cr、Ni 平均含量均高于复垦为耕地，除了 Hg 元素外，复垦耕地、林地和草地土壤的 4 种重金属组间均呈现差异性(F_{Cd}=25.694，p_{Cd}=0.000<0.05；F_{As}=2.967，p_{As}=0.045<0.05；F_{Cr}=9.392，p_{Cr}=0.000<0.05；F_{Ni}=2.269，p_{Ni}=0.0118<0.05)。对于复垦土壤重金属 Cd 元素而言，不

同复垦方向的大小关系为耕地(0.80mg/kg)＜林地(2.81mg/kg)＜草地(2.84mg/kg)，林地和草地的Cd含量达到耕地的近4倍，组间呈显著性差异。按照《土壤环境质量标准》(GB 15618—2008)，各复垦方向的Cd含量均超二级标准。复垦土壤Cd是复垦区域主要的重金属污染元素，在后续耕地管护工程中采取措施进一步降低Cd元素的含量。Hg和As在三种复垦方向间表现出较为一致的特征，均呈现耕地(Hg为0.20mg/kg；As为16.04mg/kg)＜草地(Hg为0.26mg/kg；As为20.38mg/kg)＜林地(Hg为0.27mg/kg；As为22.96mg/kg)。Hg在不同复垦方向间无明显差异(F=1.743，p=0.184＞0.05)，As元素组间存在明显的差异(F=2.967，p=0.045＜0.05)。按照《土壤环境质量标准》(GB 15618—2008)，结合研究区复垦土壤平均pH(6.28)，Hg和As含量均未超过Ⅱ级。不论是均值还是方差分析的结果，Cr和Ni在不同复垦方向均呈现出极为相似的特征，草地含量明显高于耕地和林地，耕地和林地比较接近。

在覆土、平整和撒播生石灰调节pH等措施作用下，耕地复垦土壤重金属含量相对偏低。林地未采取污染防控措施，草地复垦前为磺渣堆场，简单的覆土工程很难长时间地保证土壤免受污染，故而，林地和草地复垦方向的区域土壤重金属含量相对较高。对于Cr和Ni元素而言，耕地复垦方向的含量与未采取相关污染防控措施的林地含量基本相当(图6-48)，这说明这两种土壤重金属含量受污染防控措施的影响相对较小。

2. 有效土层厚度与复垦土壤重金属全量响应关系

有效土层厚度将直接决定复垦土地质量的状况，对于复垦土壤而言，它也可间接反映复垦过程中覆土厚度。根据农用地质量分等规程，将研究区历史遗留矿业废弃地复垦土壤有效土层厚度分成＜30cm、30～60cm、60～100cm和＞100cm 4组，对应样本数为15个、8个、26个和9个。为定量分析不同有效土层厚度间土壤重金属含量差异是否显著，对4组土壤Cd、Hg、As、Cr、Ni均值进行方差分析。Levine's方差奇次性检验表明，4组Cd、Hg、As、Cr、Ni不满足方差奇次方，采用Games-Howell(A)法进行两两比较。

图6-49显示，除了Ni元素外，随着有效土层厚度的逐渐增加，复垦土壤重金属Cd、Hg、As和Cr含量均呈现下降的趋势。有效土层厚度＜30cm、30～60cm、60～100cm、＞100cm的Cd元素含量分别为(2.12±1.61)mg/kg、(1.42±1.11)mg/kg、(0.77±0.49)mg/kg、(0.50±0.10)mg/kg，随着有效土层厚度的增加，土壤重金属Cd含量呈倍数减少，有效土层厚度＞100cm的Cd含量不到＜30cm的四分之一。不同有效土层厚度Cd元素组间差异明显(F=7.828，p=0.000＜0.05)，标准偏差也逐渐变小，组内更加趋同，参照《土壤环境质量标准》(GB 15618—2008)，按所有样本的平均pH(6.28)，所有有效土层厚度下的Cd污染程度均在二级以上。有效土层厚度＜30cm、30～60cm、60～100cm、＞100cm的Hg元素含量分别为(0.26±0.12)mg/kg、(0.31±0.09)mg/kg、(0.20±0.09)mg/kg、(0.11±0.04)mg/kg，随着有效土层厚度的增加，复垦土壤Hg元素含量整体呈下降趋势，组间呈显著性差异(F=7.802，p=0.000＜0.05)，组内误差也逐渐减小。As和Hg在不同有效土层厚度上表现较为一致，均呈现30～60cm有效土层厚度下含量最大，整体呈现下降趋势。有效土层厚度＜30cm、30～60cm、60～100cm、＞100cm的As含量分别为(19.58±8.47)mg/kg、

(23.05±5.28) mg/kg、(17.31±7.19) mg/kg、(8.24±3.41) mg/kg。研究区复垦过程中覆土厚度均为 50cm，有效土层厚度在 30～60cm 的区域主要为原采矿的固废堆场和污染场地，从而表现出有效土层厚度 30～60cm 区域的 Hg 和 As 的含量比<30cm 还高的情况，这也说明目前采用的覆土厚度(50cm)过小，尚无法有效防控重金属的污染。显著性检验表明，Cr 和 Ni 在不同有效土层厚度间差异均不明显(F_{Cr}=1.124，p_{Cr}=0.348>0.01；F_{Cr}=0.056，p_{Cr}=0.982>0.01)。综合以上，有效土层厚度在 30～100cm 的土壤重金属无明显差异，对于后续同地区同类型废弃矿山复垦，建议覆土厚度的确定应保证实施后有效土层厚度在 100cm 以上。

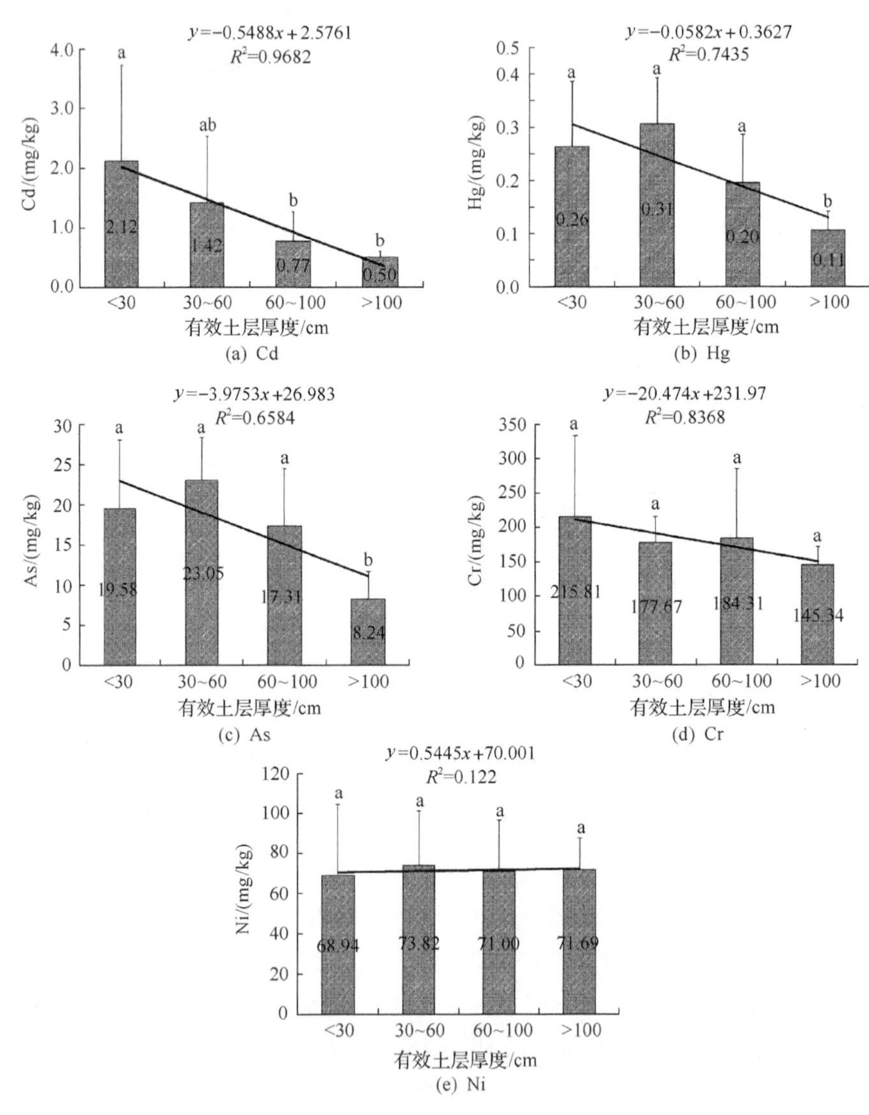

图 6-49　不同有效土层厚度下的土壤重金属比较

不同字母表示在 0.05 水平下的显著性差异；为直观反映重金属含量在不同有效土层厚度间的关系，以有效土层厚度<30cm、30～60cm、60～100cm、>100cm 分别取 1、2、3、4 为横坐标(x)，相应重金属为纵坐标(y，mg/kg)拟合方程，该方程仅反映二者之间的趋势

3. 复垦土壤 pH 与重金属全量响应关系

研究区在复垦前为土法炼磺厂，土壤酸化严重，复垦过程中通过在表土层土壤撒施生石灰，调节了土壤 pH。当前研究区 pH 最大值为 8.33，最小值为 2.78，结合《土壤环境质量标准》(GB 15618—2008)和《土壤环境监测技术规范》(HJ/T 166—2004)，将研究区 pH 分成＜5.0、5.0～6.5、6.5～7.5 和 7.5～8.5 四级，对应样本数分别为 10 个、25 个、11 个和 12 个。为定量分析不同 pH 之间土壤重金属含量差异是否显著，对 4 组土壤 Cd、Hg、As、Cr、Ni 均值进行了方差分析。Levine's 方差奇次性检验表明，4 组 Cd、Hg、As、Cr、Ni 数据满足方差奇性($p<0.05$)，故采用 LSD 方法对其进行两两比较。

由图 6-50 可以看出，随复垦土壤 pH 的变小，表层土壤重金属含量总体呈上升趋势。

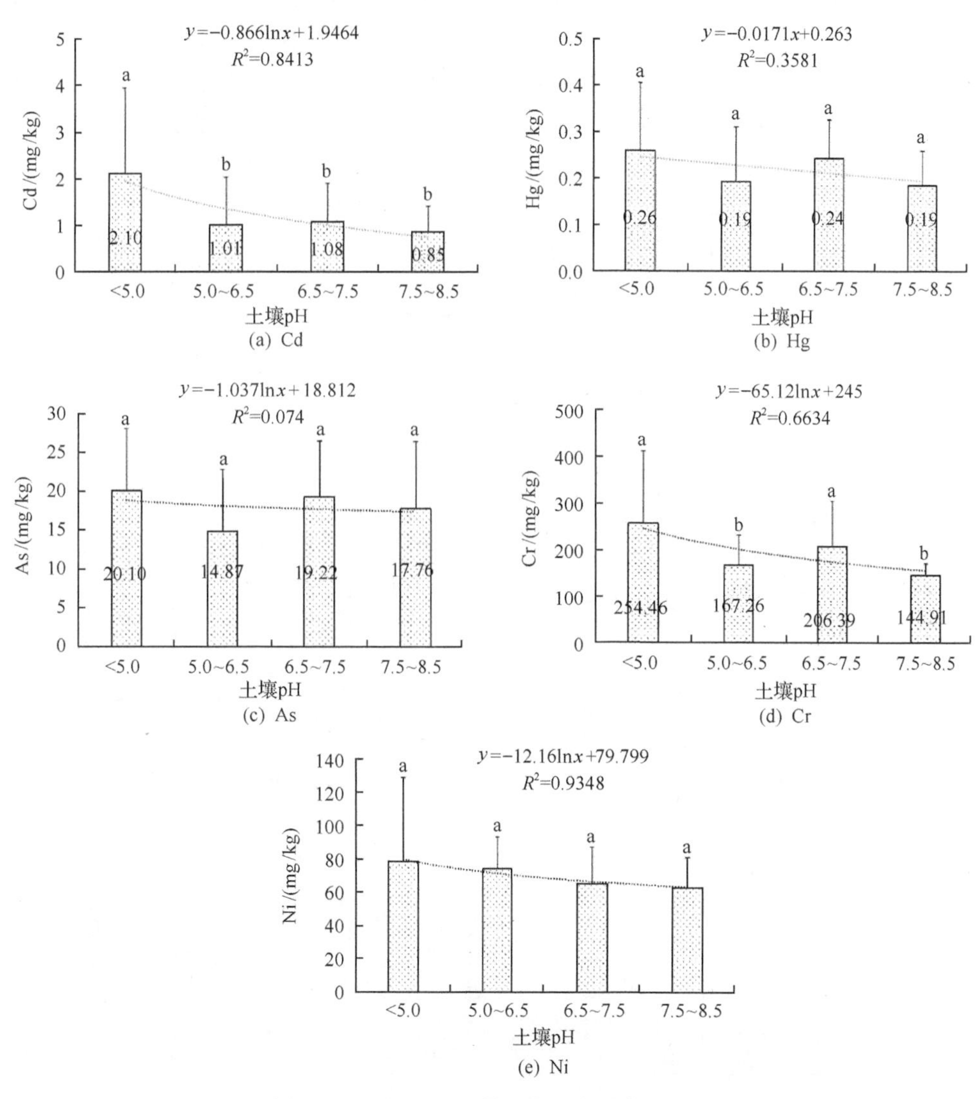

图 6-50 不同 pH 下的土壤重金属含量比较

不同字母表示在 0.05 水平下的显著性差异；为直观反映重金属含量在不同 pH 区间的关系，以 pH＜5.0、5.0～6.5、6.5～7.5、7.5～8.5 分别取 1、2、3、4 为横坐标(x)，相应重金属为纵坐标(y，mg/kg)拟合方程，该方程仅反映二者之间的趋势各土壤重金属在不同 pH 下也存在一定差异，Cd、Cr 和 Ni 含量的趋势和差异性相对明显，Hg、As 元素含量随着 pH 变化呈现较为紊乱的特征。pH＜5、5.0～6.5、6.5～7.5、7.5～8.5 下对应的 Cd 含量分别为(2.10±1.81)mg/kg、(1.01±1.02)mg/kg、(1.08± 0.82)mg/kg、(0.85±0.52)mg/kg，随着 pH 升高，Cd 含量总体呈下降趋势，组间差异性明显(F=2.91，p=0.043＜0.05)，组内标准偏差越小，越趋同；Hg、As 和 Ni 在不同 pH 下总体上均表现出差异性不明显(分别为 F=2.91，p=0.043＜0.05；F=2.91，p=0.043＜0.05；F=2.91，p=0.043＜0.05)，土壤重金属 Cr 元素随着 pH 增加呈减小趋势，组间差异明显。历史遗留矿业废弃地复垦土壤属于重构土壤，其 pH 和重金属含量间的关系比较复杂，在人为和自然等众多因素的共同作用下，整体规律性不强。Hg、As 和 Cr 元素均表现出在 pH 为 5.0～6.5 时平均值相对较小的特征，处于该 pH 区间的样点主要分布于研究区四周地势较高的区域，且受历史矿山开采影响相对较小。图 6-50 显示，pH 的调节可在一定程度上调控土壤重金属含量，但对于土法炼磺导致的酸化污染地，复垦过程中需合理确定 pH 调节量和时间，不然会导致土壤反酸，底层重金属会迁移到表层，产生表生富集，应在保证土壤结构不受影响的情况下，使复垦土壤 pH 持续维持在一定的范围内。根据研究区所在区域土壤背景值，建议 pH 控制在 7～8。

4. 复垦土壤重金属全量与有机质变化间的量化关系

土壤中有机质含量的高低，控制着土壤中重金属的地球化学行为，对土地生产力有着重要的作用。对正常的土壤来讲，随着土壤有机质的不断提高，重金属含量有减少的趋势。从图 6-51 来看，当有机质减少–2～0g/kg 时，As 含量增加得较多，但随着有机质的增

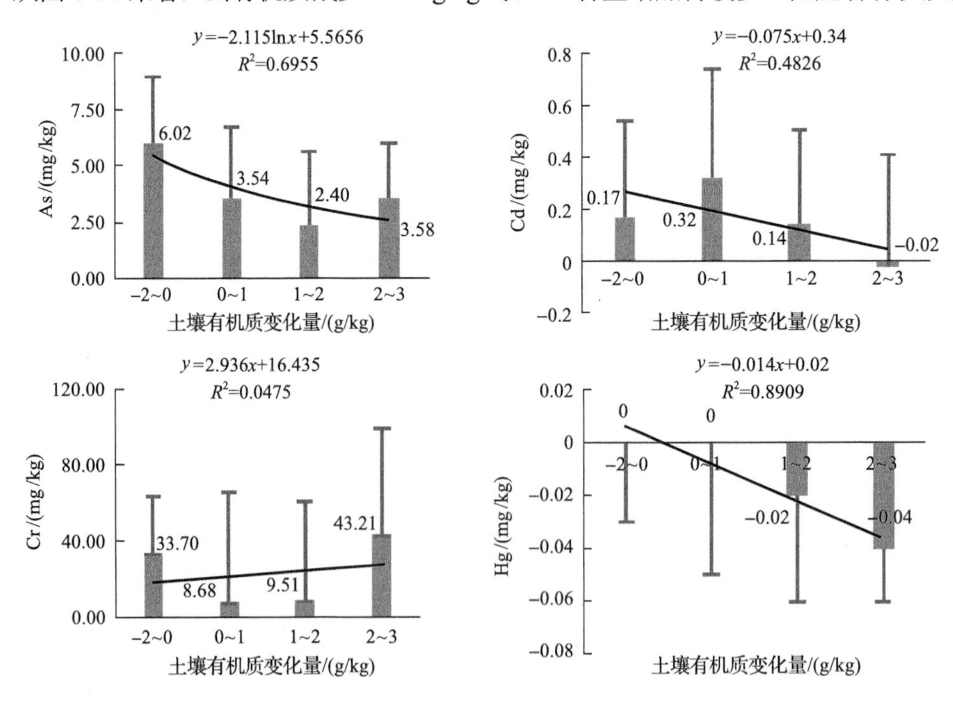

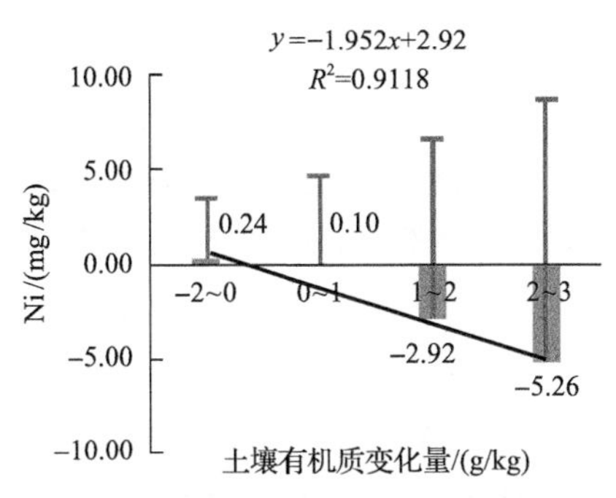

图 6-51　不同有机质变化等级下土壤重金属含量变化关系图

为直观反映重金属含量在不同有机质变化量间的关系，以有机质变化 -2～0、0～1、1～2、2～3 分别取 1、2、3、4 为横坐标 x，相应重金属变化量为纵坐标 y，拟合方程，该方程仅反映二者之间的趋势

加，As 的含量有所减少，当有机质增加 1～2 时，As 含量最少，达到较好的效果。对 Cd 来说，有机质减少会引起 Cd 含量提高，而随着有机质的不断增加，Cd 含量也在不断地降低，说明有机质的提升会对 Cd 引起强烈的变化。Cr 与有机质之间的关系复杂，不同的有机质变化量导致 Cr 变化差异较大，有机质含量减少-2～0 时 Cr 含量显著增加，而有机质含量增加 2～3 也引起 Cr 含量显著增加，有机质含量提升 0～2，Cr 含量相对较低，这可能是 Cr 本身特征及其与有机质的作用机制较为复杂导致的。而 Hg 含量整体减少，并且 Hg 与正常土壤下有机质之间的变化关系类似，随着有机质的不断升高，Hg 的含量不断降低，拟合优度 R^2 达到 0.8909。Ni 的变化情况与 Hg 相同。综合分析可知，有机质的改变对表层土壤重金属的变化可能具有一定的指示作用。在一定范围内，当有机质含量不断提高时，土壤重金属含量减少趋势显著。分析 5 种重金属与有机质变化之间的量化关系，当土壤有机质含量提升 2%左右时，利于改善复垦土壤质量，建议在后续治理中采取相应的措施适度提高有机质含量，以达到监测治理的目的。

5. 结论

对于我国西南地区的硫磺矿废弃地而言，复垦为林地和草地的土壤重金属平均含量均高于耕地，对于复垦为耕地的土壤后续需进一步防控重金属污染，特别是 Cd 元素。随着有效土层厚度的逐渐增加，土壤重金属含量总体呈现下降趋势，有效土层厚度在 30～100cm 对于阻控土壤重金属无明显差异，建议复垦过程中采取的覆土厚度应确保覆盖后有效土层厚度在 100cm 以上。随复垦土壤 pH 减小，土壤重金属含量总体呈上升趋势，但通过调控 pH 来控制重金属含量时需要使 pH 持续维持在一定的范围内，研究区复垦土壤的 pH 建议在 7～8。覆土厚度、pH 调控、有机质含量调整有待结合后续的监测以及管护工程试验进一步具体化，从而更加科学地指导复垦工作。

(二) 重金属有效态与复垦措施量化响应

1. 基于样点的重金属有效态影响因素分析

土壤中重金属的含量受多种因素的影响，而针对复垦土壤这一特殊的对象，土壤重金属有效态含量也受多种因素综合作用，尤其是复垦土壤本身特性的影响。本节中，重点讨论土壤性质(土壤重金属全量、土壤 pH 和土壤有机质)与重金属有效态之间的关系。土壤重金属全量和有效态之间的关系通过散点图来表征，如图 6-52(a)所示。研究区在复垦前为土法炼磺场地，由于采矿活动导致土壤酸化严重，在复垦过程中需采取一些措施改善土壤酸化，通过撒播生石灰来调节 pH，土壤 pH 均值水平为 6.53，其变异系数为 17.23%。为更好地表征土壤重金属有效态与土壤 pH 之间的关系，将研究区内 pH 变化范围分为 0～5.5、5.5～6.5、6.5～7.5、7.5～8.5 共 4 个等级，对应样本数为 10 个、13 个、11 个、9 个，统计相应的范围内 pH 均值和有效态均值，以反映不同 pH 范围与重金属有效态之间的量化关系，如图 6-52(b)所示。由于系列复垦措施和农业施肥等，复垦区内有机质含量较高，复垦土壤中 SOM 平均含量为 3.95g/kg，其变异系数为 50.57%。为更好地表征土壤重金属有效态与 SOM 之间的关系，将研究区内 SOM 变化范围分为 0～30g/kg、30～40g/kg、＞40g/kg 共 3 个等级，对应样本数为 15 个、12 个、16 个，统计相应范围内 SOM 和重金属有效态含量均值，以反映不同 SOM 含量范围与重金属有效态之间的量化关系，如图 6-52(c)所示。

图 6-52(a)显示了表层土壤重金属有效态含量与其对应总量的相关关系，同时用 SPSS 21.0 分析了它们之间的相关性。由图可知，仅有 Cd、Ni 的有效态含量与总量呈正相关，且 Cd 与总量之间呈极显著正相关(R=0.879，p＜0.01)，Ni 有效态含量与其总量之间相关性不显著。而有效态 As、Cr 与总量之间的相关性均不明显。由此可见，不同的重金属其影响关系不同，每种金属有其特有的性质。土壤重金属含量的高低并不能完全指示有效态的含量，有效态受多种因素影响。

土壤 pH 影响土壤中重金属的发生，影响着重金属在土壤中的赋存形态，影响着重金属吸附解吸及被植物吸收和迁移的能力。图 6-52(b)显示了随着土壤 pH 的变化，其重金属有效态含量的变化趋势，随着 pH 的降低，土壤中 Ni、As、Cr 的有效态含量增加趋势明显，当 pH 在 0～5.5 时，土壤 Ni、Cr 有效态含量最高，当 pH 在 7.5～8.5 时，其有效态含量最低。对于 Cd 而言，随着 pH 的降低，其有效态含量也增加，但在 5.5～6.5 含量最高，这可能是异常值及其组分不同导致的。综上所述，重金属有效态含量表现为随 pH 的降低而增加的趋势，二者呈负相关关系。这主要是因为酸性环境条件更有利于重金属之间的迁移转化，pH 越低的土壤，其迁移转化能力越强。由于原来的采矿活动中硫化物矿山在氧化过程中产生大量的酸，该区域土壤酸化严重，当 pH 下降时，土壤黏粒矿物和有机质表面的负电荷减少，导致土壤对重金属的吸附能力下降。同时当 pH 降低时，重金属也易于从碳酸盐中溶解而释放出来，转化为可交换态，从而使土壤中重金属的有效态含量增加。建议研究区的 pH 持续控制在 7.5 左右以调控复垦土壤重金属生物有效性，使 pH 持续保证在一定范围内，避免反酸化。

SOM 含量控制着重金属的地球化学行为。分析 SOM 与重金属有效态之间的关系，可更加清楚地表征 SOM 对其产生的影响。由图 6-52(c)可知，土壤 Cd、As、Ni 有效态含量均表现出一致的规律，即随着 SOM 含量的不断增加，有效态含量也逐渐增加，Cr

有效态含量随着 SOM 的逐渐增多，先稍有减少，后又增加，但每组含量之间的差异不明显。这主要是因为 SOM 中含有较高的富里酸(何雨帆等，2006)，其对重金属有效性的影响通过静电吸附和络合作用来实现，富里酸呈强酸性，能显著促进污染土壤重金属的解吸(姚荣江等，2017)，此外，SOM 还包括大的动物和微生物释放出的分泌液，这些

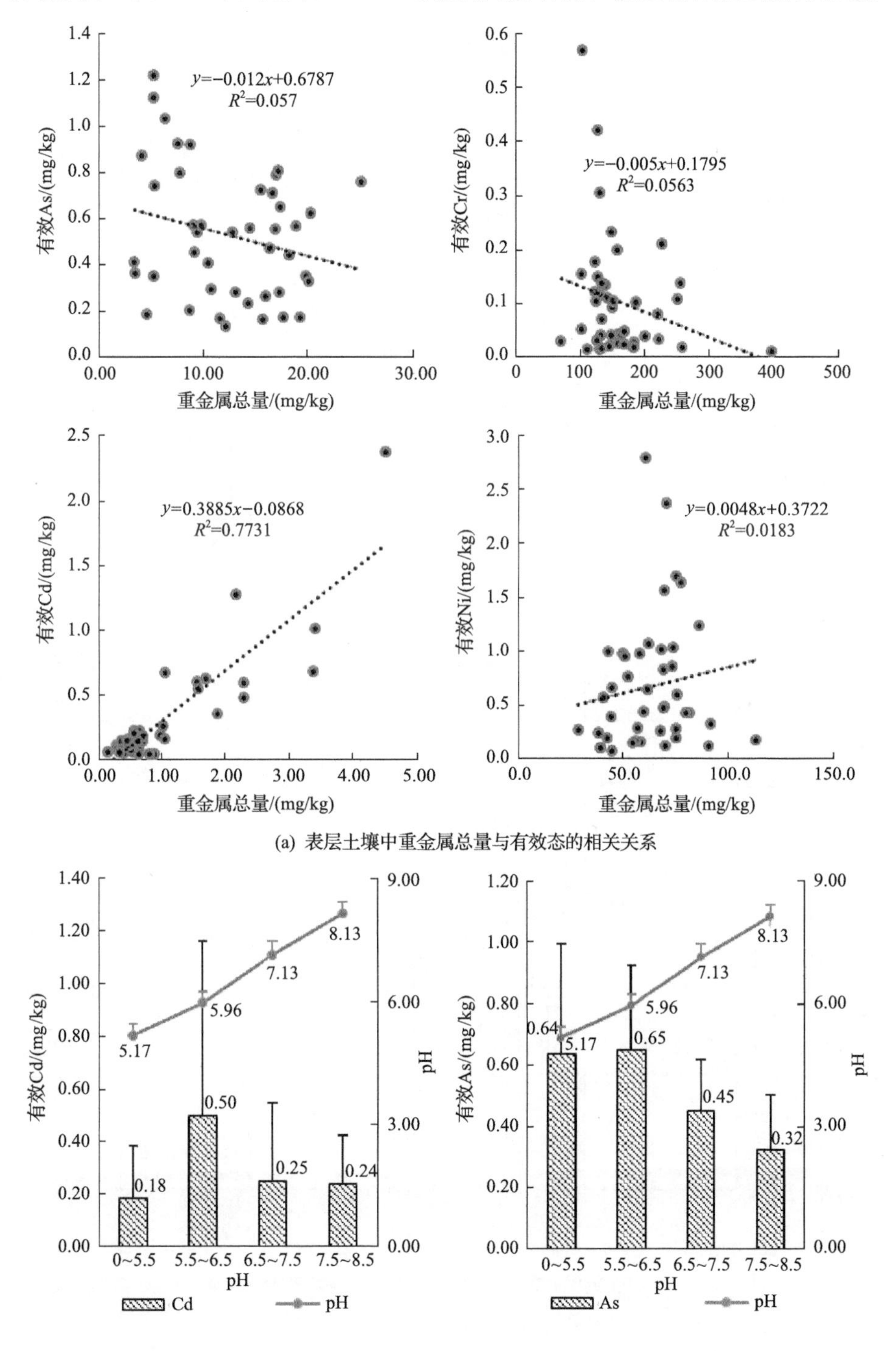

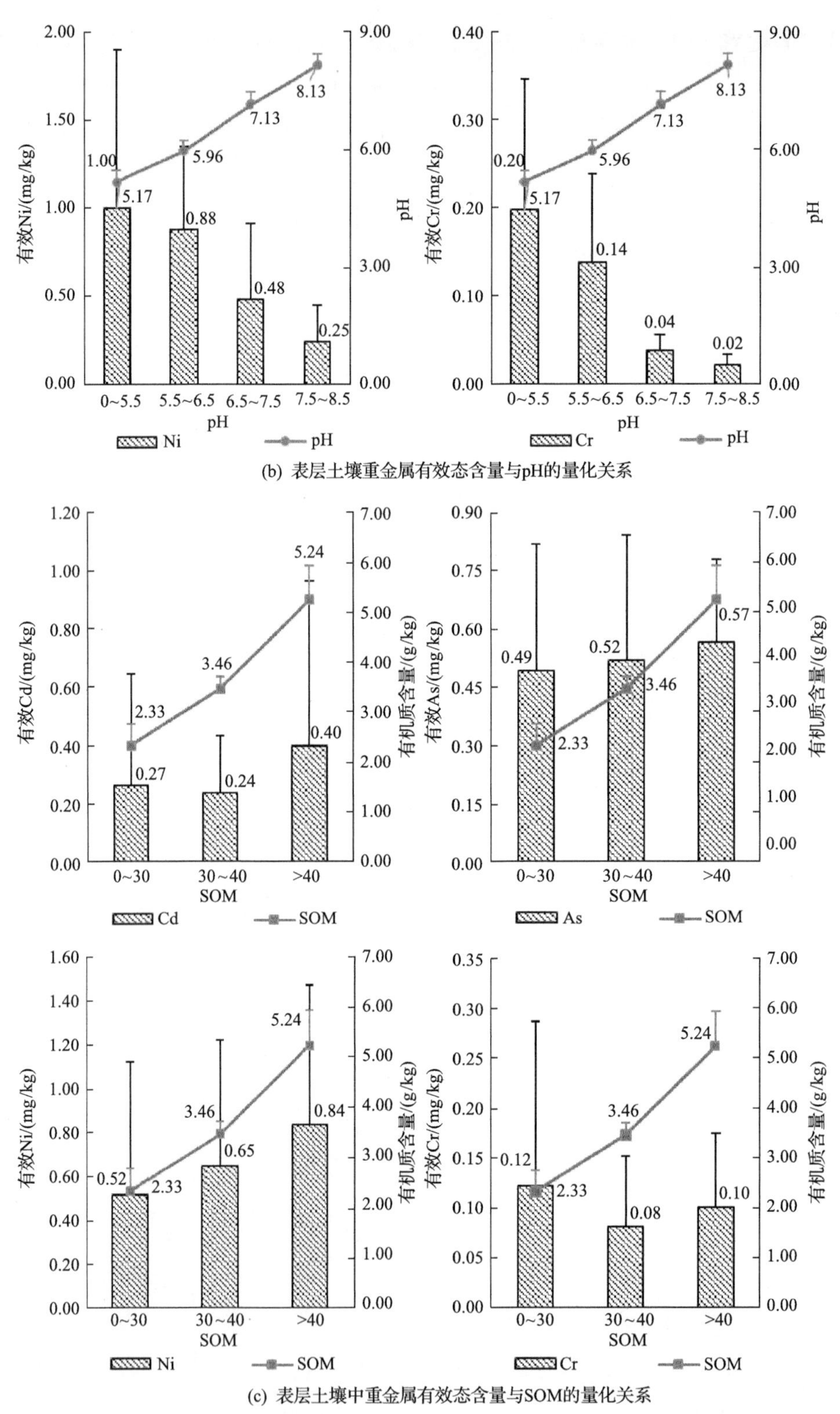

(b) 表层土壤重金属有效态含量与pH的量化关系

(c) 表层土壤中重金属有效态含量与SOM的量化关系

图 6-52　土壤重金属有效态与其影响因素之间的关系

分泌液可以被土壤中的有机和无机成分分解吸收，对土壤产生一定影响，从而也影响着重金属的形态(姚荣江等，2016；钟晓兰等，2010；李忠义等，2009)。建议研究区SOM持续控制在30g/kg左右以调控复垦土壤重金属有效性，使SOM持续保证在一定范围内。

2. 基于地理加权法的重金属有效态影响因素空间特征分析

土壤重金属全量、土壤pH和土壤有机质都对重金属有效态含量有着重要的影响。为研究各因子对重金属有效态含量的影响程度，采用地理加权回归(GWR)的方法揭示它们之间的空间关系。为排除不同指标间的相互影响作用，将土壤重金属有效态含量分别与每个指标做回归，得到每个指标与其的拟合系数，土壤重金属有效态含量作为因变量，每个影响因子作为自变量，各指标对有效态的影响程度可通过它们相应的回归系数来解释，回归系数的大小表示各因素对有效态含量影响的强烈程度，其回归系数分布如图6-53所示。

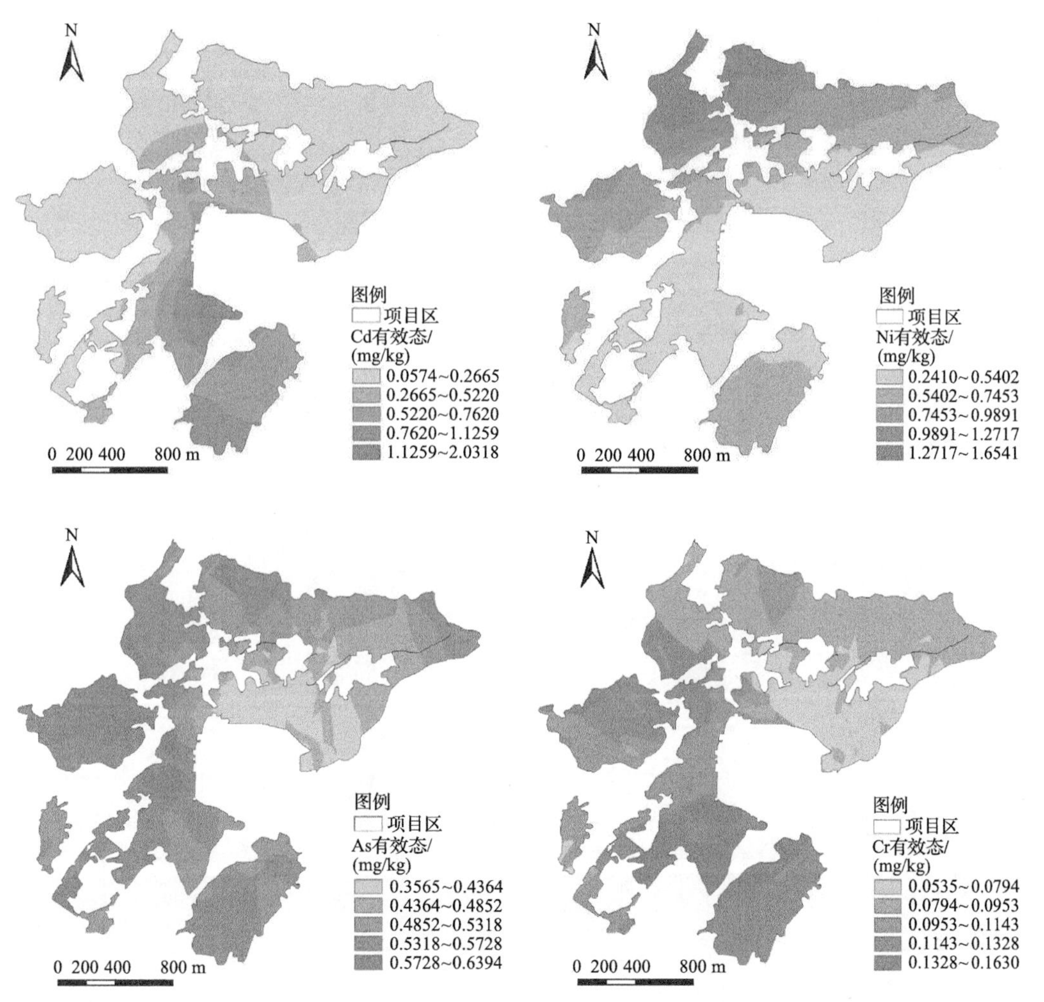

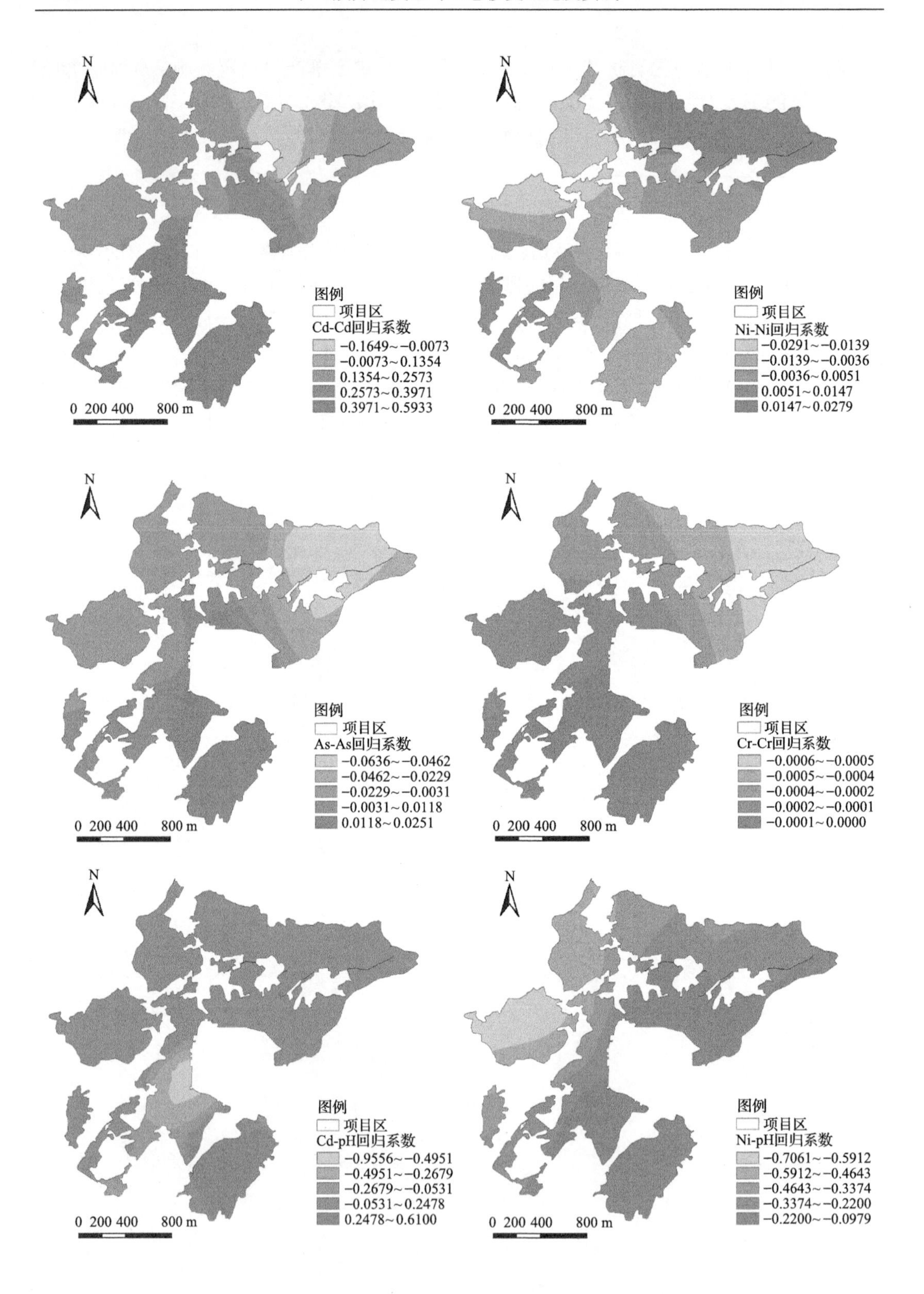
N
图例
项目区
Cd-Cd回归系数
−0.1649～−0.0073
−0.0073～0.1354
0.1354～0.2573
0.2573～0.3971
0.3971～0.5933
0 200 400 800 m
N
图例
项目区
Ni-Ni回归系数
−0.0291～−0.0139
−0.0139～−0.0036
−0.0036～0.0051
0.0051～0.0147
0.0147～0.0279
0 200 400 800 m
N
图例
项目区
As-As回归系数
−0.0636～−0.0462
−0.0462～−0.0229
−0.0229～−0.0031
−0.0031～0.0118
0.0118～0.0251
0 200 400 800 m
N
图例
项目区
Cr-Cr回归系数
−0.0006～−0.0005
−0.0005～−0.0004
−0.0004～−0.0002
−0.0002～−0.0001
−0.0001～0.0000
0 200 400 800 m
N
图例
项目区
Cd-pH回归系数
−0.9556～−0.4951
−0.4951～−0.2679
−0.2679～−0.0531
−0.0531～0.2478
0.2478～0.6100
0 200 400 800 m
N
图例
项目区
Ni-pH回归系数
−0.7061～−0.5912
−0.5912～−0.4643
−0.4643～−0.3374
−0.3374～−0.2200
−0.2200～−0.0979
0 200 400 800 m

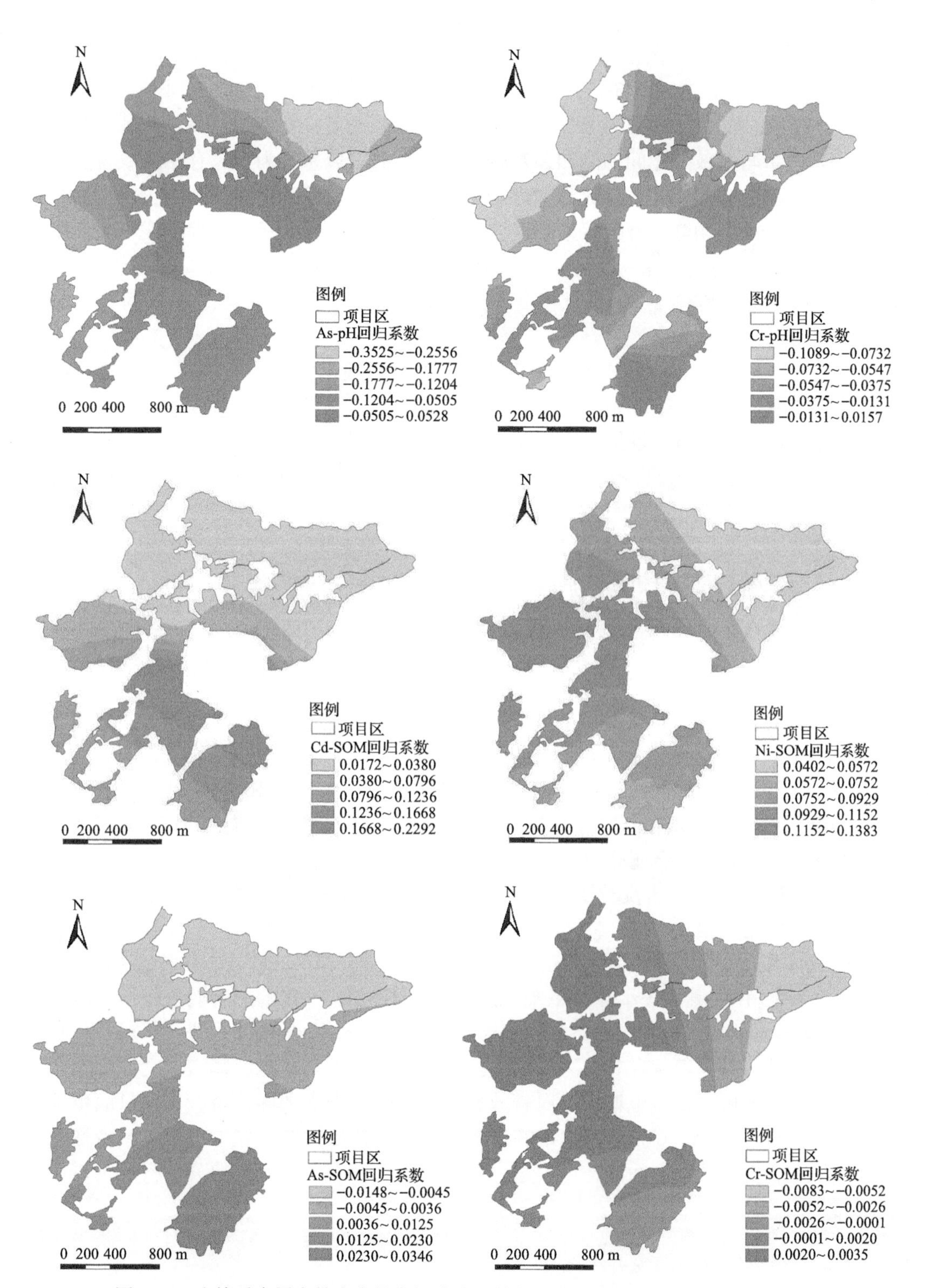

图 6-53　土壤重金属有效态含量空间分布及其与影响因素之间的回归系数分布图

由图 6-53 可知，全区范围内 Cd 全量与有效态含量基本为正相关关系，大部分区域的回归系数为正，且二区南部、五区的回归系数较大，最大值为 0.5933，其相关性较强。As 全量与有效态之间的关系并不明显，北部区域系数为负，南部区域为正，且相关系数不大。Ni 全量与有效态之间的回归系数较小，且有的区域系数为正，有的区域为负，在空间分布上也无明显的规律。Cr 有效态与全量之间的回归系数在全区范围内均为负值，但值很小(＞–5.70E-04)，由此可见，Cr 全量与有效态之间呈负相关，但程度不高。由此可知，不同重金属全量与有效态之间的关系并不一定是正相关，这与上文分析结果一致，每种重金属全量对其有效态的贡献程度不同，GWR 揭示了土壤重金属全量和有效态之间的空间非平稳关系。

复垦土壤 pH 与 As 有效态的回归系数在大部分区域为负值，对比有效态含量分布格局和其回归系数分布规律可知，随着 As 有效态含量的增加，回归系数逐渐降低，可见 As 有效态含量越高，pH 与其负相关程度越高。Ni 有效态也表现出与 As 相似的规律，且回归系数均小于 0，为负相关关系，Cr 有效态与 pH 的回归系数在大部分区域也均小于 0。pH 与 Cd 有效态回归系数在空间分布上无明显规律，在北部等区域系数为负，说明 Cd 有效态与 pH 之间存在一定的负相关关系，但并不明显。由此可知，pH 与土壤重金属有效态呈现一定的负相关关系，但不同重金属有效态与 pH 的相关程度不同。GWR 能够在一定程度上反映 pH 对重金属有效态的影响程度，揭示了它们之间的空间非平稳关系。

在全区范围内，SOM 与重金属 Cd 有效态相关系数均为正值，系数范围在 0.0172～0.2292，即 SOM 与 Cd 有效态呈正相关，对比有效态含量分布格局和其回归系数分布规律可知，Cd 有效态含量越高，相关性越强。SOM 与 As 有效态回归系数在北部区域小于 0，在南部区域大于 0。Ni 有效态与 SOM 的回归系数在全区范围内均大于 0，为正相关关系。Cr 有效态与 SOM 回归系数在大部分区域也大于 0。综合来看，GWR 能够在一定程度上揭示有机质对重金属有效态的影响程度。

总体来说，GWR 分析反映了不同要素与土壤重金属有效态之间的相互关系，这也与前文统计分析结果相互印证。同一土壤重金属有效态受不同影响因素的作用效果不同，不同重金属有效态受同一影响因素的作用效果也不相同，如 Cd 有效态含量受 Cd 全量的影响较大，受 pH 的影响较小，而 Ni 有效态含量受 SOM 与 pH 的影响效果强于 Ni 全量，GWR 方法能够揭示重金属有效态的主要影响因素。不同空间位置的回归系数是不同的，即不同子区域每种因素对有效态的影响非恒定，GWR 能够有效地解释它们之间的空间关系。通过以上分析可知，土壤重金属有效态含量受多种因素共同作用，本节只简单地分析了土壤全量、SOM、pH 对它的影响与变化关系，在后续的研究中还应进一步探究其他因素与重金属有效态之间的作用关系，同时影响有效态含量变化的具体机理也需进一步研究。

(三)复垦修复土地质量提升措施

1. 污染防控措施

根据监测评价结果，在 pH 调节和土壤基质改良的基础上，按重金属污染水平及演变特征采取差异化修复治理措施。

(1)污染水平呈下降趋势的轻度污染区或污染水平呈上升趋势的非(清洁或尚清洁)污染区，可采用植物阻隔修复技术。植物阻隔是在土壤基质改良的基础上，降低土壤重金属的生物有效性。通过种植当地各种适宜的作物，如低积累水稻、玉米品种及各种蔬菜等，将作物可食用部分的重金属含量限制在国家粮食和蔬菜卫生标准范围之内，同时可以增加农民的收入。

(2)污染水平呈下降趋势的中度污染区或污染水平呈上升趋势的轻度污染区，可采用替代品种技术。通过替代品种，选择适宜当地的经济作物品种，采用农艺措施调控、替代品种种植、种植结构调整等方式，阻断土壤污染物向农产品转移，确保农产品质量安全，保证耕地得到安全利用，如青贮饲料玉米品种。同时，也可考虑采用轮作、间作方式种植一些富集重金属的植物。

(3)污染水平呈下降趋势的重度污染区或污染水平呈上升趋势的中重度污染区，采用化学钝化技术。赤泥、钙镁磷肥和磷矿粉等钝化材料对土壤重金属的钝化效果较好，可促进玉米生长，降低玉米对Cd的吸收，增加玉米叶、茎与籽粒的质量。磷酸盐、碳酸钙的使用均可减少土壤重金属Cd、Pb的有效性，同时显著降低了小麦对Cd、Pb的吸收。此外，也可使用凹凸棒土，其对Cd、Zn、Cu污染土壤也具有良好的修复效果。

2. 地力提升措施

对贫瘠的土壤采取化学和物理改良措施，改变土壤的不良性状，恢复或提高土壤的生产力及保护土壤免受侵蚀。土壤改良生物措施主要为绿肥种植，化学措施主要为增施有机肥、复合肥或其他肥料。有机肥宜与配方平衡施肥相结合，不同土壤通过土壤化验，确定相应施肥方案。

第五节　矿业废弃地重构土壤垂直剖面重金属Cd赋存形态及影响因素

以西南地区某历史遗留硫磺矿废弃地为研究对象，以重构土体为研究核心，采用BCR连续提取方法对Cd进行形态分析，并利用风险评价编码法和次生相与原生相分布比值法进行有效性评价，利用电镜扫描-能谱分析方法对不同土层厚度下的土壤进行元素和形貌特征分析，同时从样点角度解释土壤理化性质对剖面Cd形态的影响，以此为重金属污染的监测、进一步的治理及生态修复提供科学依据。

一、采样与分析

综合考虑矿业废弃地复垦类型，结合前期调查工作与先前经验，确定采样方案。在以耕地为主，兼顾林地和草地的原则下，根据地块大小和形状，采用梅花法、棋盘式、“S”形等多种方法，对研究区进行布点。野外采样于2018年8月底完成，采集剖面土壤，剖面点分0～25cm、25～50cm和50～75cm这3个层次，10个样点，共30个样品。

根据前期调查，选择该研究区存在潜在污染风险的重金属进行研究。实验室进行了五种重金属(Cd、Cr、Ni、As 和 Hg)全量及 Cd 形态分析。用于全量分析的土壤样品经 $HCl-HNO_3-HF-HClO_4$ 加热消解，Cd 和 Ni 的含量测定采用石墨炉原子吸收分光光度法，用 X 射线荧光光谱法测定 Cr 含量，As 和 Hg 则采用氢化物发生-原子荧光法(HG-AFS)测定，具体参照国家环境标准《土壤质量铅、镉的测定 石墨炉原子吸收分光光度法》(GB/T 17141—1997)、《土壤和沉积物汞、砷、硒、铋、锑的测定 微波消解/原子荧光法》(HJ 680—2013)、《土壤和沉积物 无机元素的测定 波长色散 X 射线荧光光谱法》(HJ 780—2015)。除了五种重金属之外，土壤 pH 采用电位测定法检测(钟晓兰，2009)，有机质采用重铬酸钾容量法进行测定(徐良骥等，2014)，阳离子交换量(CEC)采用 EDTA-铵盐快速滴定法测定(钟晓兰等，2009)。Cd 的赋存形态处理过程基于 BCR 法(Chakraborty et al., 2014)，BCR 法将 Cd 的形态分为四类，弱酸提取态(F_1，可交换态和碳酸盐结合态)、可还原态(F_2，铁锰氧化物结合态)、可氧化态(F_3，有机物及硫化物结合态)和残渣态(F_4)，其中，F_1 弱酸提取态为生物可利用态，F_2 与 F_3 合称为潜在生物可利用态，F_4 残渣态则称为生物不可利用态(秦延文等，2012)。提取步骤参考相关文献(李佳璐等，2016；林承奇等，2019)，具体操作过程如表 6-27 所示。

表 6-27　基于 BCR 的形态提取过程

形态	提取过程
弱酸提取态(F_1)	准确称取 0.5g 土壤样品于 50mL 离心管中，加入 40mL 0.11mol/L 的乙酸溶液，设定温度(22±5)℃，放于摇床上以 220r/min 的转速振荡 16h，再离心洗涤获得上清液待测，其残渣供下一步提取
可还原态(F_2)	将上一步的残渣物加入 40mL 的盐酸羟胺溶液，用 HNO_3 调至 pH 为 1.5，(22±5)℃下再以 220r/min 的转速振荡 16h，同上离心洗涤，取上清液，其残渣供下一步提取
可氧化态(F_3)	将 F_2 的残渣物加入 10mL 8.8mol/L 过氧化氢溶液，室温下消化 1h，(85±2)℃水浴消解 1h 至 3mL，再重复上面的操作，最后加入 40mL 1.0mol/L 的乙酸铵溶液，同上 F_1 和 F_2 步骤，离心洗涤取上清液待测，剩余的残渣物供下一步提取
残渣态(F_4)	其提取步骤参考重金属全量的消解步骤

此外，样品形貌特征成分表征，测量仪器为 SEM 电子显微镜(FlexSEM1000，日本 Hitachi 公司)，分辨率为 4.0nm(20kV)、15.0nm(1kV)和 5.0nm(20kV)，放大倍数：55～300000 倍。其附件可连接 X-射线能量色散谱(EDS)(美国 IXRF Model 550i 型能谱仪)用于样品的能谱及元素面分析。

二、剖面重金属含量特征

基于 SPSS 21.0 软件，对采集的土壤样品中 5 种重金属(Cd、Cr、Ni、As 和 Hg)进行描述性统计。剖面土壤重金属含量特征见表 6-28。从中可知，不同土层厚度，土壤重金属元素含量不同；相同土层，不同重金属元素含量也存在差异。富集系数(enrichment factor，CF)为样品土壤中重金属浓度与背景土壤中基线浓度的比值(Qiao et al., 2019)，表 6-28 中 5 种重金属富集系数均超过 1，相对于其他 4 种元素来说，Cd 的富集系数较高，达到 4 以上，表明 Cd 是研究区内主要的障碍因子。剖面土壤中 Cd 均值含量由表层到底层逐渐升高，底层最高，为 1.10mg/kg，主要原因可能为底层矿渣向上迁移。变异系数反映总体样本中重金属含量的波动特征，随着纵向沿深，Cd 的变异系数呈上升趋势，均属于高变异(CV＞36%)(戴彬等，2015)；土壤 Ni 含量均值在 50～75cm 较低，但其变异系数高于其他两层，Ni 含量均值在 0～25cm 和 25～50cm 土层间富集系数相近；As 和 Hg 中间层均值含量较高，说明 As 和 Hg 可能受结构性因素(母质、地形等)影响较大。偏度代表了正态分布两端尾部特征，峰度反映了样本含量分布曲线顶端尖峭或扁平程度，偏度依照大小排序：Cd＞Cr＞Ni＞As＞Hg，其中，Cd 偏度较高，这可能是受人类活动影响而产生较大的正偏度(徐夕博等，2018)。

表 6-28 剖面土壤重金属含量特征

指标	土层厚度/cm	最小值/(mg/kg)	最大值/(mg/kg)	均值±标准差	偏度	峰度	变异系数/%	富集系数
Cd	0～25	0.10	3.14	1.06±0.93	1.29	1.76	87.74	4.08
	25～50	0.10	4.79	1.08±1.42	2.35	6.13	131.48	4.15
	50～75	0.15	5.74	1.10±1.69	2.77	8.06	153.64	4.23
Cr	0～25	113.00	198.30	142.80±28.50	0.83	−0.33	19.96	1.85
	25～50	112.30	184.70	141.77±25.49	0.32	−1.17	17.98	1.84
	50～75	104.70	217.20	146.07±38.50	0.91	−0.62	26.36	1.90
Ni	0～25	37.90	99.40	67.25±17.73	0.27	0.05	26.36	1.98
	25～50	31.20	110.80	66.66±22.96	0.23	0.51	34.44	1.97
	50～75	34.20	131.00	63.40±28.94	1.46	2.69	45.65	1.87
As	0～25	6.39	22.53	14.28±5.81	−0.22	−1.42	40.69	1.75
	25～50	5.98	22.82	14.37±6.22	−0.07	−1.50	43.28	1.76
	50～75	5.10	24.66	14.24±7.18	0.18	−1.46	50.42	1.74
Hg	0～25	0.07	0.31	0.20±0.09	−0.24	−1.38	45.00	3.33
	25～50	0.07	0.32	0.21±0.09	−0.33	−1.45	42.86	3.50
	50～75	0.07	0.30	0.20±0.09	−0.43	−1.59	45.00	3.33

研究区土壤中 Cd 富集严重，0～25cm、25～50cm 和 50～75cm 不同土层之间 Cd 全量之间的相关性及全量与酸提取态之间的相关性如图 6-54 所示。表层与亚表层之间呈对数线性相关(R^2=0.8084，P＜0.05)，亚表层与底层之间对数相关性系数 R^2 为 0.7577，而表层与底层相关性仅为 0.5870，说明土壤中重金属的运输能力主要取决于它与土壤成分的相互作用(Jiang et al., 2019)。从图 6-54(b)中可看出，0～25cm、25～50cm 和 50～75cm 不同土层中 Cd 全量与酸提取态之间的富集系数均不在中心线上，底层较表层与亚表层来说，更偏离中心线，表明三层中 Cd 全量与酸提取态之间不具有相似性，Cd 弱酸提取态含量在所有形态中不占主导。

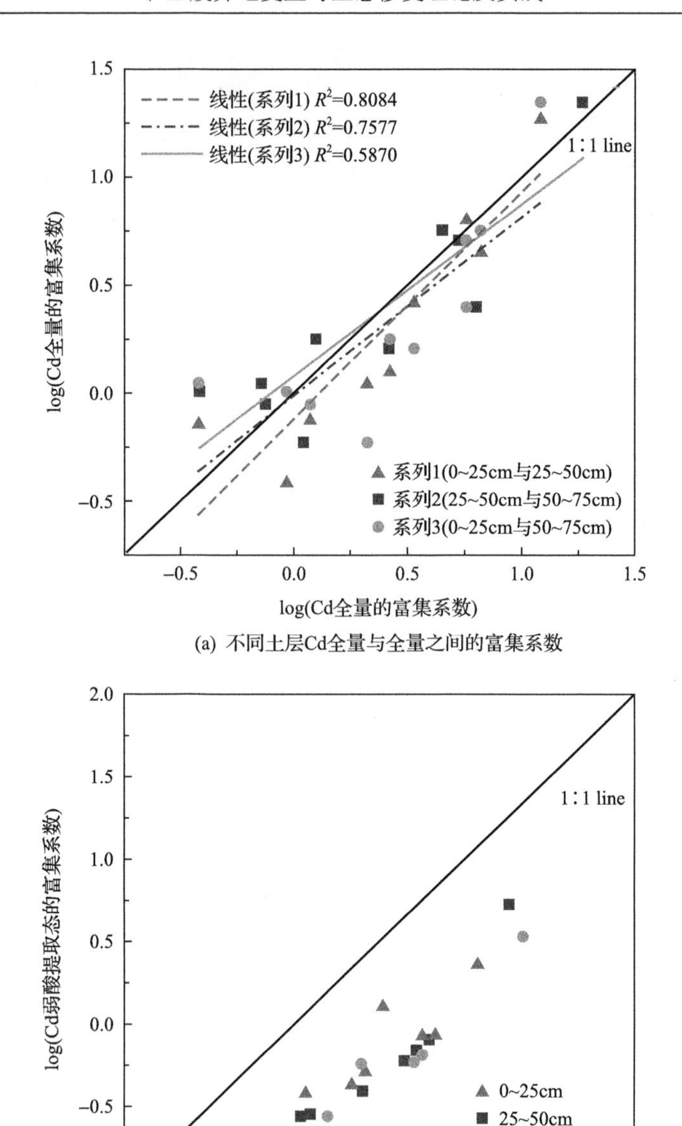

(a) 不同土层Cd全量与全量之间的富集系数

(b) Cd全量和弱酸提取部分之间的富集系数

图 6-54　不同土层之间 Cd 元素线性相关分析

三、剖面土壤的能谱特征分析

(一) 不同层次土壤的 SEM-EDS 特征

为进一步验证复垦土壤剖面不同深度的物相组成，对其进行电镜扫描能谱分析，如图 6-55 所示。图 6-55(a)～(c) 分别代表的是 0～25cm、25～50cm 和 50～75cm 的土壤，而图 6-55(d) 则是硫磺矿渣样品。通过扫描电镜观察其形貌特征可以发现，样品中存在较多的次棱角状、棱角状颗粒，较均匀地分布在质地均一的土壤微粒物质中。各土层厚度之间土壤黏粒形貌相似，无明显差异；硫磺矿渣明显颗粒块大，形状不规则。从X-射线电子衍射能谱图可以看出，所有的图谱特征大体一致，其元素组成相似，主要包括Cd、As、S和Fe等元素。图6-55(d)中元素组成最多，其中重金属Cd、Cr、As及Fe、S元素含量较高，矿渣中还含有少量的Ni、Zn等元素，而图6-55(b)中元素最少，但可以发现都含有Cd元素。

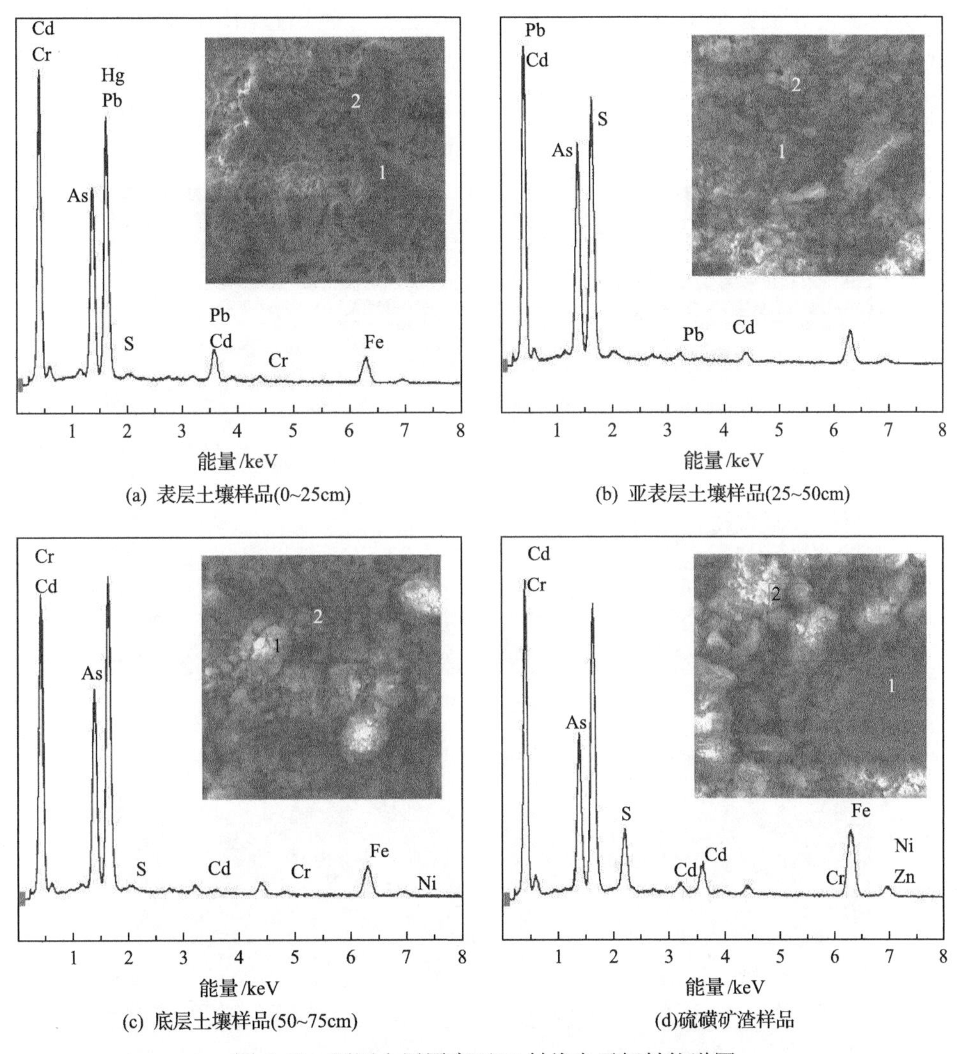

图6-55　不同土层厚度下X-射线电子衍射能谱图

(二)不同土层深度面扫描分析

对不同剖面深度的土壤及硫磺矿渣样品进行S、Fe、Zn和Cd等元素的面扫描，其结果如图6-56所示，不同深度下各元素的分布形式不同。由图6-56可见，不同样品中Fe元素均呈均匀分布，无明显堆积现象，硫磺矿渣样品较土壤样品来说，Fe元素含量更为密集；

其次是 S 元素，图 6-56(a)、(d)中 S 元素含量较多，呈现局部堆积现象，图 6-56(d)中更为显著，而图 6-56(b)和(c)中 S 元素则是零星分布。Cd 和 Zn 元素呈分散状分布，在表层土壤及矿渣中分布面积较广，而随着深度增加，其密集程度降低。图 6-56 中 Fe 和 S 元素占据大部分面积，Cd 和 Zn 元素呈现一致的离散状态。Cd 和 Zn 元素以较稀疏的状态镶嵌于 Fe 和 S 元素中，主要是以类质同象形式赋存其中。

研究区复垦前存在较长时期的硫铁矿开采和不同时期的土法冶炼，废弃硫铁矿及硫磺矿堆积严重，导致整个矿区污染严重，2013 年进行了复垦整治。但野外踏勘发现区内仍有 3 个规模较大的矿渣堆分布，局部耕地可见土法冶炼的炼炉，土壤中有硫磺渣分布。通过检测，土壤重金属 Cd 超标严重。本区域土壤 Cd 污染的主要原因是该土壤中含有较多的冶炼矿渣(可能还有黄铁矿)，其中存在超显微颗粒的闪锌矿，Fe 和 S 元素含量丰富，

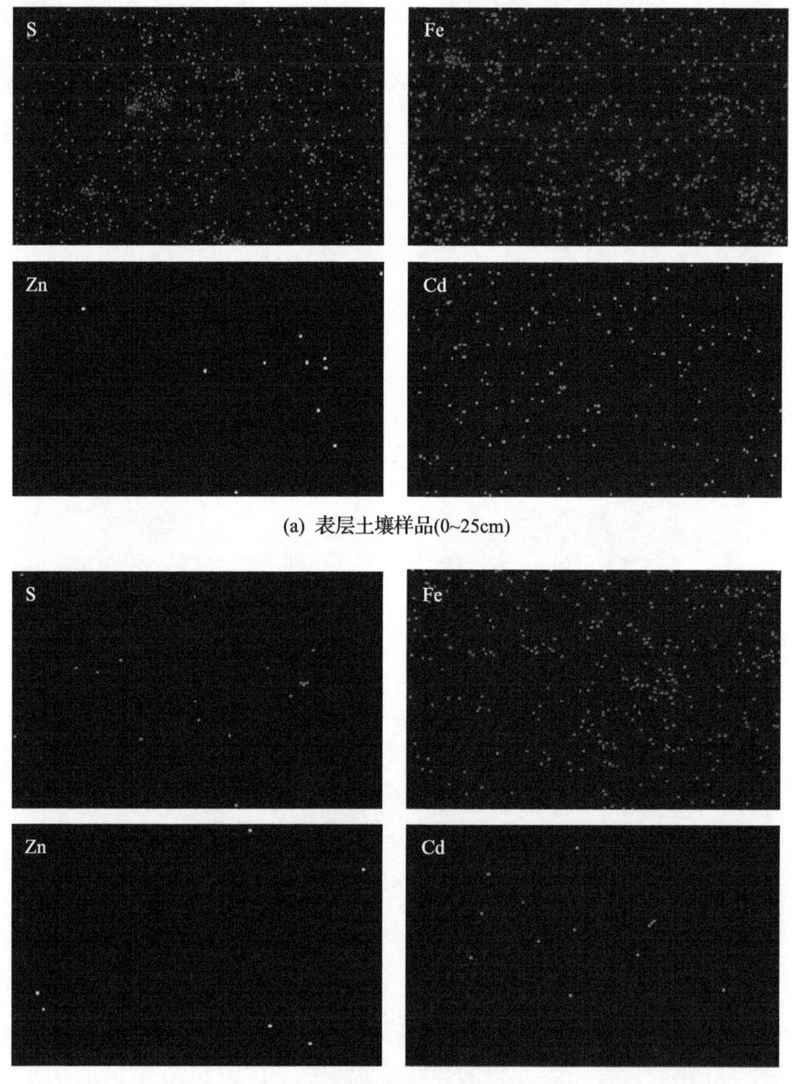

(a) 表层土壤样品(0~25cm)

(b) 亚表层土壤样品(25~50cm)

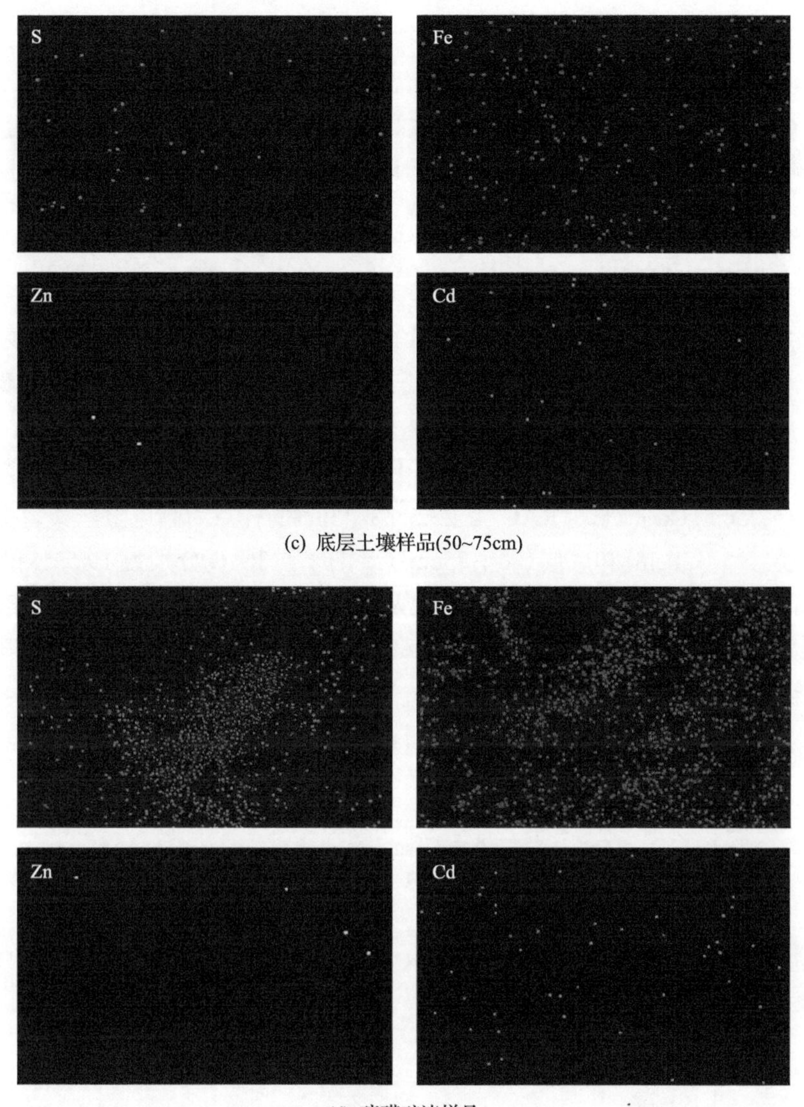

(c) 底层土壤样品(50~75cm)

(d) 硫磺矿渣样品

图 6-56　不同土层厚度下 S、Fe、Zn、Cd 元素的面扫描分布

Cd 元素是以类质同象的形式赋存其中的(乔东海等，2017)。Cd 元素作为一种稀散元素，在自然界中一般以类质同象的形式存在于闪锌矿之中(刘铁庚等，2010a)，研究同时发现 Cd 在硫化物矿床中主要以 3 种形式存在：①以类质同象形式赋存在硫化物中，含量一般在 $n\times10^{-3}$ 以上；②硫镉矿呈固溶体形式分布在硫化物中或与硫化物共生；③硫化物对 Cd^{2+}具有较强的吸附能力，特别是闪锌矿对 Cd^{2+}吸附能力极强(魏宏炼等，2017)。本研究中可以看出，表层土壤及硫磺矿渣中 Fe-Cd 类质同象明显，Zn 和 Cd 呈正相关趋势；Fe 是变价元素，在氧逸度高时 Fe^{2+}可氧化为 Fe^{3+}，鉴于 Cd 与 Fe^{2+}地球化学参数相似，由此 Cd 进入晶格占据 Fe 的晶格位置(刘铁庚等，2010b)。在表生环境下，CdS 与 O_2、H_2SO_4 反应可形成 $CdSO_4$($CdS+2O_2 \longrightarrow CdSO_4$，$CdS+H_2SO_4 \longrightarrow CdSO_4+H_2S$)，

从而使以类质同象形式存在的Cd释放出来，形成Cd^{2+}，$CdSO_4$溶解度大，能长期在水中溶解迁移(只有在强碱性条件下才会沉淀)，从而进入土壤溶液，进入农作物之中。释放出的 Cd 能否容易地进入环境主要取决于它们的迁移特性，土体成分又受理化性质的影响，所以研究区重金属超标是矿渣体与土壤性质之间一系列化学反应产生而来的。

四、剖面 Cd 潜在风险评价

土壤重金属化学形态的分析可为探讨重金属的来源、赋存状态及生物有效性提供重要的信息(Adamo et al., 2014)。研究区重金属 Cd 富集严重，故选择 Cd 元素为研究对象，BCR 法提取其各种形态，探究 Cd 的潜在风险。不同土层 Cd 形态的潜在风险结果如图 6-57 所示。比较 RAC 可以看出，随着土壤的纵向延深，平均 RAC 呈下降趋势。其中，表层(0～25cm)Cd 的平均 RAC 为 23.55%，30%的样点为高风险，其余均属于中等风险。亚表层(25～50cm)和底层(50～75cm)Cd 的平均 RAC 分别为 19.53%和 13.53%，除底层中有 40%样点处于低风险之外，其他两层中样点均为中等风险。比较 RSP 计算结果，不同土层也存在着差异。表层 Cd 的 RSP 均值为 7.51，属于重度污染，其中有两个样点 RSP 分别超平均值的 1.67 倍和 5.16 倍，亚表层 Cd 的平均 RSP 为 23.72，所有样点 RSP 均在 1 以上，底层 Cd 的平均 RSP 相对前两层来说较小，为 1.56，70%的样点属于无污染。

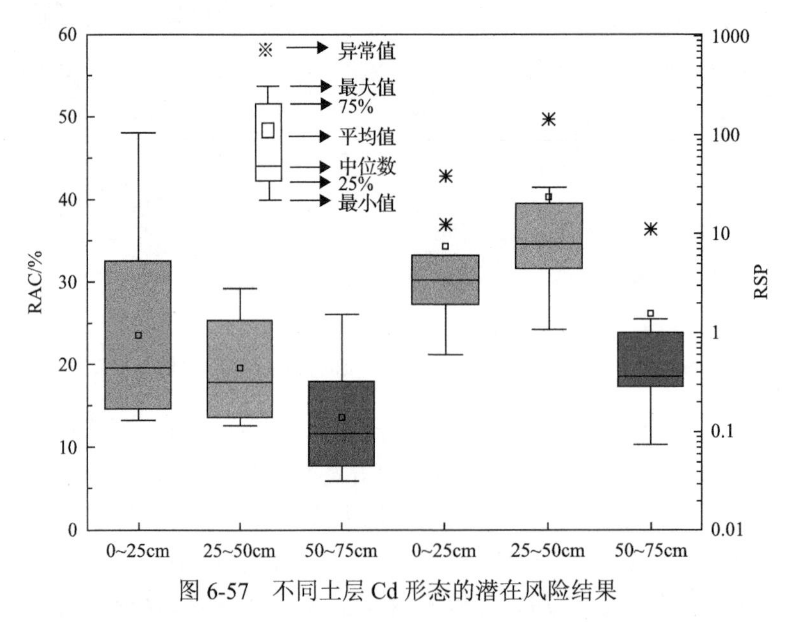

图 6-57　不同土层 Cd 形态的潜在风险结果

不同的评价方法呈现出不同的评价结果在不少研究中均有报道。例如，叶宏萌等(2016)对武夷山茶园土壤中重金属进行污染评价，发现风险评价编码法(RAC)中 Pb 呈现中等风险，而次生相与原生相分布比值法(RSP)的结果则为无污染～轻度污染。陈明等(2015)研究了钨尾矿库周边土壤中重金属 Cd 与 Pb 的潜在风险，富集系数法评价的平均污染程度为 Cd＞Pb，而 RSP 法评价的平均污染程度则是 Cd＜Pb，差别较大。Marrugo-Negrete 等(2017)研究发现 Ni 的积累指数为重度污染，而 RAC 法则是低风险。杨新明等(2019)利用潜在生态风险指数法和 RAC 法对 As 进行了评估，发现潜在生态风险指数法的结果是处于轻微-中等风险水平，而 RAC 结果为低风险。本章亦是如此，两种评价结果不同。造成这种差异的原因：一方面可能是判断标准和关注点的不同，RAC 侧重于生物可直接利用形态的污染程度，而 RSP 关注直接可利用与潜在可利用的污染程度。另一方面可能是评价等级划分有偏差，RAC 的评价等级比 RSP 的评价等级更广泛。两种评价方法可互为补充，使评价结果更加合理。

五、土壤剖面 Cd 各形态影响因素研究

研究发现，土壤重金属的累积能力不仅与重金属的全量有关，更与其赋存形态密切联系(刘清等，1996)。尽管土壤重金属全量在一定程度上能反映其污染程度，但在评价潜在风险时存在局限性，重金属的流动性、毒性、生物可利用性等主要取决于其形态分布(王蕊等，2017)。土壤重金属的形态含量变化主要受土壤理化性质、气候条件和人类活动等综合因素的影响，其中土壤理化性质最为显著。

(一)土壤 Cd 全量

土壤重金属 Cd 的赋存形态分布主要取决于自身特性，与其重金属全量密切相关。重金属全量与各形态的相关系数能反映土壤重金属负荷水平对形态的影响(周小娟等，2018)。Cd 总量与其 4 种形态的相关性如表 6-29 所示。不同土层 Cd 的各形态受全量影响明显，表层(0～25cm)中 4 种形态与全量的相关系数均达 0.8 以上(P＜0.01)，呈极显著正相关，其中 Cd 可氧化态相关系数最大，为 0.948。亚表层(0～25cm)与底层(50～75cm)相关系数相似，Cd 全量与残渣态无显著相关性，而与弱酸提取态、可还原态和可氧化态的相关性均达 0.9 以上(P＜0.01)，说明 Cd 的活性随着全量的增加更显著。

表 6-29　不同土层土壤 Cd 总量与各形态的相关关系

重金属形态	Cd 全量		
	0～25cm	25～50cm	50～75cm
F_1	0.907**	0.970**	0.992**
F_2	0.848**	0.993**	0.997**
F_3	0.948**	0.943**	0.967**
F_4	0.835**	0.358	0.063

注：**呈极显著相关(P＜0.01)。

(二)土壤酸碱度

土壤酸碱度(pH)是影响重金属的赋存形态、生物有效性、吸附解吸过程及迁移能力的重要因素之一，pH 的改变会导致土壤各离子之间的吸附、沉淀、配位等发生变化。

Cd 在不同酸碱度下各形态占全量的百分比如表 6-30 所示。由于不同层次土壤介质之间的差异，其土壤 pH 分布也不同。表层（0～25cm）酸性土壤中可氧化态占全量百分比较低，可还原态在中性和碱性土壤中占全量百分比较高。0～25cm 土层中随着 pH 的增大，可还原态（铁锰氧化物结合态）呈上升趋势，这可能是氧化物表面的专性吸附随 pH 升高而增强所导致的。亚表层（25～50cm）和底层（50～75cm）在不同酸碱度下均是可还原态占主导，两层中残渣态均在碱性中占比最高，碱性条件下 Cd 易形成沉淀。

表 6-30　不同酸碱度下 Cd 在各土层中 4 种形态占全量百分比/%

形态	0～25cm			25～50cm			50～75cm		
	酸性	中性	碱性	酸性	中性	碱性	酸性	中性	碱性
	4.76～6.41	7.09～7.51	7.79～8.05	4.92～6.26	6.71～7.45	8.02～8.12	5.61～6.17	6.54～7.35	7.60～8.11
F_1	24.03	14.89	16.06	28.74	14.29	14.29	14.79	11.75	19.23
F_2	33.48	60.37	61.93	61.81	64.86	62.67	69.16	59.29	34.62
F_3	7.08	6.12	6.42	4.72	4.00	8.29	7.00	3.28	8.65
F_4	34.55	18.35	15.14	4.13	14.86	16.13	8.59	24.86	34.62

从表 6-30 可以看出，不同层 Cd 的 4 种形态比例大小排序不同。表层（0～25cm）大致排序为可还原态＞残渣态＞弱酸提取态＞可氧化态，亚表层（25～50cm）和底层（50～75cm）中 Cd 形态的关系为可还原态＞弱酸提取态＞残渣态＞可氧化态。三层中 Cd 的浓度主要由可还原态决定，可还原态与 Cd 全量相关性最强。可还原态的 Cd，是较强的离子键结合，不易释放，Cd 被吸附或沉淀于 Fe/Mn 氧化物表面形成氢氧化物或碱式盐，但如果土壤中氧化还原电位发生变化时，成为生物可利用态（杨长明等，2013；Vink et al., 2010），故不同土层中 Cd 的迁移因其生物有效性而存在差异，亚表层相对于表层与底层来说，可还原态加上弱酸提取态的占比较高，故其 Cd 的流动性在该层中更强烈，可能有向表层与底层迁移的趋势。

（三）土壤有机质和阳离子交换量

土壤有机质和阳离子交换量（CEC）也是影响土壤重金属形态的重要因素。土壤有机质能与重金属离子相互作用形成具有不同化学和生物学特性的稳定性物质，影响重金属各形态的含量及所占比例，并使重金属的不同形态之间发生相互转化。CEC 因土壤矿物组成的不同而不同，对重金属离子的吸附能力也存在差异。图 6-58 为有机质与 Cd 各形态的关系，表层（0～25cm）中有机质含量小于 10g/kg 时，残渣态占比最高，当有机质为 10～20g/kg 时，弱酸提取态和可还原态占主导；亚表层（25～50cm）和底层（50～75cm）中有机质含量在 20～30g/kg 时，除残渣态之外，其他形态含量均较高，比例顺序为可还原态＞弱酸提取态＞可氧化态。图 6-59 为阳离子交换量（CEC）与 Cd 各形态的关系。从图 6-59 可以看出，不管哪个土层，当阳离子交换量为 10～20cmol(+)/kg 时，其生物有效性最高，其中可还原态占主导；随着纵深的延长，可还原态含量缓慢增加，而可氧化态含量逐渐降低。

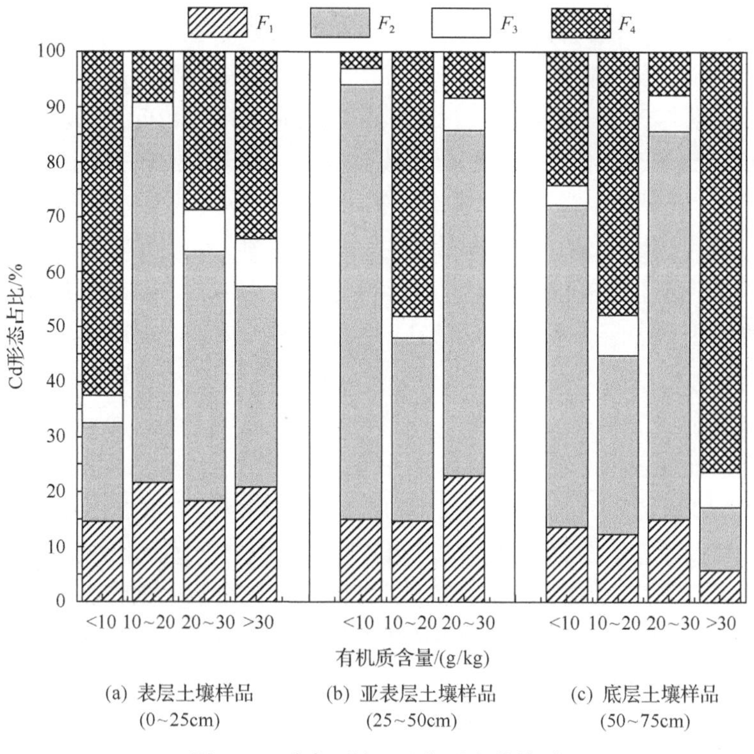

图 6-58　有机质与 Cd 各形态的关系

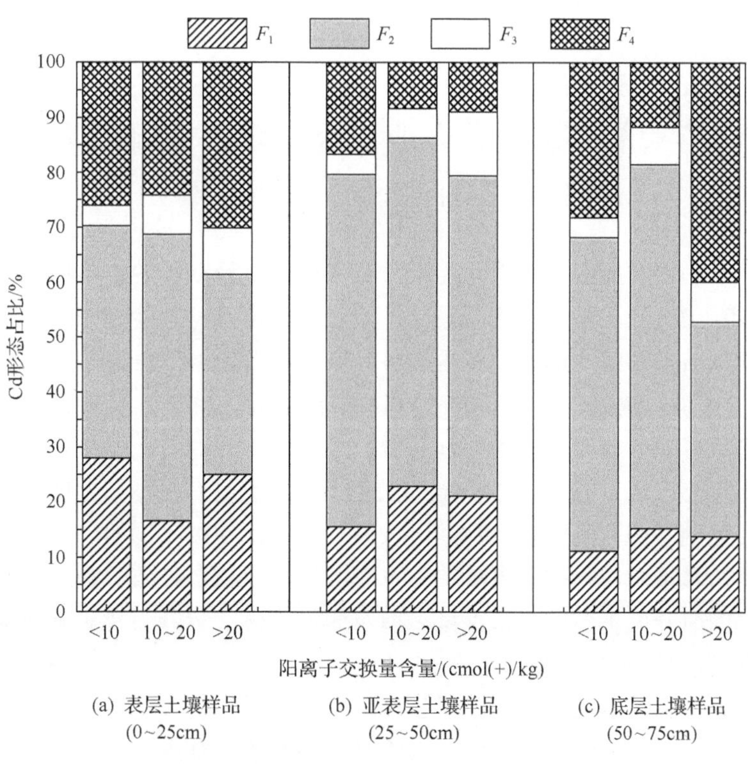

图 6-59　阳离子交换量(CEC)与 Cd 各形态的关系

研究区重构土体中重金属 Cd 污染严重，故对其进行重金属形态分析，不同形态重金属具有不同的地球化学特性，而重金属有效态的含量决定其生态风险及生物毒性。本研究表明，各土层厚度下，可还原态比例最高，其生态风险较低，这进一步说明了研究区虽然土壤 Cd 全量较高，但生物可利用系数偏低，主导作物玉米籽粒中重金属含量低（胡青青等，2019）。土壤重金属 Cd 形态分布很大程度上取决于土壤理化性质的影响（关天霞等，2011），研究中 Cd 的 4 种形态的相对分布与总量关系密切，基本上相关系数均达 0.8 以上，其中对可还原态和可氧化态的影响更甚。另外，pH、有机质和阳离子交换量更是其重要影响因素之一。不同酸碱度下，各形态差异较大，表层土壤中，随着 pH 的增大，弱酸提取态与残渣态占比逐渐降低，可氧化态变化不大，而可还原态呈上升趋势；在亚表层和底层土壤中随着 pH 的增大，残渣态占比逐渐增加，可能原因是表层受外界环境影响较大，而亚表层和底层相对来说受外界影响较小。有机质和阳离子交换量同样影响着 Cd 形态的变化。宋杨等研究发现添加含有大量有机质的固态污泥和秸秆均能使土壤中交换态镉和残渣态镉的含量降低，但同时也使土壤中铁（铝/锰）氧化物结合态镉和有机结合态镉的含量升高。但图 6-58 中显示，有机质含量在 20～30g/kg 时，各形态含量较高，当超过 30g/kg 时，生物有效性有下降的趋势，可能是有机物质的各种影响相互抵消所致（Burgos et al., 2006）。一般来说，随着土壤 CEC 含量的增加，重金属的生物有效性降低（王哲等，2019）。本章中当 CEC 含量在 10～20cmol(+)/kg 时，不同土层下各形态的含量是最高的，生物有效性也是最大的；当 CEC 含量大于 20cmol(+)/kg 时，其潜在生物有效性有下降趋势，可能原因是阳离子交换量增加，土壤对重金属离子吸附固持作用增大（Zhou et al., 2004）。

第六节　矿业废弃地复垦土壤-作物硒吸收特征及其对重金属的拮抗效应

硒是一种人和动物所必需的微量元素，其丰缺与人及动物的正常机体代谢和健康密切相关（黄杰等，2018）。同时，硒还是一种天然的解毒剂，它能够与镉、汞、砷等有毒重金属元素产生拮抗效应，形成金属硒蛋白复合，从而达到抵消毒性的效果（郦逸根等，2007），但硒的过量或缺失也会产生不良影响（李日邦等，1992）。我国是世界上缺硒严重的国家，同时硒资源的分布极不均匀（韩笑等，2018），存在着一条从东北到西南的低硒带，缺硒省份多达 22 个，缺硒区约占陆地面积的 72%，只有极少部分地区有较高的硒储备量，被称为足硒区或富硒区（李海蓉等，2017）。缺硒地区不同的土壤中硒含量存在不同的消长规律，且不同作物的硒富集能力也有所不同，这会导致一些地方出现新的病情及潜在风险，因而开展不同的土地土壤类型及作物中硒含量分布及影响因素的研究具有极为重要的意义（袁知洋等，2018）。

近年来，有关土壤硒的研究工作受到环境和健康学界的高度重视，国内外学者对不同地区土壤、作物硒含量及其分布规律、影响因素和富集特征等展开了研究。华明等（2009）

对煤灰库周边农田土壤及作物中硒含量特征和污染现状进行了系统分析与评价。孙朝等(2010)对四川省成都经济区不同土壤类型中硒含量分布特征的研究表明，不同类型土壤中硒向植物的迁移转化主要受硒全量、土壤pH、有机质及土壤黏粒影响。沈慧芳等(2015)对江西省浮梁县茶园土壤和茶叶中的硒展开研究，分析了土壤主要理化因子对茶叶硒富集能力的影响。Sasmaz等(2015)调查研究了土耳其库塔哈省Gumuskoy矿区土壤硒在12种植物中的吸收迁移和影响因素：硒的化学形态决定其溶解性。Ryser等(2006)以美国西部磷矿资源回收区土壤中硒为研究对象，分析了硒的化学形态与其生物利用度及其在环境中的迁移能力的关系。不同地区、不同类型土壤硒含量、空间分布和影响因素及作物的硒富集特征等具有很大的区域差异性。目前，针对有关矿业废弃地的调查研究多集中在铅、镉、砷和汞等重金属元素评价(张世文等，2017；胡青青等，2019)，而关于复垦后土壤及主导作物中的硒含量及其影响因素的研究鲜见报道。同时针对矿业废弃地重金属高背景值，严重限制了其土地复垦后的农业发展，而众多研究也表明了土壤硒对重金属存在一定的拮抗效应，降低作物对重金属的富集吸收(陈晞，2014)。

针对部分矿业废弃地复垦土壤硒与重金属“双高”现象，为充分开发其富硒土地资源，确保作物安全，以西南地区某历史遗留硫磺矿废弃地为研究区域，以复垦后重构土壤和主导作物中硒为研究核心，通过野外样品采集和室内化学分析及ArcGIS空间分析，获取研究区土壤和作物中相关属性数据，以主导作物玉米为切入点，探讨玉米籽粒中硒含量与对应土壤中相关元素的相关性，从而建立玉米籽粒硒吸收模型，为进一步研究矿业废弃复垦后重构土壤-作物硒空间吸收特征提供数据支撑；同时通过分析研究土壤硒不同浓度梯度下玉米对重金属富集系数的差异性变化，探讨土壤硒与作物重金属Cr、Cd、As和Hg富集能力的拮抗效应，为今后矿业废弃地复垦后发展特色富硒农业提供科学依据。

一、采样与分析

以四川古蔺矿业废弃复垦地为研究区，均匀随机采样，土壤取样深度为0～20cm，共布设采样点39个，作物样品(玉米)的采集与土壤采样点一一对应，其中作物样品采集时，每个采样点为3～5个样品的混合样。

实验室测试指标包括土壤和玉米籽粒中的Se、As、Cd、Cr、Hg和土壤有机质、速效钾、pH及玉米籽粒中Pb、Cu、Zn。土壤和玉米籽粒中Se、Hg、As采用微波消解-氢化物发生原子荧光光谱法(HG-AFS)测定，具体可参考《土壤和沉积物 汞、砷、硒、铋、锑的测定 微波消解/原子荧光法》(HJ 680—2013)；Cd、Pb采用石墨炉原子吸收分光光度法测定，具体参考《土壤质量铅、镉的测定 石墨炉原子吸收分光光度法》(GB/T 17141—1997)；Cr、Cu、Zn采用波长色散X射线荧光光谱法，具体可参考《土壤和沉积物 无机元素的测定 波长色散X射线荧光光谱法》(HJ 780—2015)。此外，采用离子计法测定土壤pH，重铬酸钾容量法测定土壤有机质，火焰光度法测定土壤速效钾。

二、复垦土壤-作物硒含量特征

如表 6-31 所示，研究区土壤硒含量集中在 0.25～0.4mg/kg，足硒和富硒土壤样品所占比例为 5.13%和 94.87%，表明研究区富硒土壤资源十分丰富。研究区玉米籽粒硒含量等级处于“中等”和“高”的样品所占比例高达 69.23%，表明研究区土地复垦后富硒农产品资源分布较为丰富，但是在研究区中处于“缺乏”和“边缘”等级的样品所占比例为 30.77%，这表明研究区存在着土壤硒含量分布不均，从而导致部分玉米籽粒中硒含量缺乏的现象(表 6-32)。

表 6-31　土壤硒含量分级标准及统计

硒含量范围/(mg/kg)	分级	土壤富硒水平	样品数/件	比例/%
<0.125	缺乏	缺硒土壤	0	0
0.125～<0.175	边缘	少硒土壤	0	0
0.175～<0.4	适量	足硒土壤	2	5.13
0.4～<3.0	高	富硒土壤	37	94.87
≥3.0	过剩	过量硒土壤	0	0

注：土壤硒含量分级标准参照《土地质量地球化学评价规范》(DZ/T 0295—2016)。

表 6-32　玉米硒含量分级标准及统计

玉米硒含量/(mg/kg)	分级	硒效应	样品数/件	比例/%
<0.025	缺乏	硒反应病	2	5.13
0.025～<0.040	边缘	潜在硒不足	10	25.64
0.040～<0.070	中等	足硒	19	48.72
0.070～<1.0	高	富硒	8	20.51
≥1.0	过剩	硒中毒	0	0

注：作物硒含量分级标准参照谭见安(1989)。

由于研究区玉米籽粒中高硒点位比例相对较小，考虑高硒区域应作为优先识别的对象，故采用反距离权重法(inverse distance weighted，IDW)。反距离权重法是基于相近相似原理，以样本点与插值点间的距离为权重进行加权平均，距插值点越近的样本被赋予权重越大，反之越小。与普通克里格法相比，其平滑作用较小，能够反映局部极值信息，更好地识别出高硒区域。根据土壤和玉米籽粒中硒含量，利用 ArcGIS 10.1 中反距离权重法插值得到研究区土壤-玉米籽粒中硒含量空间分布图(图 6-60)。由图 6-60 可知，一区东部、三区西部和四区西部土壤硒呈现较高含量，一区西部和三区东部土壤硒含量相对较低，采集的土壤样品中硒含量最大值为 1.68mg/kg，位于四区东北部。玉米样品硒含量在三区西部、一区东北部和四区东北部相对较高，这与土壤高硒区域分布相近，在一区和三区中部含量相对较低，玉米籽粒硒含量处于缺乏等级的两个点位(0.0230mg/kg 和 0.0234mg/kg)分布在三区中部和西北部。

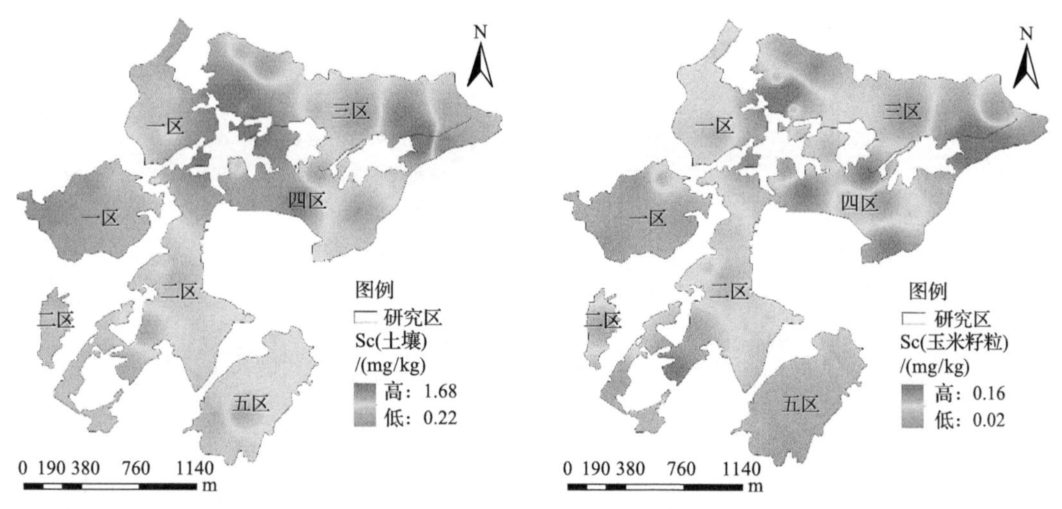

图 6-60　土壤-玉米籽粒硒含量空间分布

三、复垦土壤-作物硒吸附特征

（一）相关性分析

研究区富硒土地资源丰富，发展富硒农业前景广阔。但硒等元素的生物有效性受到环境中诸多因素的影响，其主要受到土壤中全硒、pH 和有机质等土壤属性影响(梁东丽等，2017；Winkel et al.，2015；Jia et al.，2019)。已有研究表明，土壤中约 80%的硒与有机质结合，在偏酸性且富含有机质的土壤中更易富集(陈显著和李就好，2016；Cao et al.，2001)。

图 6-61(a)是玉米籽粒硒含量与土壤理化参数的相关性分析结果。可以看出，玉米籽粒硒含量与土壤各属性的散点分布呈现出较高的非线性关系；上三角形矩阵显示玉米籽粒硒含量与土壤各属性之间的 Pearson 相关系数(*P*)。研究区玉米籽粒硒含量与土壤硒含量、pH、有机质和重金属砷等呈现不同程度的相关性。其中，玉米籽粒硒含量与土壤有机质呈现极显著的正相关线性关系(*P*=0.59***)，同时硒是典型的亲生物元素，在富含有机质的土壤环境中易富集(蔡立梅等，2019)。玉米籽粒硒含量与土壤硒含量和 pH 也呈现出显著的正相关线性关系(*P* 为 0.49**和 0.40*)，硒在土壤中的赋存形式主要有硒酸盐、亚硒酸盐、元素硒及硒化合物等，土壤 pH 对硒的赋存形式起着重要作用，酸性或碱性土壤都会对土壤硒的赋存形态产生不同的影响(朱建明等，2003)。玉米籽粒硒含量与土壤重金属砷存在正相关的线性关系(*P*=0.39*)，玉米籽粒硒含量与其他土壤属性的相关系数介于 0.00～0.16，线性相关均处于较低水平，这与下三角矩阵所得结论一致。

图 6-61(b)为玉米籽粒中硒含量与对应 7 种重金属相关性分析。其中，玉米籽粒硒含量与对应重金属砷含量存在极显著的正相关性水平(*P*=0.92)，硒与砷相关性较高主要原因是硒与砷之间存在较大的化学亲合力，能够在作物体内生成一种较稳定、毒性低的硒-砷复合物，从而减轻砷对抗氧化酶活性的抑制作用(刘爱华等，2008)。此外，其他 6 种

重金属与硒的相关系数介于−0.13～0.12，均处于较低程度的线性相关。

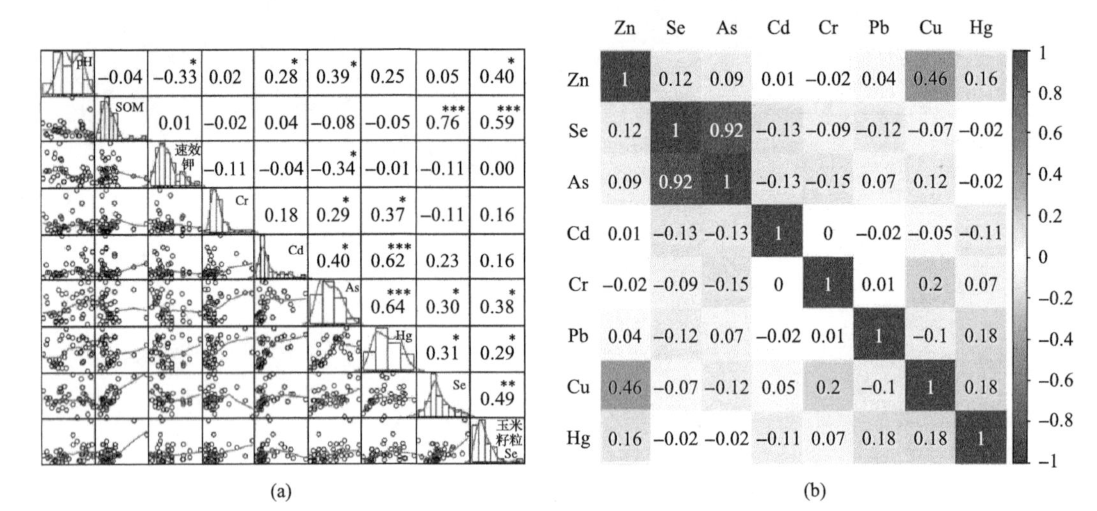

图 6-61　作物与土壤属性的相关系数及自身相关参数

(a)中上三角形(对角线左下方)为各属性数据的散点图；上三角形(对角线右上方)数字表示两个属性的相关性值，星号表示显著程度(星号越多越显著)；(b)中颜色从红色到蓝色表示相关性的大小，数字表示相关性值

(二)吸收模型

作物对土壤硒等元素的吸收是一个复杂的过程，目前针对相关方面的研究是将生物体内元素含量与土壤元素全量或形态及其他影响有效性的土壤性质做相关或者统计分析(Favorito et al.，2017)，通过数学模型模拟元素从土壤中迁移到植株体内的过程，常见的建模方法有多元逐步回归(MLR)、偏最小二乘回归(PLSR)、随机森林回归(RFR)和 BP 神经网络等。如图 6-62 所示，以玉米籽粒硒为因变量，以土壤硒、pH、有机质和重金属砷为自变量进行模型模拟。在建模可用的 39 件样本中，使用随机数据发生器程序，随机选取 13 件样本留作模型验证和误差分析，26 件样本留作建模集。分别采用多元线性回归、偏最小二乘回归和随机森林回归进行模型拟合，最终得到玉米籽粒硒的 3 种吸收模型。其中，偏最小二乘回归是一种多元数据统计分析方法，与传统的模型相比，其最大特点是可以消除多重相关性的影响、允许样本个数少于变量个数，其模型建立方法已在众多领域得到了广泛的应用(李朋成等，2015；Horemans et al.，2017)。而随机森林回归则是一种基于分类与回归决策树的机器学习方法，其主要原理是通过由弱分类器组成的 bootstrap aggregation(bagging)集成分类器和节点利用随机分类技术，分为若干决策树，最终通过投票的方式选择出最佳分类结果(陈元鹏，2018)。选择平均绝对误差(mean absolute error，MAE)和均方根误差(root mean squared error，RMSE)作为精度指标来衡量模型的预测程度。其中，平均绝对误差能更好地反映预测值误差的实际情况，而均方根误差可以显示模型的估算能力，数据越小估算能力越强。

研究区玉米籽粒硒含量的直接预测验证中，MLR 模型的验证结果要好于 PLSR 模型和 RFR 模型，其验证 MAE 由 0.0212 降低至 0.0202，RMSE 由 0.0309 降低至 0.0244。3

种模型的拟合曲线 MLR 较其他两种模型也更接近 1∶1 线，其 R^2(0.52)较 PLSR(R^2=0.48)和 RFR(R^2=0.43)均有所提高。总体而言，MLR 模型在玉米籽粒硒含量的模型预测中优势相对比较明显，相比其他两种模型更能够简单、高效和准确地预测研究区玉米籽粒硒含量，这也与前人众多研究中采用 MLR 建立玉米对硒元素的吸收模型的结论相一致(王显炜等，2018；杨奎等；2018)。

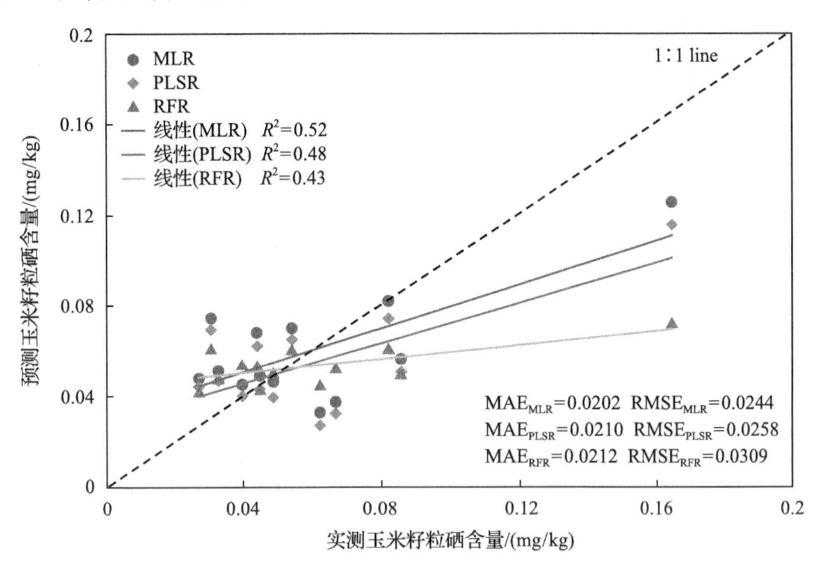

图 6-62　作物硒含量 3 种预测模型结果比较

四、复垦土壤-作物系统硒对重金属拮抗效应

(一)富集特征

富集系数 EF(1g 玉米体内某元素或污染物质含量/1g 土壤中某元素或污染物质含量×100%)是指某种元素或污染物在生物体内的浓度与其生长环境中该物质或元素的浓度之比，能够很好地表征作物从土壤中富集某种物质的能力。

玉米中元素的主要来源是其根系土壤，引入富集系数，比较玉米对复垦后土壤中元素的吸收与累积特性，即用玉米籽粒元素累积量与对应根系土壤元素全量的比值来衡量玉米吸收元素能力的强弱。利用 ArcGIS 10.1 中栅格计算工具，将土壤与玉米籽粒中硒(Se)和重金属(Hg、Cd、As 和 Cr)含量空间插值后结果进行计算，得到玉米籽粒硒及 4 种重金属富集系数的空间分布。图 6-63 是作物硒及重金属富集系数空间分布。玉米籽粒对土壤硒的富集系数范围在 3.33%～43.89%，其中在四区中部和三区西南部富集系数最低，在五区和三区西部相对较低，在三区和四区东部、一区西部和二区西南部最高。玉米籽粒对 4 种重金属富集能力较强的是 Cd，富集系数在 0.54%～40.73%，全区范围内 Cd 富集系数较高的区域主要集中在三区中部、一区中东部和四区西北部，其中，玉米籽粒对 Cd 富集系数出现 40.73%高值的情况，可能与样点异常值(40.68%)有关；Hg 和 As 的富集系数分布特征相似，较高区域主要集中在一区西部，其中玉米籽粒对 As 的富集能力相对较弱，富集系数在 0.05%～0.43%；Cr 的富集系数在 0.02%～0.85%，主要分布在一区东北部。

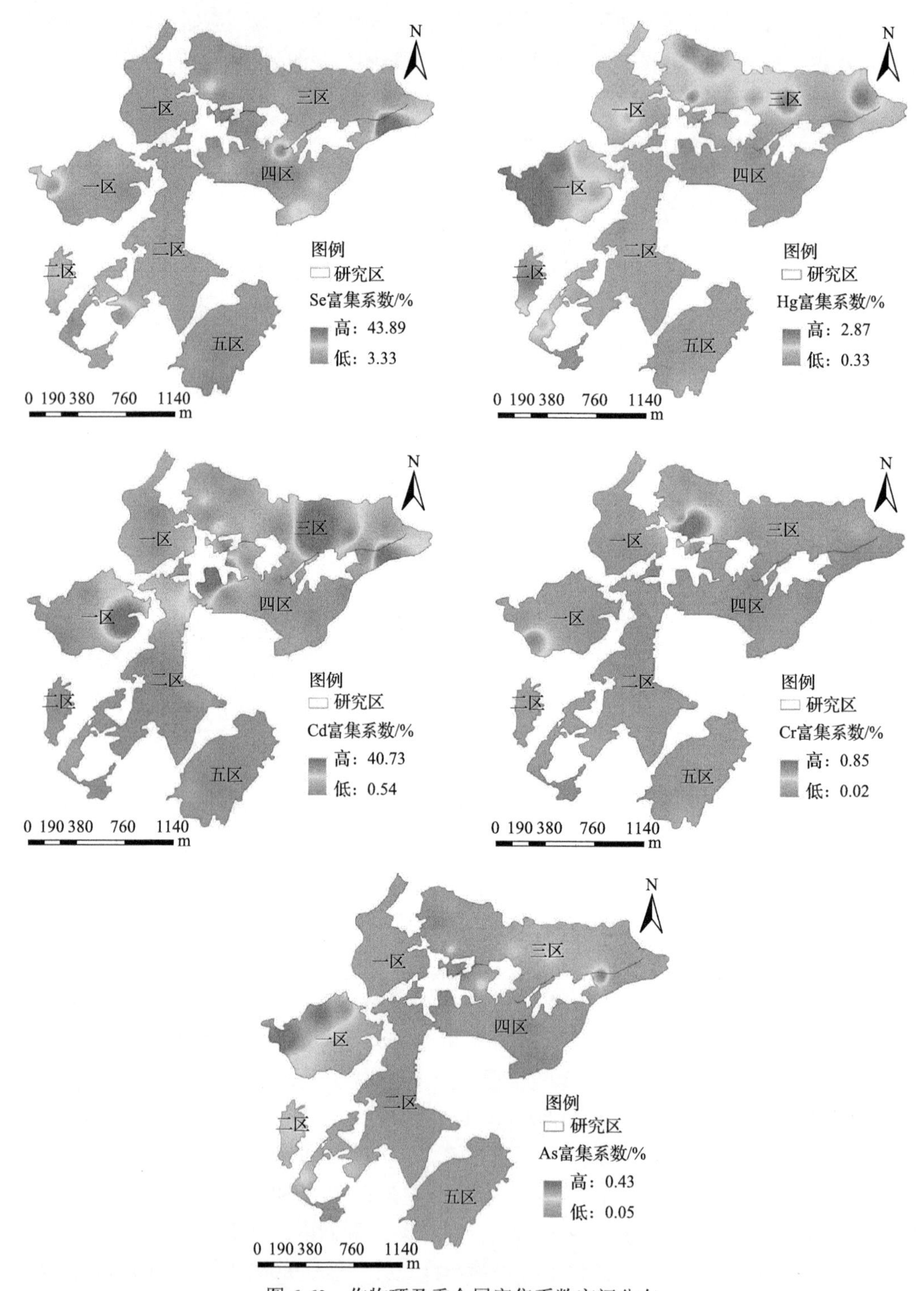

图 6-63　作物硒及重金属富集系数空间分布

（二）拮抗效应

研究区为典型硫磺矿废弃地，土壤重金属 Cd、Cr 和 As 等含量超标，作物中可能存在重金属污染风险(胡青青等，2019)，而近几年来越来越多的研究也证明了 Se 能够与多种重金属元素产生拮抗效应，降低作物对多种重金属的吸收和拮抗其引起的毒性，如 Cd、Hg、Cu 和 As 等(胡居吾和熊华，2019；陈成，2016)。如图 6-64 所示，将研究区 39 个土壤硒样点数据，以 0.65mg/kg、0.75mg/kg、0.82mg/kg 和 1.10mg/kg 为节点划分为 5 个浓度梯度(n 为 8、8、7、8 和 8)，通过比较分析不同土壤硒浓度梯度下重金属富集系数均值的差异来表现硒对重金属的拮抗效应。

随研究区土壤硒浓度在一定范围内的不断增加，4 种重金属的富集系数均表现出一定程度的降低。Hg 和 Cd 富集系数变化趋势较为显著，在总浓度梯度内表现出较大程度的降低。其中 Hg 在土壤硒不同浓度梯度下的富集系数均值依次为 1.42%、0.94%、0.78%、0.75%和 0.66%，降低幅度为 53.18%。Cd 富集系数虽然在 0.75～0.82mg/kg 和 1.10～1.68mg/kg 范围内表现出变化程度为 33.40%和 97.31%的上升，但在总浓度梯度内降低了

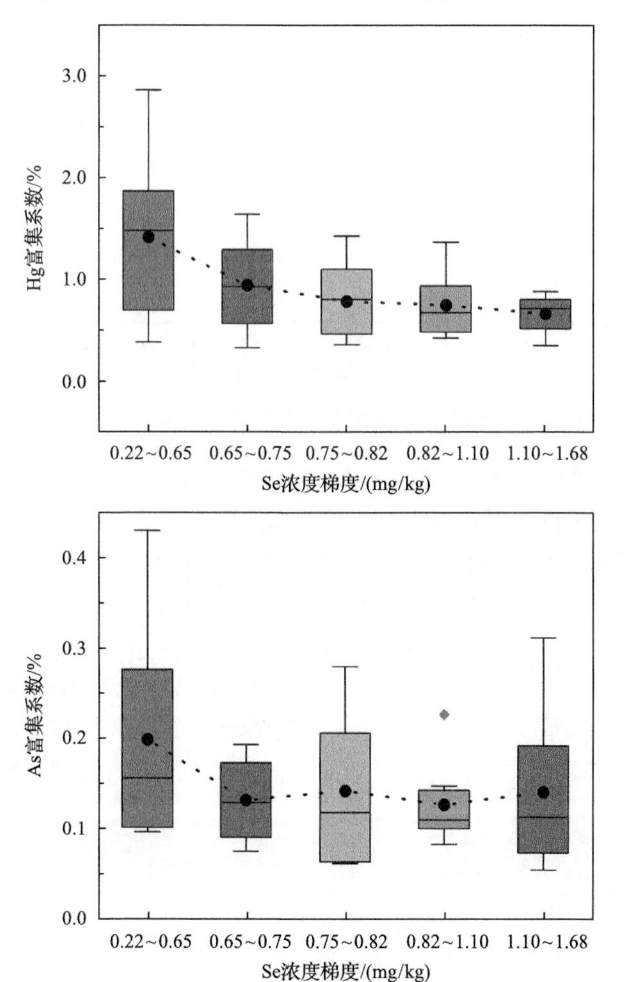

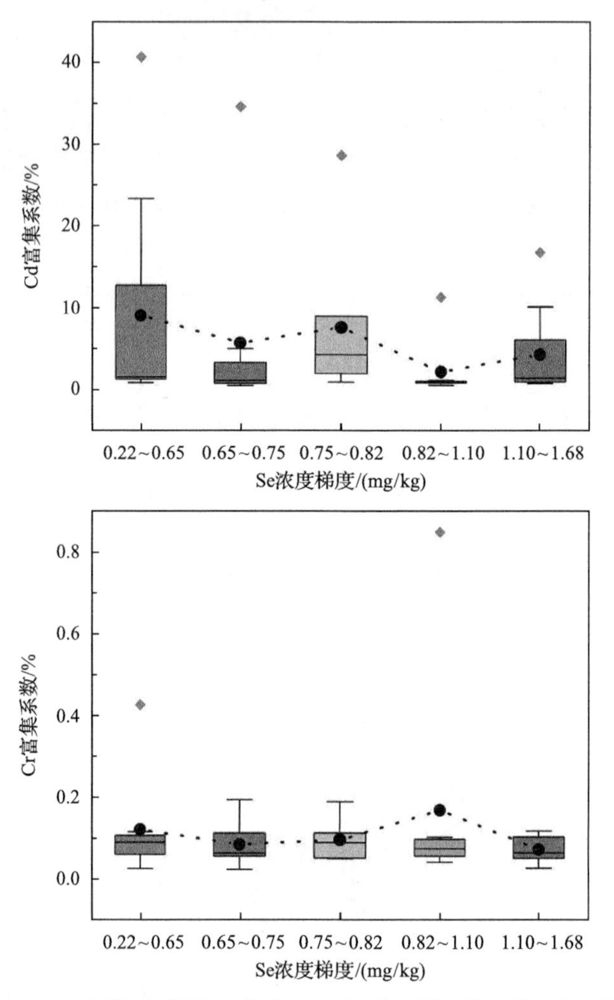

图 6-64　土壤硒不同浓度梯度下玉米-重金属富集系数变化规律

52.51%，同时异常值的总体变化趋势也在一定程度上反映了 Se 对 Cd 的拮抗。研究区玉米籽粒对 As 的富集系数虽然在 0.75～0.82mg/kg 和 1.10～1.68mg/kg 内出现小范围的上升(7.67%和 10.79%)，但在总浓度梯度下表现出 29.54%水平的降低。土壤重金属 Cr 在总浓度梯度内表现为 39.82%程度的降低，在 0.82～1.10mg/kg 出现 74.75%的上升可能与异常值(Cr 富集系数=0.85%)有关。硒对重金属 Hg、As 和 Cr 的拮抗效应可能与硒能增强植物抗氧化性及能够与 Hg、As、Cr 形成溶解度很低的复合物有关(Tu and Ma, 2003)。前人众多实验研究也进一步证实土壤硒浓度的升高能够显著降低植物根部对 Hg、As 等重金属的吸收，抑制重金属从根部向地上部的转运(刘锦嫦等，2018；Zhang et al.，2012)。

参 考 文 献

鲍一丹, 何勇, 方慧, 等. 2007. 土壤的光谱特征及氮含量的预测研究[J]. 光谱学与光谱分析, 27(1): 62-65.

毕卫红, 陈俊刚, 李林. 2006. 小波分析及其在土壤成分的近红外分析中的应用[J]. 红外, 27(8): 16-19.

蔡立梅, 王硕, 温汉辉, 等. 2019. 土壤硒富集空间分布特征及影响因素研究[J]. 农业工程学报, 35(10): 83-90.

曹勤英, 黄志宏. 2017. 污染土壤重金属形态分析及其影响因素研究进展[J]. 生态科学, 36(6): 222-232.

常江, 冯姗姗, 张先州, 等. 2007. 矿区工业废弃地再开发研究——以徐州夏桥井废弃地改造为例[J]. 中国矿业, (6): 49-52.

陈波. 2017. 矿山排土场生态恢复实践——以德兴铜矿水龙山为例[J]. 江西建材, (22): 278-279.

陈成. 2016. 硒对砷胁迫水稻生长及砷、硒积累的影响[D]. 武汉: 华中农业大学.

陈芳清, 张丽萍, 谢宗强. 2004. 三峡地区废弃地植被生态恢复与重建的生态学研究[J]. 长江流域资源与环境, (3): 286-291.

陈光, 高然, 张世文, 等. 2015. 基于多维分形法的土壤养分空间预测[J]. 农业机械学报, 46(8): 159-168.

陈红艳, 赵庚星, 李希灿, 等. 2011. 基于小波变换的土壤有机质含量高光谱估测[J]. 应用生态学报, 22(11): 2935-2942.

陈怀满. 2016. 耕地土壤环境质量评价中点对点土壤-农产品同时采样的重要性和必要性[J]. 农业环境科学学报, 35(3): 404.

陈明, 杨涛, 徐慧, 等. 2015. 赣南某钨矿区土壤中 Cd、Pb 的形态特征及生态风险评价[J]. 环境化学, 34(12): 2257-2262.

陈秋林, 薛永祺. 2000. OMIS 成像光谱数据信噪比的估算[J]. 遥感学报, 4(4): 284-289.

陈颂超, 彭杰, 纪文君, 等. 2016. 水稻土可见-近红外-中红外光谱特性与有机质预测研究[J]. 光谱学与光谱分析, 36(6): 1712-1716.

陈雯, 段学军, 陈江龙, 等. 2004. 空间开发功能区划的方法[J]. 地理学报, (Z1): 53-58.

陈晞. 2014. 富硒蔬菜中重金属拮抗作用和元素形态分析研究[D]. 济南: 山东大学.

陈显著, 李就好. 2016. 广州市土壤硒含量的分布及其影响因素研究[J]. 福建农业学报, 31(4): 401-407.

陈晓玲, 刘东亮. 2018. 基于科学知识图谱的东北三省区域研究热点分析[J]. 情报学报, 37(12): 1224-1231.

陈影, 张利, 董加强, 等. 2014. 废弃矿山边坡生态修复中植物群落配置设计——以太行山北段为例[J]. 水土保持研究, 21(4): 154-157, 162.

陈元鹏. 2018. 基于遥感数据的工矿复垦区分类与反演方法研究[D]. 北京: 中国地质大学(北京).

陈元鹏, 张世文, 罗明, 等. 2019. 基于高光谱反演的复垦区土壤重金属含量经验模型优选[J]. 农业机械学报, 50(1): 170-179.

陈朝晖, 朱江, 徐兴奎. 2004. 利用归一化植被指数研究植被分类、面积估算和不确定性分析的进展[J]. 气候与环境研究, 9(4): 687-696.

程红芳, 章文波, 陈锋. 2008. 植被覆盖度遥感估算方法研究进展[J]. 国土资源遥感, (1): 13-18.

程迎轩, 王红梅, 刘光盛, 等. 2016. 基于最小累计阻力模型的生态用地空间布局优化[J]. 农业工程学报, 32(16): 248-257.

褚小立, 许育鹏, 陆婉珍. 2008. 用于近红外光谱分析的化学计量学方法研究与应用进展[J]. 分析化学, 36(5): 702-709.

代荡荡, 王先培, 赵宇, 等. 2016. 一种改进的奇异值降噪阶次选取方法用于紫外光谱信号去噪的研究[J]. 光谱学与光谱分析, 36(7): 2139-2143.

戴彬, 吕建树, 战金成, 等. 2015. 山东省典型工业城市土壤重金属来源、空间分布及潜在生态风险评价[J]. 环境科学, 36(2): 507-515.

戴士祥, 任文杰, 滕应, 等. 2018. 安徽省主要水稻土基本理化性质及肥力综合评价[J]. 土壤, 50(1): 66-72.

戴小也, 於鑫慧, 饶中钰. 2018. 基于近红外光谱技术的猪肉品质检测应用研究[J]. 红外, 39(9): 22-26, 48.

邓燕红, 黄炎和, 涂凯, 等. 2015. 土地整理项目区耕地质量评价方法研究——以福建省长泰县为例[J]. 福建农业学报, (6): 599-604.

范荣伟, 王时雄, 王俊霞, 等. 2018. 硒、砷及重金属在苏州地区水稻中分布特征及风险评价[J]. 环境监测管理与技术, 30(4): 37-41.

冯海宽, 杨福芹, 杨贵军, 等. 2018. 基于特征光谱参数的苹果叶片叶绿素含量估算[J]. 农业工程学报, 34(6): 182-188.

付馨, 赵艳玲, 李建华, 等. 2013. 高光谱遥感土壤重金属污染研究综述[J]. 中国矿业, 22(1): 65-68, 82.
甘甫平, 王润生, 马蔼乃. 2003. 基于特征谱带的高光谱遥感矿物谱系识别[J]. 地学前缘, 10: 445-454.
高保彬, 刘亚威, 李若愚, 等. 2014. 面向可持续发展的采煤沉陷区调研及治理对策研究——以河南省永城市为例[J]. 河南理工大学学报(社会科学版), 15(2): 136-141.
高继军, 张力平, 黄圣彪, 等. 2004. 北京市饮用水源水重金属污染物健康风险的初步评价[J]. 环境科学, 25(2): 47-50.
高湘昀, 安海忠, 方伟. 2012. 基于复杂网络的时间序列双变量相关性波动研究[J]. 物理学报, 61(9): 533-541.
高云峰, 徐友宁, 祝雅轩, 等. 2018. 矿山生态环境修复研究热点与前沿分析——基于 VOSviewer 和 CiteSpace 的大数据可视化研究[J]. 地质通报, 37(12): 2144-2153.
龚媛, 李飞雪, 王丽妍, 等. 2016. 耕地空间优化配置研究——以常州市新北区为例[J]. 水土保持研究, 23(4): 199-205.
谷金锋, 蔡体久, 肖洋, 等. 2004. 工矿区废弃地的植被恢复[J]. 东北林业大学学报, 32(3): 19-22.
关天霞, 何红波, 张旭东, 等. 2011. 土壤中重金属元素形态分析方法及形态分布的影响因素[J]. 土壤通报, 42(2): 503-512.
郭绍英, 林皓, 谢妤, 等. 2017. 基于改进灰色聚类法的矿区土壤重金属污染评价[J]. 环境工程, (10): 151-155.
郭颖, 毕如田, 郑超, 等. 2018. 土壤重金属高光谱反演研究综述[J]. 环境科技, 31(1): 67-72.
韩笑, 周越, 吴文良, 等. 2018. 富硒土壤硒含量及其与土壤理化性状的关系——以江西丰城为例[J]. 农业环境科学学报, 37(6): 1177-1183.
何雨帆, 刘宝庆, 白厚义, 等. 2006. 腐殖酸对污染土壤中镉解吸的影响[J]. 广西农学报, 21(5): 1-3.
侯胜男, 汤琳, 郑娜, 等. 2018. 典型锌冶金区蔬菜重金属的生物可给性及健康风险评价[J]. 环境科学学报, 38(1): 343-349.
胡居吾, 熊华. 2019. 天然富硒土壤的性质及硒对重金属的拮抗研究[J]. 生物化工, 5(2): 11-16.
胡青青, 聂超甲, 沈强, 等. 2019. 矿业废弃复垦地主导作物重金属健康风险评价[J]. 农业环境科学学报, 38(3): 534-543.
胡振琪. 2009. 中国土地复垦与生态重建年 20 年: 回顾与展望[J]. 科技导报, 27(17): 25-29.
华明, 黄顺生, 廖启林, 等. 2009. 粉煤灰堆场附近农田土壤硒环境污染评价[J]. 土壤, 41(6): 880-885.
黄杰, 崔泽玮, 杨文晓, 等. 2018. 陕西泾惠渠灌区土壤-小麦体系中硒的空间分布特征[J]. 环境科学学报, 38(2): 722-729.
黄明祥, 王珂, 史舟, 等. 2009. 土壤高光谱噪声过滤评价研究[J]. 光谱学与光谱分析, 29(3): 722-725.
黄晓军, 王博, 刘萌萌, 等. 2019. 社会-生态系统恢复力研究进展——基于 CiteSpace 的文献计量分析[J]. 生态学报, 39(8): 3007-3017.
季耿善, 徐彬彬. 1987. 土壤粘[黏]土矿物反射特性及其在土壤学上的应用[J]. 土壤学报, 24(1): 67-76.
纪良波. 2015. 基于小波神经网络熔丝堆积三维打印精度预测模型[J]. 上海交通大学学报, 49(3): 375-378, 382.
蒋建军, 徐军, 贺军亮, 等. 2009. 基于有机质诊断指数的土壤镉含量反演方法研究[J]. 土壤学报, 46(1): 177-182.
雷梅, 王云涛, 顾闰尧, 等. 2018. 基于知识图谱的土壤重金属快速监测技术进展[J]. 中国环境科学, 38(1): 244-253.
李德胜, 邹自力, 肖丹, 等. 2012. 江西省崇仁县复垦土地的适宜性评价[J]. 安徽农业科学, 40(4): 2378-2379.
李海蓉, 杨林生, 谭见安, 等. 2017. 我国地理环境硒缺乏与健康研究进展[J]. 生物技术进展, 7(5): 381-386.
李惠芬, 蒋向前, 李柱. 2004. 高斯滤波稳健性能的研究与改进[J]. 仪器仪表学报, 25(5): 633-637.
李佳璐, 姜霞, 王书航, 等. 2016. 丹江口水库沉积物重金属形态分布特征及其迁移能力[J]. 中国环境科学, 36(4): 1207-1217.
李剑, 马建华, 宋博. 2009. 郑汴路路旁土壤-小麦系统重金属积累及其健康风险评价[J]. 植物生态学报, 33(3): 624-628.
李巨宝, 田庆久, 吴昀昭. 2005. 滏阳河两岸农田土壤 Fe、Zn、Se 元素光谱响应研究[J]. 遥感信息, (3): 10-13.
李朋成, 朱军桃, 马云栋, 等. 2015. 基于偏最小二乘法的近红外光谱分析应用[J]. 测绘地理信息, 40(2): 53-57.
李庆谋. 2005. 多维分形克里格方法[J]. 地球科学进展, (2): 248-256.
李日邦, 朱文郁, 王五一, 等. 1992. 河北省生态环境中的硒与克山病[J]. 地方病通报, (2): 85-88.
李珊珊, 张文毓, 孙长虹, 等. 2015. 基于文献计量分析土壤修复的研究现状与趋势[J]. 环境工程, 33(5): 160-165.
李淑敏, 李红, 孙丹峰, 等. 2011. 利用光谱技术分析北京地区农业土壤重金属光谱特征[J]. 土壤通报, 42(3): 730-735.
李伟, 张书慧, 张倩, 等. 2007. 近红外光谱法快速测定土壤碱解氮、速效磷和速效钾含量[J]. 农业工程学报, 23(1): 55-59.
李忠义, 张超兰, 邓超冰, 等. 2009. 铅锌矿区农田土壤重金属有效态空间分布及其影响因子分析[J]. 生态环境学报, 18(5): 1772-1776.

李子良, 王树涛, 张利, 等. 2010. 经济快速发展地区耕地生产能力空间格局[J]. 农业工程学报, 26(11): 323-331.

郦逸根, 董岩翔, 郑洁, 等. 2007. 地质因素影响下的硒在土壤-水稻系统中的迁移转化[J]. 物探与化探, (1): 77-80.

梁东丽, 彭琴, 崔泽玮, 等. 2017. 土壤中硒的形态转化及其对有效性的影响研究进展[J]. 生物技术进展, 7(5): 374-380.

梁音, 史学正. 1999. 长江以南东部丘陵山区土壤可蚀性K值研究[J]. 水土保持研究, 6(2): 47-52.

廖钦洪, 顾晓鹤, 李存军, 等. 2012. 基于连续小波变换的潮土有机质含量高光谱估算[J]. 农业工程学报, 28(23): 132-139.

林承奇, 黄华斌, 胡恭任, 等. 2019. 九龙江流域水稻土重金属赋存形态及污染评价[J]. 环境科学, 40(1): 453-460.

林曼利, 桂和荣, 彭位华, 等. 2014. 典型矿区深层地下水重金属含量特征及健康风险评价——以皖北矿区为例[J]. 地球学报, 35(5): 589-598.

刘爱华, 段克清, 张大明. 2008. 硒对农作物影响的探讨[J]. 现代农业科技, (22): 209-210.

刘慧琳, 葛畅, 周妍, 等. 2018. 硫磺矿废弃地复垦土壤重金属含量演变规律研究[J]. 安徽农业大学学报, 45(1): 123-130.

刘建成, 刘忠, 王雪松, 等. 2007. 高斯白噪声背景下的LFM信号的分数阶Fourier域信噪比分析[J]. 电子与信息学报, 29(10): 2337-2340.

刘锦嫦, 熊双莲, 马烁, 等. 2018. 硒砷交互作用对水稻幼苗生理特性及砷硒累积的影响[J]. 农业环境科学学报, 37(3): 423-430.

刘俊峰, 陈安国, 易平贵. 2001. 稻草、麦杆改良硫酸法制取糠醛新工艺研究[J]. 湘潭矿业学院学报, 16(3): 44-46.

刘清, 王子健, 汤鸿霄. 1996. 重金属形态与生物毒性及生物有效性关系的研究进展[J]. 环境科学, 17(1): 89-92.

刘蕊, 张辉, 勾昕, 等. 2014. 健康风险评估方法在中国重金属污染中的应用及暴露评估模型的研究进展[J]. 生态环境学报, 23(7): 1239-1244.

刘铁庚, 叶霖, 周家喜, 等. 2010a. 闪锌矿的Fe、Cd关系随其颜色变化而变化[J]. 中国地质, 37(5): 1457-1468.

刘铁庚, 叶霖, 周家喜, 等. 2010b. 闪锌矿中的Cd主要类质同象置换Fe而不是Zn[J]. 矿物学报, 30(2): 179-184.

刘威尔, 宇振荣. 2016. 山水林田湖生命共同体生态保护和修复[J]. 国土资源情报, (10): 37-39, 15.

刘养清. 1995. 利用糠醛废渣生产氮、磷、钾复合优质肥料的研究[J]. 山西师范大学学报(自然科学版), (2): 41-45.

刘云浪, 刘先国. 2018. 攀西钒钛磁铁矿山排土场生态修复调查研究: 以四川攀枝花市红格矿山为例[J]. 地质科技情报, 37(6): 258-265.

刘智超, 蔡文生, 邵学广. 2008. 蒙特卡洛交叉验证用于近红外光谱奇异样本的识别[J]. 中国科学B辑: 化学, 38(4): 316-323.

罗梦娇, 艾宁, 曹四平, 等. 2017. 土壤质量评价的研究进展[J]. 河北林果研究, 32(Z1): 238-243.

吕焕哲, 张建新, 胡姝芳, 等. 2016. 灰色关联分析在土地复垦耕地质量评价中的应用[J]. 农业现代化研究, 30(5): 591-594.

吕群波, 袁艳, 相里斌. 2008. 傅里叶变换成像光谱数据压缩[J]. 光子学报, 37(3): 573-576.

倪绍祥. 1994. 中国综合自然地理区划新探[J]. 南京大学学报(自然科学版), (4): 706-714.

彭建, 徐飞雄, 邓凯, 等. 2018. 琅琊山景区不同指标浓度下水质光谱差异分析[J]. 光谱学与光谱分析, 38(5): 1499-1507.

彭杰, 向红英, 周清, 等. 2013. 土壤氧化铁的高光谱响应研究[J]. 光谱学与光谱分析, 33(2): 502-506.

彭翔, 胡丹, 曾文治, 等. 2016. 基于EPO-PLS回归模型的盐渍化土壤含水率高光谱反演[J]. 农业工程学报, 32(11): 167-173.

齐力. 2012. 豫北潮土区粮食生产潜力核算分析[D]. 郑州: 郑州大学.

乔东海, 赵元艺, 汪傲, 等. 2017. 西藏多龙矿集区地堡铜(金)矿床年代学、流体包裹体、地球化学特征及其成因类型研究[J]. 地质学报, 91(7): 1542-1564.

秦晓楠, 卢小丽, 武春友. 2014. 国内生态安全研究知识图谱——基于Citespace的计量分析[J]. 生态学报, 34(13): 3693-3703.

秦延文, 张雷, 郑丙辉, 等. 2012. 太湖表层沉积物重金属赋存形态分析及污染特征[J]. 环境科学, 33(12): 4291-4299.

邱立春, 崔国才, 王铁和. 1997. 逐步回归分析方法在农机化系统分析中的应用[J]. 农业机械学报, (1): 98-101.

屈光道, 张小电, 王改成, 等. 1999. 开发利用农业废弃物 保护农田生态环境——木糖、糠醛废渣综合利用方式的探讨[J]. 农村能源, (5): 27-28.

沈慧芳, 杨波, 方克明, 等. 2015. 江西浮梁茶园土壤硒与茶叶硒富集能力的研究[J]. 上海农业学报, 31(1): 59-62.

沈强, 张世文, 夏沙沙, 等. 2019a. 基于支持向量机的土壤有机质高光谱反演[J]. 安徽理工大学学报(自然科学版), 39(4): 39-45.

沈强, 张世文, 葛畅, 等. 2019b. 矿业废弃地重构土壤重金属含量高光谱反演[J]. 光谱学与光谱分析, 39(4): 1214-1221.

史舟. 2014. 土壤地面高光谱遥感原理与方法[M]. 北京：科学出版社.
史舟，李艳. 2006. 地统计学在土壤学中的应用[M]. 北京：中国农业出版社.
史舟，王乾龙，彭杰，等. 2014. 中国主要土壤高光谱反射特性分类与有机质光谱预测模型[J]. 中国科学：地球科学, 44(5): 978-988.
束文圣，张志权，蓝崇钰. 2000. 中国矿业废弃地的复垦对策研究（Ⅰ）[J]. 生态科学, (2): 24-29.
宋晓珂，王金贵，李宗仁，等. 2018. 富硒土壤中有效硒浸提剂和浸提条件研究[J]. 中国农学通报, 34(3): 152-157.
孙朝，侯青叶，杨忠芳，等. 2010. 典型土壤环境中硒的迁移转化影响因素研究-以四川省成都经济区为例[J]. 中国地质, 37(6): 1760-1768.
孙青丽. 2007. 20世纪废弃地景观改造的价值分析[J]. 山西建筑, (5): 350-351.
孙小杰，张辉，杜炤伟. 2018. 高陡岩石边坡软体护坡技术设计及施工实践[J]. 探矿工程(岩土钻掘工程), 45(4): 78-81.
孙宇，高明，王丹，等. 2014. 基于GIS和改进灰色关联模型的岩溶区土壤肥力评价——以重庆市丰都县岩溶区为例[J]. 中国岩溶, 33(3): 347-355.
谭见安. 中华人民共和国地方病与环境图集[M]. 北京：科学出版社, 1989.
谭文雄. 2008. 广东矿区生态环境问题及生态恢复的探讨[J]. 黑龙江生态工程职业学院学报, 21(4): 1-2.
唐菲菲，邓艳林，郑茂，等. 2016. 基于灰色关联分析的湘西北石漠化区土壤质量评价[J]. 中南林业科技大学学报, 36(9): 36-43.
童庆禧，张兵，郑兰芬. 2006. 高光谱遥感：原理、技术与应用[M]. 北京：高等教育出版社.
王璨，武新慧，李恋卿，等. 2018. 卷积神经网络用于近红外光谱预测土壤含水率[J]. 光谱学与光谱分析, 38(1): 36-41.
王菲，王集宁，曹文涛，等. 2017. 山东省焦家式金矿区土壤重金属铬高光谱监测研究[J]. 光谱学与光谱分析, (5): 1649-1655.
王福民，黄敬峰，唐延林，等. 2007. 采用不同光谱波段宽度的归一化植被指数估算水稻叶面积指数[J]. 应用生态学报, 18(11): 2444-2450.
王璐，蔺启忠，贾东，等. 2007. 基于反射光谱预测土壤重金属元素含量的研究[J]. 遥感学报, 11(6): 906-913.
王乾龙，李硕，卢艳丽，等. 2014. 基于大样本土壤光谱数据库的氮含量反演[J]. 光学学报, 34(9): 300-306.
王倩倩. 2016. AHP法与模糊综合评价在土壤质量评价中的应用[J]. 环境与发展, 28(4): 27-31.
王蕊，陈明，陈楠，等. 2017. 基于总量及形态的土壤重金属生态风险评价对比:以龙岩市适中镇为例[J]. 环境科学, 38(10): 4348-4359.
王显炜，梅晓波，谢颖，等. 2018. 陕西咸阳某地富硒土地资源的可开发性初探[J]. 矿产勘查, 9(9): 1820-1826.
王晓. 2012. 土壤含水量高光谱特性与估测模型研究[D]. 泰安：山东农业大学.
王秀珍，黄敬峰，李云梅，等. 2003. 水稻生物化学参数与高光谱遥感特征参数的相关分析[J]. 农业工程学报, 19(2): 144-148.
王跃跃，陈蓉，于丽君，等. 2019. 结合二维EMD与自适应高斯滤波的遥感卫星影像去噪[J]. 测绘通报, 503(2): 22-27.
王哲，宓展盛，郑春丽，等. 2019. 生物炭对矿区土壤重金属有效性及形态的影响[J]. 化工进展, 38(6): 2977-2985.
魏宏炼，皮桥辉，杨寿仁. 2017. 丹池成矿带稀散元素镉的富集规律研究[J]. 矿业工程, 15(2): 3-6.
巫宝花，邓冬梅，张红红. 2014. 韶关市区周边耕地土壤养分现状分析[J]. 现代农业科技, (11): 250-251.
吴迪，杨秀珍，李存雄，等. 2013. 贵州典型铅锌矿区水稻土壤和水稻中重金属含量及健康风险评价[J]. 农业环境科学学报, 32(10): 1992-1998.
夏军. 2014. 准东煤田土壤重金属污染高光谱遥感监测研究[D]. 乌鲁木齐：新疆大学.
夏权，夏萍，冯东，等. 2015. 安徽省含山县土地整理耕地质量评价及其变化研究[J]. 国土资源遥感, 27(1): 182-186.
向红英，柳维扬，彭杰，等. 2016. 基于连续统去除法的南疆水稻土有机质含量预测[J]. 土壤, 48(2): 389-394.
向慧昌，廖伯营，丁凤玲，等. 2013. 大宝山矿区生态恢复的基本思路与途径[J]. 安徽农学通报, 19(22): 80-81, 107.
徐彬彬，戴昌达. 1980. 南疆土壤光谱反射特性与有机质含量的相关分析[J]. 科学通报, 25(6): 282-284.
徐驰，曾文治，黄介生，等. 2014. 基于高光谱与协同克里金的土壤耕作层含水率反演[J]. 农业工程学报, 30(13): 94-103.
徐良骥，黄璨，章如芹，等. 2014. 煤矸石充填复垦地理化特性与重金属分布特征[J]. 农业工程学报, 30(5): 211-219.

徐良骥, 李青青, 朱小美, 等. 2017. 煤矸石充填复垦重构土壤重金属含量高光谱反演[J]. 光谱学与光谱分析, 37(12): 3839-3844.

徐夕博, 吕建树, 徐汝汝. 2018. 山东省沂源县土壤重金属来源分布及风险评价[J]. 农业工程学报, 34(9): 216-223.

徐永明, 蔺启忠, 王璐, 等. 2006. 基于高分辨率反射光谱的土壤营养元素估算模型[J]. 土壤学报, (5): 709-716.

薛彬, 赵葆常, 杨建峰, 等. 2004. 改进的线性混合模型用于高光谱分离实验模拟[J]. 光子学报, (6): 689-692.

杨奎, 李湘凌, 张敬雅, 等. 2018. 安徽庐江潜在富硒土壤硒生物有效性及其影响因素[J]. 环境科学研究, 31(4): 715-724.

杨长明, 张芬, 徐琛. 2013. 巢湖市环城河沉积物重金属形态及垂直分布特征[J]. 同济大学学报(自然科学版), 41(9): 1404-1410.

杨新明, 庄涛, 韩磊, 等. 2019. 小清河污灌区农田土壤重金属形态分析及风险评价[J]. 环境化学, 38(3): 644-652.

姚荣江, 杨劲松, 谢文萍, 等. 2016. 江苏沿海某设施农区土壤重金属累积特点及生态风险评价[J]. 农业环境科学学报, 35(8): 1498-1506.

姚荣江, 杨劲松, 谢文萍, 等. 2017. 沿海滩涂区土壤重金属含量分布及其有效态影响因素[J]. 中国生态农业学报, 25(2): 287-298.

姚云军, 秦其明, 张自力, 等. 2008. 高光谱技术在农业遥感中的应用研究进展[J]. 农业工程学报, (7): 301-306.

叶宏萌, 李国平, 郑茂钟, 等. 2016. 武夷山茶园土壤中五种重金属的化学形态和生物有效性[J]. 环境化学, 35(10): 2071-2078.

叶回春, 张世文, 黄元仿, 等. 2013. 北京延庆盆地农田表层土壤肥力评价及其空间变异[J]. 中国农业科学, 46(15): 3151-3160.

虞莳君. 2007. 废弃地再生的研究[D]. 南京: 南京农业大学.

袁知洋, 许克元, 黄彬, 等. 2018. 恩施富硒土壤区绿色富硒农作物筛选研究[J]. 资源环境与工程, 32(4): 569-575.

苑小勇, 黄元仿, 高如泰, 等. 2008. 北京市平谷区农用地土壤有机质空间变异特征[J]. 农业工程学报, 24(2): 70-76.

曾辉. 2013. 试谈矿山生态治理中植被的选择与配置[J]. 防护林科技, (3): 37, 53.

张惠远, 郝海广, 舒昶, 等. 2017. 科学实施生态系统保护修复切实维护生命共同体[J]. 环境保护, 45(6): 31-34.

张金婷, 谢贵德, 孙华. 2016. 基于改进模糊综合评价法的地质异常区土壤重金属污染评价——以江苏灌南县为例[J]. 农业环境科学学报, 35(11): 2107-2115.

张建华, 孔繁涛, 李哲敏, 等. 2014. 基于最优二叉树支持向量机的蜜柚叶部病害识别[J]. 农业工程学报, 30(19): 222-231.

张娟娟, 田永超, 朱艳, 等. 2009. 不同类型土壤的光谱特征及其有机质含量预测[J]. 中国农业科学, 42(9): 3154-3163.

张科利, 彭文英, 杨红丽. 2007. 中国土壤可蚀性值及其估算[J]. 土壤学报, 44(1): 7-13.

张丽, 陈志强, 高文焕, 等. 2004. 均值加速的快速中值滤波算法[J]. 清华大学学报(自然科学版), 44(9): 1157-1159.

张丽芳, 濮励杰, 涂小松. 2010. 废弃地的内涵、分类及成因探析[J]. 长江流域资源与环境, 19(2): 180-185.

张连金, 赖光辉, 孙长忠, 等. 2016. 北京九龙山土壤质量综合评价[J]. 森林与环境学报, (1): 22-29.

张秋霞, 张合兵, 张会娟, 等. 2017. 粮食主产区耕地土壤重金属高光谱综合反演模型[J]. 农业机械学报, 48(3): 148-155.

张世文, 黄元仿, 苑小勇, 等. 2011. 县域尺度表层土壤质地空间变异与因素分析[J]. 中国农业科学, 44(6): 1154-1164.

张世文, 王胜涛, 刘娜, 等. 2011. 土壤质地空间预测方法比较[J]. 农业工程学报, 27(1): 332-339.

张世文, 张立平, 叶回春, 等. 2013. 县域土壤质量数字制图方法比较[J]. 农业工程学报, (15): 254-262.

张世文, 宁汇荣, 高会议, 等. 2016a. 基于各向异性的区域土壤有机碳三维模拟与空间特征分析[J]. 农业工程学报, 32(16): 115-124.

张世文, 宁汇荣, 许大亮, 等. 2016b. 草原区露天煤矿植被覆盖度时空演变与驱动因素分析[J]. 农业工程学报, 32(17): 233-241.

张世文, 周妍, 罗明, 等. 2017. 废弃地复垦土壤重金属空间格局及其与复垦措施的关系[J]. 农业机械学报, 48(12): 237-247.

张嵩, 马保东, 陈玉腾, 等. 2017. 融合遥感影像光谱和纹理特征的矿区林地信息变化监测[J]. 地理与地理信息科学, 33(6): 44-49.

赵高长, 张磊, 武风波. 2011. 改进的中值滤波算法在图像去噪中的应用[J]. 应用光学, 32(4): 678-682.

赵小敏, 杨梅花. 2018. 江西省红壤地区主要土壤类型的高光谱特性研究[J]. 土壤学报, 55(1): 31-42.

郑度，葛全胜，张雪芹，等. 2005. 中国区划工作的回顾与展望[J]. 地理研究，(3)：330-344.
郑光辉. 2010. 江苏部分地区土壤属性高光谱定量估算研究[D]. 南京：南京大学.
钟式玉，吴箐，李宇，等. 2012. 基于最小累积阻力模型的城镇土地空间重构——以广州市新塘镇为例[J]. 应用生态学报，23(11)：3173-3179.
钟晓兰，周生路，黄明丽，等. 2009. 土壤重金属的形态分布特征及其影响因素[J]. 生态环境学报，18(4)：1266-1273.
钟晓兰，周生路，李江涛，等. 2010. 土壤有效态 Cd、Cu、Pb 的分布特征及影响因素研究[J]. 地理科学，30(2)：254-260.
周小娟，张嫣，尹猛. 2018. 恩施北部土壤 Cd 形态分布特征及影响因素研究[J]. 腐植酸，(2)：21-27.
周妍，罗明，周旭，等. 2017. 工矿废弃地复垦土地跟踪监测方案制定方法与实证研究[J]. 农业工程学报，33(12)：240-248.
朱建明，梁小兵，凌宏文，等. 2003. 环境中硒存在形式的研究现状[J]. 矿物岩石地球化学通报，(1)：75-81.
朱宇恩，赵烨，李强，等. 2011. 北京城郊污灌土壤-小麦(Triticum aestivum)体系重金属潜在健康风险评价[J]. 农业环境科学学报，30(2)：263-270.
庄洪春，宋详. 1998. 拉普拉斯-高斯滤波图象的过零边界及其分形维数[J]. 空间科学学报，18(2)：152-160.
Adamo P, Iavazzo P, Albanese S, et al. 2014. Bioavailability and soil-to-plant transfer factors as indicators of potentially toxic element contamination in agricultural soils[J]. Science of the Total Environment, 500-501: 11-22.
Anderson J D, Ingram L J, Stahl P D. 2008. Influence of reclamation management practices on microbial biomass carbon and soil organic carbon accumulation in semiarid mined lands of Wyoming[J]. Applied Soil Ecology, 40(2): 387-397.
Anselin L. 1995. Local indicators of spatial association—LISA[J]. Geographical Analysis, 27(2): 93-115.
Anselin L. 2004. GeoDaTM 0. 9. 5-i Release Notes[M]. Urbana, IL: Center for Spatially Integrated Social Science.
Anselin L, Rey S J. 2014. Modern Spatial Econometrics in Practice: A Guide to GeoDa, GeoDaSpace and PySAL[M]. GeoDa Press LLC.
Barbier E B, Hacker S D, Kennedy C, et al. 2011. The value of estuarine and coastal ecosystem services[J]. Ecological Monographs, 81(2): 169-193.
Barraza F, Maurice L, Uzu G, et al. 2018. Distribution, contents and health risk assessment of metal(loid)s in small-scale farms in the Ecuadorian Amazon: an insight into impacts of oil activities[J]. Science of the Total Environment, 622-623: 106-120.
Baumgardner M F, Kristof S, Johannsen C J, et al. 1969. Effects of organic matter on the multispectral properties of soils[J]. Ind Proceeding of the Indian Academy of Sciences, 10(3): 105-108.
Bendor E. 2002. Quantitative remote sensing of soil properties[J]. Advances in Agronomy, 75(2): 173-243.
Bendor E, Banin A. 1995. Near infrared analysis (nira) as a method to simultaneously evaluate spectral featureless constituents in soils[J]. Soil Science, 159(4): 259-270.
Bourennane S, Fossati C. 2015. Dimensionality reduction and coloured noise removal from hyperspectral images[J]. Remote Sensing Letters, 6(11): 854-863.
Bowers S A, Hanks R J. 1965. Reflectance of radiant energy from soil[J]. Soil Science, 100(2): 130-138.
Burgos P, Madejón E, Pérez-de-Mora A, et al. 2006. Spatial variability of the chemical characteristics of a trace-element-contaminated soil before and after remediation[J]. Geoderma, 130(1-2): 0-175.
Cambardella C A, Moorman T B, Novak J M, et al. 1994. Field-scale variability of soil properties in central Iowa soils[J]. Soil Science Society of America Journal, 58(5): 1501-1511.
Cao Z H, Wang X C, Yao D H, et al. 2001. Selenium geochemistry of paddy soils in Yangtze River Delta[J]. Environment International, 26(5): 335-339.
Chakraborty P, Raghunadh Babu P V, Vudamala K, et al. 2014. Mercury speciation in coastal sediments from the central east coast of India by modified BCR method[J]. Marine Pollution Bulletin, 81(1): 282-288.
Chang C W, Laird D A. 2002. Near-infrared reflectance spectroscopic analysis of soil C and N[J]. Soil Science, 167(2): 110-116.
Cheng H, Shen R L. Chen Y Y, et al. 2019. Estimating heavy metal concentrations in suburban soils with reflectance spectroscopy[J]. Geoderma, 336: 59-67.

Cheng Q. 2015. Multifractal interpolation method for spatial data with singularities[J]. Journal of the Southern African Institute of Mining & Metallurgy, 115 (3) : 235-240.

Cho J S, Bae H J, Cho B K, et al. 2017. Qualitative properties of roasting defect beans and development of its classification methods by hyperspectral imaging technology[J]. Food Chemistry, 220: 505-509.

Claeys D D, Verstraelen T, Pauwels E, et al. 2010. Conformational sampling of macrocyclic alkenes using a Kennard-Stone-based algorithm[J]. Journal of Physical Chemistry A, 114 (25) : 6879-6887.

Coburn T C. 2000. Geostatistics for Natural Resources Evaluation[M]//Goovaerts P. Geostatistics for Natural Resources Evaluation. Oxford: Oxford University Press.

Coleman T L, Montgomery O L. 1987. Soil moisture, organic matter, and iron content effect on the spectral characteristics of selected vertisols and alfisols in Alabama[J]. Photogrammetric Engineering & Remote Sensing, 53 (12) : 1659-1663.

Confalonieri M, Fornasier F, Ursino A, et al. 2001. The potential of near infrared reflectance spectrosxopy as a tool for the chemical characterization of agricultural soils[J]. Journal of Near Infrared Spectroscopy, 9 (2) : 123-131.

Cui J, Liu C, Li Z L, et al. 2012. Long-term changes in topsoil chemical properties under centuries of cultivation after reclamation of coastal wetlands in the Yangtze Estuary, China[J]. Soil & Tillage Research, 123: 50-60.

Dalal R C, Henry R J. 1986. Simultaneous determination of moisture, organic carbon, and total nitrogen by near infrared reflectance spectrophotometry[J]. Soil Science Society of America Journal, 50 (1) : 120-123.

Dematte J A M, Garcia G J. 1999. Alteration of soil properties through a weathering sequence as evaluated by spectral reflectance[J]. Soil Science Society of America Journal, 63 (2) : 327-342.

Demetriades-Shah T H, Steven M D, Clark J A. 1990. High resolution derivative spectra in remote sensing[J]. Remote Sensing of Environment, 33 (1) : 55-64.

Dijkstra E F. 1998. A micromorphological study on the development of humus profiles in heavy metal polluted and non-polluted forest soils under Scots pine[J]. Geoderma, 82 (4) : 341-358.

Fabio C, Angelo P, Simone P, et al. 2015. Reducing the influence of soil moisture on the estimation of clay from hyperspectral data: a case study using simulated PRISMA data[J]. Remote Sensing, 7 (11) : 15561-15582.

Favorito J E, Eick M J, Grossl P R, et al. 2017. Selenium geochemistry in reclaimed phosphate mine soils and its relationship with plant bioavailability[J]. Plant & Soil, 418 (1-2) : 541-555.

Fotheringham A S, Brunsdon C, Charlton M. 2002. Geographically Weighted Regression: The Analysis of Spatially Varying Relationships[M]. Hoboken: John Wiley & Sons.

Gao J K, Liang C L, Shen G Z, et al. 2017. Spectral characteristics of dissolved organic matter in various agricultural soils throughout China[J]. Chemosphere, 176: 108-116.

Gholizadeh A, Kopackova V. 2019. Detecting vegetation stress as a soil contamination proxy: a review of optical proximal and remote sensing techniques[J]. International Journal of Environmental Science and Technology, 16 (5) : 2511-2524.

Gogé F, Joffre R, Jolivet C, et al. 2012. Optimization criteria in sample selection step of local regression for quantitative analysis of large soil NIRS database[J]. Chemometrics and Intelligent Laboratory Systems, 110 (1) : 168-176.

Gomez C, Lagacherie P, Coulouma G. 2008. Continuum removal versus PLSR method for clay and calcium carbonate content estimation from laboratory and airborne hyperspectral measurements[J]. Geoderma, 148 (2) : 141-148.

Gómez-Hernάndez J J, Horta A, Jeanée N. 2016. Geostatistics for environmental applications [J]. Mathematical Geosciences, 5 (1) : 1-2.

Gorry P A. 1990. General least-squares smoothing and differentiation by the convolution (Savitzky-Golay) method[J]. Analytical Chemistry, 62 (6) : 570-573.

Goward S N, Xue Y K, Czajkowski K P. 2002. Evaluating land surface moisture conditions from the remotely sensed temperature/vegetation index measurements: an exploration with the simplified simple biosphere model[J]. Remote Sensing of Environment, 79 (2-3) : 225-242.

Gupta N. 2011. Development of staring hyperspectral imagers[C]// IEEE Applied Imagery Pattern Recognition Workshop. IEEE Computer Society.

Harnisch B, Fabbricotti M, Meynart R, et al. 1997. HRIS technology development results and their implementation in future hyperspectral imagers[J]. Proceedings of SPIE - The International Society for Optical Engineering, 3221: 396-411.

Haubrock S N, Chabrillat S, Kuhnert M, et al. 2008. Surface soil moisture quantification and validation based on hyperspectral data and field measurements[J]. Journal of Applied Remote Sensing, 2 (1) : 183-198.

Horemans B, Breugelmans P, Saeys W, et al. 2017. Soil-bacterium compatibility model as a decision-making tool for soil bioremediation[J]. Environmental Science & Technology, 51 (3) : 1605-1615.

Hu W, Huang Y Y, Wei L, et al. 2015. Deep convolutional neural networks for hyperspectral image classification[J]. Journal of Sensors, 2015 (2) : 1-12.

Huang Y, Li T Q, Wu C X, et al. 2015. An integrated approach to assess heavy metal source apportionment in peri-urban agricultural soils[J]. Journal of Hazardous Materials, 299: 540-549.

Huang Z, Turner B J, Dury S J, et al. 2004. Estimating foliage nitrogen concentration from HYMAP data using continuum removal analysis[J]. Remote Sensing of Environment, 93 (1-2) : 18-29.

Izquierdo I, Caravaca F, Alguacil M M, et al. 2005. Use of microbiological indicators for evaluating success in soil restoration after revegetation of a mining area under subtropical conditions[J]. Applied Soil Ecology, 30 (1) : 3-10.

Jia M, Zhang Y, Huang B, et al. 2019. Source apportionment of selenium and influence factors on its bioavailability in intensively managed greenhouse soil: a case study in the east bank of the Dianchi lake, China[J]. Ecotoxicology and Environmental Safety, 170: 238-245.

Jiang B, Adebayo A, Jia J L, et al. 2019. Impacts of heavy metals and soil properties at a Nigerian e-waste site on soil microbial community[J]. Journal of Hazardous Materials, 362: 187-195.

Kemper T, Sommer S. 2002. Estimate of heavy metal contamination in soils after a mining accident using reflectance spectroscopy[J]. Environmental Science & Technology, 36 (12) : 2742-2747.

Kirshnan P, Alexander J D, Butler B J, et al. 1980. Reflectance technique for predicting soil organic matter[J]. Soil Science Society of America Journal, 44 (6) : 1282-1285.

Kirwan M L, Megonigal J P. 2013. Tidal wetland stability in the face of human impacts and sea-level rise[J]. Nature, 504 (7478) : 53-60.

Kokaly R F, Clark R N. 1999. Spectroscopic determination of leaf biochemistry using band-depth analysis of absorption features and stepwise multiple linear regression[J]. Remote Sensing of Environment, 67 (3) : 267-287.

Kong H, Akakin H C, Sarma S E. 2013. A generalized laplacian of gaussian filter for blob detection and its applications[J]. IEEE Transactions on Cybernetics, 43 (6) : 1719-1733.

Kooistra L, Wehrens R, Leuven R S E W, et al. 2001. Possibilities of VNIR spectroscopy for the assessment of soil contamination in river floodplains[J]. Analytica Chimica Acta, 446 (1) : 97-105.

Li J G, Pu L J, Zhu M, et al. 2014. Evolution of soil properties following reclamation in coastal areas: a review[J]. Geoderma, 226-227: 130-139.

Lin X, Su Y C, Shang J L, et al. 2019. Geographically weighted regression effects on soil zinc content hyperspectral modeling by applying the fractional-order differential[J]. Remote Sensing, 11 (6) : 636.

Liu Y L, Li W, Wu G F, et al. 2011. Feasibility of estimating heavy metal contaminations in floodplain soils using laboratory-based hyperspectral data—a case study along Le'an River, China[J]. Geo-spatial Information Science, 14 (1) : 10-16.

Lukac R. 2003. Adaptive vector median filtering[J]. Pattern Recognition Letters, 24 (12) : 1889-1899.

Ma Z J, Melville D S, Liu J G, et al. 2014. Rethinking China's new great wall[J]. Science (New York, N. Y.) , 346 (6212) : 912-914.

Marrugo-Negrete J, Pinedo-Hernández J, Díez S. 2017. Assessment of heavy metal pollution, spatial distribution and origin in agricultural soils along the Sinú river basin, Colombia[J]. Environmental Research, 154: 380-388.

Meharg A A. 2010. Gadd Biophysico-chemical processes of heavy metals and metalloids in soil environments Wiley[J]. Applied Organometallic Chemistry, 23 (8) : 333.

Milne A E, Lark R M, Addiscott T M, et al. 2005. Wavelet analysis of the scale- and location-dependent correlation of modelled and measured nitrous oxide emissions from soil[J]. European Journal of Soil Science, 56 (1) : 3-17.

Mosammam A M. 2013. Geostatistics: modeling spatial uncertainty, second edition[J]. Journal of Applied Statistics, 40 (4) : 923.

Mukhopadhyay S, Maiti S K, Masto R E. 2014. Development of mine soil quality index (MSQI) for evaluation of reclamation success: a chronosequence study[J]. Ecological Engineering, 71: 10-20.

Murray N J, Clemens R S, Phinn S, et al. 2014. Tracking the rapid loss of tidal wetlands in the Yellow Sea[J]. Frontiers in Ecology and the Environment, 12 (5) : 267-272.

Naidu R, Sumner M E, Harter R D. 1998. Sorption of heavy metals in strongly weathered soils: an overview[J]. Environmental Geochemistry and Health, 20 (1) : 5-9.

Pandit C M, Filippelli G M, Li L. 2010. Estimation of heavy-metal contamination in soil using reflectance spectroscopy and partial least-squares regression[J]. International Journal of Remote Sensing, 31 (15) : 4111-4123.

Peng J, Shen H, He S W, et al. 2012. Soil moisture retrieving using hyperspectral data with the application of wavelet analysis[J]. Environmental Earth Sciences, 69 (1) : 279-288.

Perreault S, Hebert P. 2007. Median filtering in constant time[J]. IEEE Transactions on Image Processing, 16 (9) : 2389-2394.

Pietrzykowski M, Chodak M. 2014. Near infrared spectroscopy-a tool for chenmical properties and organic matter assessment of afforested mine soils[J]. Ecological Engineering, 62: 115-122.

Qiao P W, Yang S C, Lei M, et al. 2019. Quantitative analysis of the factors influencing spatial distribution of soil heavy metals based on geographical detector[J]. The Science of the Total Environment, 664: 392-413.

Reeves J B, Mccarty G W, Meisinger J J. 1999. Near infrared reflectance spectroscopy for the analysis of agricultural soils[J]. Journal of Near Infrared Spectroscopy, 7 (3) : 179-193.

Rossel R A V, Jeon Y S, Odeh I O A, et al. 2008. Using a legacy soil sample to develop a mid-IR spectral library[J]. Australian Journal of Soil Research, 46 (1) : 1-16.

Ryser A L, Strawn D G, Marcus M A, et al. 2006. Microscopically focused synchrotron X-ray investigation of selenium speciation in soils developing on reclaimed mine lands[J]. Environmental Science & Technology, 40 (2) : 462-467.

Sangeeta M, Maiti S K, Masto R E. 2013. Use of reclaimed mine soil index (RMSI) for screening of tree species for reclamation of coal mine degraded land[J]. Ecological Engineering, 57: 133-142.

Sasmaz M, Akgül, Bunyamin, Sasmaz A. 2015. Distribution and accumulation of selenium in wild plants growing naturally in the Gumuskoy (Kutahya) mining area, Turkey[J]. Bulletin of Environmental Contamination and Toxicology, 94 (5) : 598-603.

Seyedmohammadi J, Esmaeelnejad L, Shabanpour M. 2016. Spatial variation modelling of groundwater electrical conductivity using geostatistics and GIS[J]. Modeling Earth Systems and Environment, 2 (4) : 10.

Shen Q, Xia K, Zhang S W, et al. 2019. Hyperspectral indirect inversion of heavy-metal copper in reclaimed soil of iron ore area[J]. Spectrochimica Acta Part A: Molecular and Biomolecular Spectroscopy, 222 (5) : 1-9.

Shi Z, Cheng J L, Huang M X, et al. 2006. Assessing reclamation levels of coastal saline lands with integrated stepwise discriminant analysis and laboratory hyperspectral data[J]. Pedosphere, 16 (2) : 154-160.

Shrestha R K, Lal R. 2010. Changes in physical and chemical properties of soil after surface mining and reclamation[J]. Geoderma, 161 (2011) : 168-176.

Simmons J A, Currie W S, Eshleman K N, et al. 2008. Forest to reclaimed mine land use change leads to altered ecosystem structure and function[J]. Ecological Applications, 18 (1) : 104-118.

Singh A N, Singh J S. 2006. Experiments on ecological restoration of coal mine spoil using native trees in a dry tropical environment, India: a synthesis[J]. New Forests, 31 (1) : 25-39.

Soriano-Disla J M, Janik L J, Viscarra Rossel R A, et al. 2014. The performance of visible, near-, and mid-infrared reflectance spectroscopy for prediction of soil physical, chemical, and biological properties[J]. Applied Spectroscopy Reviews, 49 (2) : 139-186.

Spencer E A, Appleby P N, Davey G K, et al. 2002. Validity of self-reported height and weight in 4808 EPIC-Oxford participants[J]. Public Health Nutrition, 5 (4) : 561-565.

Steffens F E. 2016. Introduction to geostatistics[J]// Abzalov M. Applied Mining Geology[M]. Berlin: Springer International Publishing.

Tian B, Wu W T, Yang Z Q, et al. 2016. Drivers, trends, and potential impacts of long-term coastal reclamation in China from 1985 to 2010[J]. Estuarine, Coastal and Shelf Science, 170: 83-90.

Tu S, Ma L Q. 2003. Interactive effects of pH, arsenic and phosphorus on uptake of As and P and growth of the arsenic hyperaccumulator *Pteris vittata* L. under hydroponic conditions[J]. Environmental & Experimental Botany, 50 (3) : 243-251.

Vink J P M, Harmsen J, Rijnaarts H. 2010. Delayed immobilization of heavy metals in soils and sediments under reducing and anaerobic conditions; consequences for flooding and storage[J]. Journal of Soils and Sediments, 10 (8) : 1633-1645.

Wang F H, Gao J, Zha Y. 2018. Hyperspectral sensing of heavy metals in soil and vegetation: feasibility and challenges[J]. ISPRS Journal of Photogrammetry and Remote Sensing, 136: 73-84.

Wang J Y, Shu R, Xue Y Q. 2005. The development of Chinese hyperspectral remote sensing technology[C]//Gong H M, Yi C, Chatard J P. Infrared Components & Their Applications. International Society for Optics and Photonics.

Wang W, Liu H, Li Y Q, et al. 2014. Development and management of land reclamation in China[J]. Ocean and Coastal Management: 102: 415-425.

Winkel L H E, Vriens B, Jones G D, et al. 2015. Selenium cycling across soil-plant-atmosphere interfaces: a critical review[J]. Nutrients, 7 (6) : 4199-4239.

Wong M H. 2003. Ecological restoration of mine degraded soils, with emphasis on metal contaminated soils[J]. Chemosphere, 50 (6) : 775-780.

Wüthrich M, Trimpe S, Garcia C C, et al. 2016. A new perspective and extension of the gaussian filter[J]. The International Journal of Robotics Research, 35 (14) : 1731-1749.

Yuan F, Li X H, Jowitt S M, et al. 2012. Anomaly identification in soil geochemistry using multifractal interpolation: a case study using the distribution of Cu and Au in soils from the Tongling mining district, Yangtze metallogenic belt, Anhui province, China[J]. Journal of Geochemical Exploration, 116-117 (3) : 28-39.

Zhang H, Feng X, Zhu J, et al. 2012. Selenium in soil inhibits mercury uptake and trans location in rice (*Oryza sativa* L) [J]. Environmental Science & Technology, 46 (18) : 10040-10046.

Zhang S W, Huang Y F, Shen C Y, et al. 2012. Spatial prediction of soil organic matter using terrain indices and categorical variables as auxiliary information [J]. Geoderma, 171 (2) : 35-43.

Zhang S W, Shen C Y, Chen X Y, et al. 2013. Spatial interpolation of soil texture using compositional kriging and regression kriging with consideration of the characteristics of compositional data and environment variables[J]. Journal of Integrative Agriculture, 12 (9) : 1673-1683.

Zhang S W, Shen Q, Nie C J, et al. 2019. Hyperspectral inversion of heavy metal content in reclaimed soil from a mining wasteland based on different spectral transformation and modeling methods[J]. Spectrochimica Acta Part A: Molecular and Biomolecular Spectroscopy, 211: 393-400.

Zhao Z Q, Shahrour I, Bai Z K, et al. 2013. Soils development in opencast coal mine spoils reclaimed for 1–13 years in the West-Northern Loess Plateau of China[J]. European Journal of Soil Biology, 55: 40-46.

Zhou D M, Wang Y J, Cang L, et al. 2004. Adsorption and cosorption of cadmium and glyphosate on two soils with different characteristics[J]. Chemosphere, 57 (10) : 1237-1244.

Zipper C E. , Burger J A, Skousen J G, et al. 2011. Restoring forests and associated ecosystem services on Appalachian coal surface mines[J]. Environmental Management, 47 (5) : 751-765.